“十三五”职业教育国家规划教材

企业财务会计

（第二版）

焦建平 胡悦晖 主编

中国财经出版传媒集团
中国财政经济出版社

图书在版编目（CIP）数据

企业财务会计／焦建平，胡悦晖主编．--2版．--北京：中国财政经济出版社，2021.2
“十三五”职业教育国家规划教材
ISBN 978-7-5223-0326-0

Ⅰ.①企… Ⅱ.①焦… ②胡… Ⅲ.①企业管理-财务会计-高等职业教育-教材 Ⅳ.①F275.2

中国版本图书馆CIP数据核字（2021）第005788号

策划编辑：唐　堂　　　责任编辑：钱红叶
封面设计：育林华夏　　　责任印制：张　键

企业财务会计
qiye caiwu kuaiji

中国财政经济出版社 出版
URL：http：//www.cfeph.cn
E-mail：cfeph@cfeph.cn

社址：北京市海淀区阜成路甲28号　邮政编码：100142
营销中心电话：010-88191522
天猫网店：中国财政经济出版社旗舰店
网址：https：//zgczjjcbs.tmall.com
廊坊市佳艺印务有限公司印刷　各地新华书店经销
成品尺寸：185mm×260mm　16开　34.5印张　702 000字
2021年2月第2版　2021年2月北京第1次印刷
定价：79.00元
ISBN 978-7-5223-0326-0
（图书出现印装问题，本社负责调换，电话：010-88190548）
本社质量投诉电话：010-88190744

编写说明

本书系“十三五”职业教育国家规划教材、财政部规划教材，经全国职业教育教材审定委员会审定，作为全国高等职业教育财经商贸类专业教材使用，也可作为社会培训和会计相关人员的工作参考用书。

教材的建设背景：财政部规划立项、财指委推荐使用。教材建设是专业建设、课程改革的基础性工程。随着我国经济的发展和产业结构的升级，会计准则、税收法律等财经法律法规发生了一系列的变革。为了培养高素质技术技能型会计专业人才，按照“锤炼精品，改革创新”的建设思路，遵循“就业导向、能力本位、实践主线”的职教理念，我们对上一版教材进行了一系列修订，此为第二版。

教材的目标定位：立足核算岗位、超越核算职能。会计作为国际通用的商业语言，主要是以“数据”来记录企业的经营过程、呈现企业的经营成果。如何运用“会计语言”来确认、计量企业的经营活动？如何运用“会计方法”来记录、计算企业的经营活动，报告、呈现企业的经营成果？在会计核算过程中，如何形成“会计思维”、把知识转化成能力？最终使“会计”立足核算岗位，透过“会计数据”，发现企业经营中存在的问题，提出对策；立足核算岗位，超越核算职能，融入业务管控；立足核算岗位，关注纳税义务，防范税务风险。

教材的架构设计：核算岗位确定课程项目、岗位职责决定任务内容；知识准备构建理论体系、任务实施提升职业能力。本教材以“认知财务会计”为起点，以制造业企业会计核算岗位为“项目”，细分岗位职责为“任务”来确定教材架构；在每一任务中以“任务导入”开始，由“知识准备”来讲述财务会计知识，帮助“会计”构建系统化的知识体系；再由“任务实施”来进行职业能力的训练。在“任务实施”中，增添了经济业务、会计事项的原始凭证，强调对原始凭证的收集、整理、甄别，让“会计”掌握对经济业务与会计事项账务处理的时间节点与工作流程，并运用“知识准备”所掌握的知识进行“会计核算”。

教材的内容讲述：呈现业务循环、讲透来胧去脉，形成会计思维；超越核算职能、进行会计管理，实现“业财税一体”。依据《企业会计准则》最新的修订版本，对每一知识点均构建完整的“业务循环”，按流程讲透每一业务的来胧去脉，形成知识体系、养成“会计思维”；同时结合最新的税收法规，提示税务的处理方法，让“会计”在掌握会计核算的同时，知晓相关税收的处理要求，并在此基础上，站在管理的角度，通过一些案例分析，讲述如何立足核算岗位，进行“会计管理”，对业务流程的关键节点进行管控，体现“业财税一体”的会计工作理念，全面提升“会计”的职业能力。

教材的资源整合：课证融合、课赛融合。本教材在编写的过程中，参考了初级会计师《初级会计实务》的考试大纲，实现课证融合；同时又结合教育主管部门举办的会计技能，借鉴大赛的竞赛内容、竞赛标准、题库资源，实现课赛融合。

教材的资源支撑：完备的教学资源、开放的课程平台。本教材将依托中国财政经济出版社，建设立体化化数字资源支撑体系，配备电子教材、课程标准、教案、案例、教学音视频、微课等数字化教学资源和配套职业能力训练（习题实训），有助于学生课前预习、课后复习重要知识点，多渠道、多形式强化学生的学习和训练，巩固所学知识，提升动手能力、培养职业素养。同时，依托精品在线开放课程平台，打破教与学的时、空限制，满足线上、线下的教与学的需要。另外本书习题答案，请以电子邮件形式向中国财政经济出版社索取（请注明：学校、书名、ISBN 号、版次），E－mail：caijingjiaocai@163. com。微课二维码见封底。

本教材由江苏财会职业学院焦建平教授、云南财经职业学院胡悦晖副教授担任主编，江苏财会职业学院王慧、云南财经职业学院曾浩担任副主编。具体分工如下：项目一、项目十二由焦建平执笔，项目二、项目三由顾学玲执笔，项目四、项目五、项目六由王慧执笔，项目七、项目十三由曾洁执笔，项目八由杨雯婷执笔，项目九、项目十由刘玮璐执笔，项目十一、项目十四由胡悦晖执笔，最后由焦建平、胡悦晖总撰定稿。相关课程资源由江苏财会职业学院焦建平指导，王慧、顾学玲、刘玮璐、胡悦晖、曾浩、杨雯婷制作。

由于编者水平有限，加之时间仓促，书中难免存在疏漏和不足，敬请专家和读者批评指正。

编者

二〇二一年一月

目录

项目 1 认知财务会计 明晰核算依据

项目导航

知识目标

- 知悉会计及现代会计的分类
- 了解财务会计的特点
- 了解会计核算岗位的设置
- 了解《基本准则》的基本内容
- 了解《企业会计准则》的基本内容
- 了解《小企业会计准则》及小企业划分的标准

能力目标

- 能描述现代会计的种类
- 能描述《基本准则》的基本内容
- 能描述《企业会计准则》的基本内容
- 能判断企业的类型
- 能为企业选择执行何种《会计准则》

1.1 认知财务会计　关注核算岗位

任务导入

在校园生活中，同学们经常听到×××学姐（长）在××公司财务科（处）里做会计，而且是做主管会计，工作环境不错，收入待遇也不错，职业发展前景一片光明，让同学们好生羡慕。那么，什么是会计？会计有哪些岗位？在企业里做会计，主要做哪些事情？从现在开始，让我们共同来认识它们、了解它们。

知识准备

1.1.1 会计及会计分类

会计，是以货币为主要计量单位，反映和监督一个单位经济活动的一种经济管理工作。

提到会计，大多数人的直接感觉好像就是记账、算账、报账。其实记账、算账、报账只是形式，其最终目的是提供企业财务状况、经营成果和现金流量信息，并对企业经营活动和财务收支进行监督。所以对于现代会计来说，会计是通过一系列程序和方法，提供对决策有用的信息，并积极参与经营管理决策，提高企业经济效益，服务于市场经济健康有序发展的经济管理活动。在企业中，会计也分为不同的类型，图1－1是按会计在不同组织内的分工所做的分类。

- 会计
  - 政府与非营利组织会计
  - 企业会计
    - 财务会计（对外报告会计）
    - 管理会计（对内报告会计）

图1－1 会计分类

财务会计，是现代会计的一个分支，它以企业会计准则为依据，运用确认、计量、记录和报告等程序对企业已经发生的交易或事项进行加工与处理，并以财务报告的形式向企业外部有关各方提供企业财务状况、经营成果与资金流量等方面财务信息的信息处理系统。

管理会计，是从传统的会计系统中分离出来的，与财务会计并列，利用财务会计、统计及其他有关资料进行整理、计算、对比和分析并产生一系列信息，满足企业内部各级管理人员在编制计划、做出决策、控制经济活动等方面的信息需要，同时直接参与企业决策控制过程，以改善经营管理，提高经济效益。

财务会计和管理会计共同组成企业会计，综合地反映和监督整个企业经济活动过程，并在参与单位经营管理决策、提高资源配置效率、促进经济健康持续发展方面发挥积极作用。

1.1.2 财务会计的特点

财务会计作为一个信息处理系统，主要是提供有关企业的各类财务信息。它具有以下特点：

（1）财务会计主要对企业已发生或已完成的、能用货币表现的交易或事项予以确认、计量、记录和报告，故财务会计提供的信息是历史的信息。

（2）财务会计主要是为外部使用者提供财务信息。作为投资人、债权人、政府机构、职工、税务部门、证券管理部门和其他外部信息使用者等进行投资决策、信贷决策、征税决策、证券上市许可和证券交易管理决策以及其他经济决策的依据。

（3）财务会计提供的财务信息主要是由通用财务会计报告加以揭示的。财务会计提供财务信息的主要形式和对外传递的主要手段是财务报告，包括会计报表和附注（四表一注）。虽然企业外部会计信息使用者众多，其决策各不相同，对企业会计信息的要求也各不相同，但是财务会计不可能针对某个具体外部使用者的决策需求来提供财务报表，而是根据各个利益集团和人士的共同需要综合提供一套财务报告，即定期编制通用的财务报告，以满足大多数外部会计信息使用者的共同决策需要。

（4）财务会计提供的财务信息必须满足会计信息质量要求。由于财务会计的服务对象主要是企业外部的信息使用者，他们与企业管理当局有着不同的利益和信息要求，而且不同外界信息使用者也存在着不同的利益和要求，为了维护企业所有利害关系人的利益，财务会计的数据处理过程和财务报表的编制均要严格遵照会计信息质量要求。

（5）财务会计提供的信息不能保证绝对精确。财务会计处理的对象带有很大的不确定性，即使是可验证的历史信息，在其形成过程中也不能排除预测、估计和判断，因此，财务会计产生的信息不能保证绝对精确。

1.1.3 会计的职责范围

"经济越发展，会计越重要。"从会计行业发展趋势来看，有社会组织或企业存在，就有对会计的需求。随着经济的发展，会计职业领域已从传统的记账、算账、报账为主拓展到内部控制、投融资决策、企业并购、价值管理、战略规划、公司治理、会计信息化等高端管理领域。这就要求会计在进行核算工作的基础上，还需透过"会计数据"发现企业经营中存在的问题，以正确的工具和流程辅助企业的生产经营及战略思考，承担企业管理、风险控制、为管理层决策提供所需数据支撑等职能。同时，还应把财务工作融入业务中去，"站在业务的角度做财务、站在财务的角度做业务"，实现"业财一体""业财税一体"。

对于我们初学会计的人来说，会计核算是立足之本。首先我们要夯实基础，掌握记账、算账、报账等会计核算的基本能力。只有在具备会计核算能力的基础上，我们才能逐步形成"会计思维"，把知识融入企业经营管理的过程之中。

1.1.4 会计核算岗位

财务会计以会计核算系统为基础提供会计信息。会计核算系统是包括填制凭证—登记账簿—编制报表的完整的账务处理体系。为提供会计信息，企业必须设置专职的会计机构和不同的会计岗位对企业的经济业务进行规范的核算。本书在各项目业务节点及任务实施中，针对可能对应的相关岗位也进行了说明。

1.1.4.1 会计机构设置

我国会计法对中小企业设置会计机构有如下规定：大、中型企业均应设置会计机构；规模小的企业可以不单独设置会计机构，可以将会计业务并入其他职能部门，或者进行代理记账。

一个单位的规模，往往决定了这个单位内部职能部门的设置，也决定了会计机构的设置与否。一般来说，大中型企业和具有一定规模的行政事业单位，以及财务收支数额较大、会计业务较多的社会团体和其他经济组织，都应单独设置会计机构，如会计（或财务）处、部、科、股、组等，以便及时组织本单位各项经济活动和财务收支的核算，实行有效的会计监督，保证会计工作的效率和会计信息的质量。

1.1.4.2 会计岗位划分

会计岗位是指从事会计工作、办理会计事项的具体职位。

会计岗位的划分，要从本单位的会计业务量和会计人员配备的实际情况出发，按照效益和精简的原则进行。通常企业会计岗位划分按表 1－1 所示。

表 1－1　　　　会计岗位划分表

会计岗位名称	会计岗位系统
资金管理系统	资金核算岗位
	往来结算岗位
	工资核算岗位
	出纳岗位
资产管理系统	存货核算岗位
	固定资产核算岗位
转账管理系统	成本会计岗位
	税务会计岗位
	财务成果核算岗位
管理控制系统	会计主管岗位
	稽核岗位
	总账报表岗位
	预算管理岗位
	会计电算化管理岗位
	档案管理岗位

上述岗位可以一人一岗、一人多岗或一岗多人，各单位可以根据自身特点具体确

定。需要注意的是，为贯彻内部控制中“钱、财、物分管”的原则，出纳人员不得兼管稽核、会计档案保管及收入、费用、债权债务账目的登记工作。对于企业的会计人员，应有计划地进行岗位轮换，以使其能够比较全面地了解和熟悉各项会计工作，提高业务水平。

（注：详见任务实施1-1）

【提示】

本书各章节任务实施大多基于江苏天润机械制造有限公司具体情况，该公司作为常见的制造型企业，会计岗位是如何设置的呢？详见下方扫一扫。

［扫一扫］
江苏天润机械制造有限公司
会计岗位职责

任务实施

任务实施1-1 在了解通常企业会计岗位后，请思考如果是中小企业，应设置哪些会计核算岗位？

步骤一：知晓设置财务岗位时需要遵循的原则：成本效益原则、岗位不相容原则、独立性原则。财务岗位要与企业发展阶段匹配，既不能滞后，也不宜超前。滞后影响企业管理，超前加重公司运营成本。

步骤二：知晓会计岗位设置的规定。

一般情况下，企业应该设置会计主管、出纳、固定资产核算、材料物质核算、工资核算、成本核算、收入利润核算、资金核算、总账报表和稽核等会计岗位。

步骤三：根据企业业务的多少，设置会计岗位。

1. 初成立的企业规模小，可以选择把会计核算交给代理记账公司处理。

2. 随着企业规模扩张，应设置一个会计岗位，招聘一个会计人员，这个会计要身兼出纳、账务、税务诸多工作，甚至身兼人事、行政、库管等非财务工作。

3. 等到企业初具规模后，企业会成立财务部，设有会计、出纳岗，财务人员开始有明确分工。

【提示】

可以结合本项目1.2中的《小企业会计准则》进行理解。

1.2 认知会计准则 明晰核算依据

任务导入

会计通过定期编制财务报告，全面性、系统性地向企业外部的利益相关者提供企业财务状况、经营成果和现金流量的信息。那么，财务会计所提供的信息有没有质量要求？如何才能达到质量要求？会计人员在进行具体的会计业务核算（整理、加工信息）时，应依据什么标准（准则）？不同规模的企业，所遵循的标准（准则）是否相同？不同类型的业务所遵循的标准（准则）是否相同？如果出现新的业务，在现有的准则中没有具体规定，又应当如何处置？

知识准备

“会计是国际通用的商业语言”。是语言，就会有语法规则。“会计准则”就是会计的语法规则，也是会计人员从事会计工作的规则和指南。

目前，我国会计准则包括《企业会计准则》《小企业会计准则》《政府会计准则》。会计准则体系见图1－2。

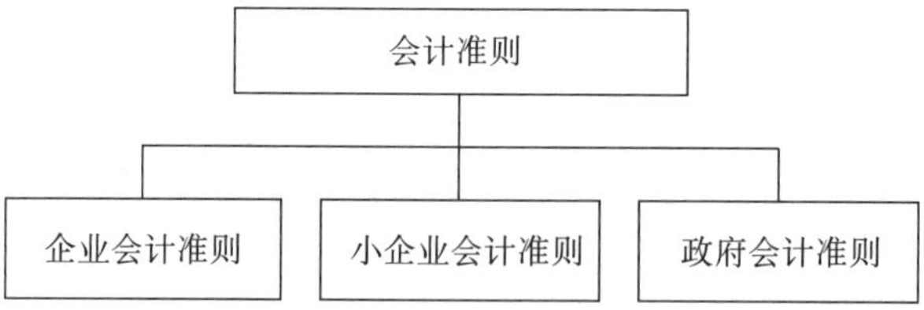

图1－2 会计准则体系

1.2.1 企业会计准则

企业会计准则包括基本准则、具体准则及运用指南和企业会计准则解释三个层级的内容。

1.2.1.1 基本准则

《基本准则》是最基本的会计语法规则。主要规范了包括财务报告目标、会计基本假设、会计信息质量要求、会计要素的定义及其确认和计量原则、财务报告等在内的基本问题。

1. 财务报告目标

《基本准则》第四条规定：企业应当编制财务会计报告（又称财务报告，下同）。财务会计报告的目标是向财务会计报告使用者提供与企业财务状况、经营成果和现金流量等有关的会计信息，反映企业管理层受托责任履行情况，有助于财务会计报告使用者做出经济决策。

现在的财务报告主要包括资产负债表、利润表、现金流量表等。资产负债表反映的“财务图像”是某一时点企业的资产负债状况，也就是企业的家底，称为“底子”；利润表反映的“财务图像”是某个时间段内企业的经营情况，收入、盈利越大说明企业业绩越好，越有面子，称为“面子”；现金流量表是对前两者的“财务图像”进行补充，对企业经营活动、投资活动、筹资活动等形成的现金流进行具体的反映，就像平时过日子发了多少工资、买房子（固定资产）、买家具（周转材料）花了多少钱、买菜（原材料）花了多少钱等等进行归类整理出来的结果，也就是企业过日子的现金收支，称为“日子”。

2. 会计基本假设

由于实践中经济活动的纷繁复杂，存在诸多不确定因素，因此，会计必须首先对这些不确定因素加以限制，将自己的叙述建立在一个确定的基础上，以免因基础的摇摆而导致企业财务图像的模糊不清。会计界将这些前提条件称作会计假设。《基本准则》强调了企业会计确认、计量和报告应当以会计主体、持续经营、会计分期和货币计量为会计基本假设。

【小贴士】

从历史上看，会计前提假设并非天然就是会计语言体系的基础，而是一种在会计危机出现后的自我保护。在二十世纪二十年代的美国，由于经济环境的急剧变化，使得许多企业在没有任何预警性信息的情况下突然倒闭，引致了人们对会计信息的作用产生疑问，会计信息产生了信任危机。为此，会计界提出了会计信息的编制是有一定前提的，即是在特定经济环境条件下，按照通常的原则编制的。一旦这些特定的环境条件发生了改变，原有的会计信息就失去了意义，会计必须改变通常的会计确认或者计量方法。因此，会计假设在会计语言规则中的明确是会计界针对会计信息受到公众置疑的信任危机而采取的应对措施。

（1）会计主体。

会计主体假设又称为会计个体假设。它的基本含义是：整套财务报表是用来说明特定个体的营业活动的，对该特定个体的营业活动的记录应当与其所有者的活动、债权人的活动以及交易对方的活动相分离。如《企业会计准则——基本准则》第五条规定：会计核算应以企业发生的各项交易或事项为对象，记录和反映企业本身的各项生产经营活动。

会计是对经济活动中资金运动的反映，而资金运动有一个来龙去脉的轨迹，从不同对象的角度对资金运动进行表述，其结果是完全不一样的。有了会计主体假设，就确定了特定会计报表反映的对象，这是会计核算的立场问题，也是开展会计确认、计量和报告工作的重要前提。会计工作中通常所讲的资产、负债的确认，收入的实现，费用的发生等，都是针对特定会计主体而言的。

会计主体假设明确了会计核算的空间范围。会计主体是一个独立的个体或整体，一套财务报表仅仅应反映一个独立的个体或整体的财务状况。一般情况下，经济上独立或相对独立的企业、公司、事业单位等都是会计主体，甚至只要有必要，任何一个组织都可以成为一个会计主体，典型的会计主体是经营性企业。应注意，会计主体与经济上的法人不是同一概念，一般来说，会计主体可以是法人，也可以不是，如独资及合伙企业。

（2）持续经营。

持续经营假设指会计个体的经营活动将按照现在的形式和既定的目标无限期地继续下去，在可以预见的将来，会计主体不会进行清算，它所持有的资产将按照预定的目的在正常的经营过程中被耗用、出售或转让，它所承担的债务也将如期偿还。如《企业会计准则——基本准则》第六条明确规定，会计核算应当以企业持续、正常的生产经营活动为前提，这就是持续经营假设。

持续经营假设是整个权责发生制会计大厦所赖以建立的基础。在持续经营前提下，会计确认、计量和报告应当以企业持续、正常的生产经营活动为前提。例如，资产的计量尺度有历史成本（购买成本）、重置成本、现行市价、变现价值等多种形式，而在一份财务报表中究竟采用哪一种计量尺度，就与企业是否能够持续经营下去这个前提有密切的关系。在持续经营的前提下，企业拥有的资产是过去交易的结果，应按照历史成本而不是现行市价进行计量；同时，由于资产将按照预定的用途加以使用，不会在近期出售，因此不能用变现价值来记录。又如，由于企业持续经营，固定资产的投资就不必在固定资产购买的当期作为一笔费用计入企业的经营成本中，而是可以资本化，在以后的经营期内根据固定资产的使用状况分期地、逐步地计入成本中，这也就产生了“折旧”的概念和相关的会计处理。在负债方面，由于企业持续经营下去，对他人的负债会按期偿还，因此，将企业的负债区分为流动负债（短期负债）、长期负债，并在财务报表上按照流动性以及到期时间来排列，这些会计信息就是有意义的。

持续经营假设的反面就是清算。如果企业破产、被他人兼并或者与他人合并，企业必须进行清算。此时，持续经营假设就不存在了，它导致原来的资产计价、债务清偿、收益确定、费用递延、折旧、摊销等一系列的会计方法都必须发生改变，财务报表也必须重新编制。例如，在破产的前提下，企业要编制清算资产负债表，负债不必再按照长期与短期分类排列，因为所有的债务都必须马上偿还。资产也没有必要保持流动资产、固定资产的分类，因为所有的资产都要立即变卖，用于偿还债务。而且，既然资产是用来偿还债务，它就必须按照清算时能够变卖的价值来进行估价、记录，原先账面记录的价值——资产的历史成本已经没有任何意义。又如，在企业被他人收购或者兼并其他企业的前提下，为了合理确定购并价格，计算新企业股东的权益份额，被兼并企业的所有资产都要进行评估，按照当时的重置成本而不是账面成本（即历史成本）对资产进行计价，并编制新的资产负债表。因此，改变“持续经营”这一前提条件，将会从根本上改变会计信息的内容，从而描绘出完全不同的企业图像。

（3）会计分期。

会计分期假设是指将连续不断的经营过程划分为连续且间隔相等的时间单位，以便对企业的经营状况进行及时的、连续的反映。这种为了会计核算的需要而人为划分的相等时间单位，就称为会计期间。会计人员通过计算一定会计期间内的收入和支出，确定财务成果，编制财务报表，便于企业内部的管理层以及外部的利害关系人及时了解企业的经营状况。如《企业会计准则——基本准则》第七条规定，会计核算应当划分会计期间，分期结算账目和编制财务会计报告。

会计期间假设是对持续经营假设的修正。企业的经营活动在时间上是持续不断的。分析一个企业的经营是否成功，最精确的方法只能是等到企业最终歇业时，将企业的净资产与投资人原来投入的资本进行比较。但是在现实生活中，这显然是行不通的。企业的股东需要评价投资效果，管理层要对经营决策进行评价和修正，国家要征税，银行以及其他债权人需要评估企业风险与偿债能力。因此，不论是企业内部还是外部的利害关系人，它们为了各自的利益或者决策，都要求会计系统提供“现时有用”的信息，定期编制、披露财务报告。因此会计期间的划分是必然的。同时，会计期间能够提供企业期初与期末财务状况的变化情况、本期与以前各期的经营成果的对比性信息，向企业内部管理层提示了改善经营、持续发展的途径，也为企业外部的利害关系方揭示了企业长期发展的趋势。

由于财务报表按期编制，经营成果和财务状况就必须按期核算，从而产生“当期”与“非当期”的概念。从某种意义上说，会计期间假设直接导致了会计确认，特别是时间确认问题的产生。实践中，企业取得的收入或者支出的费用可能是与几个会计期间有关的，什么时间确认收入，什么时间确认费用，对于特定会计期间的利润水平影响很大。此外，对于固定资产、无形资产及长期待摊费用等一些贯穿于多个会计期间的项目来说，根据会计期间进行折旧或摊销的会计处理方法，更加准确地反映特定会计期间实际的财务状况和经营业绩。

会计期间通常以“年”来表示，称为会计年度。《企业会计准则》规定了我国以日历年度为企业会计年度，即从公历 1 月 1 日起到 12 月 31 日止。此外，还有会计中期。会计中期，是指短于一个完整的会计年度的报告期间，包括月份、季度、半年度等。

[扫一扫]
自然年度和会计年度
有啥不一样?

（4）货币计量。

货币计量是指企业在会计核算中要以货币为统一的主要计量单位，记录和反映企业生产经营过程和经营成果。

货币之所以成为会计信息的基本工具，是因为其所具有的下列功能：①货币是价值尺度，无论实物、劳动还是其他财富形式，大多可以用货币来表示；②货币是交易媒介，是对经济交易从价值方面进行记录的最好的单位；③货币可以作为信用的衡量尺度和延期支付的标准，因此它是借贷合同或者其他长期性契约赖以产生和顺利履行的基础；④货币作为财富的一种标志，是企业组织投入与产出的最终形式。因此，以货币为工具来记录、计量、描述企业的经营活动和财务成果是一种必然选择。

【小贴士】

货币计量也有其局限性，它意味着财务报表的内容只限于那些能够用货币来计量的经济活动。对于那些只能用文字描述的信息，如管理层的水平、雇员的品质、产品质量、客户满意度等等，不论是好是坏，货币计量都无能为力。上述非货币计量信息可能恰恰是对企业未来发展有重大影响的信息，企业外部的利害关系人对此也是极为关注的。从这个意义上看，会计数字对企业图像的描绘是不全面的，因此，现在的会计规则更加注重对任何可能影响理解企业真实财务图像的因素进行充分披露。

人民币是我国的法定货币，所以，《企业会计准则——基本准则》第八条规定，企业的会计核算以人民币为记账本位币。业务收支以人民币以外的货币为主的企业、可以选定其中一种货币作为记账本位币，但是编报的财务会计报告应当折算为人民币。

3. 会计信息的质量要求

如前所述，作为“国际通用的商业语言”的财务会计，是通过编制财务报告向利益相关者展示一个经营中的企业的财务图像。这些由企业“内部人”提供的信息（财务图像）可不是随意报出的，它们有一定的质量要求。《基本准则》建立了企业会计信息质量要求体系，包括可靠性、相关性、可理解性、可比性、实质重于形式、重要性、谨慎性和及时性八个方面。

（1）可靠性。“可靠性”通俗理解的话，就是“真实性”，就是企业提供数据是真实可靠的，财务会计应当坚持准则，不做假账。在我国的证券市场上，从最初的“琼民源”“蓝田股份”“银广厦”，到后来的“欣泰电气”“南纺股份”等，违背可靠性原则，虚构业务、虚增销售收入、少计成本及期间费用、假借关联交易转移利润等财务造假事件仍屡见不鲜。会计上的“可靠性”就是要求企业应当以实际发生的交易或者事项为依据进行确认、计量和报告，如实反映符合确认和计量要求的各项会计要素及其他相关信息，保证会计信息真实可靠、内容完整。

为了贯彻可靠性要求，企业应当做到：

- 以实际发生的交易或者事项为依据进行确认、计量，将符合会计要素定义及其确认条件的资产、负债、所有者权益、收入、费用和利润等如实反映在财务报表中，不得根据虚构的、没有发生的或者尚未发生的交易或事项进行确认、计量和报告。
- 在符合重要性和成本效益原则的前提下，保证会计信息的完整性，其中包括应当编制的报表及其附注内容等应当保持完整，不能随意遗漏或者减少应予披露的信息，与使用者决策相关的有用信息都应当充分披露。
- 包括在财务报告中的会计信息应当是中立的、无偏的。

（2）相关性。“相关性”可以通俗地理解为决策有用性，就是信息与决策相关，对决策有用。假设有一个公司进行重大资产重组信息，如果你是一个散户在证券市场上投资（买卖股票）散户，你可以提前买入持有，等待股份上升。这个信息对你而言，就具有“相关性”。会计上的相关性就是要求企业提供的会计信息应当与投资者等财务报告使用者的经济决策需要相关，有助于投资者等财务报告使用者对企业过去、现在或者未来的情况做出评价或者预测。

会计信息是否有用，是否具有价值，关键是看其与使用者的决策需要是否相关，是否有助于决策或者提高决策水平。相关的会计信息应当能够有助于使用者评价企业过去的决策，证实或者修正过去的有关预测，因而具有反馈价值。相关的会计信息还应当具有预测价值，有助于使用者根据财务报告所提供的会计信息预测企业未来的财务状况、经营成果和现金流量。例如，区分收入和利得、费用和损失，区分流动资产和非流动资产、流动负债和非流动负债以及适度引入公允价值等，都可以提高会计信息的预测价值，进而提升会计信息的相关性。

会计信息质量的相关性要求，需要企业在确认、计量和报告会计信息的过程中，充分考虑使用者的决策模式和信息需要。但是，相关性是以可靠性为基础的，两者之间并不矛盾，不应将两者对立起来。也就是说，会计信息在可靠性前提下，尽可能地做到相关性，以满足投资者等财务报告使用者的决策需要。

（3）可理解性。可理解性要求企业提供的会计信息应当清晰明了，便于财务会计报告使用者理解和使用。会计信息是一种专业性较强的信息产品，在强调会计信息的可理解性要求的同时，还应假定使用者具有一定的有关企业经营活动和会计方面的知识，并且愿意付出努力去研究这些信息。

对于某些复杂的信息，如交易本身较为复杂或者会计处理较为复杂，但其与使用者的经济决策相关，企业就应当在财务会计报告中予以充分披露。

（4）可比性。投资者进行投资，是投资一个企业的未来，是买企业未来，而不是买企业的过去。其实，投资者最想获悉的信息是企业“未来的前景”，但未来具有很大的不确定性，谁也没有办法保证其一定能实现，或能实现多少；同时还要防止一些别有用心的人发布虚假的“未来前景”，欺骗投资者。所以，目前世界上所有的国家都禁止企业发布“预测未来前景的信息”，只对外发布已经过去的、实现了的“会计信息”。投资者要自己根据企业发布的已实现了的“会计信息”，运用专业的方法，自己去研判企业的未来，自己决定是否投资。投资者在研判一个企业的未来时，需要从其过往的历史信息中进行比较分析，所以就要求同一企业不同时期提供的会计信息可比。同时，证券市场上存在很多投资的标的公司，投资者要在众多的“标的公司”中选出其认为最好的“标的”，也要求不同企业在相同会计期间提供的会计信息可比。

会计上的可比性就是要求企业提供的会计信息应当相互可比。这主要包括两层含义：

① 同一企业不同时期可比。为了便于投资者等财务报告使用者了解企业财务状况、经营成果和现金流量的变化趋势，比较企业在不同时期的财务报告信息全面、客观地评价过去、预测未来，从而做出决策，会计信息质量的可比性要求同一企业不同时期发生的相同或者相似的交易或事项，应当采用一致的会计政策，不得随意变更。例如，我们常说的营业收入增长率就是在该企业不同时期可比的前提下，本期营业收入增加额对上年营业收入总额的比率。

但是，满足会计信息可比性要求，并非表明企业不得变更会计政策。如果企业的环境和策略发生了变化，刚性地执行原有的会计政策将不能保证会计信息真实反映客观世界的变化，从而导致会计信息的失真，或者在会计政策变更后可以提供更可靠、更相关的会计信息。企业可以变更会计政策，有关会计政策变更的情况，应当在附注中予以说明。如《基本准则》所要求：“如有必要变更，应当将变更的内容和理由、变更的累积影响数，以及累积影响数不能合理确定的理由等，在会计报表附注中予以说明。”

② 不同企业相同会计期间可比。为了便于投资者等财务报告使用者评价不同企业的财务状况、经营成果和现金流量及其变动情况，会计信息质量的可比性要求不同企业

同一会计期间发生的相同或者相似的交易或事项，应当采用规定的会计政策，确保会计信息口径一致、相互可比，以使不同企业按照一致的确认、计量和报告要求提供有关会计信息。例如，投资者在决定投资哪个企业时，通过各个企业财务报表中的利润总额和营业收入的比率计算出销售利润率，从而对各个企业的获利能力进行分析后再选择性投资。这就要求不同企业对于收入和利润的核算均应遵循同一会计准则（如《企业会计准则》）的规定，确保会计信息口径一致、相互可比。

（5）实质重于形式。《基本准则》第十六条规定：企业应当按照交易或事项的经济实质进行会计核算，而不应当仅仅按照它们的法律形式作为会计核算的依据。

为什么要在原则中规定企业应当按照交易或事项的经济实质进行会计核算，而不应当仅仅按照其法律形式？这要从会计核算的流程进行分析，当交易或事项发生后，将会有相应的法律形式对其进行表达，如销售发生后会有合同或发票，这个法律形式，就成为会计核算时的原始凭证，是核算的依据。如果法律形式能够较准确地表达交易或事项的经济实质，则按照法律形式进行核算而得出的财务图像就能真实反映企业的财务态势。如果法律形式本身不能准确表达交易或事项的经济实质，则按照法律形式进行核算得到的财务图像就会失真。因此，这条会计原则的要求可以理解为当法律形式不能准确表达交易或事项的经济实质的时候，应刺穿法律形式，按照交易或事项的经济实质进行核算。从另一个角度，这条原则也可以理解为，税法等法律法规对相应的会计核算做出了规定，如坏账准备的计提比率等，但这并不表示以真实再现企业财务图像为目标的会计报表也要遵从此类法规而违背交易或事项的经济实质。

在现实经济生活中，企业发生的交易或事项在多数情况下，其经济实质和法律形式是一致的；但在有些情况下会出现不一致。如，企业按照销售合同销售商品但又签订了售后回购协议，虽然从法律形式上看实现了收入，但如果企业没有满足收入确认的各项条件，即使签订了商品销售合同或者已将商品交付给购货方，也不应当确认销售收入。

（6）重要性，要求企业提供的会计信息应当反映与企业财务状况、经营成果和现金流量有关的所有重要交易或者事项。

在实务中，如果会计信息的省略或者错报会影响财务报告使用者据此做出的决策，该信息就具有重要性。重要性的应用需要依赖职业判断，企业应当根据其所处环境和实际情况，从项目的性质和金额大小两方面加以判断。例如，以不法侵吞为目的的错弊都是“重大的、严重的”，都具有“重要性”。再例如，某企业购买办公桌，如果为CEO、CFO等高管购买的都是价值几万元的办公桌，则会计上一般记入“固定资产”科目，而为一般工作购买的都是几百上千元的办公桌，则会计上一般记入“周转材料”科目。

（7）谨慎性，要求企业对交易或者事项进行会计确认、计量和报告应当保持应有的谨慎，不应高估资产或者收益，低估负债或者费用。

会计信息质量的谨慎性要求，需要企业在面临不确定性因素的情况下做出职业判断时，应当保持应有的谨慎，充分估计到各种风险和损失。例如在市场经济环境下，企业的生产经营活动面临着应收款项的可收回性、固定资产的使用寿命、无形资产的使用寿命、售出存货可能发生的退货或者返修等许多风险和不确定性。针对这些可能存在的情况，企业对可能发生的资产减值损失计提资产减值准备、对售出商品可能发生的保修义务确认预计负债等会计处理，就体现了会计信息质量的谨慎性要求。

在谨慎性原则指导下，会计报表的数据非常保守、稳健，一般不会存在夸大利润、虚增资产等舞弊问题。但是，谨慎性原则在运用中也可能走到另一个极端，即过度谨慎，通过会计方法压低资产价值，或者人为扩大对损失的估计，从而形成秘密准备。如果企业故意低估资产或收益，或者故意高估负债或费用，将不符合会计信息的可靠性和相关性要求，损害会计信息质量，扭曲企业实际的财务状况和经营成果，从而对使用者的决策产生误导，这是不符合会计准则要求的。

（8）及时性，要求企业对于已经发生的交易或者事项，应当及时进行确认、计量和报告，不得提前或者延后。

会计信息的价值在于帮助所有者或者其他方面做出经济决策，具有时效性。即使是可靠、相关的会计信息，如果不及时提供，也会失去时效性，对于使用者的效用也就大大降低甚至不再具有实际意义。在会计确认、计量和报告过程中贯彻及时性原则，一是要求及时收集会计信息，即在经济交易或者事项发生后，及时收集整理各种原始单据或者凭证；二是要求及时处理会计信息，即按照会计准则的规定，及时对经济交易或者事项进行确认或者计量，并编制出财务报告；三是要求及时传递会计信息，即按照国家规定的有关时限，及时地将编制的财务报告传递给财务报告使用者，便于其及时使用和决策。

4. 财务会计的计量属性（资产、负债计量方法）

财务会计信息是一种定量化信息，资产、负债、所有者权益、收入、费用和利润等六大会计要素，都要经过计量才能在财务会计中得到反映。会计计量就是对会计要素按货币量度进行量化的过程，即确定其金额的过程。能否正确、公允地计量会计要素的金额，直接影响到企业财务状况数据的准确性，影响到会计信息的质量。《企业会计准则》规定，企业在对会计要素计量时，应以历史成本为基础，可供选择的计量属性（方法）包括历史成本、重置成本、可变现净值、现值、公允价值等。

（1）历史成本。历史成本又称为实际成本，就是取得或制造某项财产物资时所实际支付的现金或者其他等价物。在历史成本计量下，资产按照其购置时支付的现金或者现金等价物的金额，或者按照购置资产时所付出的对价的公允价值计量。负债按照其因承担现时义务而实际收到的款项或者资产的金额，或者承担现时义务的合同金额，或者按照日常活动中为偿还负债预期需要支付的现金或现金等价物的金额计量。

【小贴士】

以历史成本作为计量基础的优越性在于其以实际交易或其他经济计项作为记录依据，数据的取得比较容易，有现成的外购发票、付款单据或者内部的支出凭证作为依据，比较客观可靠，并且能够为日后对资产、负债、所有者权益项目的检查、核实奠定了基础。因此，不论是从会计客观如实反映的要求出发，还是从会计控制的角度来看，历史成本都是一个比较理想的选择。

历史成本计量的选择与持续经营假设有直接关系。由于资产都按照所购入时的目的正常地、持续地使用下去，不考虑因清算而出售变现，或者因意外损失而重置资产等例外情形，因此，原始成本成为计量的价值尺度。但应该看到，正是因为持续经营这个假设在现代动荡的经济社会中随时面临着瓦解的境地，所以“企业的各项财产在取得时应当按照实际成本计量”的同时，对各项财产的后续计量要求是“如果发生减值，应当按照规定计提相应的减值准备”。

（2）重置成本。重置成本又称现行成本，是指按照当前市场条件，重新取得同样一项资产需支付的现金或现金等价物金额。在重置成本计量下，资产按照现在购买相同或者相似资产所需支付的现金或者现金等价物的金额计量；负债按照现在偿付该项债务所需支付的现金或者现金等价物的金额计量。

（3）可变现净值。可变现净值是指在正常生产经营过程中以预计售价减去进一步加工成本和销售所必需的预计税金、费用后的净值。在可变现净值计量下，资产按照其正常对外销售所能收到现金或者现金等价物的金额扣减该资产至完工时估计尚需发生的成本、销售费用以及相关税费后的金额计量。

（4）现值。现值是指对未来现金流量以恰当的折现率进行折现后的价值，是考虑货币时间价值因素等的一种计量属性。在现值计量下，资产按照预计从其持续使用和最终处置中所产生的未来净现金流入量的折现金额计量；负债按照预计期限内需要偿还的未来净现金流出量的折现金额计量。

（5）公允价值。公允价值是指在公平交易中，熟悉情况的交易双方自愿进行资产交换或者债务清偿的金额。在公允价值计量下，资产和负债按照在公平交易中，熟悉情况的交易双方自愿进行资产交换或者债务清偿的金额计量。

在各种会计要素计量属性中，历史成本通常反映的是资产或者负债过去的价值，而重置成本、可变现净值、现值以及公允价值通常反映的是资产或者负债的现时成本或者现时价值，是与历史成本相对应的计量属性。企业主要资产、负债的计量属性归纳见表1-2。

5. 财务会计的核算基础（收入、费用归属期的确定方法）

在企业的经济活动中，经济业务的发生和货币的收支不是完全一致的，即存在着现金流动与经济活动的分离。由此而产生两个确认和记录会计要素的标准，一个标准是根

表 1－2　　资产、负债的计量属性

<table>
<tr><th rowspan="2">资产项目</th><th colspan="2">计量属性</th></tr>
<tr><th>取得时的初始计量</th><th>持有期间的后续计量</th></tr>
<tr><td>存货</td><td rowspan="4">资产在取得时一般都是以实际成本（历史成本）计量</td><td>可变现净值</td></tr>
<tr><td>交易性金融资产</td><td>公允价值</td></tr>
<tr><td>债权投资</td><td>摊余成本</td></tr>
<tr><td>固定资产</td><td>可变现净值或现值；盘盈时用重置成本</td></tr>
<tr><td>负债</td><td colspan="2">短期负债一般按双方约定、需要偿还的金额（历史成本）计量；长期负债按现值计量</td></tr>
</table>

据货币收支是否作为收入确认和费用确认和记录的依据，称为收付实现制；另一个标准是以取得收款权利付款责任作为记录收入或费用的依据，称为权责发生制。

《基本准则》规定，企业会计的确认、计量和报告应当以权责发生制为基础。权责发生制要求：凡是当期已经实现的收入和已经发生或应当负担的费用，无论款项是否收付，都应当作为当期的收入和费用计入利润表；凡是不属于当期的收入和费用，即使款项已在当期收付，也不应当作为当期的收入和费用。权责发生制是依据持续经营和会计分期两个基本前提来正确划分不同会计期间资产、负债、收入、费用等会计要素的归属，并运用一些诸如应收、应付、预提、待摊等项目来记录由此形成的资产和负债等会计要素，能更加准确地反映特定会计期间实际的财务状况和经营业绩。

收付实现制是与权责发生制相对应的一种会计基础，它是以收到或支付的现金作为确认收入和费用等的依据。目前，政府会计由预算会计和财务会计两个体系构成。预算会计实行收付实现制，国务院另有规定的，依照其规定。财务会计实行权责发生制。

【小贴士】

权责发生制长期以来是财务会计的基本确认原则，也被认为是会计走向成熟的标志之一。但是在权责发生制下，收入与费用的确认与实际的现金流动几乎完全不相关，更多地体现为一个主观判断的过程。20 世纪 70 年代以来，企业在收付实现制基础上编制现金流量表，反映企业当期现金流入、流出以及增减变化的情况，它与按照权责发生制编制的资产负债表和利润表一起构成了企业财务报表，能够更完整地揭示企业财务的状况和经营业绩。

以上就是《基本准则》的主要内容，《基本准则》是制定《企业会计准则——具体准则》《小企业会计准则》的基础，可以确保各准则的内在一致性，同时为会计实务中出现的、《企业会计准则》尚未规范的新问题提供会计处理依据。在会计实务中，由于经济交易事项的不断发展、创新，一些新的交易或者事项在《企业会计准则》中尚未规范但又亟须处理，处理时应当严格遵循《基本准则》的要求，尤其是《基本准则》关于会计要素的定义及其确认与计量等方面的规定。因此，《基本准则》不仅扮演着《企业会计准则》制定依据的角色，也为会计实务中出现的、《企业会计准则》尚未做出规范的新问题提供了会计处理依据，从而确保了会计准则体系对所有会计实务问题的规范作用。

[扫一扫]

企业基本会计准则

1.2.1.2 具体准则及运用指南

《企业会计准则——具体准则》是按照《基本准则》的要求，针对各类经济业务做出的具体规定。它的特点是操作性强，可以根据其直接组织相关业务的会计核算。我国目前适用于大中型企业执行的《企业会计准则——具体准则》的内容包括 42 个具体准则及运用指南。按照其规范的不同内容可以分成五大类业务的会计处理标准。

第一类：通用业务的会计准则（19 个），主要规范各行业共同业务如存货、固定资产、无形资产、职工薪酬、借款费用等业务的会计处理标准。

第二类：特殊业务的会计准则（7 个），主要规范一些特殊业务如外币业务、租赁业务、套期保值等业务的会计处理标准。

第三类：特殊行业的会计准则（4 个），主要规范一些特殊行业如保险、油气等行业中特殊业务的会计处理标准。

第四类：财务报告业务的会计准则（11 个），规范企业主要会计报表编制方法和信息披露的处理标准。

第五类：新旧会计标准衔接的会计准则（1 个），主要规范首次执行企业会计准则处理标准。

1.2.1.3 企业会计准则解释

在企业具体会计准则实际执行过程中提出了一些需要解释和进一步明确的问题，为此财政部从 2007 年起陆续制定发布了 13 个企业会计准则解释。企业会计准则解释以财政部文件的形式发布，其效力等同于企业具体会计准则。

1.2.2 小企业会计准则

小企业会计准则体系由《小企业会计准则》和《小企业会计准则——会计科目、主要账务处理和财务报表》两部分组成。《小企业会计准则》主要规范小企业通常发生的交易或事项的会计处理原则，为小企业处理会计实务问题提供具体而统一的标准；《小企业会计准则——会计科目、主要账务处理和财务报表》主要规定会计科目的设置、主要账务处理、财务报表的种类、格式编制说明，为小企业执行《小企业会计准则》提供操作性规范。两者相辅相成，相得益彰，共同构成较为完整的小企业会计准则体系。

1.2.2.1　《小企业会计准则》的适用范围

《小企业会计准则》第二条规定，本准则适用于在中华人民共和国境内依法设立的，符合《中小企业划型标准规定》所规定的小型企业标准的企业。

下列三类小企业除外：

（1）股票或债券在市场上公开交易的小企业。

（2）金融机构或其他具有金融性质的小企业。

（3）企业集团内的母公司和子公司。

1.2.2.2　中小企业划型标准

根据工业和信息化部、国家统计局、国家发展和改革委员会、财政部联合印发的《中小企业划型标准规定的通知》（工信部联企业〔2011〕300 号），中小企业划分为中、小、微三种类型，具体标准根据企业从业人员、营业收入、资产总额等指标，结合行业特点制定。

（注：详见任务实施 1－2）

任务实施

任务实施 1－2　确定江苏环宇公司应执行什么样的《会计准则》

江苏环宇公司成立于2020 年1 月18 日，注册资本为2 000 万元，主营食品加工机械的设计、生产与销售。根据企业的工艺流程与设备状况，需要聘请员工 2 000 人，年预计销售额为1 500 万元。

步骤一：对照划型标准，确定公司类型。

对照《中小企业划型标准规定的通知》，江苏环宇公司不属于“小型企业”。

步骤二：综合相关信息，进行抉择。

因为江苏环宇公司资产规模较大，从业人员多，销售额也较多，所以应当选择执行《企业会计准则》。

[扫一扫]

财务共享“十话十说”

职业能力训练

1.1 认知财务会计　关注核算岗位

一、单项选择能力训练

1. 下列项目中，不属于财务报告目标的是（　　）。

A. 向财务报告使用者提供与企业财务状况有关的会计信息

B. 向财务报告使用者提供与企业现金流量有关的会计信息

C. 反映企业管理层受托责任履行情况

D. 满足企业内部管理需要

二、多项选择能力训练

1. 会计按其报告对象的不同可以分为（　　）。

A. 财务会计　B. 管理会计　C. 成本会计　D. 内部会计

2. 为贯彻内部控制中“钱、财、物分管”的原则，出纳人员不得兼管（　　）工作。

A. 会计档案保管　B. 收入、费用账目登记

C. 债权、债务账目登记　D. 现金日记账登记

E. 稽核

3. 会计职业领域已从传统的记账、算账、报账为主，拓展到（　　）等高端管理领域。

A. 内部控制　B. 投融资决策　C. 企业并购　D. 会计信息化

4. 会计岗位的设置可以是（　　）。

A. 一人一岗　B. 一人多岗　C. 一岗多人　D. 多人多岗

5. 会计人员的工作岗位一般可分为（　　）等。

A. 会计机构负责人（会计主管）岗位　B. 出纳岗位

C. 内部控制岗位　D. 总账岗位

三、判断能力训练

（　　）1. 财务会计主要是对外部利益相关者提供企业财务信息。

（　　）2. 财务会计提供的信息应该保证绝对精确。

（　　）3. 一般来说，大中型企业和具有一定规模的事业行政单位，以及财务收支数额较大、会计业务较多的社会团体和其他经济组织，都应单独设置会计机构。

（　　）4. 规模小的企业可以不单独设置会计机构，可以将会计业务并入其他职能部门，或者进行代理记账。

（　　）5. 出纳人员可以兼管稽核、会计档案保管及收入、费用、债权债务账目的登记工作。

1.2　认知会计准则　明晰核算依据

一、单项选择能力训练

1. 会计人员不得把投资者个人支出计入企业账户，依据的会计核算假设是（　　）。

A. 会计主体假设　B. 持续经营假设　C. 会计分期假设　D. 货币计量假设

2. 会计核算上应用应收、应付、折旧、摊销等会计处理方法的基本前提是（　　）。

A. 会计主体　B. 实质重于形式　C. 会计分期　D. 持续经营

3. 同一会计主体在不同会计期间尽可能采用相同的会计处理方法和程序，这一原则在会计上称为（　　）。

A. 可比性原则　B. 可靠性原则

C. 相关性原则　D. 实质重于形式原则

4. 我国企业会计准则规定，企业的会计核算应当以（　　）为基础。

A. 权责发生制　B. 实地盘存制　C. 永续盘存制　D. 收付实现制

二、多项选择能力训练

1. 会计中期有（　　）。

A. 年度　B. 半年度　C. 季度　D. 月度

2. 下列各项中，体现谨慎性原则要求的是（　　）。

A. 存货采用历史成本计价

B. 应收账款计提坏账准备

C. 当期销售收入与费用配比

D. 寿命不确定的无形资产每年末进行减值测试

3. 企业在对资产要素进行计量时可以采用（　　）。

A. 公允价值　B. 历史成本　C. 重置成本　D. 现值

4. 下列各项体现了重要性要求的有（　　）。

A. 工业企业所持有的工具，尽管具有固定资产的某些特征，比如，使用期限超过一年，也能够带来经济利益，但由于数量多单价低，在实务中通常确认为存货

B. 某贸易公司购入商品时发生运杂费500元，由于金额较小，该公司将其直接计入费用

C. 甲公司2020年发生研发支出100万元，由于无法区分是研究支出还是开发支出，因此全部计入了当年的管理费用

D. 证监会要求上市公司对外提供季度财务报告

E. 某企业将年初预付的全年报刊费，一次性计入当月管理费用

三、判断能力训练

（　　）1. 权责发生制是以收到或支付现金作为确认收入和费用的依据。

（　　）2. 会计信息在可靠性的前提下，应尽可能做到相关，以满足投资者等财务报告使用者的决策需要。

（　　）3. 因向所有者分配利润而导致经济利益的流出应当属于费用。

（　　）4. 现值是取得某项资产在当前需要支付的现金或现金等价物。

（　　）5. 法律主体必定是会计主体，会计主体也必定是法律主体。

（　　）6. 根据谨慎性原则，企业要定期对可能发生的各项资产损失计提减值准备，这体现了谨慎性原则对历史成本原则起着修正的作用。

四、应用能力实训

【实训目的】训练权责发生制的运用。

【实训资料】根据某企业3月份发生的经济业务计算并填列下表（不考虑增值税）。

（1）销售产品40 000元，款已收到存入银行。

（2）收到某单位还来上月所欠货款35 000元。

（3）销售产品20 000元，本月未收到货款。

（4）某单位交来预付货款25 000元，订购本企业产品。

（5）预付第二季度财产保险费1 200元。

（6）支付本季度借款利息共3 200元（1月份1 000元，2月份1 050元）。

（7）用银行存款支付本月广告费30 000元。

【实训要求】分别采用权责发生制和收付实现制计算3月份的收入和费用。

业务号	权责发生制		收付实现制	
	收入	费用	收入	费用
（1）				
（2）				
（3）				
（4）				
（5）				
（6）				
（7）				
合计				

项目2 记录货币资金 维护资金安全

项目导航

知识目标

- 掌握企业货币资金的组成
- 理解企业库存现金的管理制度、收支流程
- 掌握库存现金的核算
- 知悉银行结算账户的管理制度
- 掌握银行存款对账的内容
- 知悉未达账项的形成原因、种类
- 掌握银行存款余额调节表的编制

能力目标

- 能描述现金的使用范围
- 能简约描述现金内部控制的方法
- 能处理有关货币资金收支的业务并登记现金日记账和银行存款日记账
- 能编制银行存款余额调节表
- 能描述货币资金支付程序
- 能讲述银行存款账户使用的有关规定

货币资金，是企业资产的重要组成部分，是企业资产中流动性最强的一种资产。企业为了经营、投资、预防等的需要，必须拥有一定量的货币资金，持有货币资金是进行经营活动的基本条件。根据货币资金的存放地点及用途的不同，货币资金分为库存现金、银行存款及其他货币资金。

2.1 记录与保管库存现金

任务导入

小王在某高职学院会计专业毕业后，应聘到一家小型制造业企业做第一份会计工作——出纳。怀揣职业梦想的小王，和很多会计人一样，从出纳岗位开始职业生涯。上班的第一天，财务科长就告诉小王出纳岗位的工作内容与工作职责。包括：根据记账凭证收付现金；按规定每日登记现金日记账；每日盘点库存现金，核对现金日记账；按规定程序保管现金，保证库存现金及有价证券安全；保管好各种空白支票、票据、印鉴等。

同学们，你的第一份会计工作也很可能是出纳，主要的工作内容也是记录与保管库存现金等。下面我们就一起开始专业知识的学习与专业技能的训练吧！

知识准备

2.1.1 认知库存现金

库存现金，是指通常存放于企业财会部门由出纳人员管理的货币资金。会计上的现金有狭义和广义之分。狭义的现金是指企业的库存现金；广义的现金除了库存现金外，还包括银行存款和其他符合现金定义的票证等。

本项目所指现金的定义是指狭义的现金，即库存现金，也即存放在企业财会部门，由出纳人员经管的货币，包括人民币现金和外币现金。

【小贴士】

由相关业务部门借支用于本部门零星开支并由相关业务部门自行保管的，或商业零售企业各营业柜组备用找零的款项属于“备用金”项目，不是会计核算上所讲的库存现金。

2.1.2 认知库存现金的管理制度

（一）现金的收支范围

1. 企业可以用现金收入的款项 （即现金收入的范围）

（1）单位和个人交回剩余差旅费和备用金等；

（2）收取不能转账的单位或个人的销售收入；

（3）不足转账起点的定额收入等。

除上述项目可以直接收入现金外，其余收款业务原则上都应通过银行转账结算。

2. 企业可以用现金支出的款项（即现金支出的范围）

（1）职工工资、津贴；

（2）个人劳务报酬；

（3）根据国家规定发给个人的科学技术、文化艺术、体育等奖金；

（4）各种劳保、福利费用以及国家规定的对个人的其他支出；

（5）向个人收购农副产品和其他物资的价款；

（6）出差人员必须随身携带的差旅费；

（7）结算起点（1 000 元）以下的零星支出；

（8）中国人民银行确定需要支付现金的其他支出。

（二）库存现金限额

库存现金限额，是指为了保证企业日常零星开支的需要，允许企业留存现金的最高限额。这一限额由开户银行根据单位的实际需要核定，一般不超过 3 ~ 5 天的日常零星开支量；离银行较远，交通不便的，可按多于 5 天但不超过 15 天的零星开支量确定。企业对超过限额的现金，必须当日或次日送存银行。需要增加或减少现金限额的单位，应向开户银行申请由开户银行核定。

（三）货币资金支付业务办理程序

1. 支付申请

单位有关部门或个人用款时，应当提前向审批人提交货币资金支付申请，注明款项的用途、金额、预算、支付方式等内容，并附有效经济合同或相关证明。

2. 支付审批

审批人根据其职责、权限和相应程序对支付申请进行审批。对不符合规定的货币资金支付申请，审批人应当拒绝批准。

3. 支付复核

复核人应当对批准后的货币资金支付申请进行复核，复核货币资金支付申请的批准范围、权限、程序是否正确，手续及相关单证是否齐备，金额计算是否准确，支付方式、支付单位是否妥当等。复核无误后，交由出纳人员办理支付手续。

4. 办理支付

出纳人员应当根据复核无误的支付申请，按规定办理货币资金支付手续，及时登记现金和银行存款日记账。

单位对于重要货币资金支付业务，应当实行集体决策和审批，并建立责任追究制度，防范贪污、侵占、挪用货币资金等行为。

[扫一扫]

现金管理的内部控制制度

2.1.3 记录库存现金的账户与账簿

（一）会计科目

库存现金 （1001）

（1）定义：用于核算企业的库存现金收支及结存情况。

（2）性质：资产类。

（3）核算内容：借方反映企业库存现金的增加，贷方反映库存现金的减少。期末余额在借方，反映库存现金实有数额。

（4）明细核算：一般不需要进行明细核算；但如果企业还持有外币现金时，则要按币种进行明细核算。

（二）总分类核算与序时核算

1. 库存现金总分类账核算

为了总括地反映企业库存现金的收入、支出及结存情况，企业应设置“库存现金”总分类账。现金总分类账由负责总账的财会人员进行总分类核算，根据现金收付款凭证和涉及现金的银行存款付款凭证直接登记。如果企业日常现金收支量较大，为了简化核算工作，可以根据实际情况，采用科目汇总表或汇总记账凭证的核算形式。总账账页的格式一般采用“三栏式”。库存现金总分类账见表2－1。

表2－1

总账账户名称：库存现金

年		凭证编号	摘　要	借方									贷方									借或贷	余额								
月	日			百	十	万	千	百	十	元	角	分	百	十	万	千	百	十	元	角	分		百	十	万	千	百	十	元	角	分

2. 库存现金序时账核算

库存现金日记账，由出纳人员根据现金收款凭证和付款凭证和涉及现金的银行存款付款凭证按照业务发生的先后顺序逐日逐笔登记。每日终了，应结出账面余额，并与实际库存金额核对相符。“库存现金日记账”账页格式有三栏式和多栏式，一般采用三栏式。三栏式的库存现金日记账格式与库存现金总分类账相同。

（注：详见任务实施2－1）

2.1.4 备用金

（一）备用金的定义

备用金，是企事业单位或其他经济组织等拨付给非独立核算的内部单位或工作人员备作差旅费、零星采购、零星开支等用途的款项。

（二）备用金的管理方式

1. 一次性备用金

预借备作差旅费、零星采购等用途的备用金，一般采用一次性备用金。它的特点是“先借后用、用后报销”。即相关人员在每次承接业务或出差时，经审批后，向财务部门借出一定金额的库存现金，在完成承接的业务或出差回来后，凭审核后的凭证向财务部门进行报销。

2. 定额备用金

定额备用金，是指企业内部的某一业务部门按定额持有的备用金。实行这种制度，通常是根据业务部门的实际需要，由财会部门会同有关业务部门核定备用金定额并拨付款项，业务部门根据相关规定自行使用并登记台账，在定额备用金使用后到财务部门集中报销，并把备用金的定额补足。这种方法便于企业对备用金的使用进行控制，并可减少财会部门日常的核算工作，一般适用于有经常性费用开支的内部用款单位。

（三）科目设置

其他应收款（1221）

（1）定义：核算企业除应收账款、应收票据、预付账款以外的其他各种应收、暂付款项，包括各种赔款、罚款、备用金、应向职工收取的各种垫付款等。

（2）性质：资产类。

（3）核算内容：借方登记其他应收款的增加数，贷方登记其他应收款的减少数。期末余额在借方，反映企业其他应收款的结余数。

（4）明细账的设置：按其应收、暂付的单位、个人设置明细账进行明细分类核算。

（四）备用金的业务节点与账务处理

备用金的业务节点包括经批准借出、业务完成后审核报销等。账务处理见表2－2。

表 2 – 2 备用金的业务节点与账务处理

<table>
<tr><th colspan="2">业务节点</th><th>原始单据</th><th>账务处理</th></tr>
<tr><td rowspan="2">一次性备用金</td><td>财务部门借出库存现金时</td><td>经审核批准的借款单</td><td>借：其他应收款——×××
　　贷：库存现金</td></tr>
<tr><td>财务部门办理报销时</td><td>经审核批准的、证明各种费用消耗的单据，如报销单、车船票、住宿发票</td><td>企业财务部门一方面收到经审核批准的、证明各种费用消耗的单据，增加企业的管理费用等；另一方面因收回、结清企业的其他债权。如果最后报销与当初借款的金额不一致，要收回或补付库存现金
借：管理费用——差旅费/办公费
　　贷：其他应收款——×××
借或贷：库存现金</td></tr>
<tr><td rowspan="3">定额备用金</td><td>财务部门拨付库存现金给业务部门时</td><td>经审核批准的借款单</td><td>借：其他应收款——××部门
　　贷：库存现金</td></tr>
<tr><td colspan="3">注：定额备用金日常的使用，由相关业务部门建立台账，进行备查核算</td></tr>
<tr><td>财务部门定期办理业务部门报销时</td><td>经审核批准的、证明各种费用消耗的单据，如报销单、车船票、住宿发票</td><td>业务部门实际支用后，凭审核后的有效单据进行报销，一方面增加管理费用等，同时财会部门根据报销数用现金补足备用金定额
借：管理费用——差旅费/办公费
　　贷：库存现金</td></tr>
</table>

（注：详见任务实施 2 – 2、任务实施 2 – 3）

2.1.5 库存现金的清查

为了确保库存现金的安全完整，企业应当按照规定对库存现金进行定期和不定期的清查。包括出纳人员每日终了前进行的现金账款核对和清查小组进行的定期或不定期的现金盘点核对。

（一）库存现金清查方法

库存现金清查一般采用实地盘点法。

出纳人员每日终了要对库存现金进行清点，并将清点确认的库存现金实有数（不得有借条、收据等白条）与现金日记账的每日余额核对相符。

会计主管人员或企业内部稽核人员应定期或不定期对现金进行清点。清查时，出纳人员必须在场，清查后填写“库存现金清查盘点报告单”，并签章确认。

清查中如发现账款不符，产生现金溢余或短缺，应先通过“待处理财产损溢”账户核算，并及时查明原因，按有关规定进行处理。

（二）待处理财产损溢（1901）

（1）定义：核算企业在清查财产过程中查明的各种财产物资盘盈、盘亏和毁损的价值。

（2）性质：资产类，属于被抵科目，也是暂记科目。

（3）核算内容：借方登记财产物资的盘亏、毁损数额及盘盈的转销数额，贷方登记财产物资的盘盈数额及盘亏的转销数额。处理完毕后，本账户应无余额。

（4）明细账的设置：设置“待处理流动资产损溢”和“待处理非流动资产损溢”明细分类账户进行明细核算。

（三）库存现金清查的业务节点与账务处理

库存现金清查的业务节点包括发现现金溢余（短缺）及经批准处理溢余（短缺）。账务处理见表2－3、表2－4。

表2－3　　库存现金清查的业务节点与账务处理表

业务节点		原始单据	账务处理
发现现金溢余时	批准前	现金盘点报告表	借：库存现金 　贷：待处理财产损溢——待处理流动资产损溢
	批准后	现金清查处理意见书	借：待处理财产损溢——待处理流动资产损溢 　贷：其他应付款［应支付给有关人员或单位的］ 　　营业外收入［无法查明原因的］

（注：详见任务实施2－4）

表2－4　　现金短缺及经批准处理短缺的账务处理

业务节点		原始单据	账务处理
发现现金短缺时	批准前	现金盘点报告表	借：待处理财产损溢——待处理流动资产损溢 　贷：库存现金
	批准后	现金清查处理意见书	借：其他应收款［应由责任人赔偿的部分、企业多付或少收其他单位或个人的］ 　管理费用［无法查明原因的］ 　贷：待处理财产损溢——待处理流动资产损溢

（注：详见任务实施2－5）

任务实施

任务实施 2－1　提取现金的核算

出纳小王因业务需要，根据公司现金管理制度，拟提取现金 15 000 元，补充库存现金。

步骤一：填写现金支票、加盖预留印鉴（见图 2－1、图 2－2）。

中国工商银行
现金支票存根
30293842
28391102
附加信息

出票日期：2018年06月02日
收款人：江苏天润机械有限公司
金　额：¥15,000.00
用　途：备用金
单位主管　　　会计

中国工商银行　**现金支票**　30293842 28391102

付款期限自出票之日起十天

出票日期（大写）贰零壹捌年零陆月零壹日 付款行名称：中国工商银行江宁支行
收款人：江苏天润机械有限公司　　出票人账号：740108320311

人民币（大写）	壹万伍仟元整	亿	千	百	十	万	千	百	十	元	角	分
					¥	1	5	0	0	0	0	0

用途　　备用金　　　　密码

上列款项请从
我账户内支付
出票人签章　　江苏天润机械有限公司 财务专用章　　李民

复核　　记账

图 2－1　现金支票正面

附加信息：

江苏天润机械有限公司 财务专用章　　李民

收款人签章：
年　月　日

身份证名称：　　　　发证机关：
号码

（粘单处）

根据《中华人民共和国票据法》等法律法规的规定，签发空头支票由中国人民银行处以票面金额5%但不低于1000元的罚款。

图 2－2　现金支票背面

【注意】在现金支票的背面也要加盖预留的印鉴。

步骤二：到银行提取现金。

步骤三：对提取现金业务进行账务处理，增加库存现金，减少银行存款。

借：库存现金　　15 000

贷：银行存款　　15 000

步骤四：登记库存现金日记账。

任务实施 2-2　一次性备用金的核算

2020 年 9 月 2 日，厂部办公室王明因出差需要，预借差旅费 2 000 元，财务科以现金支付；9 月 5 日，王明出差归来，报销差旅费 2 186 元。

步骤一：2020 年 9 月 2 日，收集整理审核借款单、支付库存现金（见图 2-3）。

借　款　单

2019年9月2日　　NO. 22003845

借款人：　王明	所属部门：　办公室
借款用途：　预借差旅费	
借款数额：人民币（大写）　贰仟元整	
部门负责人审批：　李明	借款人（签章）：　王明
财务部门审核：　同意	
单位负责人批示：　同意	签字：　李军
核销记录：	

图 2-3　借款单

步骤二：对支付现金业务进行账务处理，增加其他应收款，减少库存现金。

借：其他应收款——备用金（王明）　　2 000

贷：库存现金　　2 000

步骤三：登记库存现金日记账。

步骤四：在王明出差回来报销差旅费时，收集整理审核报销单（见图 2-4 和图 2-5，车票略）。

3200078390

江苏增值税专用发票

NO. 09253832

全国统一发票监制章 发 江苏 票 联 国家税务总局监制

开票日期：2019年9月5日

购货方	名称：江苏天润机械有限公司 纳税人识别号：913200006666998998 地址、电话：徐州横行路180号 开户行及账号：工行江宁支行			密码区	241766<98/198273482+<63<+64- 876*98</8765/>216+>2>7/3- +7643<>+782-/5452<4*-62>_9>86>> 加密版本：01320009822708672833		
货物及应税劳务的名称	规格型号	单位	数量	单价	金额	税率	税额
住宿费					600.00	6%	36.00
合计					¥600.00		¥36.00
价税合计（大写）	陆佰叁拾陆元整				（小写）		¥636.00
销货方	名称：集成酒店管理有限公司 纳税人识别号：912685312631631236 地址、电话：上海中华8号 开户行及帐号：中行中华支行			备注	集成酒店管理有限公司 912685312631631236 发票专用章		

收款人：王明光　　复核：肖文秀　　开票人：刘志伟　　销货单位：（章）

第三联：发票联 购货方记账凭证

图2－4　增值税专用发票

差旅费报销单

填报日期：2019年9月6日

出差人员	王明		部门		厂部办公室			事由		公务活动		
月/日	起止时间	起讫地点	车船费		途中补贴	住宿补贴		餐食补贴		住宿费	市内交通费	其他
			车次	金额	金额	天数	金额	天数	金额			
9月2日	午 时 分 午 时 分	徐州至上海		500				4	280	636		
9月5日	午 时 分 午 时 分	上海至徐州		700							70	
支出小计				1200					280	636	70	
预借金额	2000	支出（报销）金额	2186		应付(退)			186				
领导审核	王军		报销人签章		王明			说明				

收款人：xxx　　复核：xxx　　开票人：庄明　　销货单位：（章）

图2－5　差旅费报销单

步骤五：对王明报销差旅费业务进行账务处理，增加管理费用，抵扣进项税额，减少其他应收款，减少库存现金。

借：管理费用——差旅费　　2 150

　　应交税费——应交增值税（进项税额）　　36

　　　贷：其他应收款——备用金（王明）　　2 000

　　　　　库存现金　　186

步骤六：登记相关账户。

任务实施 2-3　定额备用金的核算

江苏天润机械有限公司后勤管理部实行定额备用金制度。2020 年 11 月 6 日，财会部门根据核定的备用金定额 2 000 元，开出现金支票拨付。11 月 26 日，后勤管理部向财会部门报销日常办公用品费 1 808 元，财会部门经审核有关单据后，同意报销，并以现金补足定额。

步骤一：11 月 6 日，根据公司决议，开出现金支票，并对付出定额备用金业务进行会计处理，增加其他应收款，减少银行存款（见图 2-6）。

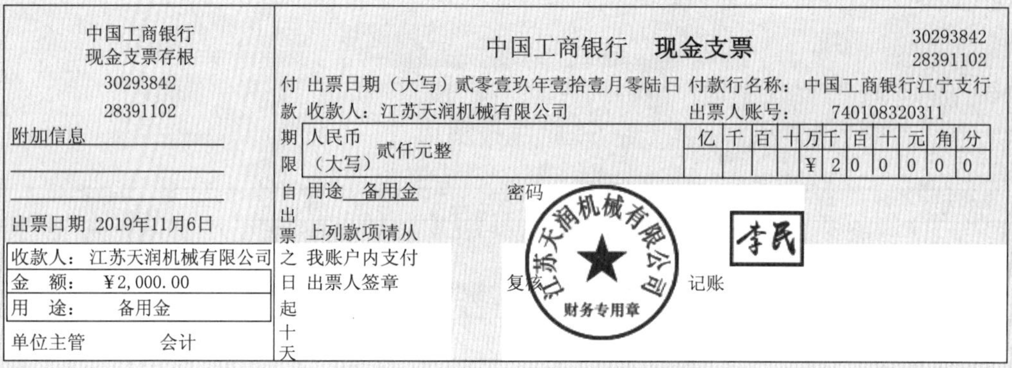

中国工商银行
现金支票存根
30293842
28391102
附加信息
出票日期 2019年11月6日
收款人：江苏天润机械有限公司
金 额：￥2,000.00
用 途：备用金
单位主管　　会计

中国工商银行　现金支票　30293842 28391102
付款期限自出票之日起十天
出票日期（大写）贰零壹玖年壹拾壹月零陆日　付款行名称：中国工商银行江宁支行
收款人：江苏天润机械有限公司　出票人账号：740108320311

人民币（大写）	亿	千	百	十	万	千	百	十	元	角	分
贰仟元整					￥	2	0	0	0	0	0

用途 备用金　密码
上列款项请从
我账户内支付
出票人签章　复核　记账
江苏天润机械有限公司 财务专用章
李民

图 2-6 现金支票

借：其他应收款——备用金（后勤管理）　　2 000

　　贷：银行存款　　2 000

步骤二：11 月 26 日，收集整理审核相关单据，并对报销业务进行账务处理，增加管理费用，抵扣进项税额，减少库存现金（见图 2-7）。

3200078390　　江苏增值税专用发票　　NO. 09253832

发票联

开票日期：2019年11月26日

购货方	名　　称：江苏天润机械有限公司 纳税人识别号：913200006666998998 地 址、电 话：徐州市建国路180号 开户行及账号：工行江宁支行			密码区	241766<98/198273482+< 63<+64-876*98</8765/> 216+>2>7/3-+7643<>+78 2-/5452<4*-62>-9>86>>	加密版本： 01320009 82270867 2833	
货物及应税劳务的名称	规格型号	单位	数量	单价	金额	税率	税额
办公用品					1,600.00	13%	208
合　计					¥1,600.00		¥208.00
价税合计（大写）	壹仟捌佰零捌元					（小写）	¥1808.00
销货方	名　　称：上海大联办公用品厂 纳税人识别号：915615332634568000 地 址、电 话：上海徐家汇18号 开户行及账号：交行莲花支行			备注	上海大联办公用品厂 915615332634568000 发票专用章		

收款人：　　复核：　　开票人：　　销货单位：（章）

第三联：发票联 购货方记账凭证

图2-7　增值税专用发票

借：管理费用——办公费　　1 600

　　应交税费——应交增值税（进项税额）　　208

　　贷：库存现金　　1 808

步骤三：登记相关账户。

任务实施2-4　库存现金盘盈的核算

2020年10月28日，财务负责人对库存现金清查盘点后，发现现金溢余200元，原因待查；10月30日，无法查明现金溢余原因，经批准后转作营业外收入。

步骤一：收集整理审核库存现金清查盘点报告单。

步骤二：对现金盘盈业务进行账务处理。

借：库存现金　　200

　　贷：待处理财产损溢——待处理流动资产损溢　　200

步骤三：收集整理库存现金清查盘点报告单，并对现金盘盈批准处理业务进行账务处理。

借：待处理财产损溢——待处理流动资产损溢　　200

　　贷：营业外收入——流动资产盘盈得利　　200

步骤四：登记相关账户。

任务实施2-5 库存现金盘亏的核算

2020年9月15日，财务负责人对库存现金清查盘点后，发现盘亏350元；当日查明短缺原因，其中250元因出纳员夏利工作失职造成，应由其负责赔偿；另外100元无法查明原因，经批准后转作管理费用。

步骤一：收集整理审核库存现金清查盘点报告单（见表2-5）。

表2-5　　库存现金清查盘点报告单

单位名称：江苏天润机械有限公司　　2019年9月15日　　金额单位：元

实存金额	账面余额	盘 盈	盘 亏	备 注
850	1 200		350	
分析意见：出纳过失250元，另100无法查明原因		单位负责人处理意见：同意处理意见　李民		

财务负责人：王军　　盘点人：庄丽　　监盘人：王佳　　制表人：庄丽　　出纳员：夏利

步骤二：对现金盘亏业务进行账务处理。

借：待处理财产损溢——待处理流动资产损溢　　350

　　贷：库存现金　　350

步骤三：收集整理审核库存现金清查盘点报告单，并对现金盘亏批准处理业务进行账务处理。

借：其他应收款——应收现金短款（夏利）　　250

　　管理费用——现金短缺　　100

　　贷：待处理财产损溢——待处理流动资产损溢　　350

步骤四：登记相关账户。

【小贴士】

对于企业财产盘盈盘亏的账务处理，有两点应注意：一是在发现盘盈盘亏时，一般都是盘盈什么、增加什么；盘亏什么、减少什么。这样处理后，实现会计核算中的“账实相符”。二是在对盘盈盘亏处理后，“待处理财产损溢”（暂记账户）也就平了。最终的结果就是：盘盈：增加了库存现金，减少了管理费用；盘亏：减少了库存现金，增加了其他应收款或营业外支出。但我们在进行账务处理时，为什么必须做两笔会计分录？这是因为，会计具有反映的功能，要把经济业务的过程、轨迹完整地记录下来。

2.2 记录与核对银行存款

任务导入

出纳工作包括现金出纳与银行出纳两个方面。在大型企业，它是两个岗位，由两个人或更多人员承担；但在中小企业，一般是由一个人来完成的。所以，小王的科长告诉小王：出纳工作除了保管与记录库存现金外，还有一部分工作就是记录与核对银行存款。未来的出纳们，我们需要知悉国家有关银行账户的使用政策，学习如何办理资金收付业务，如何收集整理各种结算单据，如何记录与核对银行存款。

知识准备

2.2.1 认知银行存款

银行存款，是指企业存入银行或其他金融机构的货币资金。广义的银行存款，包括银行结算账户存款、其他货币资金等一切存入银行或其他金融机构的货币资产。狭义的银行存款，仅指银行结算户存款，简称为银行存款，包括人民币存款和外币存款。本章讲的银行存款均是指结算账户存款。

2.2.2 企业银行结算账户的开立

银行结算账户，是指银行为存款人开立的办理资金收付结算的人民币活期存款账户。

银行结算账户按存款人分为单位银行结算账户和个人银行结算账户。凡是独立核算的企业都必须在当地银行开设账户，以办理存款、取款和支付结算。企业在银行开设的存款账户分为基本存款账户、一般存款账户、临时存款账户和专用存款账户。

【小贴士】

企业可以自主选择银行，银行也可以自愿选择存款人。但一个企业只能选择一家银行的一个营业机构开立一个基本存款账户，不得在多家银行机构同时开立基本存款账户；不得在同一家银行的几个分支机构同时开立一般存款账户。

2.2.3　记录银行存款业务的账户与核算

（一）银行存款（1002）

（1）定义：核算企业银行存款收入、支出和结存情况。

（2）性质：资产类。

（3）核算内容：借方登记银行存款的增加，贷方登记银行存款的减少。期末余额在借方，反映企业银行存款的结余额。

【小贴士】

企业在银行的其他存款，如外埠存款、银行本票存款、银行汇票存款、信用卡存款、信用证保证金等，通过“其他货币资金”账户核算，不通过“银行存款”账户核算。

（二）银行存款的核算

1. 银行存款总分类账户核算

为了总括反映银行存款的收支和结存情况，企业应设置“银行存款”总分类账户，进行总分类核算。“银行存款”总分类账一般为“三栏式”。它可以根据银行存款的收付款凭证和涉及银行存款的现金付款凭证直接登记，也可以根据实际情况，采用科目汇总表或汇总记账凭证的核算形式。“银行存款”总分类账与“库存现金”总分类账一样，应由不从事出纳工作的会计人员负责登记（见表2-6）。

表2-6

总账账户名称：银行存款

年		凭证编号	摘要	借方									贷方									借或贷	余额								
月	日			百	十	万	千	百	十	元	角	分	百	十	万	千	百	十	元	角	分		百	十	万	千	百	十	元	角	分

2. 银行存款日记账核算

为了随时反映银行存款的收支和结存余额，企业应设置银行存款日记账，对其进行序时核算。银行存款日记账应按企业在银行开立的账户和币种分别设置。

银行存款日记账的账页格式大致可分为“三栏式”“多栏式”和“收付分页式”三种，实际工作中普遍采用“三栏式”账页。其格式与登记要求与“库存现金日记账”相同。

2.2.4 银行存款的核对

（一）银行存款核对的内容

为了保证银行存款的安全与完整以及核算的正确性，出纳人员应定期对银行存款进行核对。银行存款的核对包括三个方面：

一是，银行存款日记账与银行存款收付款凭证及现金付款凭证核对，做到账证相符；

二是，银行存款日记账与银行存款总账核对，做到账账相符；

三是，银行存款日记账与银行转来的对账单逐日逐笔核对（每月至少核对一次），保证账实相符。

【小贴士】

银行存款作为一项存放在银行的一项资产，没有办法采用“实地盘存”的方法进行盘点，为保证资产的安全和账簿记录的准确性，一般是采用与银行“对账”的方式。

企业把款项存入银行，企业要登记“银行存款日记账”；同时，银行接受企业的存款，银行也要按“客户”登记“分户账”，并定期或不定期地与客户进行对账，也就是企业会计人员常说的“银行对账单”。企业把款项存入银行，企业要在“银行存款日记账”中登记存款的增加；作为接受企业存款的银行，也要在“银行对账单”上等额登记增加。反之，企业从银行支出款项，企业要在“银行存款日记账”中登记存款的减少；作为替企业付款的银行，也要在“银行对账单”上等额登记减少。因为它们登记的都是企业的“银行存款”，所以“银行存款日记账”与“银行对账单”登记的内容及期末的余额应该相同、相等。但在实际工作中，企业在定期或不定期地与银行对账时，“银行存款日记账”与“银行对账单”余额有可能不相等，其原因主要有以下两种：

（1）企业或银行一方或双方记账发生错误；

（2）存在未达账项。

未达账项，是指由于凭证传递时间先后顺序不同，造成企业和银行之间的记账时间不一致，即一方已经记账，而另一方尚未记账的款项。未达账项是银行存款收付结算业务中的正常现象。

未达账项有以下四种情况：

（1）企业已收款入账，而银行未收到结算凭证尚未收款入账。

（2）企业已付款入账，而银行未收到结算凭证尚未付款入账。

（3）银行已收款入账，而企业未收到结算凭证尚未收款入账。

（4）银行已付款入账，而企业未收到结算凭证尚未付款入账。

企业在进行“银行存款”核对时，如果发现存在未达账项，应通过“编制银行存款余额调节表”来调整双方的账面余额，确定企业银行存款实有数。

（二）银行存款余额调节表的编制

如前所述，企业的“银行存款日记账”与银行的“银行对账单”都登记“企业存款”，是同一对象，所以双方的账户记录应“同增”“同减”，且余额相等。所以，可以采用“补缺法”编制银行存款余额调节表，也就是按照“同增”“同减”的原理，以双方账面余额为基础，把企业已记账而银行未记账的内容，在银行的“银行对账单”里补上；把银行已记账而企业未记账的内容，在企业的“银行存款日记账”里补上。

银行存款余额调节表的编制，一般应按以下四个步骤进行：

（1）将本单位银行存款日记账与银行对账单，以结算凭证的种类、号码和金额为依据，逐日逐笔核对。凡双方都有记录的，用铅笔在金额旁打上记号“√”。

（2）找出未达账项（即银行存款日记账和银行对账单中没有打“√”的款项）。

（3）将日记账和对账单的月末余额及找出的未达账项填入“银行存款余额调节表”，并计算出调节后的余额。

（4）将调整平衡的“银行存款余额调节表”，经主管会计签章后，呈报开户银行。见表 2－7。

表 2－7　　　　银行存款余额调节表

项目	金额	项目	金额
企业银行存款日记账余额		银行对账单余额	
加：银行已收、企业未收的款项 减：银行已付、企业未付的款项		加：企业已收、银行未收的款项 减：企业已付、银行未付的款项	
调整后的存款余额		调整后的存款余额	

（注：详见任务实施 2－6）

【小贴士】

凡有几个银行户头以及设有外币存款户头的单位，应分别按存款户头开设“银行存款日记账”。每月月底，应分别将各户头的“银行存款日记账”与各户头的“银行对账单”核对，并分别编制各户头的“银行存款余额调节表”。

（三）银行存款余额调节表的作用

（1）银行存款余额调节表是一种对账记录或对账工具，不能作为调整账面记录的依据，即不能根据银行存款余额调节表中的未达账项来调整银行存款账面记录，未达账项只有在收到有关凭证后才能进行账务处理。

（2）调节后的余额如果相等，通常说明企业和开户银行的账面记录一般没有错误，该余额为企业可以动用的银行存款实有数。

（3）调节后的余额如果不相等，通常说明一方或双方记账有误，应进一步追查，查明原因后予以更正和处理。

【小贴士】

内部控制漏洞之首—出纳编制银行存款余额调节表

内部控制是企业为控制经营风险、实现经营目标而制定的各项政策与程序。不相容职务分离是内部控制的一个基本原理，所谓“管钱不管账，管账不管钱”就是不相容职务分离原理的一个典型运用。货币资金是最容易出现舞弊的一项资产，如果由出纳来负责领取银行对账单、编制银行存款余额调节表，出纳就有可能挪用或侵占公司货币资金，并通过伪造对账单或在余额调节表上做手脚来掩盖自己的舞弊行为。据了解，80%以上的企业存在出纳领取银行对账单、编制余额调节表的现象，究其原因，主要从工作方便角度出发，由于出纳经常跑银行，办理各种收付款，于是便“顺理成章”地领取银行对账单、编制余额调节表。殊不知这种习惯做法存在巨大风险隐患，其实要防范这种风险并不难，只要改由出纳以外的人来负责银行对账单领取和账面银行存款余额核实工作即可，关键是要从思想意识上重视起来，细化并落实内部控制流程与手段，防患于未然。

任务实施

任务实施 2-6 编制银行存款余额调节表

江苏天润机械有限公司 2020 年 12 月 31 日银行存款日记账账面余额为 95 200 元，银行对账单的余额为 96 700 元。两者余额不相符，假设不存在记账错误，均为未达账项，应编制银行存款余额调节表。

步骤一：逐笔核对银行存款日记账和银行对账单，找出双方存在的未达账项。

（1）银行已将一笔委托收款 5 800 元收到入账，而企业尚未接到收款通知；

（2）银行已支付电话费 400 元，而企业尚未接到付款通知；

（3）企业送存银行的销货款 5 500 元，银行尚未入账；

（4）企业签发转账支票一张，票面金额为 1 600 元，持票人尚未到银行办理转账手续。

银行存款日记账和银行对账单分别见表 2-8、表 2-9。

表2－8　　　　银行存款日记账

账户名称：银行存款日记账

2020年		凭证编号	摘　要	借方									贷方									借或贷	余额								
月	日			百	十	万	千	百	十	元	角	分	百	十	万	千	百	十	元	角	分		百	十	万	千	百	十	元	角	分
12	1		承前页	2	3	5	6	8	9	0	7	0	1	6	7	8	6	5	3	3	5	借		3	8	0	5	0	0	0	0
			略																												
	29	2902#	收到欠款					3	5	0	0	0										借			9	1	3	0	0	0	0
	30	9187#	收销货款				5	5	0	0	0	0										借			9	6	8	0	0	0	0
	31	2605#	付材料款													1	6	0	0	0	0	借			9	5	2	0	0	0	0
12	31		月末余额																			借			9	5	2	0	0	0	0

表2－9　　　　银行对账单

开户单位：江苏天润机械有限公司　　　　单位：元

2020年		结算凭证		摘要	借方	贷方	余额
月	日	种类	号数				
12				略			
				略			
	29	转账支票	2902#	代收款项	350		91 300
	30	电汇凭证	9887#	代收销货款		5 800	97 100
	31	委托收款凭证	3605#	支付电话费	400		96 700
12	31			月末余额			96 700

步骤二：编制银行存款余额调节表（见表2－10）。

表2－10　　　　银行存款余额调节表

2020年12月31日

项目	金额	项目	金额
企业银行存款日记账余额	95 200	银行对账单余额	96 700
加：银行已收、企业未收的款项 减：银行已付、企业未付的款项	5 800 400	加：企业已收、银行未收的款项 减：企业已付、银行未付的款项	5 500 1 600
调整后的存款余额	100 600	调整后的存款余额	100 600

2.3 记录其他货币资金

任务导入

小王在出纳工作中，除了库存现金的收付、银行存款的收付外，还经常办理银行汇票、银行本票、信用卡、信用证等方式的结算，也曾把款项汇往企业外地办事机构开设的临时账户，形成外埠存款。以上这些就是货币资金的第三种表现形式——其他货币资金。

知识准备

2.3.1 认知其他货币资金

其他货币资金，是指企业除现金、银行存款以外的其他各种货币资金。大致包括以下内容：

（一）外埠存款

外埠存款，是企业到外地进行临时零星采购时，汇往采购地银行开立采购专户的款项。

（二）银行汇票存款

银行汇票，是由出票银行签发的，由其在见票时按照实际结算金额无条件支付给收款人或者持票人的票据。银行汇票存款是企业为取得银行汇票，按照规定存入银行的款项。

（三）银行本票存款

银行本票，是指银行签发的，承诺其在见票时无条件支付确定的金额给收款人或者持票人的票据。银行本票存款是企业为取得银行本票，按照规定存入银行的款项。

（四）信用卡存款

信用卡存款，是指企业为取得信用卡，按照规定存入银行信用卡专户的款项。

（五）信用证保证金存款

信用证保证金存款，是指采用信用证结算方式的企业为开具信用证而存入银行信用证保证金专户的款项。

（六）存出投资款

存出投资款，是指企业已经存入证券公司但尚未购买股票、基金等投资对象的款项。

2.3.2 其他货币资金业务的核算

为了反映和监督其他货币资金的收支和结存情况，企业应当设置“其他货币资金”账户。

（1）定义：核算企业的外埠存款、银行本票存款、银行汇票存款、信用卡存款、信用证存款和存出投资款的增减变动和结余情况。

（2）性质：资产类。

（3）核算内容：借方登记其他货币资金的增加，贷方登记其他货币资金的减少。期末余额在借方，反映企业其他货币资金的结余数。

（4）明细分类账的设置：按其种类设置“外埠存款”“银行本票”“银行汇票”“信用卡”“信用证保证金”和“存出投资款”等明细账进行明细核算。

（注：详见任务实施 2－7）

任务实施

任务实施 2－7　“其他货币资金”的确认

2020 年 9 月 1 日，江苏天润机械有限公司财会部门保管的有价证券等财物有：

（1）从银行购入的空白现金支票和空白转账支票；

（2）向银行申请办理的银行汇票 2 张；

（3）向银行申领的信用卡；

（4）昆明东方公司签发并承兑的商业汇票一张，面值金额 80 000 元，到期日为 2020 年 12 月 31 日；

（5）从购货单位接收的转账支票 1 张，签发日期为 2020 年 8 月 30 日，金额 117 000 元，收款人为本公司。

步骤一：对以上票据进行分析，确定各自的属性。

（1）中，空白现金支票和空白转账支票是企业重要的空白凭证，不具有资产属性，不是企业资产；（2）及（3）中，向银行申请办理的银行汇票和信用卡符合“其他货币资金”的定义；（4）中，外单位签发并承兑的商业汇票属于“应收票据”资产；（5）中，从购货单位接收的转账支票在办理进账手续后会增加企业的“银行存款”。

步骤二：确定“其他货币资金”的明细科目。

向银行申请办理的银行汇票应确认为“其他货币资金——银行汇票存款”；向银行申领的信用卡应确认为“其他货币资金——信用卡存款”。

职业能力训练

2.1 记录与保管库存现金

一、单项选择能力训练

1. 根据《现金管理暂行条例》规定，下列经济业务中，一般不应用现金支付的是（　　）。

A. 支付职工奖金 4 000 元　　B. 支付零星办公用品购置费 900 元

C. 支付物资采购货款 2 300 元　　D. 支付职工差旅费 5 000 元

2. 现金短缺，属于应由责任人赔偿或保险公司赔偿的部分，计入其他应收款；属于无法查明原因的，计入（　　）。

A. 营业外支出　　B. 冲减营业外收入

C. 管理费用　　D. 财务费用

二、多项选择能力训练

1. 企业可用现金支付的款项有（　　）。

A. 职工工资、津贴

B. 个人劳务报酬

C. 根据国家规定颁发给个人的科学技术、文化艺术、体育等各种奖金

D. 各种劳保、福利费用以及国家规定的对个人的其他支出

2. 对于现金短缺，按管理权限经批准后，（　　）。

A. 应由责任人赔偿的部分，借记“其他应收款——应收现金短缺款”科目

B. 属于应由保险公司赔偿的部分，借记“其他应收款——应收保险赔款”科目

C. 属于无法查明的其他原因，借记“管理费用——现金短缺”科目

D. 属于无法查明的其他原因，借记“营业外支出——现金短缺”科目

三、判断能力训练

（　　）1. 库存现金是企业流动性最强的资产。

（　　）2. 现金的限额由开户银行根据单位的实际需要核定，一般按照单位 3 ~ 15 天日常零星开支所需确定。

（　　）3. 每日终了，应当将现金日记账的余额与实际库存现金额相核对，保证账款相符。

(　　) 4. 属于无法查明原因的现金溢余，经批准后，借记“待处理财产损溢”科目，贷记“营业外收入——现金溢余”科目。

四、应用能力实训

【实训一】

【实训目的】练习库存现金业务的处理与库存现金日记账的登记。

【实训资料】江苏天润机械有限公司 2020 年 9 月 30 日发生如下经济业务：

(1) 开出现金支票一张，从银行提取现金 5 000 元。

(2) 职工小王出差，借支差旅费 1 000 元，以现金支付。

(3) 小王出差回来报销差旅费，原借支 1 000 元，实报销 1 150 元，差额 150 元用现金补付。

(4) 将现金 2 500 元送存银行。

(5) 企业在现金清查中，发现现金短缺 200 元。

(6) 上述短款原因已查明，是出纳员工作失职造成，要求出纳赔偿。

【实训要求】

(1) 根据以上经济业务编制会计分录。

(2) 登记现金日记账。

现金日记账

金额单位：元

2020		凭证		摘要	对应科目	收入	支出	结余
月	日	类别	号数					
9	29			承前页		213 400	212 900	500

【实训二】

【实训目的】练习现金支票的填制。

【实训资料】2020 年 12 月 24 日江苏天润机械有限公司出纳员夏利到银行提取备用金 5 000 元，填写现金支票。

支票正面：

中国交通银行
现金支票存根
30293842
28391102
附加信息

出票日期：　　年　月　日
收款人：
金　额：
用　途：
单位主管　　　会计

中国工商银行　**现金支票**　　30293842
28391102

付款期限自出票之日起十天

出票日期（大写）　年　月　日　付款行名称：
收款人：　　　　出票人账号：

人民币（大写）	亿	千	百	十	万	千	百	十	元	角	分

用途　　　　密码
上列款项请从
我账户内支付
出票人签章　　复核　　记账

江苏天润机械有限公司 财务专用章　　李民

【实训要求】填写现金支票正面，并编写相关会计分录。

2.2　记录与核对银行存款

一、单项选择能力训练

1. 按照国家《银行账户管理办法》规定，企业的工资、奖金等现金的支取，只能通过（　　）办理。

A. 基本存款账户　　B. 一般存款账户
C. 临时存款账户　　D. 专用存款账户

2. 2020 年 9 月 30 日，某企业银行存款日记账账面余额为 216 万元，收到银行对账单的余额为 212. 3 万元，经逐笔核对，该企业存在以下记账差错及未达账项，从银行提取现金 6. 9 万元，会计人员误记为 9. 6 万元；银行为企业代付电话费 6. 4 万元，但企业未接到银行付款通知，尚未入账。9 月 30 日调节后的银行存款余额为（　　）万元。

A. 225. 1　　B. 218. 7　　C. 205. 9　　D. 212. 3

二、多项选择能力训练

1. 在下列各项中，会使企业银行存款日记账小于银行对账单余额的有（　　）。

A. 银行误将其他公司的存款记入本企业“银行存款”账户
B. 企业开出支票，对方未到银行兑付
C. 银行代扣电费，企业未收到通知
D. 委托收款结算方式下，银行收到结算款项，企业尚未收到通知

三、判断能力训练

（　　）1. 银行存款日记账通常是由出纳员根据银行存款收付凭证，逐日逐笔顺序登记。

（　　）2. 未达账款是指企业与银行之间由于凭证传递上的时间差，一方已登记入账而另一方尚未入账的账项。

（　　）3. 企业与银行核对银行存款账目时，对已发现的未达款项，应当编制银行存款余额调节表进行调节，并以银行存款余额调节表作为原始凭证进行相应的账务处理。

四、应用能力实训

【实训一】

【实训目的】练习银行存款余额调节表的编制。

【实训资料】江苏天润机械有限公司 2020 年 9 月 30 日银行存款日记账余额为 540 000 元，银行转来对账单余额为 830 000 元。经逐笔核对，发现以下未达账项：

（1）企业送存转账支票 600 000 元，并已登记银行存款增加，但银行尚未记账。

（2）企业开出转账支票 450 000 元，但持票单位尚未到银行办理转账，银行尚未记账。

（3）企业委托银行代收某公司购货款 480 000 元，银行已收妥并登记入账，但企业尚未收到收款通知，尚未记账。

（4）银行代企业支付电话费 40 000 元，银行已登记企业银行存款减少，但企业未收到银行付款通知，尚未记账。

【实训要求】根据资料编制“银行存款余额调节表”。

银行存款余额调节表

项目	余额	项目	金额
企业银行存款日记账余额 加：银行已收、企业未收款 减：银行已付、企业未付款		银行对账单余额 加：企业已收、银行未收款 减：企业已付、银行未付款	
调节后的存款余额		调节后的存款余额	

【实训二】

【实训目的】练习银行存款业务的操作。

【实训资料】江苏天润机械有限公司 11 月发生如下业务：

（1）向长隆公司购买原材料，收到增值税专用发票注明价款 200 000 元，增值税 26 000 元，天润公司开出转账支票支付材料款，材料已入库。

（2）收到佳佳旺公司交来的转账支票一张，金额 6 000 元，用以归还上月所欠货款，支票已送存银行。

（3）向丁公司出售多余材料一批，增值税专用发票上注明价款 1 000 元，税款 130 元，收到对方开来的转账支票一张。

【实训要求】根据上述资料编制相关会计分录。

2.3 记录其他货币资金

一、单项选择能力训练

1. 下列选项中，不属于其他货币资金核算内容的是（　　）。

A. 银行汇票存款　　B. 银行本票存款

C. 信用卡存款　　D. 银行承兑汇票

2. 银行汇票是由（　　）签发的。

A. 企业　　B. 收款人　　C. 银行　　D. 持票人

3. 银行本票的付款期限为自出票日起最长不超过（　　）。

A. 1 个月　　B. 2 个月　　C. 3 个月　　D. 6 个月

二、多项选择能力训练

1. 其他货币资金是指企业除现金、银行存款以外的其他各种货币资金，主要包括（　　）等。

A. 银行汇票存款　　B. 银行本票存款

C. 存出保证金　　D. 信用证保证金存款

2. 下列各项中，不应通过“其他货币资金”科目核算的有（　　）。

A. 销售商品收到购货方交来的商业汇票

B. 租入包装物支付的存出保证金

C. 存放在企业其他部门和个人的备用金

D. 销售货物收到的银行汇票资金

三、判断能力训练

（　　）1. 其他货币资金是指企业除库存现金、银行存款以外的其他各种货币资金。

（　　）2. 存出投资款是指企业到外地进行临时或零星采购时，汇往采购地银行开立采购账户的款项。

四、应用能力实训

【实训一】

【实训目的】练习其他货币资金业务的操作。

【实训资料】2020 年 10 月 11 日甲公司派采购员到上海采购材料，开出汇款委托书，委托当地开户银行将采购款项 5 000 元汇往上海银行开立采购专户。采购完成后，收到采购人员交来的材料发票账单，列明材料货款 4 000 元，增值税税率 13%，税额 520 元，材料已验收入库，余额 480 元已经汇回。

【实训要求】根据上述资料编制相关会计分录。

【实训二】

【实训目的】练习其他货币资金业务的操作。

【实训资料】2020 年 11 月 20 日甲公司向银行交存 10 000 元，申请办理银行本票，并取得银行本票。采购员持银行本票采购材料，增值税专用发票上注明材料价款 7 000 元，增值税税额 910 元，材料尚未入库，多余款已退回甲公司开户行。根据题意编制会计分录。

【实训要求】根据上述资料编制相关会计分录。

项目3 认知结算方式 办理资金收付

项目导航

知识目标

- ◦了解银行结算的方式及相关政策
- ◦掌握支票结算方式的流程及会计处理
- ◦掌握银行汇票结算方式的流程及会计处理
- ◦掌握商业汇票结算方式的流程及会计处理
- ◦掌握委托收款结算方式的流程及会计处理
- ◦了解其他结算方式的流程及会计处理

能力目标

- ◦能说出支票结算方式的流程，能正确地填写支票，能处理支票结算所形成的会计业务与事项
- ◦能说出办理银行汇票结算方式的流程，能办理银行汇票，能处理银行汇票结算所形成的会计业务与事项
- ◦能说出办理商业汇票结算方式的流程，能处理商业汇票结算所形成的会计业务与事项
- ◦能说出办理委托收款、信用卡、信用证等结算方式的流程，能处理所形成的会计业务与事项
- ◦能根据不同的业务类型、信用政策选择结算方式

结算，是企业、事业、机关等单位之间因商品交易、劳务供应或资金调拨等原因所发生的货币资金收付业务的清算。它分为现金结算和支付结算两种。其中，支付结算是指单位、个人在社会经济活动中使用票据、信用卡和汇兑、托收承付、委托收款等结算方式进行货币支付及资金清算的行为。

中国人民银行发布的《支付结算方法》规定了国内人民币的支付结算方式，包括支票、银行本票、银行汇票、商业汇票、信用卡、托收承付、委托收款、汇兑、信用证九种；另外还有国内信用证结算方式等。

3.1 办理支票结算

任务导入

业务部门的老王要出差了，经领导审批预借差旅费8 000元，老王来到财务科，找出纳小王“拿钱”。小王说：“王经理，实在对不起，现在没有那么多现金，要不给您开一张现金支票，您去银行提现吧！”这样的情景每天都在上演。对企业来说，支票是一种最为常见的结算方式，如何保管、签发、核算支票是每一个会计从业人员所必须掌握的。

知识准备

3.1.1 认知支票

（一）支票的定义

支票，是单位或个人签发的，委托办理支票存款业务的银行在见票时无条件支付确定的金额给收款人或者持票人的票据。支票结算方式是同城结算中应用比较广泛的一种结算方式。

（二）支票的种类

支票，分为现金支票、转账支票、普通支票与划线支票。支票上印有“现金”字样的为现金支票，只能用于支取现金。支票上印有“转账”字样的为转账支票，只能用于转账。转账支票可以根据需要在票据交换区域内背书转让。支票上未印有“现金”或“转账”字样的为普通支票，普通支票可以用于支取现金，也可以用于转账。在普通支票左上角划两条平行线的，为划线支票，只能用于转账，不得支取现金。目前实际工作中常用的是现金支票、转账支票。

（三）支票使用的相关规定

（1）使用范围：单位及个人在同一票据交换区域的各种款项的结算；

（2）支票一律记名；

（3）金额起点为100元；

（4）支票的提示付款期限为自出票日起10日内，中国人民银行另有规定的除外，超过提示付款期限的，持票人开户银行不予受理，付款人不予付款。

（四）签发支票的要求

（1）应使用碳素墨水或蓝黑墨水填写支票。

（2）禁止签发空头支票。不得签发与其预留银行签章不符的支票。使用支付密码的，出票人不得签发支付密码错误的支票。

（3）出票日期应为大写，小写无效。规则为：月份为1、2和10的前加“零”，分别写为：零壹月、零贰月、零壹拾月；日为1～9、10、20、30前加“零”，如：1日为零壹日，20日为零贰拾日，30日为零叁拾日；日为11～19的前加“壹”，如：11日写成壹拾壹日，以此类推。

（4）大写金额与“人民币”字样之间不得留有空白，小写金额前应加“￥”符号。“收款人”“出票日期”和“金额”不得更改，更改则无效，发生错误时只能作废重开，作废支票的存根和正本部分应一并保存。

（5）“付款行名称”应填写本支票对应的开户银行名称；“出票人账号”应填写本支票对应开户银行账号；“用途”根据实际用途填写。

（6）小写金额下的方框为密码区，应根据支付密码器生成的密码填写。

（7）出票人签章一般应使用两枚预留银行的签章，通常一枚是单位的财务专用章，另一枚是单位法定代表人的个人名章。

3.1.2 办理支票结算业务的业务节点与账务处理

办理支票结算业务的业务节点包括企业签发支票支付款项及销售货物收到支票等，账务处理见表3－1。

表3－1　　办理支票结算业务的业务节点与账务处理表

业务节点	原始单据	账务处理
企业签发支票支付材料款	增值税专用发票、 普通发票或收款人开出的收据、 采购合同、支票等	借：原材料 　　应交税费——应交增值税（进项税额） 　　贷：银行存款
销售产品，收到支票	销售发票记账联、 销售合同、进账单等	借：银行存款 　　贷：主营业务收入/其他业务收入 　　　　应交税费——应交增值税（销项税额）

（注：详见任务实施3－1、任务实施3－2和任务实施3－3）

【小贴士】

收受支票时应注意：

（1）填写不正确、不规范的支票不能收。

（2）没有签名盖章的支票不能收。鉴章空白的支票是“不完全票据”，这种票据无法律效力。必须请出票人补盖印鉴后方可接收。

（3）出票签名或盖章模糊不清的支票不能收。这种鉴章不清楚或不明的支票经常被银行退票。

［扫一扫］

支票的领购及保管

任务实施

任务实施 3－1　签发现金支票及提取现金的核算

江苏天润机械有限公司财务部出纳员夏利 2019 年 9 月 12 日签发现金支票提取现金 2 000 元备用。

步骤一：按规定填写支票（见图 3－1）。

步骤二：到财务经理或指定的专人处加盖预留的银行印鉴。

存根：

中国工商银行
现金支票存根
30293842
28391210

附加信息

出票日期　2019年9月12日

收款人：	江苏天润机械有限公司
金　额：	¥2,000.00
用　途：	备用金

单位主管　　会计

正联：

中国工商银行　**现金支票**　30293842　28391210

付款期限自出票之日起十天

出票日期（大写）贰零壹玖年玖月壹拾贰日　付款行名称：中国工商银行江宁支行

收款人：江苏天润机械有限公司　出票人账号：740108320311

人民币（大写）	亿	千	百	十	万	千	百	十	元	角	分
贰仟元整					¥	2	0	0	0	0	0

用途 备用金　　密码

上列款项请从
我账户内支付
出票人签章　　复核　　记账

江苏天润机械有限公司 财务专用章　李民

图 3－1　现金支票

步骤三：到银行提取现金。到银行提取现金时，要在支票的背面写上提取人身份证的相关信息并注意安全。

步骤四：对提取现金业务进行账务处理。

借：库存现金　　2 000

　　贷：银行存款——工商银行　　2 000

步骤五：登记相关账户。

任务实施 3－2　签发转账支票支付购货款的核算

2019 年 6 月 22 日，江苏天润机械有限公司向向阳公司采购一批 A 材料，增值税专用发票上注明 A 材料 50 吨，单价 900 元/吨，增值税专用发票上注明价款 45 000 元，增值税税率 13%，增值税 5 850 元，材料已入库，江苏天润机械有限公司签发一张转账支票用于支付采购 A 材料的货款。

步骤一：按规定填写转账支票。

步骤二：到财务经理或指定的专人处加盖预留银行的印鉴（见图 3－2）。

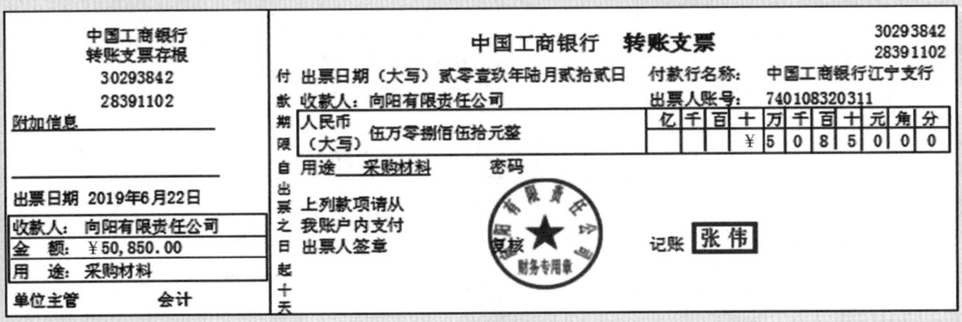
中国工商银行
转账支票存根
30293842
28391102
附加信息
出票日期 2019年6月22日
收款人：向阳有限责任公司
金　额：￥50,850.00
用　途：采购材料
单位主管　会计

中国工商银行　转账支票　30293842 28391102
付款期限自出票之日起十天
出票日期（大写）贰零壹玖年陆月贰拾贰日　付款行名称：中国工商银行江宁支行
收款人：向阳有限责任公司　出票人账号：740108320311
人民币（大写）伍万零捌佰伍拾元整

亿	千	百	十	万	千	百	十	元	角	分
			￥	5	0	8	5	0	0	0

用途　采购材料　密码
上列款项请从
我账户内支付
出票人签章
复核　记账　张伟

图 3－2　转账支票

步骤三：把填写好的转账支票交付给收款人，并要求收款人在支票的存根上签名，以证明支票已交付对方。

步骤四：对采购付款业务进行账务处理。

借：原材料——A 材料　　45 000

　　应交税费——应交增值税（进项税额）　　5 850

贷：银行存款——工商银行　　50 850

步骤五：登记相关账户。

任务实施 3－3　销售产品收到转账支票的核算

2019 年 9 月 24 日，江苏天润机械有限公司向江苏黄海公司销售 A 产品，开出增值税专用发票，注明数量 10 台，单价 1000 元/台，价款 10 000 元，增值税税率

13%，增值税 1 300 元，收到对方开出的转账支票，金额 11 300 元。

步骤一：9 月 25 日根据转账支票记载的内容填写进账单（一式三联）。

步骤二：将填写好的进账单和转账支票送交开户银行。

步骤三：取回收账通知后，根据支票存根和收账通知（见图 3－3、图 3－4）。对销售收款进行账务处理。

中国工商银行
转账支票存根（鲁）

E0/02 13389905

附加信息
出票日期：2019年9月24日
收款人：江苏天润机械有限公司
金　额：¥11,300.00
用　途：付货款
单位主管　　　　会计

图 3－3　支票存根

进账单（收款通知）　3

2019年9月25日　　　　第　　号

出票人	全　称	江苏黄海公司	收款人	全　称	江苏天润机械有限公司
	账　号	593937077668		账　号	740108320311
	开户银行	工行云龙之行		开户银行	中国工商银行江宁支行

人民币（大写）	千	百	十	万	千	百	十	元	角	分
壹万壹仟叁佰元整			¥	1	1	3	0	0	0	0

票据种类	转账支票	票据张数	壹张
票据号码	13389905		
复核　　记账			

中国工商银行江宁支行
2019.9.25
办讫章
1
开户银行签章

此联出票人开户银行交给出票人的回单

图 3－4　银行回单

借：银行存款——工商银行　　　　11 300
　　贷：主营业务收入——A 产品　　　　10 000
　　　　应交税费——应交增值税（销项税额）　　　　1 300

步骤四：登记相关账户。

3.2 办理银行汇票结算

任务导入

公司的副总经理要到外地采购一批原材料，因是第一次与对方打交道，双方还不太了解，而这批材料又是公司急需的，“一手交钱、一手交货”是对方成交的条件。副总经理问出纳小王怎么办才妥当，小王说：“您放心，这好办，我给您办一张银行汇票您带着就可以了。”

知识准备

3.2.1 认知银行汇票

（一）银行汇票的定义

银行汇票，是指由出票银行签发的，由其在见票时按照实际结算金额无条件支付给收款人或者持票人的票据。

（二）银行汇票使用的相关规定

（1）使用范围：不论同城、异地，先收款后发货或钱货两清的商品交易以及单位和个人的各种款项的结算均可采用；

（2）银行汇票一律记名；

（3）没有金额起点的限制；

（4）付款期为一个月，不分大月、小月，一律按次月对日计算，到期日遇节假日顺延；

（5）银行汇票可以用于转账，填明“现金”字样的银行汇票也可以用于支取现金。申请人或者收款人为单位的，不得在“银行汇票申请书”上填明“现金”字样。

3.2.2 科目设置

其他货币资金 （1012）

（1）定义：核算企业除现金、银行存款以外的其他各种货币资金。包括外埠存款、银行汇票存款、银行本票存款、信用卡存款、信用卡保证金存款以及存出投资款等。

（2）性质：资产类。

（3）核算内容：借方登记其他货币资金的增加数，贷方登记其他货币资金的减少数，期末余额在借方，反映企业实际持有的其他货币资金。

（4）明细分类账：按其他货币资金的种类设置明细科目，如外埠存款、银行汇票、银行本票、信用卡、信用证保证金、存出投资款。

3.2.3 办理银行汇票结算的业务节点与账务处理

办理银行汇票结算的业务节点包括申请办理银行汇票、用银行汇票购买材料等。账务处理见表3-2。

表3-2 办理银行汇票结算的业务节点与账务处理表

业务节点		原始单据	账务处理
采购材料，用银行汇票付款	申请办理银行汇票	银行汇票委托书存根联	借：其他货币资金——银行汇票 贷：银行存款
	用银行汇票支付采购款	发票账单、 银行汇票有关副联等	借：原材料等 应交税费——应交增值税（进项税额） 贷：其他货币资金——银行汇票
	收到多余款	银行收账通知	借：银行存款 贷：其他货币资金——银行汇票
	因超过付款期限或其他原因未曾使用而退还款项	银行汇票	借：银行存款 贷：其他货币资金——银行汇票
销售产品，收到银行汇票		销售发票、 销售合同、银行汇票、进账单等	借：银行存款 贷：主营业务收入/其他业务收入 应交税费——应交增值税（销项税额）

（注：详见任务实施3-4和任务实施3-5）

任务实施

任务实施3-4 采用银行汇票购买材料的核算

2019年9月15日，江苏天润机械有限公司向其开户银行申请签发银行汇票，银行审核并划出款项后签发了一份130 000元的银行汇票；9月18日天润机械有限公司采购员持上述银行汇票和解讫通知单向河南华中公司办理购买乙材料的货款结算，取得增值税专用发票一张，货款为100 000元，增值税税率13%，增值税为13 000元，材料已入库；10月15日公司收到开户银行转来的“多余款收账通知”，金额为17 000元。

步骤一：9月15日，填写银行汇票申请书，向银行申请办理银行汇票（见图3-5）。

中国工商银行 银行汇票申请书 （存根）

申请日期 2019年9月15日 第20140394号

申请人	江苏天润机械有限公司		收款人	河南华中有限公司								
账　号	740108320311		账　号	239894230023								
用　途	货款		代理付款行									
汇票金额	人民币（大写）	壹拾叁万元整		百	十	万	千	百	十	元	角	分
				¥	1	3	0	0	0	0	0	0
备注 江苏天润机械有限公司 财务专用章 李民			科目 对方科目 财务主管　复核　经办									

此联由汇款单位或个人留存代替记账凭证

图 3－5　银行汇票申请书

步骤二：9 月 15 日，根据退回的申请书，进行取得银行汇票（见图3－6）业务的账务处理。

提示付款期限自出票之日起壹个月

中国工商银行
银　行　汇　票　（卡片）　1

出票日期（大写）	贰零壹玖年玖月壹拾伍日	代理付款行：工商银行莲花支行　行号：650									
收款人：河南华中有限公司		账号：020002213456									
出票金额	人民币（大写）　壹拾叁万元整	¥130,000.00									
实际结算金额	人民币（大写）	千	百	十	万	千	百	十	元	角	分
申请人：江苏天润机械有限公司 出票行：中国工商银行江宁支行		账号：740108320311 行号：20002									
复核　经办		复核　记账									

图 3－6

借：其他货币资金——银行汇票存款　130 000

　　贷：银行存款——工商银行　130 000

【小贴士】

银行汇票的第二联和第三联应交付给业务部门，但实际工作中，财会人员一般都把银行汇票进行复印，并把复印件作为记账凭证的附件，以更好地证明银行汇票的取得。

步骤三：9 月 18 日，使用银行汇票购买原材料，根据增值税专用发票（见图 3－7）、材料入库单等单据进行账务处理。

3700082140　　**江苏增值税专用发票**　　No 02690240

全国统一发票监制章　发票联　国家税务总局监制

开票日期：2019年9月15日

购买方	名　　称：江苏天润机械有限公司 纳税人识别号：913200006666998998 地 址、电 话：徐州市建国路180号 开户行及账号：中国工商银行江宁支行 740108320311	密码区	803+<3845335*<5>/>5-> 加密版本：01 +*9>040/0/85-00517*-7 4-7*3899+600/4*/1<446 3700082140 95/7411684<>><4+5>>50 01690248

货物或应税劳务、服务名称	规格型号	单位	数　量	单　价	金　额	税率	税　额
原材料	甲				10,000.00	13%	1,300.00
合 计					¥10，000.00		¥1,300.00
价税合计（大写）	壹万壹仟叁佰元整				（小写）	¥11,300.00	

销货方	名　　称：江苏红星公司 纳税人识别号：915615108200711018 地 址、电 话：江苏红星路18号 开户行及帐号：中国工商银行红星支行	备注	江苏红星公司 915615108200711018 发票专用章

收款人：王明光　　复核：肖文秀　　开票人：刘志伟　　销货单位：（章）

第三联 发票联 购货方记账凭证

图 3－7　增值税专用发票

借：原材料——乙材料　　100 000

应交税费——应交增值税（进项税额）　　13 000

贷：其他货币资金——银行汇票存款　　113 000

步骤四：10 月 15 日，对收到多余款（见图 3－8）业务进行账务处理。

提示付款期限自出票之日起壹个月

中国工商银行（多余款收账通知）　4

银行汇票

出票日期（大写）：贰零壹玖年玖月壹拾伍日　　代理付款行：工商银行莲花支行　行号：650

收款人：河南华中有限公司　　账号：020002213456

出票金额：人民币（大写）壹拾叁万元整　　¥130,000.00

实际结算金额：人民币（大写）壹拾壹万叁仟元整

亿	千	百	十	万	千	百	十	元	角	分
		¥	1	1	3	0	0	0	0	0

申请人：江苏天润机械有限公司　　账号：740108320311

出票行：中国工商银行江宁支行　　行号：20002

备注：货款

凭票付款

出票行签章　（中国工商银行江宁支行 汇票专用章）

密押：　　多余金额

千	百	万	千	百	十	元	角	分
	¥	1	7	0	0	0	0	0

科目（借）　对方科目（贷）　兑付日期　年　月　日　复核　记账

图 3－8

借：银行存款——工商银行　　17 000
　　贷：其他货币资金——银行汇票　　17 000

步骤五：登记相关账户。

任务实施 3-5　销售商品收到对方交付的银行汇票的核算

江苏天润机械有限公司 2019 年 9 月 23 日销售 A 产品一批，开具增值税专用发票一张，注明价款 5 000 元，增值税率 13%，增值税 650 元，收到对方给付的银行汇票一张，金额 5 650 元。

步骤一：对收到的银行汇票进行审查，审查的主要内容为收款人是否为本单位、银行汇票是否过期、背书是否连续等。

步骤二：将审核无误的银行汇票第二联及第三联上的实际结算金额与多余金额填写完整。

“实际结算金额”的填写应遵循实际结算金额与出票金额孰低原则：如果实际结算金额小于出票金额，则按实际结算金额填写，“多余金额”按差额填写；如果实际结算金额大于出票金额，则按出票金额填写。

步骤三：到银行办理进账手续。

在银行汇票第二联的背面，持票人向银行提示付款签章处加盖银行预留印鉴，同时填制进账单后到本单位开户银行办理进账手续。

步骤四：对销售收款业务进行账务处理。

借：其他货币资金　　5 650
　　贷：主营业务收入——A 产品　　5 000
　　　　应交税费——应交增值税（销项税额）　　650

借：银行存款——工商银行　　5 650
　　贷：其他货币资金　　5 650

步骤五：登记相关账户。

3.3　办理银行本票结算

任务导入

初入“商海”的人，经常会问：哪种“票据”信用最高，让人不容置疑，让人最为放心！答案自然是“银行本票”了。那么如何办理、核算“银行本票”，也是我们会计从业人员必须知晓的。

知识准备

3.3.1 认知银行本票

（一）银行本票的定义

银行本票是由银行签发的，承诺自己在见票时无条件支付确定金额的票据。

（二）银行本票使用的相关规定

（1）使用范围：单位和个人在同一票据交换区域需要支付各种款项，均可以使用银行本票。

（2）银行本票可以用于转账，注明“现金”字样的银行本票可以用于支取现金。

（3）银行本票可分为定额本票和不定额本票两种，其中定额本票的面额分为 1 000 元、5 000 元、10 000 元和 50 000 元四种。

（4）银行本票一律记名，允许背书转让。

（5）银行本票的提示付款期限自出票日起最长不得超过两个月（不论大月、小月，均按到期月份对日计算，到期日遇节假日顺延）。

3.3.2 办理银行本票结算的业务节点及账务处理

办理银行本票结算的业务节点包括申请办理银行本票、用银行本票购买材料、偿还票款等。账务处理见表 3－3。

表 3－3　　办理银行本票结算的业务节点及账务处理表

业务节点		原始单据	账务处理
用银行本票采购材料	申请取得银行本票	银行本票申请书存根联	借：其他货币资金——银行本票 贷：银行存款
	使用银行本票支付采购款	发票账单、 银行本票有关副联等	借：原材料等 应交税费——应交增值税（进项税额） 贷：其他货币资金——银行本票
因本票超过付款期限等原因未曾使用而要求银行退款		银行本票	借：银行存款 贷：其他货币资金——银行本票
销售商品，收到银行本票		销售发票、 销售合同、银行本票、进账单等	借：银行存款 贷：主营业务收入/其他业务收入 应交税费——应交增值税（销项税额）

（注：详见任务实施 3－6 和任务实施 3－7）

任务实施

任务实施 3－6 使用银行本票结算货款的核算

2019 年 9 月 15 日，江苏天润机械有限公司填写银行本票申请书向银行申请签发银行本票，银行受理签发 6 328 元的银行本票。9 月 20 日，公司采购员用上述银行本票支付购买乙材料，交给财务部门增值税专用发票、原材料入库单。增值税专用发票注明买价 5 600 元，增值税率 13%，增值税 728 元。

步骤一：9 月 15 日，填写银行本票申请书，向银行申请办理银行本票（见图 3－9）。

中国工商银行 银行本票申请书 （存根）

申请日期： 2019年 9 月15 日 NO：HP0122844

申请人	江苏天润机械有限公司	收款人	河南华中有限公司
账 号	740108320311	账号	239894230023
用 途	货款	代理付款行	
汇 票 金 额	人民币（大写） 陆仟叁佰贰拾捌元整	亿 千 百 十 万 千 百 十 元 角 分	¥ 6 3 2 8 0 0
上列款项请从我账户支付 （江苏天润机械有限公司 财务专用章）（李民） 申请人盖章		支付密码	974575437821376
		科 目： 对方科目： 转账日期： 2019年9月15日 复核 记账	

第一联：申请人留存

图 3－9

步骤二：9 月 15 日，根据退回的申请书，并对取得银行本票（见图 3－10）业务进行账务处理。

付款期限 壹个月

中国工商银行

本 票 本票号码 第 0568

签发日期（大写）贰零壹玖年玖月壹拾伍日

收款人：河南华中有限公司	申请人：江苏天润机械有限公司
凭票即付 人民币（大写）陆仟叁佰贰拾捌元整	¥6,328.00
转账 √ 现金 备注：	（中国工商银行股份有限公司 46617465I23I 本票专用章） 出票行签章： 出纳： 复核： 经办：

图 3－10

借：其他货币资金——银行本票存款　　6 328

　　贷：银行存款——工商银行　　6 328

步骤三：9 月 20 日，对使用银行本票购买乙材料业务进行账务处理。

借：原材料——乙材料　　5 600

　　应交税费——应交增值税（进项税额）　　728

　　贷：其他货币资金——银行本票存款　　6 328

步骤四：登记相关账户。

【小贴士】

银行本票与银行汇票最大的区别是：本票只限同城，见票即付，收款人开户银行收到客户提示的本票后需马上入账，然后才通过银行间的清算系统清算资金；银行本票全额解付，余款另外用现金或银行存款支付。

任务实施 3－7　销售产品收到银行本票的核算

江苏天润机械有限公司 2019 年 10 月 10 日向昆明兴隆公司销售一批多余 B 材料，开出增值税专用发票，注明价款 100 000 元，增值税税率 13%，增值税 13 000 元，收到对方交来的一张银行本票，金额 113 000 元。同日，企业填制进账单并连同银行本票一并送交银行，办理收款事项。

步骤一：收集整理审核银行本票（见图 3－11），填写进账单（见图 3－12），向银行办理收款。

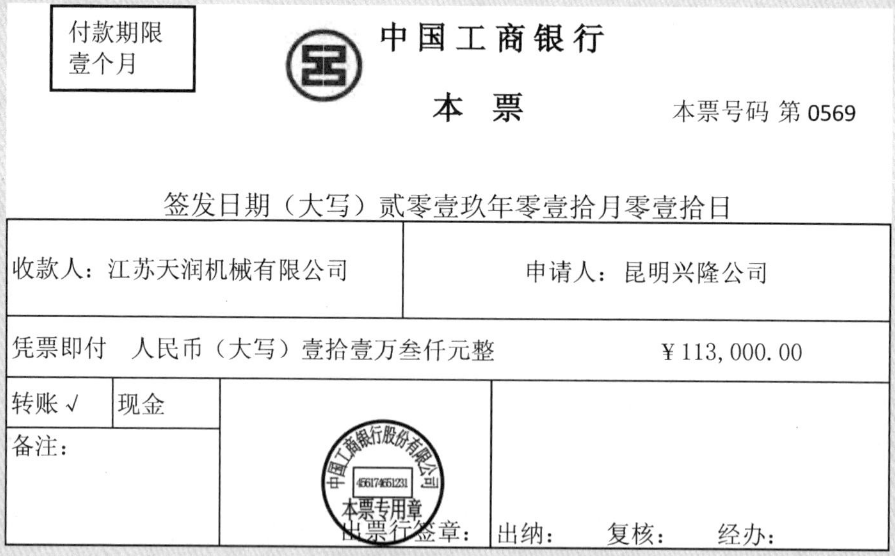
付款期限
壹个月

中国工商银行

本　票　　　本票号码 第 0569

签发日期（大写）贰零壹玖年零壹拾月零壹拾日

收款人：江苏天润机械有限公司	申请人：昆明兴隆公司
凭票即付　人民币（大写）壹拾壹万叁仟元整	¥113,000.00
转账 √　现金	
备注：	出票行签章：　出纳：　复核：　经办：

中国工商银行股份有限公司 4561746123l 本票专用章

图 3－11

进 账 单（收款通知） 3

2019年10月10日　　　　第　　号

出票人	全　称	昆明兴隆公司	收款人	全　称	江苏天润机械有限公司
	账　号	593937622138		账　号	740108320311
	开户银行	工行云龙之行		开户银行	中国工商银行江宁支行
人民币（大写）	壹万壹仟叁佰元整			千百十万千百十元角分	¥11300000
票据种类	银行本票	票据张数	壹张		
票据号码	569				
复核　记账				开户银行签章（中国工商银行江宁支行 2019.10.10 办讫章 1）	

此联出票人开户银行交给出票人的回单

图 3－12

步骤二：根据进账单收款通知和增值税专用发票记账联（见图 3－13），对销售材料业务进行账务处理。

3700082140　　**江苏省增值税专用发票**　　NO. 02690248

此联不作报销、扣税凭证使用（全国统一发票监制章 国家税务总局监制）

开票日期：2019年10月10日

购货方	名　　称：昆明兴隆公司 纳税人识别号：917123236263235658 地 址、电 话：昆明市文昌路65号 开户行及账号：中国工商银行文昌支行	密码区	803+<3845335*<5>/>-> 63<+64-876*98</8765/> 216+>2>7/3-+7643<>+78 2-/5452<4*-62>-9>86>>	加密版本： 013700082140 01690248

货物及应税劳务的名称	规格型号	单位	数量	单价	金额	税率	税额
原材料	B型				100, 000. 00	13%	13, 000. 00
合　计					¥100, 000. 00		¥113, 000. 00
价税合计（大写）	壹拾壹万叁仟元整				（小写）		113, 000. 00

销货方	名　　称：江苏天润机械有限公司 纳税人识别号：913200006666998998 地 址、电 话：徐州市建国路180号 开户行及账号：中国工商银行江宁支行	备注	江苏天润机械有限公司 913200006666998998 发票专用章

收款人：王光明　复核：肖文秀　开票人：刘伟志　销货单位：（章）

第一联 记账联 销货方记账凭证

图 3－13

借：其他货币资金　　113 000

　　贷：其他业务收入——B 材料　　100 000

　　　　应交税费——应交增值税（销项税额）　　13 000

借：银行存款——工商银行　　113 000

　　贷：其他货币资金　　113 000

步骤三：登记相关账户。

3.4 办理商业汇票结算

任务导入

公司寻找到一个很好的商机，而这项交易完成的时间只需3～5个月，但受困于没有资金而无法先行投入。公司老总问财务经理有没有办法，财务经理建议与对方商谈结算方式时，选用“商业汇票”这种结算方式，可以解决这个难题。这样的话，我们也应掌握“商业汇票”的使用情形、签发方式、核算方法。

知识准备

3.4.1 认知商业汇票

（一）商业汇票的定义

商业汇票，是指由付款人或存款人（或承兑申请人）签发，由承兑人承兑，并于到期日向收款人或被背书人支付款项的一种票据。所谓承兑，是指汇票的付款人愿意负担起票面金额的支付义务的行为。

（二）商业汇票的种类

（1）商业汇票按其承兑人的不同，分为商业承兑汇票和银行承兑汇票两种。商业承兑汇票是由银行以外的付款人承兑，银行承兑汇票由银行承兑。

（2）商业汇票按照票据是否带息分类，分为带息票据和不带息票据。

带息票据，是指商业汇票到期时，承兑人除向收款人或被背书人支付票面金额外，还应按票面金额和票据规定的利息率支付自票据生效日起至票据到期日止的利息的商业汇票。

不带息票据，是指商业汇票到期时，无须计算利息，只按票面金额支付款项。

（三）商业汇票的使用规定

（1）办理商业汇票必须以真实的交易关系和债权债务关系为基础，出票人不得签发无对价的商业汇票用以骗取银行或其他票据当事人的资金。

（2）我国使用的商业承兑汇票和银行承兑汇票所采用的都是定日付款形式，出票人签发汇票时，应在汇票上记载具体的到期日。

（3）商业汇票在同城、异地均可使用。

（4）商业汇票付款期限由交易双方商定，但最长不超过6个月，付款提示期限为自汇票到期日起10日内。

（5）商业汇票可以背书转让。如果是分期付款，应一次签发若干张不同期限的商业汇票。

（四）科目设置

1. 应收票据（1121）

（1）定义：核算企业因销售商品（产成品或材料）收到的商业汇票，包括商业承兑汇票和银行承兑汇票。

（2）性质：资产类。

（3）核算内容：借方登记收到的汇票金额，贷方登记兑现或转让的汇票金额。余额在借方，表示企业持有尚未到期的商业汇票的金额。

（4）明细分类账：按开出、承兑商业汇票的单位设置明细账进行明细核算。

2. 应付票据（2201）

（1）定义：核算企业因购买商品（产成品或材料）签发并承兑或申请银行承兑的商业汇票，包括商业承兑汇票和银行承兑汇票。

（2）性质：负债类。

（3）核算内容：借方登记付款的金额，贷方登记开出、承兑的汇票金额。余额在贷方，表示企业有尚未清偿的汇票金额。

（4）明细分类账：按债权人单位设置明细账进行明细核算。

3.4.2 商业汇票的核算

（一）办理银行承兑汇票结算的业务节点与账务处理

办理银行承兑汇票结算的业务节点包括申请签发、支付承兑手续费、用银行承兑汇票结算货款及偿还票款等。账务处理见表3－4。

表3－4 办理银行承兑汇票结算的业务节点与账务处理表

业务节点		原始单据	账务处理
采购材料，用银行承兑汇票抵付款项	签发银行承兑汇票，经开户银行承兑，交纳承兑手续费	银行收款单据	借：财务费用 贷：银行存款
	用银行承兑汇票抵付材料款	采购原材料发票的发票联、 入库单等	借：原材料 应交税费——应交增值税（进项税额） 贷：应付票据
	票据到期支付货款	付款通知	借：应付票据 贷：银行存款
	票据到期，企业无力支付	付款通知	借：应付票据 贷：短期借款

续表

业务节点	原始单据	账务处理
销售产品收款 收到购货单位用于抵付款项的银行承兑汇票	银行承兑汇票的复印件、 销售发票等	借：应收票据 贷：主营业务收入/其他业务收入 应交税费——应交增值税（销项税额）

（注：详见任务实施 3－8 和任务实施 3－9）

（二）办理商业承兑汇票结算的业务节点与账务处理

办理商业承兑汇票结算的业务节点包括签发承兑并用银行承兑汇票结算货款及偿还票款等。账务处理见表 3－5。

表 3－5　　办理商业承兑汇票结算的业务节点与账务处理表

<table>
<tr><th colspan="2">业务节点</th><th>原始单据</th><th>账务处理</th></tr>
<tr><td colspan="2">采购材料，签发、承兑商业承兑汇票用于抵付货款</td><td>发票记账联、
商业承兑汇票</td><td>借：原材料等
应交税费——应交增值税（进项税额）
贷：应付票据</td></tr>
<tr><td rowspan="2">票据到期</td><td>支付票款</td><td>付款通知</td><td>借：应付票据
贷：银行存款</td></tr>
<tr><td>没有支付票款</td><td>相关协议</td><td>借：应付票据
贷：应付账款</td></tr>
</table>

（注：详见任务实施 3－10）

【小贴士】

商业承兑汇票是有承兑期的，如到期企业没有付款，商业承兑汇票就失效了，但双方的债权债务关系仍然存在，即从“应付票据”转为“应付账款”了。

【小贴士】

商业汇票是重要的有价证券，企业应加强商业汇票的管理，对应收、应付票据都应在有关的明细账中或备查登记簿中进行详细记录。

任务实施

任务实施 3－8　签发银行承兑汇票采购原材料的核算

江苏天润机械有限公司向昆明兴隆公司采购甲材料一批，双方约定采用银行承兑汇票结算。2019 年 11 月 12 日，公司签发银行承兑汇票交由银行承兑，并交纳承兑手续费1 000元后，取得银行承兑汇票。11月15日，向兴隆公司交付汇票后，取得购买原材料专用发票，注明价款500 000元，增值税税率13%，增值税65 000元，材料已验收入库。汇票三个月到期，到期日2020年2月12日，款项交存银行偿还票款。

步骤一：11月12日，对交纳承兑手续费业务进行账务处理。

借：财务费用——手续费　　1 000

　　贷：银行存款——工商银行　　1 000

步骤二：11月15日，使用银行承兑汇票购买原材料，根据银行承兑汇票（见图3－14）复印件和专用发票进行账务处理。

银行承兑汇票2

出票日期(大写) 贰零壹玖年壹拾壹月壹拾伍日　　汇票号码：00311892

出票人全称	江苏天润机械有限公司	收款人	全　称	昆明兴隆公司
出票人账号	740108320311	收款人	账　号	100100156123001
付款行全称	中国工商银行江宁支行	收款人	开户银行	中国工商银行文昌支行
出 票 金 额	人民币（大写） 伍拾陆万伍仟元整		亿千百十万千百十元角分	¥56500000
汇票到期日（大写）	贰零贰零年零贰月壹拾伍日	付款人	行　号	00002
承兑协议编号	银2019第24号	付款人	地　址	昆明建设路25号
本汇票请你行承兑，到期无条件支付票款 [印章：江苏天润机械有限公司 财务专用章] [印章：李民] 出票人签章 2019年11月15	本汇票已经承兑，到期日由本行付款。[印章：中国工商银行汇票专用章] 备注：		0073963090003 82051765 4422 复核　记账	

此联收款人开户行随托收凭证寄付款行作借方凭证附件

图3－14

借：原材料——甲材料　　500 000

　　应交税费——应交增值税（进项税额）　　65 000

　　贷：应付票据——昆明兴隆公司　　565 000

步骤三：2020年2月12日，汇票到期，对偿还汇票款项的业务进行账务处理。

借：应付票据　　565 000

　　贷：银行存款——工商银行　　565 000

步骤四：登记相关账户。

任务实施 3－9　销售产品收到对方银行承兑汇票的核算

2019 年 8 月 2 日江苏天润机械有限公司向太原华中有限公司销售 A 产品一批，增值税专用发票上注明价款 90 000 元，增值税税率 13%，增值税 11 700 元，收到太原华中有限公司签发的并由银行承兑的银行承兑汇票，面值 101 700 元，2019 年 11 月 2 日到期，企业委托银行收取款项，11 月 3 日收到银行的收款通知。

步骤一：8 月 2 日，根据专用发票记账联和银行承兑汇票的复印件，对销售业务进行账务处理。

借：应收票据——太原华中有限公司　　101 700

　　贷：主营业务收入——A 产品　　90 000

　　　　应交税费——应交增值税（销项税额）　　11 700

【小贴士】

实际工作中，企业在收到“银行承兑汇票”后，一般都会进行复印，把复印件作为记账凭证的附件处理。“银行承兑汇票”是重要的有价票据，应单独保管。

步骤二：登记相关账户。

步骤三：11 月 2 日企业委托银行收取款项。

在银行承兑汇票第二联背面的背书人签章处写明“委托收款”字样并加盖预留银行印鉴（见图 3－15），在被背书人处写收款人开户银行名称后，填制托收凭证，办理进账手续。

被背书人：工行江宁支行	被背书人：	被背书人：
委托收款 李民 背书人签章： 2019年11月2日	背书人签章： 年 月 日	背书人签章： 年 月 日

图 3－15

步骤四：收到并审核收款通知，对收款业务进行账务处理。

借：银行存款——工商银行　　101 700

　　贷：应收票据——太原华中有限公司　　101 700

任务实施 3－10　签发商业承兑汇票采购原材料的核算

2019 年 8 月 20 日，江苏天润机械有限公司向江苏红星公司采购甲材料一批，增值税专用发票注明价款10 000元，增值税税率13%，增值税1 300元。公司签发并承兑一张面值11 300元，期限3个月的商业承兑汇票给江苏红星公司，原材料已验收入库。假设2019年11月20日，公司接到银行的付款通知，偿付了到期的商业承兑汇票。

步骤一：8月20日，根据专用发票（见图3－16）和商业承兑汇票（见图3－17）复印件，对采购业务进行账务处理。

3700082140　　**江苏增值税专用发票**　　No 02690248

全国统一发票监制章 江苏 国家税务总局监制

发票联

开票日期：2019年8月20日

购买方	名　　称：江苏天润机械有限公司 纳税人识别号：913200006666998998 地 址、电 话：徐州市建国路180号 开户行及账号：中国工商银行江宁支行 740108320311			密码区	803+<3845335*<5>/>5-> 加密版本：01 +*9>040/0/85-00517*-7 4-7*3899+600/4*/1<446　3700082140 95/7411684<>><4+5>>50　01690248		
货物或应税劳务、服务名称	规格型号	单位	数　量	单　价	金　额	税率	税　额
原材料	甲				10,000.00	13%	1,300.00
合　计					¥10，000.00		¥1,300.00
价税合计（大写）	壹万壹仟叁佰元整				（小写）	¥11,300.00	
销货方	名　　称：江苏红星公司 纳税人识别号：915615108200711018 地 址、电 话：江苏红星路18号 开户行及帐号：中国工商银行红星支行			备注	江苏红星公司 915615108200711018 发票专用章		

收款人：王明光　　复核：肖文秀　　开票人：刘志伟　　销货单位：（章）

第三联 发票联 购货方记账凭证

图3－16

商业承兑汇票　2

出票日期（大写）贰零壹玖年捌月零贰拾日　　汇票号码:002356

付款人	全　称	江苏天润机械有限公司		收款人	全　称	江苏红星公司	
	账　号	740108320311			账　号	9665585-1235	
	开户银行	中国工商银行江宁支行	行号 23		开户银行	工行红星支行	行号 77
出票金额	人民币（大写）	壹万壹仟叁佰元整		千 百 十 万 千 百 十 元 角 分		¥ 1 1 3 0 0 0 0	
汇票到期日（大写）		贰零壹玖年壹拾壹月零贰拾日		交易合同号码		655856-23	
本汇票已经承兑，到期无条件支付票款 江苏天润机械有限公司 财务专用章　李民 承兑日期：　年　月　日				本汇票请予以承兑于到期日付款。 出票人签章 承兑			

图3－17

借：原材料——甲材料　　10 000
　　应交税费——应交增值税（进项税额）　　1 300
　　贷：应付票据——江苏红星公司　　11 300

步骤二：11月20日，对偿付到期商业承兑汇票业务进行账务处理。

借：应付票据——江苏红星公司　　11 300
　　贷：银行存款　　11 300

步骤三：登记相关账户。

3.5 办理汇兑结算

任务导入

上月，公司资金紧张，从与公司有业务往来的上海银星公司赊购一批材料。现在，公司的货款回笼了，财务经理让出纳小王把款项付给上海银星公司，并要求当天就到对方的账上。出纳小王的业务越来越熟练了，他填写了一张“结算业务申请书”，找相关人员加盖预留的银行印鉴后去银行办理。

知识准备

3.5.1 认知汇兑

（一）汇兑的定义

汇兑，是汇款人委托银行将其款项支付给收款人的结算方式。

汇兑分信汇、电汇两种。信汇，是指汇款人委托银行通过邮寄方式将款项划转给收款人。电汇，是指汇款人委托银行通过电报将款项划给收款人。这两种汇兑方式由汇款人根据需要选择使用。

（二）汇兑结算方式的特点

（1）单位和个人的各种款项的结算，均可使用汇兑结算方式。

（2）特别便于汇款人向异地的收款人主动付款，简便、灵活。

3.5.2 办理汇兑结算的业务节点与账务处理

办理汇兑结算的业务节点主要是付款单位付款及收款单位收款等。账务处理见表3-6。

表 3－6　　　　办理汇兑结算的业务节点与账务处理表

业务节点		原始单据	账务处理
付款单位	采用汇兑方式把款项汇到外地开立临时或零星采购专户	信汇或电汇凭证回单	借：其他货币资金——外埠存款 贷：银行存款
	收到外地采购点用外埠存款采购的材料	采购材料的专用发票记账联、材料入库单等	借：原材料 应交税费——应交增值税（进项税额） 贷：其他货币资金——外埠存款
	付款单位（汇款人）委托银行把款项汇给收款人用于偿还债务	信汇或电汇凭证回单	借：应付账款/其他应付款 贷：银行存款
收款单位	收到银行转来对方通过汇兑方式还来的款项	银行转来的信汇凭证第四联（电汇凭证第三联）	借：银行存款 贷：应收账款

（注：详见任务实施 3－11、任务实施 3－12）

任务实施

任务实施 3－11　汇兑款项偿付欠款的核算

2019 年 12 月 19 日，江苏天润机械有限公司填写一式二联的“结算业务申请书”，选择电汇方式，委托银行汇款给外地的太原钢铁厂，用于偿还前欠的购货款 10 000 元。

步骤一：填写“结算业务申请书”，选择电汇方式，并加盖预留的银行印鉴。

步骤二：拿回“结算业务申请书”的回单联（见图 3－18）。

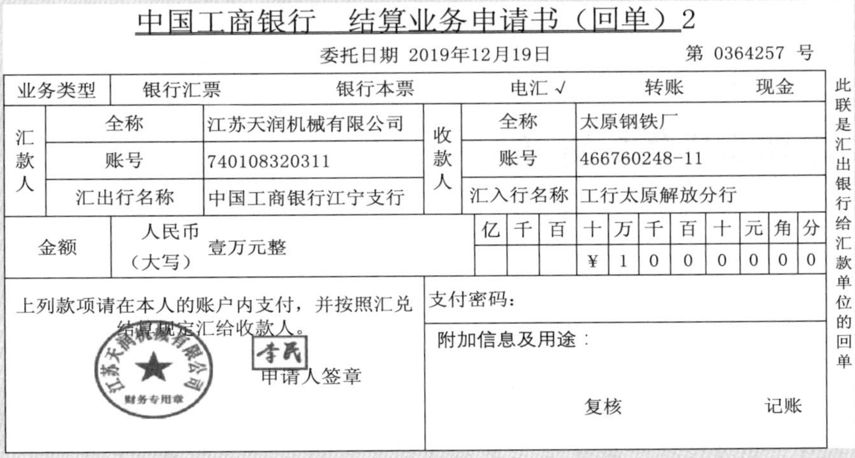

中国工商银行　结算业务申请书（回单）2

委托日期 2019年12月19日　　　　第 0364257 号

业务类型	银行汇票　银行本票　电汇 √　转账　现金		
汇款人 全称	江苏天润机械有限公司	收款人 全称	太原钢铁厂
账号	740108320311	账号	466760248-11
汇出行名称	中国工商银行江宁支行	汇入行名称	工行太原解放分行
金额 人民币（大写）	壹万元整	亿千百十万千百十元角分	¥1000000
上列款项请在本人的账户内支付，并按照汇兑结算规定汇给收款人。 申请人签章		支付密码： 附加信息及用途： 复核　　记账	

此联是汇出银行给汇款单位的回单

图 3－18

步骤三：对偿还货款业务进行会计处理。

借：应付账款——太原钢铁厂　　10 000

　　贷：银行存款——工商银行　　10 000

步骤四：登记相关账户。

任务实施 3-12　汇付款项设立采购专户的核算

2019 年 6 月 23 日，江苏天润机械有限公司填写“结算业务申请书”，选择电汇方式，委托银行汇出 150 000 元到外地设立采购专户。6 月 26 日，财务人员收到采购人员的“原材料收购凭证”，注明收购 A 原材料 100 000 元，增值税 13 000 元，材料验收入库。6 月 28 日，收到开户银行转来余款收账通知。

步骤一：6 月 23 日，填写“结算业务申请书”，选择电汇方式，委托银行汇款。

步骤二：6 月 23 日，拿回“结算业务申请书”回单联，对汇款业务进行会计处理。

借：其他货币资金——外埠存款　　150 000

　　贷：银行存款　　150 000

步骤三：6 月 26 日，对原材料采购业务进行会计处理。

借：原材料——A 材料　　100 000

　　应交税费——应交增值税（进项税额）　　13 000

　　贷：其他货币资金——外埠存款　　113 000

步骤四：6 月 28 日，对收回余款业务进行会计处理。

借：银行存款　　37 000

　　贷：其他货币资金——外埠存款　　37 000

步骤五：登记相关账户。

3.6　办理委托收款结算

任务导入

企业在签订商品购销合同时，可以事先商定采用某一种结算方式来清算货款。如果双方业务频繁、相互信任，收款方一般会选择委托银行代理收款，即委托收款结算方式。同时，通讯公司、自来水公司、供电公司、燃气公司等公用事业单位在向企业单位收取电话费、电费、水费、燃气费时，一般都是通过委托银行收款的。

知识准备

3.6.1 认知委托收款

（一）委托收款的定义

委托收款是收款人委托银行向付款人收取款项的结算方式。委托收款结算方式，按款项划转方式不同，可分为邮寄和电报两种，由收款人选用。

（二）使用范围及特点

委托收款适用于在银行或其他金融机构开立账户的单位和个体经济户的商品交易、劳务款项以及其他应收款项的结算。同城或异地均可使用，一般常用于水电、电信等公用事业单位劳务款项的结算。

3.6.2 办理委托收款结算的业务节点与账务处理

办理委托收款结算的业务节点主要是收款单位委托收款、款项收妥入账及付款单位付款等。账务处理见表3－7。

表3－7　　办理委托收款结算的业务节点与账务处理表

业务节点		原始单据	账务处理
收款单位	发出产品或提供服务后，委托银行收款	委托收款结算凭证回单联（第一联）、 销售发票	借：应收账款 贷：主营业务收入/其他业务收入 应交税费——应交增值税（销项税额）
	收到银行通知，委托收取的款项已到账	委托收款结算凭证通知联（第四联）	借：银行存款 贷：应收账款
付款单位	购货单位收到银行转来的委托收款结算凭证付款通知联（第五联）及所附发票账单	银行转来发票、 入库单、 付款通知	借：原材料等 应交税费——应交增值税（进项税额） 贷：银行存款

（注：详见任务实施3－13、任务实施3－14）

任务实施

任务实施3－13　支付日常费用（电话费）的核算

2019年12月11日，江苏天润机械有限公司收到开户银行转来“委托收款”电话费7370.40元的付款通知。

步骤一：审核结算凭证（见图3－19～图3－21）。

托收凭证（付款通知）　5

委托日期：2019年 11月 2日　　　　委托号码

收款人			付款人		
	全称	中国电信徐州分公司		全称	江苏天润机械有限公司
	账号	545620458-47		账号	740108320311
	开户银行	工商银行和平支付		开户银行	中国工商银行江宁支行
委托金额	人民币（大写）柒仟叁佰柒拾元肆角			亿 千 百 十 万 千 百 十 元 角 分	¥ 7 3 7 0 4 0
款项内容	电信服务费	委托收款凭证名称		附寄单证张数	
备注：	款项收妥日期　年　月　日			付款人开户银行盖章（工商银行江宁支行 2019.11.02 业务专用章 (05)）　月　日	

图3－19

3200078390　　　　**江苏增值税专用发票**　　　　NO. 09253832

发票联

开票日期：2018年 12月 9日

购货方	名　　称：江苏天润有限公司 纳税人识别号：913200006666998998 地 址、电 话：徐州市建国路180号 开户行及账号：中国工商银行江宁支行				密码区	241766<98/198273482+< 63<+64-876*98</8765/> 216+>2>7/3-+7643<>+78 2-/5452<4*-62>-9>86>>	加密版本： 01320009 82270867 2833
货物及应税劳务的名称	规格型号	单位	数量	单价	金额	税率	税额
电信增值服务	甲				3,840	6%	230.4
合　计					¥3,840.00		¥230.40
价税合计（大写）	肆仟零柒拾元肆角整					（小写）	¥4,070.40
销货方	名　　称：中国电信徐州分公司 纳税人识别号：912454532455213265 地 址、电 话：徐州市中华路186号7526232 开户行及账号：工行中华分行				备注	中国电信徐州分公司 912454532455213265 发票专用章	

收款人：　　复核：　　开票人：　　销货单位：（章）

第三联　发票联　购货方记账凭证

图3－20

3200078390　　江苏增值税专用发票　　NO. 09253832

发票联

开票日期：2018年 12 月 9日

购货方	名　　称：江苏天润有限公司 纳税人识别号：913200006666998998 地 址、电 话：徐州市建国路180号 开户行及账号：中国工商银行江宁支行	密码区	241766<98/198273482+< 63<+64-876*98</8765/> 216+>2>7/3-+7643<>+78 2-/5452<4*-62>-9>86>>	加密版本： 01320009 82270867 2833

货物及应税劳务的名称	规格型号	单位	数量	单价	金额	税率	税额
电信基础服务	甲				3,000	10%	300
合　计					¥3,000.00		¥300.00
价税合计（大写）	叁仟叁佰元整					（小写）	¥3,300.00

销货方	名　　称：中国电信徐州分公司 纳税人识别号：912454532455213265 地 址、电 话：徐州市中华路186号7526232 开户行及账号：工行中华分行	备注	中国电信徐州分公司 912454532455213265 发票专用章

收款人：　　复核：　　开票人：　　销货单位：（章）

第三联 发票联 购货方记账凭证

图 3－21

步骤二：对支付电话费业务进行会计处理。

借：管理费用——通讯费　　6 840

　　应交税费——应交增值（进项税额）　　530.4

　　贷：银行存款——工商银行　　7 370.4

步骤三：登记相关账户。

任务实施 3－14　委托收取销售货款的核算

2019 年 7 月 18 日，江苏天润机械有限公司向江苏大通公司销售产品一批，发票注明价款 90 000 元，增值税税率 13%，增值税 11 700 元，双方约定采用委托收款结算方式，天润公司销货后办妥委托收款手续。7 月 21 日，银行转来“委托收款结算凭证”收款通知，收到江苏大通公司货款 101 700 元。

步骤一：7 月 18 日，江苏天润机械有限公司销货后向银行办理委托收款手续。

步骤二：对销售及委托收款业务进行会计处理。

借：应收账款——大通公司　　101 700

　　贷：主营业务收入　　90 000

　　　　应交税费——应交增值税（销项税额）　　11 700

步骤三：7 月 21 日，对收款业务进行会计处理。

借：银行存款　　101 700

　　贷：应收账款——大通公司　　101 700

步骤四：登记相关账户。

3.7 其他结算方式的办理

任务导入

公司总经理经常要招待重要客户，招待费用很高，每次用现金结账比较麻烦。公司为其办理了一张信用卡，先消费再还款，还款时用网银转账即可。

“信用卡”“网银”“支付宝”“微信”是随着经济发展出现的新型结算方式，会计人员应掌握这些新事物。

知识准备

3.7.1 认知信用卡结算方式

（一）信用卡的概念

信用卡，是指发卡银行向个人和单位发行的，凭此可在信用额度内向特约单位购物、消费和在银行存取现金，具有消费信用的特制载体卡片。信用卡是一种非现金交易付款的方式，是简单的信贷服务。持卡人持信用卡消费时无须支付现金，待结账日时再行还款。

（二）办理信用卡的业务节点与账务处理

办理信用卡的业务节点主要包括申请办理信用卡、使用信用卡消费及偿还消费款项等。账务处理见表3－8。

表3－8　办理信用卡的业务节点与账务处理表

业务节点	原始单据	账务处理
办理信用卡	信用卡申请表、支票、有关证明资料、银行盖章退回的进账单第一联	借：其他货币资金——信用卡存款 贷：银行存款
使用信用卡	信用卡存款的付款凭证及所附发票账单	借：管理费用等 贷：其他货币资金——信用卡存款
信用卡还款	信用卡账单	借：其他货币资金——信用卡存款 贷：银行存款
注销信用卡	注销信用卡有关凭证	借：银行存款 贷：其他货币资金——信用卡存款

（注：详见任务实施3－15）

3.7.2 认知网上银行结算方式

（一）网银的概念

网上银行又称网络银行，通过 Internet 向客户提供开户、查询、对账、行内转账、跨行转账、信贷、网上证券、投资理财等传统服务项目，使客户足不出户就能够安全便捷地管理活期和定期存款、支票、信用卡及个人投资等金融服务。

（二）企业网银的账务处理

企业网银的账务处理就是银行存款的账务处理，不同点在于原始凭证取得方式不一样。网上银行交易回单的取得方式有两种：一是直接打印电子回单，然后拿到银行盖章；二是定期到银行回单柜取回银行出的回单。企业拿到回单后正常进行业务处理。

企业通过网银给其他公司转账时，借记“应付账款/其他应付款”等账户，贷记“银行存款”。

3.7.3 认知支付宝及微信结算方式

（一）支付宝和微信支付的概念

支付宝（中国）网络技术有限公司是国内的第三方支付平台，致力于提供“简单、安全、快速”的支付解决方案。支付宝公司从 2004 年建立开始，始终以“信任”作为产品和服务的核心。旗下有“支付宝”与“支付宝钱包”两个独立品牌。自 2014 年第二季度开始成为当前全球最大的移动支付厂商。

使用微信支付，方式非常简单，用户只需要在微信中关联一张银行卡，并完成身份认证，即可将装有微信的智能手机变成一个全能钱包，之后便可以购买合作商户的商品及服务，进而采用微信支付即可完成交易，整个过程简便流畅。

支付宝和微信是目前最流行的支付方式，不管是商场还是街边小店都开始使用支付宝和微信进行收款。对于一些公司来说，申请企业支付宝或微信还是很有必要的。

（二）企业支付宝、微信的业务节点与账务处理

企业通过支付宝、微信等方式收付款的业务节点主要包括申请开通、将资金转入支付宝或微信账户、运用支付宝或微信购买商品及通过支付宝、微信收款等。账务处理见表 3－9，支付结算方式对比见表 3－10。

表 3－9　支付宝、微信收付款的业务节点与账务处理

业务节点	原始单据	账务处理
申请开通支付宝、微信收付款业务	营业执照、申请书	没有资金运动，不做账务处理
将资金转入支付宝或微信账户	银行付款单据	借：其他货币资金——支付宝/微信 贷：银行存款

续表

业务节点	原始单据	账务处理
运用支付宝或微信购买商品	注销信用卡有关凭证	借：原材料 应交税费——应交增值税（进项税额） 贷：其他货币资金——支付宝/微信
销售产品通过支付宝、微信收款	收款单据、专用发票	借：其他货币资金——支付宝/微信 贷：主营业务收入/其他业务收入 应交税费——应交增值税（销项税额）

（注：详见任务实施3－16）

表3－10　　支付结算方式对比表

项目结算方式	种　类	适 用 范 围	金额起点	背书转让	期限	使用科目
支票	现金支票	单位、个人在同一票据交换区域的各种款项结算	100元	×	10天	银行存款
	转账支票			√		
银行本票	定额本票	在同一票据交换区域、单位、个体经济户、个人的各种款项结算	100元	√	2个月	其他货币资金——银行本票存款
	不定额本票					
银行汇票		单位、个人的各种款项的结算。同城、异地均可	500元	√	1个月	其他货币资金——银行汇票存款
商业汇票		在银行开立存款账户的法人及其他组织，具有真实交易关系。同城、异地均可		√	6个月	应收票据、应付票据
汇　兑	信汇	单位、个人的各种款项。异地使用		√		汇往外地设立临时采购专户时其他货币资金——外埠存款
	电汇					
委托收款	邮寄划回	开立账户的单位、个体经济户商品交易，劳务款项结算。同域、异地均可		√		应收账款
	电报划回					

任务实施

任务实施3－15　信用卡业务的核算

2019年12月8日，总经理报销业务招待费2 100元，取得餐饮费增值税普通发票，刷信用卡支付。

步骤一：12 月 8 日，审核招待费发票和信用卡账单。

步骤二：12 月 8 日，对发生的业务招待费进行账务处理。

借：管理费用——业务招待费　　2 100

　　贷：其他货币资金——信用卡存款　　2 100

步骤三：登记相关账户。

任务实施 3-16　支付宝结算业务的核算

2019 年 12 月 18 日，江苏天润机械有限公司通过支付宝平台收到大宇有限公司前欠货款 2 100 元。

步骤一：12 月 18 日，确认支付宝收款，打印单据。

步骤二：12 月 18 日，对收到的欠款进行账务处理。

借：其他货币资金——支付宝　　2 100

　　贷：应收账款——大宇公司　　2 100

步骤三：登记相关账户。

［扫一扫］

支付结算办法

职业能力训练

3.1　办理支票结算

一、应用能力实训

【实训目的】练习支票业务的操作。

【实训资料】2020 年 12 月 1 日，江苏天润机械有限公司从江苏新华股份有限公司购买产品，开出转账支票支付货款，具体增值税专用发票见下。

3200078390　　　　**江苏增值税专用发票**　　　　NO. 09253832

发票联

国家税务总局监制

开票日期：2020年12月1日

购货单位	名　　称：江苏天润机械有限公司 纳税人识别号：913200006666998998 地 址、电 话：徐州市建国路180号 开户行及账号：中国工商银行江宁支行740108320311	密码区	241766<98/198273482+< 63<+64-876*98</8765/> 216+>2>7/3-+7643<>+78 2-/5452<4*-62>-9>86>>	加密版本： 01320009 82270867 2833

货物及应税劳务的名称	规格型号	单位	数量	单价	金额	税率	税额
车床	1102	台	1	150, 000. 00	150, 000. 00	13%	19, 500. 00
合　计					¥150, 000. 00		¥19, 500. 00
价税合计（大写）	壹拾陆万玖仟伍佰元整					（小写）	¥169, 500. 00

销货单位	名　　称：江苏新华股份有限公司 纳税人识别号：913312345678988000 地 址、电 话：淮河路67号 开户行及账号：工行淮河支行	备注	江苏新华股份有限公司 913312345678988000 发票专用章

收款人：　　复核：　　开票人：　　销货单位：（章）

第三联　发票联　购货方记账凭证

【实训要求】请填写转账支票。

中国工商银行 转账支票存根 30293842 28391105 附加信息 出票日期：　年　月　日 收款人： 金　额： 用　途： 单位主管　　会计	中国工商银行　**转账支票**　30293842 28391105 付款期限自出票之日起十天 出票日期（大写）　年　月　日　付款行名称： 收款人：　出票人账号： 人民币（大写）　亿 千 百 十 万 千 百 十 元 角 分 用途　密码 上列款项请从 我账户内支付 出票人签章　（江苏天润机械有限公司 财务专用章）（李民） 复核　记账

3.2　办理银行汇票结算

一、单项选择能力训练

1. 银行汇票是（　　）签发的，由其在见票时按照实际结算金额无条件支付给收款人或者持票人的票据。

A. 出票银行　　B. 付款人　　C. 收款人　　D. 承兑人

2. 核算银行汇票存款的科目是（　　）。

A. 应收票据　　B. 应付票据　　C. 银行存款　　D. 其他货币资金

二、判断能力训练

（　　）1. 不论同城、异地，单位和个人的各种款项的结算均可采用银行汇票结算。

（　　）2. 银行汇票付款期为 1 个月，不分大月、小月一律按次月对日计算，到期日遇节假日顺延。

（　　）3. 银行汇票可以用于转账，填明“现金”字样的银行汇票也可以用于支取现金。申请人或者收款人为单位的，不得在“银行汇票申请书”上填明“现金”字样。

三、应用能力实训

【实训目的】练习银行汇票业务的操作。

【实训资料】某企业发生如下经济业务：

（1）委托银行开出银行汇票 10 000 元，有关手续已办妥，采购员李明持票到外地甲市采购材料。

（2）企业派采购员王嘉到外地乙市采购材料，委托银行汇款 20 000 元，到乙市开立采购账户。

（3）李明在甲市采购结束，增值税专用发票标明：材料价款 5 000 元，增值税税率 13%，增值税 650 元，共计款项 5 650 元，材料已验收入库。用银行汇票支付 5 650 元，多余款项退回基本存款账户。

（4）王嘉在乙市的采购结束，增值税专用发票标明：材料价款 10 000 元，增值税税率 13%，增值税 1 300 元，款项共计 11 300 元，材料已验收入库。同时接到银行多余款收账通知，退回余款 8 700 元。

【实训要求】根据上述资料编制相关会计分录。

3.3　办理银行本票结算

一、判断能力训练

（　　）1. 签发银行本票的出票人必须是经过人民银行当地分支行批准办理银行本票业务的银行机构。

（　　）2. 单位和个人在同一票据交换区域需要支付各种款项，均可以使用银行本票办理。

（　　）3. 银行本票可以用于转账，注明“现金”字样的银行本票不可以用于支取现金。

（　　）4. 银行本票可分为定额本票和不定额本票两种，定额本票的面额分为 1 000 元、2 000 元、10 000 元和 20 000 元四种。

（　　）5. 银行本票的提示付款期限自出票日起最长不得超过一个月（不论大月、小月均按到期月份对日计算；到期日遇节假日顺延）。

二、应用能力实训

【实训目的】练习银行本票业务的操作。

【实训资料】某企业发生如下经济业务：

（1）2020 年 10 月 10 日向昆明兴隆公司销售一批多余 B 材料，开出增值税专用发票，注明价款 100 00 元，增值税税率 13%，增值税 1 300 元，收到对方交来的一张银行本票，金额 11 300 元；同日，企业填制进账单并连同银行本票一并送交银行，办理收款事项。

（2）委托银行开出银行本票，票面金额 50 000 元，有关手续已办妥。

【实训要求】根据上述资料编制相关会计分录。

3.4 办理商业汇票结算

一、单项选择能力训练

1. 企业支付的银行承兑汇票手续费应计入（　　）。

A. 管理费用　　B. 财务费用

C. 营业外支出　　D. 其他业务支出

2. 商业汇票的付款期限最长不得超过（　　）。

A. 2 个月　　B. 3 个月　　C. 6 个月　　D. 1 年

3. 银行承兑汇票的承兑人是（　　）。

A. 购货单位　　B. 购货单位开户银行

C. 销货单位　　D. 销货单位开户银行

二、多项选择能力训练

1. 商业汇票按承兑人不同分为（　　）。

A. 收款人承兑汇票　　B. 付款人承兑汇票

C. 商业承兑汇票　　D. 银行承兑汇票

三、判断能力训练

（　　）1. 商业承兑汇票的承兑人是购货企业的开户银行。

（　　）2. 银行承兑汇票到期日付款人账户不足支付时，其开户银行应代为付款。

（　　）3. 商业汇票在同城、异地均可使用。

（　　）4. 商业汇票只能用于劳务结算，不可以用于商品交易的结算。

四、应用能力实训

【实训目的】练习商业汇票业务的操作。

【实训资料】江苏天润机械有限公司向昆明兴隆公司采购甲材料一批，双方约定采用银行承兑汇票结算。2020 年 11 月 12 日，公司向银行交纳银行承兑汇票保证金 30 000 元，同时签发银行承兑汇票交由银行承兑；13 日交纳承兑手续费 500 元后，取得银行承兑汇票；15 日，向兴隆公司交付汇票后，取得购买原材料专用发票，注明价款 70 000 元，增值税税率 13%，增值税 9 100 元，材料已验收入库；12 月 13 日，汇票到期，款项交存银行偿还票款。

【实训要求】

(1) 11 月 12 日，对交纳银行承兑汇票保证金 30 000 元进行账务处理。

(2) 11 月 13 日，对交纳承兑手续费业务进行账务处理。

(3) 11 月 15 日，对使用银行承兑汇票购买原材料业务进行账务处理。

(4) 12 月 13 日，汇票到期，款项交存银行偿还票款。

(5) 假设票据到期，企业无力支付，请进行账务处理。

3.5 办理汇兑结算

一、单项选择能力训练

1. 采用汇兑结算方式时，使用的会计科目是（　　）。

A. 应收票据　　B. 应付票据

C. 银行存款　　D. 其他货币资金

二、多项选择能力训练

1. 汇兑分为（　　）两种。

A. 信汇　　B. 电汇　　C. 邮寄　　D. 电报

2. 下列结算方式，可以用于同城结算的有（　　）。

A. 支票　　B. 托收承付　　C. 银行本票　　D. 汇兑

三、判断能力训练

（　　）1. 单位和个人的各种款项的结算，均可使用汇兑结算方式。

（　　）2. 汇兑结算方式适用于同城之间的各种款项的结算。

四、应用能力实训

【实训目的】练习汇兑业务的操作。

【实训资料】2020 年 12 月 19 日 江苏天润机械有限公司（账号：913200006666998998，汇款行名：工行江宁支行）从北京长虹发展公司（开户银行：工商银行北京市海淀支行，账号：145444567543）购进电子产品一批，价税合计款 67 800 元。

【实训要求】

(1) 填写结算业务申请书。

中国工商银行　　结算业务申请书（回单）

委托日期　　年　　月　　日　　　　　　第0364257号

<table>
<tr><td colspan="2">业务类型</td><td colspan="2">银行汇票　　银行本票</td><td colspan="12">电汇　　转账　　现金</td><td rowspan="8">此联是汇出银行给汇款单位的回单</td></tr>
<tr><td rowspan="3">汇款人</td><td>全称</td><td></td><td rowspan="3">收款人</td><td colspan="2">全称</td><td colspan="10"></td></tr>
<tr><td>账号</td><td></td><td colspan="2">账号</td><td colspan="10"></td></tr>
<tr><td>汇出行名称</td><td></td><td colspan="2">汇入行名称</td><td colspan="10"></td></tr>
<tr><td rowspan="2">金额</td><td rowspan="2">人民币（大写）</td><td colspan="2" rowspan="2"></td><td>亿</td><td>千</td><td>百</td><td>十</td><td>万</td><td>千</td><td>百</td><td>十</td><td>元</td><td>角</td><td>分</td><td></td></tr>
<tr><td></td><td></td><td></td><td></td><td></td><td></td><td></td><td></td><td></td><td></td><td></td><td></td></tr>
<tr><td colspan="4" rowspan="2">上列款项请在本人的账户内支付，并按照汇兑结算规定汇给收款人。
江苏天润机械有限公司 财务专用章　　李民
申请人签章</td><td colspan="12">支付密码：</td></tr>
<tr><td colspan="12">附加信息及用途：

复核　　记账</td></tr>
</table>

（2）对偿还货款业务进行会计处理。

3.6　办理委托收款结算

一、单项选择能力训练

1. 办理托收承付结算的款项，必须是（　　）。

A. 商品交易款项　　B. 代销商品款项

C. 寄销商品款项　　D. 赊销商品款项

二、多项选择能力训练

1. 根据中国人民银行有关支付结算办法的规定，下列结算方式中说法正确的是（　　）。

A. 银行本票的付款期限为自出票日起 1 个月内

B. 在银行开立存款账户的法人以及其他组织之间必须具有真实的交易关系或债权债务关系，才能使用商业汇票

C. 单位可以将销货收入的款项存入其信用卡账户，但不得从单位卡中支取现金

D. 采用托收承付结算方式时，购销双方必须签订合法的购销合同，并在合同上写明使用托收承付结算方式

2. 按照《支付结算办法》的规定，采用托收承付结算方式时购货企业的承付期是（　　）。

A. 3 天　　B. 15 天　　C. 7 天　　D. 10 天

3. 以下支付结算方式中，只适用于商品交易结算业务的有（　　）。

A. 支票　　B. 委托收款　　C. 托收承付　　D. 信用证

三、判断能力训练

（　　）1. 委托收款是收款人委托银行向付款人收取款项的结算方式。委托收款结

算方式，按款项划转方式不同，可分为邮寄和电报两种，由收款人选用。

(　　) 2. 委托收款适用于在银行或其他金融机构开立账户的单位和个体经济户的商品交易、劳务款项以及其他应收款项的结算。只限同城使用。

四、应用能力实训

【实训目的】练习委托收款业务的操作。

【实训资料】2020 年 7 月 18 日江苏天润机械有限公司向江苏大通公司销售产品一批，发票注明价款 10 000 元，增值税税率 13%，增值税 1 300 元，双方约定采用委托收款结算方式，天润公司销货后办妥委托收款手续；7 月 28 日，银行转来“委托收款结算凭证”收款通知，收到江苏大通公司货款 11 300 元。

【实训要求】

(1) 对 7 月 18 日的销售业务进行会计处理。

(2) 对 7 月 28 日的收款业务进行会计处理。

3.7 其他结算方式的办理

一、判断能力训练

(　　) 1. 各种企业因商品交易产生的货款，以及因商品交易而产生的劳务供应的款项，在与开户银行签订网银协议后，可以通过网上银行支付。

(　　) 2. 企业（法人）可以办理银行信用卡。

二、应用能力实训

【实训目的】练习银行结算业务的操作。

【实训资料】某企业 2020 年 8 月至 9 月经济业务如下：

(1) 企业购买办公用品 1 500 元，用信用卡付款。收到银行转来的信用卡存款的付款凭证及所付账单，经审核无误。请进行会计处理。

(2) 企业于 8 月 16 日向银行申领信用卡，交存银行 50 000 元。9 月 10 日，该公司用信用卡购买办公用品 3 000 元，增值税专用发票上注明的增值税税额为 390 元。请进行会计处理。

(3) 8 月 20 日，总经理报销业务招待费 2 000 元，刷信用卡支付。

(4) 9 月 18 日，公司通过支付宝平台收到大宇有限公司前欠货款 1 800 元。

【实训要求】根据上述资料编制相关会计分录。

项目4 记录应收款项 厘清债权资产

项目导航

知识目标

- 了解应收及预付款项的基本概念、性质与范围
- 掌握商业汇票的概念和分类
- 理解应收账款的确认原则
- 掌握应收票据、应收账款、预付账款和其他应收款的核算
- 理解坏账损失的核算

能力目标

- 能说出应收及预付款项的定义及内容
- 能描述商业汇票的有关管理规定
- 能计算带息应收票据的利息
- 能说出应收及预付款项核算的科目设置及账户结构
- 能写出应收款项业务所涉及科目之间的对应关系
- 能独立完成应收及预付款项的业务核算

应收及预付款项，是指企业在日常生产经营活动中发生的各项债权，包括应收款项和预付款项。应收款项包括应收票据、应收账款、应收股利、应收利息和其他应收款等；预付款项则是指企业按照合同规定预付的款项，如预付账款等。应收及预付款项应当按照发生额入账。

4.1 记录与管理应收票据

任务导入

在激烈的市场竞争中，企业为拓展产品市场、扩大销售，通常会采用赊销的方式，此时，企业会形成一种债权资产。例如，江苏天润机械有限公司于2019年10月18日销售商品收到一张面值为100 000元、期限为90天、利率为4%的银行承兑汇票。11月25日，该企业因急需资金，持上述票据到银行贴现，贴现率为6%，不附有追索权。

为了处理好此类业务，财会人员应知悉应收票据相关知识、计量原则，并能把握应收票据的增减业务流程及会计核算方法。

知识准备

4.1.1 认知应收票据

应收票据作为一种债权凭证，是指企业因销售商品、提供劳务等而收到的商业汇票所体现的一项债权资产。

（一）商业汇票的认知

商业汇票，是一种由出票人签发的、委托付款人在指定日期无条件支付确定金额给收款人或者持票人的票据。

商业汇票必须经付款人承兑。承兑即承诺兑付，是付款人在汇票上签章表示承诺将在汇票到期时承担付款义务的一种行为。未经付款人承兑的商业汇票，是无效的。

（二）商业汇票的分类

1. 商业汇票按承兑人不同，分为商业承兑汇票和银行承兑汇票

（1）商业承兑汇票，是指由付款人签发并承兑，或由收款人签发交由付款人承兑的商业汇票。

（2）银行承兑汇票，是指由在承兑银行开立存款账户的存款人（即出票人）签发，由承兑银行承兑的商业汇票。

【小贴士】

就债权人而言，银行承兑汇票的风险很小，因为在商业汇票到期付款人无力支付款项时，承兑银行要负连带付款责任，除非银行倒闭，否则收款人到期一般都能收回款项。

2. 商业汇票按照是否计息，分为带息商业汇票和不带息商业汇票

（1）带息商业汇票

带息商业汇票，是指票据上注明利率及付息日期，票据到期时，承兑人按票面金额加上票据利息向收款人或被背书人付款的商业汇票。

（2）不带息商业汇票

不带息商业汇票，是指票据上没有注明利率，商业汇票到期时，承兑人只按票面金额（即面值）向收款人或被背书人付款的商业汇票。

（三）应收票据的确认

当企业销售商品、提供劳务而取得商业汇票时，应在会计上被确认为应收票据。

（四）不同的结算工具与债权资产

企业的债权资产，与其选择的结算工具，具有高度的关联性。企业就根据产品的市场竞争力、销售策略、信用政策、资金状况等因素，合理选择结算工具，从而形成相应的债权资产。

表4－1　　结算工具与债权资产

销售方式	结算工具	债权资产
现销	现金	库存现金
现销	现金支票、转账支票、银行汇票、银行本票	银行存款或其他货币资金
现销、赊销	汇兑	银行存款或应收账款
赊销	委托收款	应收账款
赊销	商业汇票	应收票据

4.1.2　计量应收票据

（一）应收票据的初始计量：

当企业销售商品、提供劳务而取得商业汇票时，无论取得的商业汇票是否带息，均按票面金额作为应收票据的初始入账价值。

（二）应收票据的后续计量：

1. 带息商业汇票的后续计量

应收票据的到期价值（带息商业汇票）＝应收票据面值＋应收票据利息

应收票据利息＝面值×票面利率×承兑期限

公式中票面利率指的是商业汇票上注明的利率，票据承兑期限指签发日（出票日）至到期日的间隔期。

2. 不带息商业汇票的后续计量

不带息商业汇票到期价值即为商业汇票票面金额（即票面面值）

应收票据的到期价值（不带息商业汇票）=应收票据面值

3. 资产负债表日的计量

对于应收票据等债权资产，在资产负债表日，要根据坏账确认的条件，进行判断是否产生了坏账，如果产生了坏账，要计提坏账准备。

4.1.3 记录应收票据

（一）科目设置

应收票据（1122）

（1）定义：核算企业因销售商品、提供劳务而收到的商业汇票，包括银行承兑汇票和商业承兑汇票。

（2）性质：资产类。

（3）核算内容：借方登记取得的应收票据的面值及带息票据期末计提的利息，贷方登记到期收回票款或到期前向银行贴现或背书转让的应收票据的票面金额。期末借方余额反映企业持有的商业汇票的票面金额。

（4）明细分类账的设置：按开出、承兑商业汇票的单位设置明细账户进行明细核算。

（5）“应收票据”备查簿。

应收票据除设置常规的三栏式总分类账和三栏式明细分类账以外，还应当设置“应收票据备查簿”（见图4－1）。该备查簿逐笔登记每一商业汇票的种类、号数和出票日、票面金额、交易合同号和付款人、承兑人、背书人的姓名或单位名称、到期日、背书转让日、贴现日、贴现率和贴现净额以及收款日和收回金额、退票情况等资料。商业汇票到期结清票款或退票后，应在备查簿内逐笔注销。

年		摘要	交易合同	票据基本情况					付款单位及名称	承兑人及单位名称	背书人及单位名称	贴现			承兑				背书转让日
月	日			票据号码	签发日期	到期日期	票面金额	票面利率				贴现日期	贴现利率	贴现净额	承兑日期	受理单位	票面金额	实收金额	

图4－1 应收票据备查簿

（二）应收票据的业务节点及账务处理

应收票据的业务节点主要包括销售货物取得商业汇票、商业汇票到期、转让商业汇票、商业汇票贴现等。

1. 取得商业票据、商业票据到期的账务处理，见表4－2。

表4－2　取得商业票据、商业票据到期的账务处理

业务节点	原始单据	账务处理
销售商品，取得商业汇票	增值税专用发票、商业汇票复印件等	借：应收票据（按面值入账） 贷：主营业务收入 应交税费——应交增值税（销项税额）
票据到期	银行收款通知、相关协议等	（1）到期收到款项 借：银行存款 贷：应收票据 （2）到期无法收到款项，转为应收账款 借：应收账款 贷：应收票据

（注：详见任务实施4－1）

2. 应收票据转让的账务处理

应收票据的转让，是指持票人因偿还他人货款等原因，而将未到期的商业汇票背书后转让给其他单位或个人的业务活动。其可分为附追索权的转让和不附追索权的转让。

（1）不附追索权的转让，指的是当票据的承兑人到期无力支付票款时，被背书人（或持票人）不能要求背书人支付票款，即相当于将该票据的所有权出售。

（2）附追索权的转让，指的是当票据的承兑人到期无力支付票款时，被背书人（或持票人）有权利要求背书人支付票款。

（3）应收票据转让的账务处理，见表4－3。

表4－3　应收票据转让的账务处理

业务节点	原始单据	账务处理
票据转让	增值税专用发票、收料单、支票存根、协议等	借：原材料等 应交税费——应交增值税（进项税额） 贷：应收票据（不附追索权）/短期借款（附追索权） 银行存款（或在借方）

（注：详见任务实施4－2）

4.1.4　应收票据的贴现

贴现，通俗来说是指企业（贴现申请人）因为融资需求而将票据背书给银行变现，贴现银行收取一定贴现利息后将剩余票款付给企业的业务活动。票据贴现时，持票人必须在票据上“背书”（票据的持票人在票据背面签名将其权利转让给他人的行为）。实际工作中，企业一般很少使用商业承兑汇票，贴现银行一般也只接收银行承兑汇票，所以这里我们只讲银行承兑汇票的贴现。

银行承兑汇票的贴现分为附追索权的贴现和不附追索权的贴现两种。

（一）附追索权的贴现

附追索权的贴现，指的是当票据的承兑人到期无力支付票款时，贴现银行有权利要求背书人（贴现人）支付票款。即该票据所有权上的风险与收益并未转给贴现银行，应收票据贴现后，若票据的承兑人到期无力支付票款，背书人（贴现人）需承担付款责任。这种贴现实质上是一种质押借款，计入“短期借款”科目。因为银行承兑汇票在票据到期时，收款人或被背书人无不能收回款项的风险，故贴现金额一般可以参照以下公式计算确定，也可以由企业与贴现银行双方协商确定。

票据到期价值 = 面值 + 面值 × 票面利率 × 票据期限

贴现利息 = 票据到期价值 × 贴现率 × 贴现期

贴现实收金额 = 票据到期价值 − 贴现利息

【小贴士】

贴现期，是指企业到银行贴现的日期与票据到期日之间的天数。一般是按照实际天数来计算，可以算头不算尾，也可以算尾不算头。如果承兑人在异地，贴现的期限以及贴现利息的计算应另加3天的划款日期。

（二）不附追索权的贴现

不附追索权的贴现，指的是当票据的承兑人到期无力支付票款时，贴现银行没有权利要求背书人（贴现人）支付票款。即该票据所有权上所有的风险与收益均转移给贴现银行，应收票据贴现后，即使票据的承兑人到期无力支付票款，背书人（贴现人）也不需承担付款责任。在这种情况下，背书人（贴现人）应当终止确认应收票据。贴现金额的确定同附追索权的贴现。

（三）应收票据贴现的账务处理，见表4－4。

表4－4　　应收票据贴现的账务处理

业务节点	原始单据	账务处理
不附追索权的贴现	商业汇票贴现凭证等	借：银行存款财务费用［或在贷方］ 贷：应收票据
附追索权的贴现	借款协议、商业汇票贴现凭证等	借：银行存款财务费用［或在贷方］ 贷：短期借款

（注：详见任务实施4－3）

任务实施

任务实施4－1　销售商品收到商业汇票的核算

2020年4月1日，江苏天润机械有限公司销售甲产品50台给镇江市江海贸易公司，价款990 000元，增值税128 700元，收到江海公司开出的商业承兑汇票一张，面值1 118 700元，期限6个月，票面利率6%。9月30日，江海公司的商业汇票到期，款项已收存银行。

步骤一：4月1日，收集整理审核销售发票和收到的商业承兑汇票，并对商业承兑汇票进行复印。

步骤二：对销售产品、收到商业汇票业务进行账务处理，增加应收票据，确认销售收入。

借：应收票据——镇江江海公司　　1 118 700

　　贷：主营业务收入——甲产品　　990 000

　　　　应交税费——应交增值税（销项税额）　　128 700

步骤三：6月30日，对应收票据进行计息处理，增加应收票据，减少财务费用。

借：应收票据——镇江江海公司　　16 780.5

　　贷：财务费用　　16 780.5

步骤四：9月30日，委托银行办理收款业务，增加银行存款，减少应收票据，同时减少财务费用。

借：银行存款　　1 152 261

　　贷：应收票据——镇江江海公司　　1 135 480.5

　　　　财务费用　　16 780.5

【小贴士】

若该商业承兑汇票到期，付款人镇江江海贸易公司无力支付货款。根据相关协议作如下处理：

借：应收账款——镇江江海公司　　1 135 480.5

　　贷：应收票据——镇江江海公司　　1 135 480.5

任务实施4－2　转让应收票据（不附追索权）的核算

2020年7月20日，江苏天润机械有限公司从四方钢厂购入A材料一批，增值税专用发票上记载的货款为50 000元，增值税6 500元。江苏天润机械有限公司用收到的东方公司交来的商业汇票付讫，商业汇票票面金额为56 500元，材料已验收入库。

步骤一：7月20日，收集整理审核购货与付款协议，审核增值税专用发票、收料单。

步骤二：将商业汇票背书转让给四方钢厂。

步骤三：对购买材料、转让商业汇票业务进行账务处理，增加原材料，确认应交税费—应交增值税（进项税额），减少应收票据。

借：原材料——A 材料　　50 000

　　应交税费——应交增值税（进项税额）　　6 500

　　贷：应收票据——东方公司　　56 500

任务实施 4-3　办理商业汇票贴现的核算

案例一：2020年月12月30日，江苏天润机械有限公司持一张签发日期为2020年11月30日、到期日期为2021年1月30日、票面金额为128 700元的不带息银行承兑汇票向银行进行贴现，月贴现率1.2%。根据与银行协议，此贴现业务为不附追索权的贴现。

步骤一：12月30日，计算贴现利息和贴现所得。

票据到期价值 = 128 700（元）

贴现期 = 1个月

贴现利息 = 128 700 × 1.2% = 1 544.40（元）

贴现所得 = 128 700 − 1 544.40 = 127 155.60（元）

步骤二：审核贴现凭证（收账通知，见图4-2）。

贴现凭证（收账通知）

2019年12月30日　　NO 24578

申请人	名　称	江苏天润机械有限公司	贴现汇票	种类	银行承兑汇票	号码	SC02587
	账　号	913200006666998998		发票日	2019年11月30日		
	开户银行	工商银行江宁支行		到期日	2020年1月30日		
汇票承兑人（或银行）名称	广州市机械厂		账号	824031694122	开户银行	工行广州市支行	

		百	十	万	千	百	十	元	角	分
汇票金额（即贴现金额）	人民币（大写）壹拾贰万捌仟柒佰元整	¥	1	2	8	7	0	0	0	0

贴现率（每月）	贴现利息	万	千	百	十	元	角	分
12%		¥	1	5	4	4	4	0

实付贴现金额	百	十	万	千	百	十	元	角	分
	¥	1	2	7	1	5	5	6	0

上列款项已入你单位账户

此致

工商银行江宁支行 2019.12.30 业务专用章 (05)

银行盖章

2019年12月30日

备注：

图4-2　贴现凭证（收账通知）

步骤三：对贴现收款业务进行账务处理，增加银行存款，增加财务费用，减少应收票据。

借：银行存款　　127 155.60

　　财务费用　　1 544.40

　　贷：应收票据——广州机械厂　　128 700.00

案例二：2020 年 3 月 8 日，江苏天润机械有限公司持所收到的乙企业签发的出票日期为 1 月 29 日、期限为 6 个月、到期日为 7 月 29 日、面值为 100 000 元的不带息银行承兑汇票一张到银行贴现，银行年贴现率为 6%。双方约定，此贴现为不附追索权的贴现。

步骤一：3 月 8 日，确定票据到期日、贴现期及贴现利息，如图 4－3 所示。

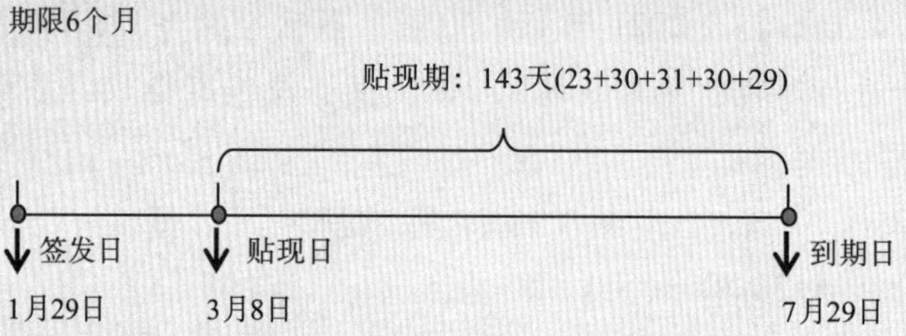

图 4－3

票据到期价值＝100 000（元）

贴现利息＝100 000×6%÷360×143＝2 383.33（元）

贴现实收金额＝100 000－2 383.33＝97 616.67（元）

步骤二：对 3 月 8 日的贴现进行分析，因为是不附追索权的贴现，可以终止确认应收票据；并对贴现收款业务进行处理，增加银行存款，增加财务费用，减少应收票据。

借：银行存款　　97 616.67

　　财务费用　　2 383.33

　　贷：应收票据　　100 000.00

步骤三：登记相关账户。

【小贴士】

中国当前票据市场里面，银行承兑汇票占了大部分的市场份额，它涉及出票人、银行、收款人三方，它是对三方都有利的结算方式。

对出票人而言，在银行存入票据金额一定比例的保证金（按银行规定），不用直接支付全部货款，缓解资金压力。以有限的资本购买更多的货物，最大限度地减少对营运资金的占用，有利于扩大生产规模，相对于贷款融资可以明显降低财务费用。

能开出银行承兑汇票的企业，相当于银行对企业做了一个信用背书，因为银行承兑汇票本身就是一个“信用票据”，说明该企业的经营效益、信誉都不错，不但能给合作者增加更多的信心，也能提高企业的市场形象。

对银行而言，可以稳定占用一定期间的资金（存入的保证金），收取承兑手续费。银行承兑汇票不是随意办理的，先要有银行的授信，授信的门槛和贷款的申请条件基本是一样的，银行会对企业事先做好考察、实力评估，除保证金和手续费外，有时还要求用固定资产做担保，银行既增加了存款，又增加了收益。

对收款人而言，增加了销售收入，提高了市场竞争力。银行承兑汇票经银行承兑到期无条件付款，把企业之间的商业信用转化为银行信用，企业收到银行承兑汇票就如同收到现金。期间可申请贴现也可背书转让，流通性强，使用灵活。

4.2 记录和管理应收账款

任务导入

2020年6月12日，江苏天润机械有限公司销售一批商品给徐州东来公司，货款未收；7月10日收到徐州东来公司的货款。环宇公司应于何时确认销售收入并怎样进行账务处理？

在企业日常活动中，为了吸引客户，公司可采用什么方法进行促销？又可采取什么方法最大限度地收回货款？无法收回的坏账应如何核算？

财会人员应知悉应收账款相关知识、计量原则，并能较好地把握应收账款增减的业务流程及会计核算方法。

知识准备

4.2.1 认知应收账款

应收账款，是指企业因销售产品、提供劳务等经营活动，应向购货单位或接受劳务单位收取的款项，主要包括企业销售商品或提供劳务等应向有关债务人收取的价款及代购货单位垫付的包装费、运杂费等。企业如果是选择赊销方式，应在把商品的控制权转移给购买方后，同时确认应收账款和营业收入。

凡不是因销售活动、提供劳务而发生的应收款项，不应列入应收账款。如应收取的各种赔款罚款、应向职工收取的各种垫付款、企业付出的各种存出保证金、应收已宣告发放分配的股利等。

4.2.2 计量应收账款

（一）应收账款的初始计量

应收账款初始确认应按照公允价值确认。公允价值是指市场参与者在计量日发生的有序交易中，出售一项资产所能收到（或者转移一项负债所需支付）的价格，包括销售货物或提供劳务的价款、增值税，以及代购货方垫付的包装费、运杂费等。在确定应收账款的入账价值时，还应考虑有关折扣的影响。

1. 商业折扣

商业折扣，是指企业为了促进销售，在商品价目单原定价格的基础上给予购货方的价格扣除。

商业折扣通常用百分比来表示，如5%、10%、15%等。商场中的打折促销就属于商业折扣，扣减商业折扣后的价格才是商品的实际销售价格。例如某企业生产A产品，价目表中标明零售价为360元/件，并规定购买100件以上可享受10%的折扣，江苏天润机械有限公司购买了200件A产品，则实际的成交价格为64 800元（200×360×90%）。

商业折扣一般在交易发生时即已确定，对应收账款和营业收入的金额均不产生影响。因此，在存在商业折扣的情况下，企业应收账款的入账价值应按扣除商业折扣后的净额确认。

2. 现金折扣

现金折扣，是指债权人为鼓励债务人在规定的期限内早日付款，而向债务人提供的债务扣除。

现金折扣通常发生在以赊销方式销售商品或提供劳务的交易中。现金折扣一般用符号“折扣率/付款期限”表示。如“2/10，1/20，N/30”，即买方在10天内付款，给予2%的折扣；买方在11天至20天内付款，给予1%的折扣；买方在21天至30天内付款，则不给予折扣；30天为信用期。

例如，某公司赊销A产品10 000元，规定的现金折扣条件是：2/10，1/20，N/30。客户在10天内付款，则应收账款的实收金额为9 800元（10 000－10 000×2%）；若客户在11～20天内付款，则应收账款的实收金额为9 900元（10 000－10 000×1%）；若客户超过20天付款，则需按全价10 000元付款。

在存在现金折扣的情况下，应收账款入账金额的确认有两种方法：总价法和净价法。总价法是以未减去现金折扣后的金额确认收入和应收账款，现金折扣只有客户在折扣期内支付货款时才予以确认。净价法是将扣除现金折扣后的金额确认为收入和应收账款。

我国目前的会计实务中，所采用的是总价法，即按未减去现金折扣的金额作为应收账款的入账价值，现金折扣实际发生时作为财务费用处理，计入当期损益。

（二）应收账款的后续计量

应收账款的后续计量以摊余成本计量。所谓金融资产的摊余成本，指该金融资产的初始确认金额是经以下调整后的结果：

（1）扣除已偿还的本金。

（2）加上或减去采用实际利率法将该初始确认金额与到期日金额之间的差额进行摊销形成的累计摊销额。

（3）扣除该金融资产发生的减值损失。也就是说，应收账款等债权资产，在资产负债表日，要根据坏账确认的条件判断是否产生了坏账，如果产生了坏账，要计提坏账准备。

4.2.3 记录应收账款

（一）科目设置

应收账款 （1122）

为了反映和监督应收账款的增减变动及其结存情况，企业应当设置“应收账款”科目。

（1）定义：核算企业因销售商品、提供劳务等经营活动，应向购货单位或接受劳务单位收取的款项。

（2）性质：资产类。

（3）核算内容：借方登记应收账款的增加，贷方登记应收账款的收回和确认的坏账损失。期末余额一般在借方，表示企业尚未收回的应收账款；期末如在贷方，一般为企业预收的货款。

（4）明细分类账的设置：按购货或接受劳务的单位或个人设置明细账进行明细核算。

（二）应收账款的业务节点与账务处理

应收账款的业务节点主要包括销售货物产生应收账款、收回应收款项、转让应收账款等。销售货物发生应收账款、收回应收款项的账务处理，见表4－5。

（三）应收账款转让的账务处理

应收账款的转让，包括不附追索权的转让和附追索权的转让。

表 4－5　　发生应收账款、收回应收账款的账务处理

业务节点	原始单据		账务处理
发生应收账款时	销售货物	增值税专用发票、委托收款凭证等	借：应收账款 　贷：主营业务收入/其他业务收入 　　应交税费——应交增值税（销项税额）
	代垫费用	货运发票等	借：应收账款 　贷：银行存款等
收回应收账款时	收到银行存款	银行收款通知等	借：银行存款 　贷：应收账款
	收到商业汇票	商业汇票复印件等	借：应收票据 　贷：应收账款

（注：详见任务实施 4－4、任务实施 4－5）

（1）不附追索权的转让，是指企业将应收债权出售给银行等金融机构，根据企业、债务人及银行等金融机构之间的协议，在所售应收债权到期无法从债务人处收回时，银行等金融机构不能够向出售应收债权的企业进行追偿。在这种情况下，企业应将所售应收债权予以转销，结转计提的相关坏账准备，确认按协议约定预计将发生的销售折扣、折让或退回等，确认出售损益。

（2）附有追索权的转让，是指在有关应收债权到期无法从债务人处收回时，银行等金融机构有权向出售应收债权的企业追偿，或按照协议约定，企业有义务按照约定金额从银行等金融机构回购部分应收债权，应收债权的坏账风险由售出应收债权的企业负担。在这种情况下，企业应按以应收债权为质押取得借款的核算原则进行会计处理。

表 4－6　　应收账款转让的账务处理

业务节点	原始单据		账务处理
转让应收账款	不附追索权	转让协议、银行收款通知等	借：银行存款（从银行实际取得的款项） 　其他应收款（协议中预计将发生的销售折扣、折让或退回） 　财务费用（支付的手续费） 　坏账准备（已提取的坏账准备） 　贷：应收账款 　　营业外收入——应收债权融资收益 　　（或借：营业外支出——应收债权融资损失）
	附追索权	转让协议、银行收款通知等	借：银行存款（实际所得资金） 　财务费用（支付的手续费） 　贷：短期借款

（注：详见任务实施 4－6）

【理实差异】

案例： 应收账款明细账与客户分析

小王是一位即将毕业、正在企业实习的一位“准会计”，在她实习的单位，对所有销售（不管是赊销、还是现销）的都先通过应收账款进行核算，与在学校的学习知识不一样。

如：销售产品50 000元给B企业，增值税6 500元，货款56 500元已收存银行，其账务处理为：

借：应收账款——B企业 56 500

　贷：主营业务收入 50 000

　　应交税费——应交增值税（销项税额） 6 500

同时：

借：银行存款 56 500

　贷：应收账款——B企业 56 500

企业这样处理，是教材上写错？老师讲错了？还是企业做错了？其实都没错，只不过是企业利用应收账款——某某客户的明细账来进行销售管理，进而进行客户分析了。

对于企业来讲，应收账款是企业往来核算最主要的科目，往往发生在赊销业务中。企业既想借助于它来促进销售，增加销售收入，增强企业竞争力，同时又希望尽量避免由于应收账款的存在而给企业带来的资金周转困难、坏账损失等弊端。因此，通过应收账款明细账展开的客户分析显得尤为重要。

应收账款明细账是按往来单位（客户）设置的，根据应收账款发生的金额、发生的频率、挂账时间的长短等，可将客户进行不同维度的分类，如客户规模大小、客户信用高低等。对大客户可提供商业折扣，对信用好的客户可提供现金折扣，有针对性的销售政策能在促进销售的同时降低坏账的可能性。现在在有些企业里，即使是现销业务，也会通过应收账款进行一次过渡核算。

按照上面进行账务处理，虽然变麻烦了点（其实是可以通过财务软件设定的），但产生“应收账款——B企业”的发生额将为企业的客户分析提供便利。借助于应收账款的明细账，每家客户往来都被记录下来，期末将相关数据汇总，可以得到较全面的客户分析，有利于企业开展更有效的客户管理。

这个案例告诉我们：会计理论和实线存在着差异，在会计学习过程中要活学活用，不能死板教条，要明白会计原理，具备会计思维能力，才能真正地学好用好会计知识。

任务实施

任务实施4-4 应收账款结算业务的核算

2020年6月3日，江苏天润机械有限公司采用委托收款结算方式向徐州大吉公司销售一批乙产品，货款100 000元，购货方享受10%的商业折扣，增值税税率13%，以存款代垫运杂费600元，已办妥托收手续。6月14日收到银行收款通知，徐州大吉公司的前欠货款已收妥入账。

步骤一：6月3日，审核增值税专用发票和委托收款凭证。

步骤二：对销售产品、委托收款业务进行处理，增加应收账款，确认销售收入，同时确认应交税费——应交增值税（销项税额），减少银行存款。

借：应收账款——徐州大吉公司　　102 300

　　贷：主营业务收入——乙产品　　90 000

　　　　应交税费——应交增值税（销项税额）　　11 700

　　　　银行存款　　600

步骤三：6月14日，审核银行的收款通知。

步骤四：对收到徐州大吉公司前欠货款业务进行处理，增加银行存款，减少应收账款。

借：银行存款　　102 300

　　贷：应收账款——徐州大吉公司　　102 300

任务实施4-5 现金折扣的核算

2020年6月4日，江苏天润机械有限公司向天津市红光工厂销售产品一批，增值税专用发票上注明售价为40 000元，增值税税额为5 200元，合同中规定现金折扣条件为2/10，1/20，N/30（假设现金折扣不考虑增值税）。6月8日，天津市红光工厂支付货款。

步骤一：6月4日，收集整理审核销售协议、增值税专用发票。

步骤二：对销售业务进行处理，增加应收账款，确认销售收入，增加应交增值税额。

借：应收账款——天津市红光工厂　　45 200

　　贷：主营业务收入——乙产品　　40 000

　　　　应交税费——应交增值税（销项税额）　　5 200

步骤三：6月8日，收集整理审核销货折扣审批单和进账单（收账通知）

销货折扣审批单

购买单位：天津市红光工厂　　　　2019年6月8日

收货地址：天津市华东路18号

客户分类：临时客户　　　　　　现金折扣条件：2/10，1/20，N/30

产品名称	销货时间	收款时间	应收金额	折扣率（%）	实收金额
乙产品	2019.6.4	2019.6.8	45 200	2	45 200

图4－5　销货折扣审批单

中国工商银行进账单（收账通知）3

2019年6月8日

出票人	全称	天津市红光工厂	收款人	全称	江苏天润机械有限公司
	账号	265801-2123		账号	913200006666998998
	开户银行	工商银行正东办事处		开户银行	工商银行江宁支行

人民币(大写)	千	百	十	万	千	百	十	元	角	分
肆万肆仟肆佰元整			¥	4	4	4	0	0	0	0

票据种类	转账支票	票据张数	1	收款单位开户行盖章
票据号码				工商银行江宁支行 2019.06.08 业务专用章 (05)
复核　　记账				

收款人开户银行交给收款人的收账通知

图4－6　中国工商银行进账单（收账通知）

步骤四：对收款业务进行账务处理，增加银行存款，增加财务费用，减少应收账款。

借：银行存款　　　　　　　　　　　　　　44 400

　　财务费用——现金折扣　　　　　　800（40 000×2%）

　　贷：应收账款——天津市红光工厂　　　　　　45 200

【小贴士】

不附追索权的转让应收账款的会计分录思路：先减少“应收账款”，注销计提的“坏账准备”，再登记企业所获得银行存款等、所付出的手续费用等，所减少的应收账款的账面价值与所获得其他资产的差额，列为“营业外收支”。

任务实施4－6　不附追索权的应收账款转让的核算

2020年5月1日，江苏天润机械有限公司将100 000元的应收账款以不附追索权方式出售给当地某银行，实际收到款项 90 000 元，该银行按应收账款面值的 4% 收取手续费，并按应收账款面值的 5% 预留账款，以备抵可能发生的销售折扣、折让或退回。9 月 15 日，该银行实收账款 96 610 元，发生销售折扣、折让和退回 3 390 元（含税金额，增值税税率为 13%）。2020 年 10 月 1 日，江苏天润机械有限公司与银行进行最后结算。

步骤一：5 月 1 日，收集整理审核转让协议、银行收款通知等单据，并对转让应收账款业务进行账务处理，增加银行存款、其他应收款、财务费用、营业外支出，减少应收账款。

借：银行存款　　90 000
　　其他应收款　　5 000
　　财务费用　　4 000
　　营业外支出——应收债权融资损失　　1 000
　　贷：应收账款　　100 000

步骤二：9 月 15 日，收集整理审核销售折扣、折让和退回的相关单据，并对实际发生销售折扣、折让和退回的业务进行账务处理，减少销售收入，减少增值税额，减少其他应收款。

借：主营业务收入　　3 000
　　应交税费——应交增值税（销项税额）　　390
　　贷：其他应收款　　3 390

步骤三：10 月 1 日，收集整理审核企业与银行进行最后结算的单据，并对结算业务进行账务处理，增加银行存款，减少其他应收款。

借：银行存款　　1 610
　　贷：其他应收款　　1 610

4.3　记录与管理预付账款

任务导入

2020 年 5 月 5 日，江苏天润机械有限公司向供货单位采购一批原材料，按合同规定向对方预付货款 30 000 元，未拿到货物先付出货款形成的就是预付账款。

对于这种先向供货单位预付货款进行采购的情况，财会人员应掌握核算预付货款应设置的科目、相关业务流程及账务处理。

知识准备

4.3.1 认知预付账款

预付账款，是指企业按照合同规定，预先支付给购货方或提供劳务方的款项，包括根据合同规定预付的材料、商品采购款、租金以及在建工程价款等。

4.3.2 记录预付账款

（一）科目设置

预付账款（1123）

（1）定义：核算企业按照合同规定预付的款项。

（2）性质：资产类。

（3）核算内容：借方登记预付的款项及补付的款项，贷方登记收到所购物资时根据有关发票账单记入“原材料”等科目的金额及收回多付款项的金额。期末借方余额反映企业实际预付的款项；如为贷方余额，则反映企业应付或应补付的款项。

（4）明细分类账的设置：按供货单位设置明细账进行明细核算。

【小贴士】

预付款项情况不多的企业，可以不设置“预付账款”科目，而将预付的款项通过“应付账款”科目核算。

4.3.3 预付账款的业务节点与账务处理

预付账款的业务节点主要包括预付货款、收到所购买货物及补付款项等。账务处理见表4－7。

表4－7　预付账款的业务节点与账务处理表

业务节点	原始单据	账务处理
预付款项时	购货协议、付款单据等	借：预付账款——××企业 　贷：银行存款
收到所购货物时	增值税专用发票、收料单等	借：原材料等 　应交税费——应交增值税（进项税额） 　贷：预付账款——××企业
补付款项时	购货协议、付款单据等	借：预付账款——××企业 　贷：银行存款

（注：详见任务实施4－7）

【小贴士】

对于预付账款会计处理的“预付货款、收到所购货物、补付货款”三个环节，都使用“预付账款”账户，不使用“应付账款”账户。这是因为：一是企业对同一客户不需要设置多个结算账户；二是“预付账款”账户是“双重性”科目，其余额在“贷方”时，就是负债类结算账户，是应付账款了。

任务实施

任务实施 4-7　预付采购材料款的核算

江苏天润机械有限公司向江苏南方机电公司购买A材料，双方商定采用预付货款方式进行结算。2020年10月2日，预付购料款50 000元给江苏南方机电公司；10月6日，收到江苏南方机电公司发来的A材料，增值税专用发票注明价款200 000元，增值税26 000元，材料验收入库；10月15日，通过银行支付所欠江苏南方机电公司余款176 000元。

步骤一：10月2日，收集整理审核购货协议、付款单据，并对预付款业务进行账务处理，增加预付账款，同时减少银行存款。

借：预付账款——江苏南方机电公司　　50 000

　　贷：银行存款　　50 000

步骤二：10月6日，收集整理审核增值税专用发票、收料单，并对购货业务进行账务处理，增加原材料，抵扣进项税额，减少预付账款。

借：原材料——A材料　　200 000

　　应交税费——应交增值税（进项税额）　　26 000

　　贷：预付账款——江苏南方机电公司　　226 000

步骤三：10月15日，收集整理审核购货协议、付款单据，并对补付款业务进行账务处理，增加预付账款，同时减少银行存款。

借：预付账款——江苏南方机电公司　　176 000

　　贷：银行存款　　176 000

4.4 记录与管理其他应收款

任务导入

2020 年 9 月 30 日，江苏天润机械有限公司垫付职工宿舍的水电费 1 256 元，该笔支出将在对应职工的工资中扣除。财会人员该如何进行会计处理呢？

企业在生产经营活动中，除应收票据、应收账款、预付账款等债权资产外，还存在一些其他的债权，如备用金、存出保证金、应收的各种赔款罚款等。这些也是企业的资产，企业也应对其进行会计核算。熟悉设置的科目和相关业务流程，正确进行账务处理是财会人员的任务之一。

知识准备

4.4.1 认知其他应收款

其他应收款，是指企业除应收票据、应收账款、预付账款、应收股利和应收利息以外的其他各种应收及暂付款项。主要包括：

（1）应收的各种赔款、罚款。如因企业财产等遭受意外损失而应向有关保险公司收取的赔款等。

（2）应收的出租包装物租金。

（3）应向职工收取的各种垫付款项。如为职工垫付的水电费、应由职工负担的医药费、房租费等。

（4）存出保证金，如租入包装物支付的押金。

（5）其他各种应收、暂付款项。

4.4.2 记录其他应收款

（一）科目设置

其他应收款 （1231）

（1）定义：核算企业除应收票据、应收账款、预付账款、应收股利和应收利息以外的其他各种应收及暂付款项。

（2）性质：资产类。

（3）核算内容：借方登记企业其他应收款的增加，贷方登记其他应收款的收回。期末借方余额，反映企业尚未收回的其他应收款项。

（4）明细分类账的设置：按对方单位（或个人）设置明细账进行明细核算。

（二）其他应收款的业务节点与账务处理

其他应收款的业务节点主要包括发生其他应收款项及收回其他应收款项等。账务处理见表4－8。

表4－8　　其他应收款的业务节点与账务处理表

业务节点	原始单据		账务处理
发生应收款项时	赔款、罚款	赔款单据、处罚单据等	借：其他应收款 　贷：营业外收入/待处理财产损溢等
	存出保证金	押金收据等	借：其他应收款 　贷：库存现金/银行存款等
	为职工代垫各种款项	付款单据等	借：其他应收款 　贷：库存现金/银行存款等
收回款项时	收回其他应收款时	收款单据等	借：库存现金/银行存款/应付职工薪酬等 　贷：其他应收款

（注：详见任务实施4－8、任务实施4－9）

任务实施

任务实施4－8　存出保证金的核算

2020年7月5日，江苏天润机械有限公司从丁企业借入包装物一批，以银行存款向丁企业支付押金1 000元；7月16日，如数归还包装物，收到丁企业退还的押金1 000元，存入银行。

步骤一：7月5日，收集整理审核借入包装物的协议、对方出具的收取押金的收据，并对支付包装物押金业务账务处理，增加其他应收款，减少银行存款。

借：其他应收款——存出保证金　　1 000

　贷：银行存款　　1 000

步骤二：7月16日，收集整理审核退还押金的收款单据，并对收回押金业务进行账务处理，增加银行存款，减少其他应收款。

借：银行存款　　1 000

　贷：其他应收款——存出保证金　　1 000

步骤三：登记相关账户。

任务实施 4-9 收取罚款的核算

2020 年 8 月 6 日，车间刘强因操作违规，被罚款 800 元；8 月 12 日，收到刘强交来的现金 800 元。

步骤一：8 月 6 日，收集整理审核罚款处理决定，并对罚款事项进行账务处理，增加其他应收款，确认营业外收入。

借：其他应收款——刘强　　800
　　贷：营业外收入　　800

步骤二：8 月 12 日，收集整理审核收到罚款的收款收据，并对收款业务进行账务处理，增加库存现金，减少其他应收款。

借：库存现金　　800
　　贷：其他应收款——刘强　　800

步骤三：登记相关账户。

4.5 确认与记录坏账损失

任务导入

2020 年 7 月 6 日，江苏天润机械有限公司应收江苏大力公司账款 25 000 元无法收回，确认为坏账。企业应如何判断、核算坏账损失并对其防范呢？

在生产经营活动中，企业除应收账款外，应收票据、预付账款、其他应收款等债权资产，也会因各种原因造成回收困难，甚至收不回来，最终成为坏账，给企业造成损失。财会人员应掌握如何核算企业发生的坏账损失。

知识准备

4.5.1 认知坏账及坏账损失

坏账，是指企业无法收回或收回可能性极小的应收款项。由于发生坏账而造成的损失称为坏账损失。我国新《企业会计准则》规定，坏账损失应通过“信用减值损失”科目核算。

（一）坏账的确认条件

已入账的应收款项，在符合下列条件之一时应当确认为坏账：

（1）因债务人死亡，以其遗产清偿后，确实不能收回的；

（2）因债务人破产，以其破产财产清偿后，确定不能收回的；

（3）因自然灾害等原因，导致债务单位停产而在短时间内无法偿付债务，确实无法收回的；

（4）因债务人在较长时间内未履行其偿债义务，并有足够的证据表明无法收回或收回可能性极小的。

【小贴士】

对于已确认为坏账的应收款项，并不意味着企业放弃其追索权，一旦重新收回，应及时登记入账。

（二）坏账损失的确认

对于已入账的应收账款，符合以上四个条件之一时，企业应当将已入账的应收账款确认为坏账损失。

4.5.2 坏账损失的核算和计量

（一）坏账损失的核算方法

企业发生的坏账损失有两种核算方法：一是直接转销法，二是备抵法。直接转销法——日常核算中不预估可能发生的坏账，只有在实际发生坏账时，才作为坏账损失计入当期损益，同时直接冲销应收账款。备抵法——采用一定的方法按期（至少每年末）估计坏账损失，计入当期损益，同时建立坏账准备，当实际发生坏账时，根据坏账损失金额冲销已计提的坏账准备和相应的应收账款。我国《企业会计准则》规定，企业只能采用备抵法核算坏账损失。

（二）坏账损失的计量方法

备抵法下的关键一环是确认坏账准备的金额，估计坏账损失的方法有四种：即应收款项余额百分比法、账龄分析法、销货百分比法和个别认定法。

1. 应收账款余额百分比法

应收账款余额百分比法，是根据会计期末应收及预付款项的余额乘以估计的坏账率，确定为当期应估计的坏账损失，据此提取坏账准备的方法。

2. 账龄分析法

账龄分析法，是根据应收款项明细账上各账户账龄长短和当前具体情况，估计坏账损失的方法。账龄越长，产生坏账的可能性越大，因此估计的坏账损失也就越大。

3. 销货百分比法

销货百分比法，是根据赊销金额的一定百分比估计坏账损失的方法。

4. 个别认定法

个别认定法，是指根据每一项应收款项的具体情况来估计坏账损失的方法。

在采用上述方法的情况下，如果某项应收款项的可收回性与其他各项应收款项存在明显的差别（如债务单位处于特定地区等），导致该项应收款项如果按照与其他应收款项同样的方法计提坏账准备，将无法真实地反映其可收回金额的，可对该项应收款项采用个别认定法计提坏账准备。

4.5.3 核算坏账准备

（一）科目设置

坏账准备 （1241）

为了核算应收账款的坏账准备计提、转销等情况，企业应当设置“坏账准备”账户。

（1）定义：核算企业坏账准备的计提、转销等情况，是应收款项账户的备抵调整账户。

（2）核算内容：借方登记实际发生的坏账损失金额和冲减的坏账准备金额，贷方登记当期计提的坏账准备、收回已转销的应收账款而恢复的坏账准备。期末贷方余额，反映企业已计提但尚未转销的坏账准备。

（3）明细分类账的设置：按应收款项的类别设置明细账进行明细核算。

坏账准备可按下列公式计算：

当期应计提的坏账准备 = 当期按应收款项计算的坏账准备金额

－（或＋）“坏账准备”账户的贷方（或借方）余额

当期按应收款项计算的坏账准备金额大于“坏账准备”账户的贷方余额，应按其差额提取坏账准备；反之，应按其差额冲减已计提的坏账准备；如果当期按应收款项计算应计提坏账准备的金额为零，应将“坏账准备”账户的余额全部冲回。

（二）坏账损失的业务节点与账务处理

坏账损失的业务节点主要包括会计期末计提坏账准备、发生坏账损失、已确认并转销的坏账以后又收回等。

1. 会计期末计提坏账准备的账务处理，见表4－9。

表4－9　　坏账损失的业务节点与账务处理表

业务节点	原始单据	账务处理
会计期末计提坏账准备时	坏账损失计算单等	借：信用减值损失——计提的坏账准备 　　贷：坏账准备
		需要转回时 借：坏账准备 　　贷：信用减值损失——计提的坏账准备

续表

业务节点	原始单据	账务处理
发生坏账损失时	确认坏账报告单等	借：坏账准备 　　贷：应收账款等
已确认并转销的坏账以后又收回时	收款单据等	借：应收账款等 　　贷：坏账准备 同时 借：银行存款 　　贷：应收账款等

（注：详见任务实施4－10、任务实施4－11）

【小贴士】

计提坏账准备的范围

企业坏账准备的计提范围，包括应收账款、应收票据、预付账款、其他应收款等债权类账户。

2. 发生坏账损失的账务处理，见表4－10。

表4－10　　发生坏账损失的账务处理

业务节点	原始单据	账务处理
发生坏账损失时	确认坏账报告单等	借：坏账准备 　　贷：应收账款等

（注：详见任务实施4－12）

3. 已确认并转销的坏账以后又收回时的账务处理，见表4－11。

表4－11　　已确认并转销的坏账以后又收回时的账务处理

业务节点	原始单据	账务处理
已确认并转销的坏账以后又收回时	收款单据等	借：应收账款等 　　贷：坏账准备 同时： 借：银行存款 　　贷：应收账款等

任务实施

任务实施 4－10 首次计提坏账准备的核算

2019 年 12 月 31 日，江苏天润机械有限公司对应收甲公司的账款进行减值测试。2019 年 12 月 31 日，江苏天润机械有限公司对应收甲公司的账款进行减值测试。应收账款余额为 1 000 000 元。天润公司根据甲公司的资信情况，确认该项应收账款的预计未来现金流量现值为 900 000 元，应计提坏账准备 100 000 元。

步骤一：12 月 31 日，计算确定 2018 年应提取的坏账准备，填制坏账损失计算单。

（1）确定应收账款账面价值为 1 000 000 元；

（2）确定应收账款预计未来现金流量现值为 900 000 元；

（3）应收账款预计未来现金流量现值低于其账面价值的差额 100 000 元（1 000 000－900 000），即为本期应计提的坏账准备金额。

步骤二：对应计提的坏账准备业务进行账务处理。

借：信用减值损失——计提的坏账准备　　100 000

　　贷：坏账准备　　100 000

步骤三：登记相关账户。

任务实施 4－11 应收款项无法收回确认坏账的核算

承前例，江苏天润机械有限公司 2020 年 3 月对甲公司的应收账款实际发生坏账损失 40 000 元，确认为坏账损失。如图 4－7 所示。

确认坏账报告

江苏天润机械有限公司董事会：

甲公司 2019 年 8 月 20 日欠我公司货款 40 000 元，其经营不善濒临破产，经多方催收无效。现报请领导批准转作坏账损失处理。

会计主管：王军

2020年3月30日

经 2019 年 3 月 31 日董事会批准，同意按坏账损失处理。

江苏天润机械有限公司董事长：李明

2020年3月31日

图 4－7

步骤一：3 月 31 日，收集整理审核确认坏账报告。

步骤二：对确认的坏账损失业务进行账务处理。

借：坏账准备　　　　　　　　　　　　　　　　　　　　40 000

　　贷：应收账款——甲公司　　　　　　　　　　　　　　　　40 000

步骤三：登记相关账户。

任务实施 4－12　应收账款及坏账损失业务的核算

云南宏方公司应收账款及坏账损失业务资料如下：

（1）2019 年“坏账准备”账户期初贷方余额为 300 元，估计坏账损失率为 3‰，年末应收账款余额 700 000 元；

（2）2020 年 7 月发生坏账损失 2 700 元，年末应收账款余额为 720 000 元；

（3）2021 年 1 月，收回以前确认并转销的坏账损失 1 800 元，年末应收账款余额为 750 000 元。

步骤一：2019 年 12 月 31 日，计算确定该公司应计提的坏账准备（见图 4－8）。

坏账准备

		期初余额	300
		本期提取数	1 800
		期末余额	2 100

图 4－8

2019 年应计提的坏账准备 = 700 000 × 3‰ － 300 = 1 800（元）

步骤二：2020 年 12 月 31 日，审核坏账损失计算单，对应计提的坏账准备进行账务处理（见图 4－9）。

坏账准备

		期初余额	2 100
本期坏账	2 700		
计提前余额	600		
		本期提取数	2 760
		期末余额	2 160

图 4－9

借：坏账准备　　　　　　　　　　　　　　　　　　　　2 700

　　贷：应收账款　　　　　　　　　　　　　　　　　　　　2 700

2020 年应计提的坏账准备 = 720 000 × 3‰ －（2 100 － 2 700）= 2 760（元）

借：信用减值损失——计提的坏账准备　　2 760

　　贷：坏账准备　　2 760

步骤三：2021 年 1 月，审核以前确认并转销的坏账损失的应收账款的收款单据，并对此业务进行账务处理。

借：应收账款　　1 800

　　贷：坏账准备　　1 800

借：银行存款　　1 800

　　贷：应收账款　　1 800

步骤四：2021 年 12 月 31 日，计算确定该公司应计提的坏账准备。（见图 4－10）

坏账准备

		期初余额	2 160
		本期坏账收回	1 800
		计提前余额	3 960
本期提取数	1 710		
		期末余额	2 250

图 4－10

2021 年应计提的坏账准备 $=750\ 000 \times 3‰-(2\ 160+1\ 800)=-1\ 710$（元）

2021 年 12 月 31 日，审核坏账损失计算单，对应冲减的坏账准备进行账务处理：

借：坏账准备　　1 710

　　贷：信用减值损失——计提的坏账准备　　1 710

步骤五：在相关时间节点登记相关账户。

【小贴士】

采用备抵法核算坏账损失时，应注意以下几个问题：

（1）应收账款期末余额，既不是“应收账款”账户的期末借方余额，也不是“应收账款”账户所属各明细账户的期末借方余额之和，而是资产负债表中“应收账款”项目的期末数，即“应收账款”与“预收账款”账户所属各明细账户的期末借方余额之和。

（2）采用应收账款余额百分比法估计坏账损失时，“坏账准备”账户的期末贷方余额，是应收账款期末余额和坏账准备提取比例的乘积。

（3）已确认并核销的坏账损失如果以后又收回，应做两笔分录：一是借记“应收账款”科目，贷记“坏账准备”科目；二是借记“银行存款”科目，贷记“应收账款”科目。

（4）企业应当定期或者至少每年年度终了，分析各项应收及预付款项（包括应收票据、应收账款、其他应收款和预付款项）的可收回性，预计可能产生的坏账损失，对没有把握能够收回的应收款项，应计提坏账准备。

【会税差异】

会计制度与税法对坏账准备的区别

对坏账损失计提的坏账准备，作为会计制度“八大减值准备”中唯一一个可以在税前以一定条件和标准列支的特殊项目，成为企业所得税纳税申报、核缴时必须慎待的问题，从会计制度与税法对此的规定上找出差异是十分必要的。

区别一：计提坏账准备的范围不同。会计实务中，计提坏账准备的范围包括应收账款、其他应收款，但不包括应收票据（转入其他应收款的除外）。而《企业所得税税前扣除办法》规定，可在税前扣除的坏账准备的计提范围仅限于“纳税人因销售商品、产品或提供劳务”而产生的年末应收账款，包括应收票据的金额。也就是说，在备抵法下，税法准予税前扣除的坏账准备的计提范围较会计规定多出一个“应收票据”的金额，少了一个“其他应收款”的金额。

区别二：计提坏账准备的方法和比例不同。企业会计制度规定，坏账准备的计提方法和计提比例由企业自行确定。提取的方法一经确定，不能随意变更；如需变更，应在会计报表附注中说明。具体方法有：应收账款余额百分比法、销货百分比法、账龄分析法等；而《企业所得税税前扣除办法》只规定了一种方法，即应收账款余额百分比法，且其提取比例一律不得超过年末应收账款余额的0.5%。

区别三：坏账损失的处理方法不同。企业会计制度规定，对坏账损失只能实行备抵法；而《企业所得税税前扣除方法》规定，纳税人发生的坏账损失，原则上应按实际发生额据实扣除；但经税务机关批准，也可提取坏账准备金。

[扫一扫]

应收账款的管理

职业能力训练

4.1　记录与管理应收票据

一、单项选择能力训练

1. 企业持有的不带息商业汇票向银行申请贴现，支付给银行的贴现利息应计入的会计科目是（　　）。

A. 财务费用　　B. 管理费用　　C. 投资收益　　D. 营业外支出

2. “应收票据”在取得时的入账价值应为（　　）。

A. 票据面值　　B. 票据到期价值

C. 票据面值加应计利息　　D. 票据贴现额

3. 某企业2020年11月1日销售商品，并于当日收到面值50 000元、期限3个月的银行承兑汇票一张。12月10日，将该票据背书转让给A公司以购买材料。所购材料的价格为45 000元，增值税率为13%，运杂费350元。则企业应补付的银行存款为（　　）元。

A. 5 000　　B. 4 500　　C. 1 200　　D. 1 100

4. 企业的应收票据到期，承兑人无力偿还票款的，应将其转入（　　）科目。

A. 应收账款　　B. 应付账款

C. 其他应收款　　D. 预收账款

二、多项选择能力训练

1. 按现行会计准则规定，不能用“应收票据”及“应付票据”核算的票据包括（　　）。

A. 银行汇票存款　　B. 银行承兑汇票

C. 银行本票存款　　D. 商业承兑汇票

2. 应收票据终止确认时，会涉及的科目有（　　）。

A. 财务费用　　B. 原材料　　C. 应交税费　　D. 银行存款

3. 企业将不带息票据贴现时，影响贴现利息计算的因素有（　　）。

A. 票据的面值　　B. 票据贴现期

C. 企业持票天数　　D. 贴现利率

三、判断能力训练

（　　）1. 企业收到债务人签发的用于抵偿前欠货款的商业承兑汇票时，其会计处理应借记“应收票据”科目，贷记“应收账款”科目。

（　　）2. 我国的应收票据只核算商业承兑汇票，而不包括其他任何票据。

四、应用能力实训

【实训目的】练习应收票据业务的操作。

【实训资料】甲公司为增值税一般纳税人，适用的增值税税率为13%。2020年发生以下经济业务：

（1）7月1日，向乙公司销售一批产品，价款150 000元，增值税税率13%，款项尚未收到，已按合同办妥托收手续。

（2）9月15日，甲公司收到乙公司开出的一张期限为3个月，面值为169 500元的银行承兑汇票，抵付上述前欠货款。

（3）3个月后，上述应收票据到期，收回票面金额169 500元存入银行。

（4）假设10月15日，甲公司将上述应收票据背书转让给丙公司，以取得生产经营所需A材料。该材料价款为170 000元，适用的增值税税率为13%。余款甲公司当即以银行存款补付。

【实训要求】根据以上资料编制相关会计分录。

4.2 记录和管理应收账款

一、单项选择能力训练

1. 下列各项中，不构成应收账款入账价值的是（　　）。

A. 现金折扣　　B. 商业折扣

C. 提供劳务的价款　　D. 代购货方垫付的包装费

2. 企业销售商品代购货单位垫付的包装费、运杂费应记入的会计科目是（　　）。

A. 销售费用　　B. 原材料　　C. 应收账款　　D. 管理费用

3. 某企业赊销商品一批，商品标价 20 000 元（不含增值税），增值税税率为 13%，企业销售商品时代垫运费 300 元，则应收账款的入账价值为（　　）元。

A. 20 000　　B. 2 900　　C. 22 800　　D. 22 900

4. 某企业不单独设置预收账款科目，期初应收账款的余额为 0。2020 年 5 月 10 日销售产品一批，销售收入为 10 000 元，增值税税率为 13%，款项尚未收到。2020 年 5 月 30 日，预收货款 10 000 元。2020 年 5 月 31 日应收账款的余额为（　　）元。

A. 10 000　　B. 11 300　　C. 21 300　　D. 1 300

二、多项选择能力训练

1. 企业因销售商品发生的应收账款，其入账价值应当包括（　　）。

A. 销售商品的价款　　B. 增值税销项税额

C. 代购买方垫付的包装费　　D. 代购买方垫付的运杂费

2. 下列关于现金折扣与商业折扣的说法，正确的是（　　）。

A. 商业折扣是指企业为了促进销售，在商品原定价格的基础上给予购货方的价格扣除

B. 现金折扣是指债权人为鼓励债务人在规定期限内早日付款，而向债务人提供的债务扣除

C. 在存在商业折扣的情况下，企业应收账款的入账价值应按扣除商业折扣后的净额确认

D. 在存在现金折扣的情况下，我国目前的会计实务中所采用的是总价法核算

三、判断能力训练

（　　）1. 应收账款附有现金折扣条款的，应按照扣除现金折扣前的应收账款总额入账。

（　　）2. 销货企业为了鼓励客户提前付款，发生的现金折扣应冲减销售费用。

（　　）3. 对商业折扣和现金折扣，我国企业都可以采用总价法或净价法进行核算。

（　　）4. “应收账款”账户（包括总账和明细账）期末余额一定在借方，反映企业尚未收回的应收账款。

四、应用能力实训

【实训目的】练习应收账款业务的操作。

【实训资料】2020 年 5 月 15 日，甲公司向丙公司销售一批商品，增值税专用发票注明价款 300 000 元，增值税税率 13%。由于是成批销售，甲公司给予丙公司 10% 的商业折扣，合同约定现金折扣条件为 2/10，1/20，n/30。假设计算现金折扣不考虑增值税，甲公司对应收账款采用总价法核算。

【实训要求】根据上述资料编制下列经济业务的会计分录：

（1）5 月 15 日销售实现时。

（2）5 月 20 日收到款项时。

（3）5 月 31 日收到款项时。

（4）6 月 15 日收到款项时。

4.3　记录与管理预付账款

一、单项选择能力训练

1. 预付货款不多的企业，可以将预付的货款直接记入（　　）的借方，而不单独设置“预付账款”账户。

A. “应收账款”账户　　B. “其他应收款”账户

C. “应付账款”账户　　D. “应收票据”账户

二、多项选择能力训练

1. 关于“预付账款”账户，下列说法正确的有（　　）。

A. “预付账款”属于资产性质的账户

B. 预付货款不多的企业，可以不单独设置“预付账款”账户，将预付的货款计入“应付账款”账户的借方

C. “预付账款”账户贷方余额反映的是应付供应单位的款项

D. “预付账款”账户只核算企业因销售业务产生的往来款项

2. 企业预付货款采购物资，下列业务中，应当借记“预付账款”科目的有（　　）。

A. 补付预付不足的货款　　B. 收回多付的货款

C. 向供应单位预付款项　　D. 收到所购物资确认物资成本

三、判断能力训练

（　　）1. “预付账款”账户期末余额在借方，反映企业实际预付的款项；期末余额在贷方，则反映企业应付或应补付的款项。

四、应用能力实训

【实训目的】练习预付账款业务的操作。

【实训资料】

（1）2020 年 7 月 22 日，江苏天润机械有限公司开出转账支票 10 000 元，预付给武汉华中有限公司，作为采购材料的定金。

（2）2020 年 7 月 28 日，江苏天润机械有限公司收到武汉华中有限公司发来的甲材料，取得的增值税专用发票上注明的价款为 40 000 元，增值税税额为 5 200 元。材料已验收入库。

（3）2020 年 8 月 2 日，江苏天润机械有限公司开出转账支票 35 200 元给武汉华中有限公司，以补付前欠购料款。

【实训要求】根据以上资料编制相关会计分录。

4.4 记录与管理其他应收款

一、单项选择能力训练

1. 下列各项中，企业不通过“其他应收款”科目核算的是（　　）。

A. 为购货方代垫的运费　　B. 应收保险公司的各项赔款

C. 应收职工的借款　　D. 存出保证金

2. 企业应收青年职工公寓房租及水电费，应通过（　　）科目核算。

A. 应收账款　　B. 其他应收款

C. 其他应付款　　D. 应付账款

3. 企业签发转账支票，支付临时租入固定资产的押金 2 000 元，会计分录应为（　　）。

A. 借：管理费用　2 000
　　贷：银行存款　2 000

B. 借：其他应收款　2 000
　　贷：银行存款　2 000

C. 借：预付账款　2 000
　　贷：银行存款　2 000

D. 借：应收账款　2 000
　　贷：银行存款　2 000

二、多项选择能力训练

1. 下列应收、暂付款项中，通过“其他应收款”科目核算的有（　　）。

A. 应收保险公司的赔款　　B. 收取的出借包装物押金

C. 应向职工收取的各种垫付款项　　D. 应向购货方收取的代垫运杂费

三、判断能力训练

（　　）1. 企业租入包装物支付的押金应计入其他业务成本。

（　　）2. 其他应收款包括应向职工收取的各种垫付款项、存出保证金、应收的各种赔款和罚款。

四、应用能力实训

【实训目的】练习其他应收款业务的操作。

【实训资料】

（1）2020 年 8 月 3 日，江苏天润机械有限公司的采购员王华因公出差，预借差旅费2 000，以现金支付。8 月 10 日，王华出差回来报销差旅费 1 840 元，退回多余现金160 元。

（2）2020 年 8 月 11 日，江苏天润机械有限公司向丁公司租入包装物一批，以银行存款向丁公司支付押金 12 000 元。8 月 21 日，天润机械有限公司按期如数向丁公司退回所租包装物，并收到丁公司退还的押金 12 000 元存入银行。

【实训要求】根据以上资料编制相关会计分录。

4.5　确认与记录坏账损失

一、单项选择能力训练

1. 2020 年年末某企业应收 A 公司的账款余额为 500 万元，已提坏账准备 30 万元，经单独减值测试，确定该应收账款的未来现金流量现值为 410 万元，则年末该企业应确认的该信用减值损失为（　　）万元。

A. 90　　B. 60　　C. 40　　D. 30

2. A 公司 2020 年 12 月 31 日应收甲公司账款 1000 万元，该账款预计的未来现金流量现值为 960 万元，此前已对该账款计提了 15 万元的坏账准备，则 12 月 31 日 A 公司为该笔应收账款应计提的坏账准备为（　　）万元。

A. 1 000　　B. 40　　C. 25　　D. 15

二、多项选择能力训练

1. 下列各项中，可以计提坏账准备的有（　　）。

A. 应收账款　　B. 应付票据　　C. 预收账款　　D. 其他应收款

2. 下列各项中，应在“坏账准备”借方登记的有（　　）。

A. 冲减已计提的减值准备　　B. 收回前期已核销的应收账款

C. 核销实际发生的坏账损失　　D. 计提坏账准备

三、判断能力训练

（　　）1. 企业应收款项发生减值时，应将该应收款项账面价值高于预计未来现金流量现值的差额，确认为减值损失，计提坏账准备。

（　　）2. 企业确实无法收回的应收款项经批准作为坏账损失时，一方面冲减应收款项，另一方面确认信用减值损失。

四、应用能力实训

【实训目的】练习应收账款及坏账损失业务的操作。

【实训资料】江苏天润机械有限公司应收账款及坏账损失业务资料如下：

（1）2019 年“坏账准备”账户期初贷方余额为 3 000 元，年末应收账款余额700 000 元，预计未来现金流量现值为 690 000 元。

（2）2020 年 7 月发生坏账损失 27 000 元。

（3）2020 年 11 月，收回以前确认并转销的坏账损失 17 000 元。

（4）2020 年末应收账款余额为 750 000 元，预计未来现金流量现值为 745 000 元。

【实训要求】根据上述资料编制相关经济业务的会计分录。

项目 5 记录存货增减余 把握存货收发存

项目导航

知识目标

- 了解存货的含义和分类
- 知悉各项存货的确认条件与计量方法
- 掌握发出存货的计价方法
- 掌握按实际成本核算原材料
- 理解材料成本差异的计算方法
- 掌握周转材料的摊销方法
- 了解存货清查方法

能力目标

- 能按实际成本和计划成本核算原材料业务
- 能对周转材料业务进行账务处理
- 能对委托加工物资业务进行账务处理
- 能对库存商品业务进行账务处理
- 能对存货清查业务进行账务处理

5.1 存货确认条件与计量方式的认知

任务导入

对正常运营的企业来说，持有一定数量的存货十分必要。存货既是资产负债表中流动资产的一个重要项目，在流动资产总额中占有较大比例，也是利润表中营业收入和营业成本的来源。因此，企业必须认识到存货核算的重要性。那么，什么是企业的存货？包括哪些种类？如何对企业的存货进行确认与计量？这是会计人员必备的基本能力。

知识准备

5.1.1 确认存货

（一）认知存货

存货，是指企业在日常活动中持有以备出售的产成品或商品、处在生产过程中的在产品、在生产过程或提供劳务过程中储备的材料或物料等，包括各类材料、在产品、半成品、产成品、商品及包装物、低值易耗品、委托代销商品等。

存货一般在一年内或超过一年的一个营业周期内不断被销售或耗用，然后重置，处于经常的流动中，属于企业的流动资产。企业持有存货的最终目的主要是为了出售，这是存货区别于固定资产等非流动资产最基本的特征。

（二）存货的分类

分类标准	存货内容
按经济用途分	原材料、在产品、半成品、产成品、商品、周转材料等
按存放地点分	库存存货、在途存货、加工中的存货、发出存货等
按来源分	外购的存货、自制的存货、委托加工的存货、接受投资的存货、接受捐赠的存货、盘盈的存货、非货币性资产交换取得的存货、债务人以非现金资产抵债形成的存货等

【小贴士】

以下两项不作为存货核算：

（1）为建造固定资产等各项工程而储备的各种物资；

（2）企业的特种储备、国家指令性专项储备。

（三）存货的确认条件

存货同时满足以下两个条件时，才能予以确认：

1. 与该存货有关的经济利益很可能流入企业

通常情况下，取得存货的所有权是判断与该存货有关的经济利益很可能流入企业的一个重要标志。只要企业对该项存货具有了法定所有权，与该项存货所有权相关的风险与报酬就已转移到本企业，而不管该项存货的存放地点以及是否收付款。

2. 存货的成本能够可靠地计量

存货的成本能够可靠地计量必须以取得确凿、可靠的证据为依据，且具有可验证性。如果存货成本不能可靠地计量，则不能确认为一项存货。

（注：详见任务实施5－1）

5.1.2 计量存货

（一）存货的初始计量

企业取得存货应当按照成本进行初始计量。不同方式取得的存货，成本的组成不同。

1. 外购存货（原材料）的计量

企业的外购存货主要包括原材料（制造业企业）和商品（商品流通业企业）。外购存货的采购成本，指企业存货从采购到入库前所发生的全部支出，包括购买价款、相关税费、运输费、装卸费、保险费以及其他可归属于存货采购成本的费用。

（1）购买价款

是指企业购入的材料或商品的发票账单上列明的价款，但不包括按照规定可以抵扣的增值税进项税额。

（2）相关税费

是指企业购买存货所发生的进口关税、消费税、资源税和不能抵扣的增值税进项税额以及相应的教育费附加等应计入存货采购成本的税费。

（3）其他可归属于存货采购成本的费用

是指采购成本中除上述各项以外的可归属于存货的采购费用，如在存货采购过程中发生的运输费（扣除运费中按一定比例计算的可抵扣的增值税进项税额）、装卸费、保险费、包装费、仓储费、运输途中的合理损耗、入库前的挑选整理费用等。

购买存货发生的费用能分清负担对象的，应直接计入存货的采购成本；不能分清负担对象的，应选择合理的分配方法，分配计入存货的采购成本。分配方法通常按所购存货的重量或采购价格的比例进行分配。

商品流通企业在采购商品过程中发生的运输费、装卸费、保险费以及其他可归属于存货采购成本的费用等进货费用，应当计入存货采购成本，也可以先进行归集，期末根据所购商品的存销情况进行分摊。对于已售商品的进货费用，计入当期损益（主营业务成本）；对于未售商品的进货费用，计入期末存货成本。企业采购商品的进货费用金额较小的，可以在发生时直接计入当期损益。

2. 加工存货的制造成本

加工存货（制造业企业的产成品）的制造成本，包括原材料的采购成本和存货的加工成本。存货的加工成本，是指在存货的加工过程中发生的追加费用，包括直接人工以及按照一定方法分配的制造费用。

制造业企业产成品（库存商品）的制造成本＝原材料的采购成本＋加工成本（直

接人工、制造费用）

3. 其他方式取得存货的成本

企业取得存货的其他方式主要包括：接受投资者投资、非货币性资产交换、债务重组、企业合并等。

（1）投资者投入存货的成本

投资者投入存货的成本应当按照投资合同或协议约定的价值确定，但合同或协议约定价值不公允的除外。在投资合同或协议约定价值不公允的情况下，按照该项存货的公允价值作为其入账价值。

（2）通过非货币性资产交换、债务重组、企业合并等方式取得的存货的成本

企业通过非货币性资产交换、债务重组、企业合并等方式取得的存货，其成本应当分别按照《企业会计准则第 7 号——非货币性资产交换》《企业会计准则第 12 号——债务重组》《企业会计准则第 20 号——企业合并》等规定确定。

（3）盘盈存货的成本

盘盈的存货应按其重置成本作为入账价值。

【小贴士】

下列费用不应计入存货成本，而应在其发生时计入当期损益：

（1）非正常消耗的直接材料、直接人工和制造费用，应在发生时计入当期损益（营业外支出），不应计入存货成本。

（2）企业在存货采购入库后发生的储存费用，应在发生时确认为当期损益（管理费用），但在生产过程中为达到下一个生产阶段所必需的仓储费用应计入存货成本。

（3）不能归属于使存货达到目前场所和状态的其他支出，应在发生时计入当期损益，不得计入存货成本。

（注：详见任务实施 5－2）

（二）存货的后续计量

资产负债表日，存货应当按照成本与可变现净值孰低计量。存货成本高于其可变现净值的，应当计提存货跌价准备，计入当期损益。

任务实施

任务实施 5－1 存货的确认

根据存货确认的条件，判断以下哪些项目属于本企业的存货：

(1) 企业已付款，并已验收入库的货物。(　　)

(2) 企业按合同发出的货物，款项未收。(　　)

(3) 企业按合同发出的货物，款项已收。(　　)

(4) 客户已交款并取得提货单，但尚未提走的货物。(　　)

(5) 企业已付款正处于运输途中的货物。(　　)

(6) 企业尚未付款但已验收入库，且货物的所有权已经转为本企业的货物。(　　)

(7) 企业委托其他单位代销的货物。(　　)

(8) 企业接受其他单位委托代销的货物。(　　)

(9) 汽车"4S"店购入销售的汽车。(　　)

(10) 房地产开发企业开发完成的拟出售的商品房。(　　)

任务实施 5－2 外购存货采购成本的计量

江苏天润机械有限公司 2020 年 6 月份购入甲、乙、丙三种材料，三种材料的各项采购费用支出如下表 5－1 所示。

表 5－1　材料采购费用支出表　金额单位：元

材料名称	单位	单价	重量	买价	运杂费
甲材料	千克	5	10 000	50 000	
乙材料	千克	3	7 000	21 000	
丙材料	千克	2	8 000	16 000	
合计	—	—	25 000	87 000	7 500

从表 5－1 可以看出，每种材料的买价应直接计入各该材料的采购成本，但是由三种材料共同负担的运杂费 7 500 元应予以分配，假设按各种材料的重量分摊运杂费，其计算方法如下：

(1) 分配运杂费

①分配标准：甲、乙、丙三种材料的重量

②分配率（每千克材料应负担的运杂费）=7 500 ÷（10 000 +7 000 +8 000）=0.30（元/千克）

③各种材料应分摊的运杂费

甲材料应分摊的运杂费 =10 000 ×0.30 =3 000（元）

乙材料应分摊的运杂费 =7 000 ×0.30 =2100（元）

丙材料应分摊的运杂费 =8 000 ×0.30 =2 400（元）

（2）编制甲、乙、丙材料的采购成本计算单（见表5 -2）。

表5 -2　　　　材料采购成本计算单

编制单位：江苏天润机械有限公司　　　　单位：元

成本项目	甲材料		乙材料		丙材料	
	总成本	单位成本	总成本	单位成本	总成本	单位成本
买价	50 000	5.00	21 000	3.00	16 000	2.00
运杂费	3 000	0.30	2 100	0.30	2 400	0.30
采购成本	53 000	5.3	23 100	3.3	18 400	2.3

5.2　按实际成本收入、发出、保管原材料

任务导入

江苏天润机械有限公司原材料核算采用实际成本法。2020 年 10 月 18 日，公司购入一批原材料，增值税专用发票注明价款 12 000 元，增值税额 1 560 元。公司当即开出转账支票支付价税款。财会人员应如何进行账务处理呢？

知识准备

5.2.1　认知原材料核算的实际成本法

原材料指企业在生产过程中经加工改变其形态或性质并构成产品主要实体的各种原料、主要材料和外购半成品，以及不构成产品实体但有助于产品形成的辅助材料。原材料具体包括原料及主要材料、辅助材料、外购半成品（外购件）、修理用备件（备品备件）、包装材料、燃料等。

原材料实际成本法核算法，是指对材料的日常收入、发出及结存，无论是总分类核算还是明细分类核算，均按照实际成本计价。

例：采购 100 千克 A 材料，实际采购单价 10 元/千克，运输费 200 元，采购总成本 1 200 元，采购单位成本 12 元/千克［（1 000 + 200）/100］；随后有关部门领用，发出 30 千克，则发出材料按实际采购单价 12 元/千克计算的实际成本为 360 元（30 千克 × 12 元/千克）。材料的收入发出均采用实际采购成本计算。

原材料

入库增加金额： 1 200 - 100 × 10 + 200（实际成本） 单位实际成本 = 12（1 200/100）	发出减少金额： 360 = 30 × 12（实际成本）
结存材料金额： 70 × 12 = 840（实际成本）	

按实际成本对材料的收入、发出、结存进行核算，较为简单，但由于日常反映不出材料采购成本是节约还是超支，从而不便于反映和考核物资采购业务对经营成果的影响。因此这种方法通常适用于材料收发业务较少的企业。

5.2.2 按实际成本法记录原材料的收入与发出

（一）科目设置

1. 在途物资 （1402）

（1）定义：核算企业采用实际成本（进价）进行材料、商品等物资的日常核算，价款已付但尚未验收入库的各种物资（即在途物资）的采购成本。

（2）性质：资产类。

（3）核算内容：借方登记企业购入的在途物资的实际成本，贷方登记验收入库的在途物资的实际成本；期末借方余额，反映企业在途物资的采购成本。

（4）明细分类账的设置：按供货单位和物资品种设置明细账进行明细核算。

2. 原材料 （1403）

（1）定义：核算企业库存各种材料的收入、发出与结存情况。

（2）性质：资产类。

（3）核算内容：借方登记入库材料的实际成本，贷方登记发出材料的实际成本。期末借方余额，反映企业库存材料的实际成本。

（4）明细分类账的设置：按照材料的保管地点（仓库）、材料的类别、品种和规格等设置明细账进行明细核算。

（二）原材料购入的业务节点与账务处理

会计的核算是依原始单据进行的，企业购入材料时，取得所购货物的专用发票及原材料入库单的时间不同，会出现不同情况，加上企业结算方式也不尽相同，其在账务处理上也有所不同。

外购原材料的业务节点与账务处理见表 5－3。

表 5－3　外购原材料的业务节点与账务处理表

业务节点	原始单据	账务处理
单到货同到	增值税专用发票、 收料单、支票存根等	借：原材料 　　应交税费——应交增值税（进项税额） 　　贷：银行存款/应付账款/应付票据等
单到货未到	增值税专用发票、 支票存根、收料单等	借：在途物资 　　应交税费——应交增值税（进项税额） 　　贷：银行存款/应付账款/应付票据等 验收入库时： 借：原材料 　　贷：在途物资
货到单未到	增值税专用发票、 支票存根、收料单等	1. 月度中间不做账务处理 2. 月末按合同或协议价暂估入账 借：原材料——×材料 　　贷：应付账款——暂估应付账款（×单位） 3. 下月初做相反的分录予以冲回 借：应付账款——暂估应付账款（×单位） 　　贷：原材料——×材料 4. 收到发票账单按正常情况处理
预付货款方式	支票存根、增值税 专用发票、收料单等	1. 预付材料货款 借：预付账款——×单位 　　贷：银行存款 2. 已经预付货款的材料验收入库 借：原材料——×材料 　　应交税费——应交增值税（进项税额） 　　贷：预付账款——×单位 3. 预付金额与实际结算金额差额的处理 （1）预付金额＜实际结算金额，补付货款 借：预付账款——×单位 　　贷：银行存款 （2）预付金额＞实际结算金额，收到退回的多余货款 借：银行存款 　　贷：预付账款——×单位

（注：详见任务实施 5－3、任务实施 5－4 和任务实施 5－5）

（三）外购原材料短缺与损耗的处理

企业购入材料验收入库时，如发现短缺与损耗，必须认真查明原因，分清经济责任，区别以下不同情况进行处理。账务处理见表5－4。

表5－4　　外购原材料短缺与损耗的业务节点与账务处理表

短缺与损耗原因	原始单据	账务处理
途中合理损耗	收料单、 支票存根等	应当计入验收入库材料的实际成本中，相应地提高入库材料的实际单位成本，不再另作账务处理
由供应单位少发货所造成的短缺	收料单、 增值税专用发票、 存货购进溢余短缺报告单、 拒付理由书、 银行结算凭证等	1. 如货款尚未支付，按实际收到材料的成本支付金额 借：原材料——×材料 　　应交税费——应交增值税（进项税额） 　　贷：银行存款 2. 如货款已支付，将短缺部分的成本和增值税冲减“应付账款”账户 借：应付账款——×单位 　　贷：在途物资——×材料 　　　　应交税费——应交增值税（进项税额转出） 同时，按实际收到材料的成本，将在途物资转进原材料 借：原材料——×材料 　　贷：在途物资——×材料
由运输机构或过失人造成的短缺	收料单、 增值税专用发票、 存货短缺处理意见书等	借：其他应收款——×运输单位［或个人］ 　　贷：在途物资 　　　　应交税费——应交增值税（进项税额转出） 以后收到赔偿款时 借：银行存款 　　贷：其他应收款——×运输单位［或个人］
尚待查明原因和需要经批准才能转销的损失	收料单、 增值税专用发票、 存货短缺处理意见书等	1. 应先转入“待处理财产损溢”科目核算 借：待处理财产损溢——待处理流动资产损溢 　　贷：在途物资/原材料 　　　　应交税费——应交增值税（进项税额转出） 2. 待查明原因后再分别处理 借：应付账款/其他应收款等［供应单位、运输机构、保险公司或其他过失人负责赔偿的损失］ 　　营业外支出——非常损失［非正常原因造成的损失］ 　　管理费用［其他损失］ 　　贷：待处理财产损溢——待处理流动资产损溢

（注：详见任务实施5－6）

（四）原材料发出的业务节点与账务处理

企业发出材料，应根据“领料单”或“限额领料单”列示的材料的不同用途编制记账凭证，并登记入账。由于企业各生产单位及有关部门领用的材料种类繁多、业务频繁，为简化日常材料核算工作，企业平时可不直接根据发料凭证填制记账凭证，而是在月末根据当月的发料凭证，按领用部门和用途进行归类汇总，编制“发料凭证汇总表”，据以进行材料发出的总分类核算，编制记账凭证、登记入账。账务处理见表5－5。

表5－5　　发出原材料的业务节点与账务处理表

业务流程节点	原始凭证	账务处理
（1）业务部门申请领用原材料 （2）仓库根据审核批准的领料单、限额领料单发货 （3）财务部门根据相关原始凭证进行账务处理	领料单、限额领料单、发出材料汇总表等	借：生产成本［生产产品领用］ 制造费用［车间管理领用］ 管理费用［行政管理部门领用］ 销售费用［销售部门领用］ 在建工程［建造工程领用］ 其他业务成本［销售材料成本］ 研发支出［开发无形资产领用］ 贷：原材料

（注：详见任务实施5－7）

（五）发出原材料的计量

企业每次购进材料时，由于进货地点、批次、单价等不同，购进同一材料的实际成本也不相同。因此，企业应当根据实际情况，合理确定发出材料成本的计价方法以及当期发出材料的成本。

在实际成本法下，企业可选择个别计价法、先进先出法、月末一次加权平均法、移动加权平均法等方法进行材料发出的计价。材料发出的计价方法一经确定，不得随意变更。

1. 个别计价法

个别计价法亦称个别认定法。该方法假设存货的实物流转与成本流转相一致，按照各种存货逐一辨认各批发出存货和期末存货所属的购进批别或生产批别，分别按其购入或生产时所确定的单位成本计算各批发出存货成本和期末存货成本。在这种方法下，把每一种存货的实际成本作为计算发出存货成本和期末存货成本的基础。

江苏天润机械有限公司2020年5月甲材料的收发明细资料如下表5－6所示。

表 5－6　　　　**材料收发结存表**　　　　计量单位：千克

名称及规格：甲材料　　　　金额单位：元

业务	收入		发出		结存	
	数量	单价	数量	单价	数量	单价
5 月 1 日结存					300	12
5 月 8 日购入	700	15				
5 月 10 日发出			500			
5 月 18 日购入	1 000	18				
5 月 25 日发出			1 100			

假设经过具体辨认，5 月 10 日发出的 500 千克材料中，200 千克为期初结存材料（单位成本为 12 元），300 千克为 5 月 8 日购入的材料（单位成本为 15 元）；5 月 25 日发出的 1 100 千克材料中，400 千克为 5 月 8 日购入的材料（单位成本为 15 元），700 千克为 5 月 18 日购入的材料（单位成本为 18 元）。按照个别计价法，天润公司 5 月份甲材料收入、发出与结存情况见表 5－7。

表 5－7　　　　**原材料明细分类账**　　　　计量单位：千克

名称及规格：甲材料　　　　金额单位：元

2020 年		摘 要	收入			发出			结存		
月	日		数量	单价	金额	数量	单价	金额	数量	单价	金额
5	1	月初余额							300	12	3600
	8	购入	700	15	10 500				300 700	12 15	3 600 10 500
	10	发出				200 300	12 15	2 400 4 500	100 400	12 15	1 200 6 000
	18	购入	1 000	18	18 000			100 400 1 000	12 15 18	1 200 6 000 18 000	
	25	发出				400 700	15 18	6 000 12 600	100 300	12 18	1 200 5 400
	30	本月合计	1 700		1 600			25 500	100 300	12 18	1 200 5 400

从表 5－7 可知，天润公司本次发出甲材料成本及期末结存成本如下：

本期发出甲材料成本 $= 200 \times 12 + 300 \times 15 + 400 \times 15 + 700 \times 18 = 25\ 500$（元）

月末结存甲材料成本 $= 100 \times 12 + 300 \times 18 = 6\ 600$（元）

个别计价法的成本计算准确，符合实际情况，但在存货收发频繁的情况下，其发出成本分辨的工作量较大。因此，这种方法通常适用于一般不能替代使用的存货、为特定项目专门购入或制造的存货以及提供的劳务，如珠宝、名画等贵重物品。

2. 先进先出法

先进先出法，是指以“先购入的存货应先发出（用于销售或耗用）”这样一种存货实物流动假设为前提，对发出存货进行计价的一种方法。采用这种方法，先购入的存货成本在后购入存货成本之前转出，据此确定发出存货和期末存货的成本。

具体方法是：收入存货时，逐笔登记收入存货的数量、单价和金额；发出存货时，按照先进先出的原则逐笔登记存货的发出成本和结存金额。

江苏天润机械有限公司采用先进先出法计算甲材料发出成本和结存成本，见表5－8。

表 5－8　　原材料明细分类账　　计量单位：千克

名称及规格：甲材料　　金额单位：元

2020 年		摘要	收入			发出			结存		
月	日		数量	单价	金额	数量	单价	金额	数量	单价	金额
5	1	月初余额							300	12	3 600
	8	购入	700	15	10 500				300 700	12 15	3 600 10 500
	10	发出				300 200	12 15	3 600 3 000	500	15	7 500
	18	购入	1 000	18	18 000				500 1 000	15 18	7 500 18 000
	25	发出				500 600	15 18	7 500 10 800	400	18	7 200
	30	本月合计	1700		28 500	1600		24 900	400	18	7 200

从表5－8可知，天润公司发出材料成本的计价顺序：10日发出的500千克甲材料，应先发出期初库存甲材料300千克，即3 600元（300×12），然后再发出8日购入的甲材料200千克，即3 000元（200×15），其他依次类推。天润公司本次发出甲材料成本及期末结存成本计算如下：

本期发出甲材料成本＝300×12＋200×15＋500×15＋600×18＝24 900（元）

月末结存甲材料成本＝400×18＝7 200（元）

先进先出法可以随时结转存货发出成本，但较繁琐。如果存货收发业务较多，且存货单价不稳定时，其工作量较大。在物价持续上涨时，期末存货成本接近于市价，而发出成本偏低，会高估企业当期利润和库存存货价值；反之，会低估企业存货价值和当期利润。

3. 月末一次加权平均法

月末一次加权平均法，是指以本月全部进货数量与月初存货数量之和作为权数，去除本月全部进货成本与月初存货成本之和，计算出存货的加权平均单位成本，以此为基础计算本月发出存货成本和期末结存存货成本的一种方法。计算公式如下：

存货加权平均单位成本 =（月初结存存货成本 + 本月购入存货成本）/（月初结存存货数量 + 本月各批进货数量之和）

本月发出存货的成本 = 本月发出存货的数量 × 存货加权平均单位成本

本月月末结存存货的成本 = 月末结存存货的数量 × 存货加权平均单位成本

江苏天润机械有限公司采用月末一次加权平均法计算甲材料发出成本和结存成本，见表5－9。

表5－9　原材料明细分类账

计量单位：千克

名称及规格：甲材料　　金额单位：元

2020年		摘要	收入			发出			结存		
月	日		数量	单价	金额	数量	单价	金额	数量	单价	金额
5	1	月初余额							300	12	3 600
	8	购入	700	15	10 500				1 000		
	10	发出				500			500		
	18	购入	1 000	18	18 000				1 500		
	25	发出				1 100			400		
	30	本月合计	1 700		28 500	1 600	16.05	25 680	400	16.05	6 420

5月份甲材料加权平均单位成本 =（28 500 + 3 600）/（300 + 1 700）= 16.05（元/千克）

本月发出甲材料成本 = 1 600 × 16.05 = 25 680（元）

期末结存甲材料成本 = 400 × 16.05 = 6 420（元）

采用月末一次加权平均法，只在月末一次计算加权平均单位成本，有利于简化成本计算工作。但由于平时无法从账上提供发出和结存存货的单价及金额，不利于存货的日常管理与控制。

值得注意的是，日常工作中计算出的存货单位成本往往不能整除，计算的结果必须四舍五入，为了保持账面之间的平衡关系，实务中一般先按月末结存存货数量与存货加权平均单位成本来计算期末结存存货的金额，然后再倒挤出发出存货的成本。

月末结存存货成本 = 月末结存存货数量 × 加权平均单位成本

本月发出存货实际成本 = 月初结存存货成本 + 本月收入存货成本 − 月末结存存货成本

4. 移动加权平均法

移动加权平均法，是指以每次进货的成本加上原有结存存货成本的合计额，除以每次进货数量加上原有结存存货数量的合计数，据以计算加权平均单位成本，作为在下次进货前计算各次发出存货成本依据的一种方法。计算公式如下：

存货移动加权平均单位成本 = (原有结存存货成本 + 本次进货的成本) / (原有结存存货数量 + 本次进货数量)

本次发出存货成本 = 本次发出存货数量 × 本次发货前存货的单位成本

本月月末结存存货成本 = 月末结存存货数量 × 本月月末存货的单位成本

或：本月月末结存存货成本 = 月初结存存货实际成本 + 本月收入存货成本 − 本月发出存货成本

江苏天润机械有限公司采用移动加权平均法计算甲材料发出成本和结存成本，见表5－10。

表 5－10　原材料明细分类账计量

名称及规格：甲材料　　计量单位：千克　　金额单位：元

2020年		摘要	收入			发出			结存		
月	日		数量	单价	金额	数量	单价	金额	数量	单价	金额
5	1	月初余额							300	12	3 600
	8	购入	700	15	10 500				1 000	14.10	14 100
	10	发出				500	14.10	7 050	500	14.10	7 050
	18	购入	1 000	18	18 000				1 500	16.70	25 050
	25	发出				1 100	16.70	18 370	400	16.70	6 680
	30	本月合计	1700		28 500	1600		25 420	400	16.70	6 680

5月18日购入后甲材料移动加权平均单位成本 = (500 × 14.10 + 1 000 × 18) / (500 + 1 000) = 16.70 元

本月发出甲材料成本 = 500 × 14.10 + 1100 × 16.70 = 25 420（元）

月末结存甲材料成本 = 400 × 16.70 = 6 680（元）

移动加权平均法能够使企业管理层及时了解存货的结存情况，计算的平均单位成本以及发出和结存的存货成本比较客观。但由于每次购货都要计算一次平均单位成本，计算工作量较大，对于收发货较频繁的企业不太适用。

任务实施

任务实施5－3 采购原材料（单货同到）的核算

2020年7月12日，江苏天润机械有限公司从德会公司购入A材料一批，收到的专用发票注明价款50 000元，增值税6 500元。材料验收入库，款项已通过签发转账支票支付。

7月12日，根据增值税专用发票、收料单、支票存根等，减少银行存款，增加原材料、进项税额。

借：原材料——A材料 50 000
　　应交税费——应交增值税（进项税额） 6 500
　　贷：银行存款 56 500

任务实施5－4 采购原材料（单到货未到）的核算

2020年7月18日，江苏天润机械有限公司从恒力公司购入B材料一批，价款100 000元，增值税13 000元，材料尚未到达，款项经双方协商，延期60天支付。7月28日，B材料到达并验收入库。

步骤一：7月18日，根据增值税专用发票，增加应付账款、在途物资等。

借：在途物资——B材料 100 000
　　应交税费——应交增值税（进项税额） 13 000
　　贷：应付账款 113 000

步骤二：7月28日，材料验收入库，收集整理审核收料单，确认原材料。

借：原材料——B材料 100 000
　　贷：在途物资——B材料 100 000

任务实施5－5 采购原材料（货到单未到）的核算

2020年8月20日，江苏天润机械有限公司从光明公司购入C材料一批，并验收入库，尚未接到有关结算单证，款项尚未支付。8月31日仍未收到发票等结算凭证，按暂估价800 000元入账。9月5日，收到发票账单，价款800 000元，增值税104 000元，开出转账支票支付价税款。

步骤一：8月20日，收集整理审核收料单，暂不进行账务处理。

步骤二：8月31日，对原材料按暂估价入账。

借：原材料——C材料 800 000

贷：应付账款——暂估应付账款（光明公司） 800 000

步骤三：9月1日，将上述账务处理做相反分录予以冲回。

借：应付账款——暂估应付账款（光明公司） 800 000

贷：原材料——C材料 800 000

步骤四：9月5日，收集整理审核收到的发票账单，开出转账支票支付价税款，并根据专用发票、支票存根、入库单等，减少银行存款、增加确认原材料等。

借：原材料——C材料 800 000

应交税费——应交增值税（进项税额） 104 000

贷：银行存款 904 000

任务实施5-6 外购原材料定额内损耗的核算

2020年5月28日，江苏天润机械有限公司购入一批C材料1 000千克，单价10元，价款为10 000元，增值税额为1 300元，款项以转账支票方式支付，材料到达验收入库，发现短缺1千克，属定额内损耗。

5月28日，根据增值税专用发票、收料单、转账支票存根联等原始凭证，减少银行存款、增加原材料、进项税额。

借：原材料——C材料 10 000

应交税费——应交增值税（进项税额） 1 300

贷：银行存款 11 300

注：这批C材料总成本仍为10 000元，但单位成本提高到10.01元（即：10 000÷999）。

任务实施5-7 发出原材料的核算

2020年9月30日，江苏天润机械有限公司根据当月领料单，编制“发料凭证汇总表”，如下表5-11所示。

表5-11 发料凭证汇总表

2020年9月 单位：元

会计科目	领用部门和用途	M材料	N材料	合计
生产成本——基本生产成本	A产品	180 000	140 000	320 000
	B产品	200 000	170 000	370 000
	小　计	380 000	310 000	690 000
生产成本——辅助生产成本	机修车间	60 000	30 000	90 000
制造费用	一车间	20 000		20 000
	二车间	15 000		15 000
	小　计	35 000		35 000
管理费用		5 000		5 000
销售费用		3 000		3 000

9月30日，收集整理审核“发料凭证汇总表”，按用途进行分配，增加相关成本费用、减少原材料。

借：生产成本——基本生产成本——A产品　320 000
　　　　　　　　　　　　　　——B产品　370 000
　　　　　　——辅助生产成本——机修车间　90 000
　　制造费用——一车间　20 000
　　　　　　——二车间　15 000
　　管理费用　5 000
　　销售费用　3 000
　　贷：原材料——M材料　483 000
　　　　　　——N材料　340 000

5.3 按计划成本收入、发出、保管原材料

任务导入

计划成本法是存货的简化核算方法之一，主要适用于存货品种繁多、收发频繁且计划资料较为健全和准确的企业。如：大中型企业中的各种原材料、低值易耗品等。计划成本法有以下作用：一是通过计划价格指导采购，分析实际成本与计划成本的差异，便于控制采购成本，进行预算管理；二是对大型企业而言，可以简化核算，减少工作量；三是通过存货实际成本与计划成本的差异对比，反映存货采购部门的工作业绩，降低存货成本。那么，什么是计划成本法？核算程序如何？怎样进行总分类核算和明细分类核算？

知识准备

5.3.1 认知原材料计划成本法核算法

材料采用计划成本核算时，材料的收入、发出和结存，无论是总分类核算还是明细分类核算，均按照计划成本计价。

例：采购100千克A材料，实际采购单价10元/千克，运输费120元，采购实际总

成本 1 200 元，计划单位成本 13 元/千克（预算确定）；随后有关部门领用，发出 30 千克。在按计划成本核算法的情形下，原材料增加是按计划成本 1 200 元（100 × 13）入库增加，则发出材料也是按计划成本 390 元（30 × 13）发出减少，月末结存的原材料也是按计划成本 910 元（70 × 13）计算。材料的收入发出结存均采用计划成本计算。对于实际成本与计划成本的差额，作为“材料成本差异”另行核算。

原材料

入库增加金额： 1 300 = 100 × 13（计划成本）	发出减少金额： 390 = 30 × 13（计划成本）
结存材料金额： 910 = 70 × 13（计划成本）	

5.3.2 按计划成本法记录原材料的收入与发出

（一）科目设置

1. 材料采购 （1401）

（1）定义：核算企业采用计划成本进行材料日常核算所购入的各种材料的采购成本。

（2）性质：资产类。

（3）核算内容：借方登记采购材料的实际成本和结转的实际成本小于计划成本的差异额，贷方登记入库材料的计划成本和结转的实际成本大于计划成本的差异额。期末余额在借方，反映企业尚未验收入库材料（即在途物资）的实际成本。

（4）明细分类账的设置：按照供货单位或材料类别设置明细账进行明细核算。

2. 原材料 （1403）

（1）定义：核算库存各种材料的收入、发出与结存情况。

（2）性质：资产类。

（3）核算内容：借方登记入库材料的计划成本，贷方登记发出材料的计划成本。期末余额在借方，反映企业库存材料的计划成本。

（4）明细分类账的设置：按照材料的保管地点、类别、品种和规格设置明细账进行明细核算。

3. 材料成本差异 （1404）

（1）定义：核算企业采用计划成本进行日常核算的已入库各种材料实际成本与计划成本的差异，该科目是“原材料”科目的调整科目。

（2）性质：资产类。

（3）核算内容：借方登记入库材料实际成本大于计划成本的超支差异和发出材料

应负担的节约差异，贷方登记入库材料实际成本小于计划成本的节约差异和发出材料应负担的超支差异。期末如为借方余额，反映企业库存材料实际成本大于计划成本的超支差异；如为贷方余额，反映企业库存材料实际成本小于计划成本的节约差异。

（4）明细分类账的设置：分别以“原材料”“周转材料”等按照类别或品种设置明细账进行明细核算。

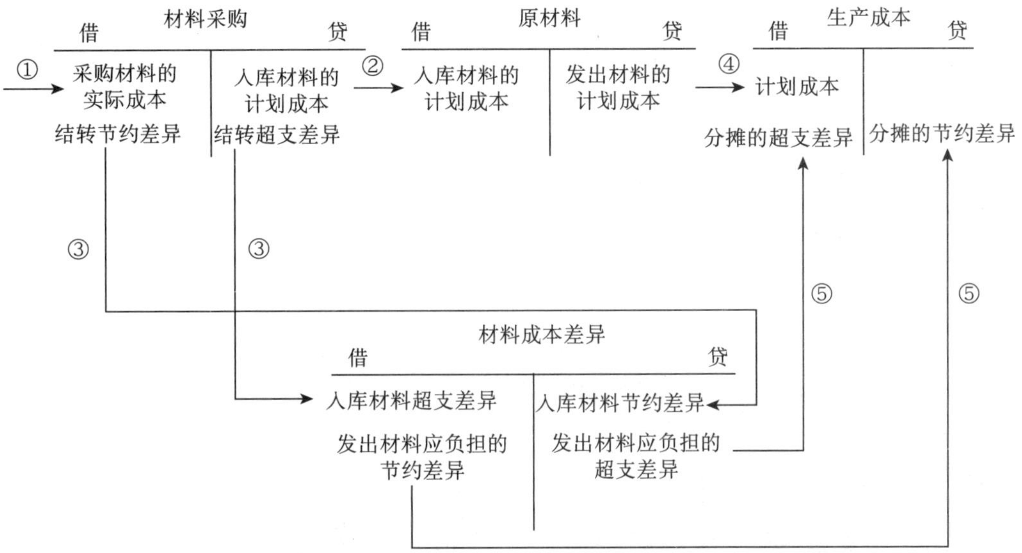

（二）计划成本法下原材料收入的业务节点与账务处理

采用计划成本法核算收入原材料时，不论材料是否入库，均通过“材料采购”账户核算，材料实际成本与计划成本的差异，通过“材料成本差异”账户进行核算。具体的核算流程一般分三步。账务处理见表5－12。

表5－12　　计划成本法下原材料收入的业务节点与账务处理表

业务节点	原始单据	账务处理
一采购（按实际成本采购原材料，支付货款或暂欠）	增值税专用发票、支票存根、收料单等	借：材料采购——×材料［买价＋运费等实际成本］ 应交税费——应交增值税（进项税额） 贷：银行存款/应付账款/应付票据等
二入库（按计划成本验收入库）	入库单	借：原材料——×材料［入库数量×计划单价］ 贷：材料采购——×材料［入库数量×计划单价］

续表

业务节点	原始单据	账务处理
三转差异	材料成本差异计算单	若为超支差异 借：材料成本差异——×材料 　　贷：材料采购——×材料 若为节约差异 借：材料采购——×材料 　　贷：材料成本差异——×材料
材料已验收入库，但发票账单等结算凭证尚未到达的	增值税专用发票、支票存根、收料单等	1. 月度中间不做账务处理 2. 月末按计划成本暂估入账 借：原材料——×材料 　　贷：应付账款——暂估应付账款（×单位） 3. 下月初做相反的分录予以冲回 借：应付账款——暂估应付账款（×单位） 　　贷：原材料——×材料 4. 收到发票账单作购进和入库处理

【小贴士】

上述业务节点中的“二入库、三转差异”可以分开核算，也可以合并一起进行核算。在“三转差异”时，可以通过登记“材料采购”的T形账户来进行比较计算确定。

（注：详见任务实施5－8）

（三）计划成本法下原材料收入的业务节点与账务处理

企业采用计划成本法核算发出原材料时，月末根据按计划成本计价的领料单等汇总编制“发料凭证汇总表”，进行材料发出的总分类核算，结转发出材料的计划成本。

接着采购业务的前三步，发出材料的核算分两步：

四发出材料（月末按计划成本结转发出原材料），根据发出材料的计划成本及发出材料用途，计入相关资产的成本或当期损益。

五分摊差异（月末结转发出材料应负担的材料成本差异），将计划成本调整为实际成本。若为超支差异，按超支差异金额贷记“材料成本差异”科目；若为节约差异，则按节约差异金额借记“材料成本差异”科目。账务处理见表5－13。

表 5 – 13　　计划成本法下原材料发出的业务节点与账务处理表

业务节点	原始单据	账务处理
四发出材料，即月末结转发出材料的计划成本	发料凭证汇总表等	借：生产成本［生产产品领用］ 制造费用［车间管理领用］ 管理费用［行政管理部门领用］ 销售费用［销售部门领用］ 在建工程［建造工程领用］ 其他业务成本［销售材料成本］ 研发支出［开发无形资产领用］ 贷：原材料
五结转发出材料应负担的成本差异	材料成本差异计算单等	1. 结转超支差异 借：生产成本［生产产品领用］ 制造费用［车间管理领用］ 管理费用［行政管理部门领用］ 销售费用［销售部门领用］ 在建工程［建造工程领用］ 其他业务成本［销售材料成本］ 研发支出［开发无形资产领用］ 贷：材料成本差异 2. 结转节约差异，则做相反分录
月末计算发出材料应负担的成本差异	$\text{材料成本差异率}=\dfrac{\text{月初结存材料的成本差异}+\text{本月收入材料的成本差异}}{\text{月初结存材料的计划成本}+\text{本月收入材料的计划成本}}\times 100\%$ 发出材料应负担的成本差异 = 发出材料的计划成本 × 材料成本差异率 结存材料应负担的成本差异 = 结存材料的计划成本 × 材料成本差异率 注：① 月初结存材料的成本差异如为贷方余额，则是节约差异，金额前用“–”表示；如为借方余额，则是超支差异。 ② 差异（率）计算结果若为正数表示超支差异；若为负数表示节约差异	

（注：详见任务实施 5 – 9）

任务实施

任务实施 5 – 8　采购原材料（按计划成本计价）的核算

江苏天润机械有限公司原材料采用计划成本法核算。2020 年 7 月 10 日，从锐驰公司购入 A 材料 2 000 千克，单价 35 元，价款 70 000 元，增值税 9 100 元。材料验收入库，款项已通过银行支付。该材料计划单位成本为 37 元。

步骤一：7 月 10 日，按实际成本采购原材料，收集整理审核增值税专用发票、收料单，开出转账支票支付款项；根据相关单据：减少银行存款，增加材料采购成本和进项税额。

借：材料采购　　70 000

　　应交税费——应交增值税（进项税额）　　9 100

　　贷：银行存款　　79 100

步骤二：按计划成本核算结转入库的材料。

借：原材料　　74 000

贷：材料采购　　74 000

步骤三：根据差异计算单，结转材料成本差异。

借：材料采购　　4 000

贷：材料成本差异　　4 000

步骤四：登记相关账户。

任务实施 5-9　月末发出材料的核算

江苏天润机械有限公司原材料采用计划成本法核算。2020 年 7 月 1 日，原材料账面计划成本为 24 000 元，材料成本差异的贷方余额为 284 元。本月收入原材料的实际成本为 39 800 元，本月收入原材料的计划成本为 39 200 元。31 日，财务部门对消耗的原材料进行汇总，编制“发料凭证汇总表”，其中基本生产车间领用 80 000 元，辅助生产车间领用 20 000 元，车间管理部门领用 4 000 元，厂部管理部门领用 6 000 元，销售部门领用 2 000 元。

步骤一：收集整理审核发料凭证汇总表，按用途对发出原材料的计划成本分配，增加相关成本费用、减少原材料。

借：生产成本——基本生产成本　　80 000

　　　　　　——辅助生产成本　　20 000

　　制造费用　　4 000

　　管理费用　　6 000

　　销售费用　　2 000

　　贷：原材料　　112 000

步骤二：计算本月发出材料应负担的成本差异。

$$\text{本月材料成本差异率} = \frac{-284 + (39\,800 - 39\,200)}{39\,200 + 24\,000} \times 100\% = 0.5\%$$

本月发出材料应负担的成本差异 $= 112\,000 \times 0.5\% = 560$（元）

步骤三：填制发出材料应负担的成本差异计算单，并对结转发出材料应负担的成本差异业务进行账务处理。

借：生产成本——基本生产成本	400	
——辅助生产成本	100	
制造费用	20	
管理费用	30	
销售费用	10	
贷：材料成本差异		560

5.4 收入、发出、保管周转材料

任务导入

江苏天润机械有限公司生产过程中领用包装物一批，又领用管理工具一批。对于这些价值较低，又可以多次使用的周转材料，财会人员应明确其核算范围，对其进行正确分类，掌握其完整业务流程的账务处理。

知识准备

5.4.1 认知周转材料

周转材料，是指企业能够多次使用，不符合固定资产定义，逐渐转移其价值但仍保持原有形态的材料物品。企业的周转材料主要包括包装物和低值易耗品。

（一）包装物

包装物，是指为了包装商品而储备的各种包装容器，如桶、箱、瓶、坛、袋等。其核算内容包括：

（1）生产过程中用于包装产品作为产品组成部分的包装物；

（2）随同商品出售而不单独计价的包装物；

（3）随同商品出售单独计价的包装物；

（4）出租或出借给购买单位使用的包装物。

【小贴士】

企业专门用于储存和保管商品、产品、材料而不对外销售和出租、出售的大型包装物，应根据其价值大小和使用时间长短，分别作为固定资产或低值易耗品进行管理。以销售为目的而生产或购进的包装物，如麻袋厂生产的麻袋，购入用于销售的木箱等，应作为库存商品核算。

（二）低值易耗品

低值易耗品，是指不能作为固定资产核算的各种用具物品，可划分为一般工具、专用工具、替换设备、管理用具、劳动保护用品、其他用具等。由于其单位价值较低、使用期限较短、容易损坏等特点，低值易耗品通常被视作存货，作为流动资产进行核算和管理。

5.4.2 计量周转材料

（一）周转材料的计价方法

周转材料是企业存货的一种，也是企业原材料大类中的一种，其计价方法可以借鉴原材料存货的计价方法：既可以采用按实际成本法计价，也可以采用按计划成本法计价。

（二）发出周转材料的摊销方法

1. 一次摊销法

一次摊销法，是指在领用周转材料时，将其全部账面价值一次全部计入相关资产成本或者当期损益的方法。这种方法比较简单，但不利于财物的保管，费用负担也不够均衡，主要适用于一次领用数量不多、价值较低、极易损坏或使用期限较短的周转材料的摊销。

2. 分次摊销法

分次摊销法，是指根据周转材料的原价和预计的使用期限，将周转材料的价值平均，分次计入有关成本费用的一种方法。采用这种方法，有利于成本费用的合理均衡负担，但核算较繁琐。

5.4.3 记录周转材料的收入与发出

（一）科目设置

周转材料 （1411）

为了反映和监督周转材料的增减变动及其价值损耗、结存等情况，企业应当设置“周转材料”科目。

（1）定义：核算企业周转材料的计划成本或实际成本，包括包装物、低值易耗品等。

（2）性质：资产类。

（3）核算内容：借方登记周转材料的增加，贷方登记周转材料的减少。期末余额在借方，反映企业期末结存周转材料的金额。

（4）明细分类账的设置：可按照周转材料的种类，分别“包装物”“低值易耗品”设置明细账进行明细核算。

- 一次摊销法下所设明细科目：周转材料——包装物
——低值易耗品
- 分次摊销法下所设明细科目：周转材料——低值易耗品——在库
——低值易耗品——在用
——低值易耗品——摊销

（二）周转材料的业务节点与账务处理

包装物的核算包括购入、发出领用、出租出借等业务，账务处理见表5－14。

表5－14　　包装物的业务节点与账务处理表

业务节点	原始单据	账务处理
购入时	增值税专用发票、支票存根等	借：周转材料——包装物 应交税费——应交增值税（进项税额） 贷：银行存款/应付账款/应付票据等
生产领用时	出库单等	借：生产成本 贷：周转材料——包装物
随同商品出售时	出库单、增值税专用发票、进账单等	1. 随同商品出售不单独计价的包装物 借：销售费用 贷：周转材料——包装物 2. 随同商品出售单独计价的包装物 借：其他业务成本 贷：周转材料——包装物 同时，按取得的金额 借：银行存款 贷：其他业务收入——包装物 应交税费——应交增值税（销项税额）

续表

业务节点	原始单据	账务处理
出租时	出库单、 出租协议、 进账单、 收据、 入库单、 付款单据、 发票等	一次摊销法下，出租包装物时 借：其他业务成本 　　贷：周转材料——包装物 收取押金时 借：银行存款 　　贷：其他应付款——×单位 收取租金时 借：银行存款 　　贷：其他业务收入 　　　　应交税费——应交增值税（销项税额） 租赁期满收回包装物时，按退回押金数 借：其他应付款——×单位 　　贷：银行存款 如没有收回包装物，则按没收的押金数额 借：其他应付款 　　贷：其他业务收入 　　　　应交税费——应交增值税（销项税额） 收回的残值 借：原材料 　　贷：其他业务成本
出借时	出库单、 出借协议等	借：销售费用 　　贷：周转材料——包装物
	报废残料入库	借：原材料——其他材料 　　贷：销售费用

（注：详见任务实施5－10、任务实施5－11和任务实施5－12）

（三）低值易耗品的业务节点与账务处理

低值易耗品的核算包括购入、发出等业务。其账务处理见表5－15。

表5－15　　低值易耗品的业务节点与账务处理表

业务节点	原始单据	账务处理
购入时	增值税专用发票、 支票存根等	借：周转材料——低值易耗品 　　应交税费——应交增值税（进项税额） 　　贷：银行存款/应付账款/应付票据等

续表

业务节点		原始单据	账务处理
一次摊销法	领用时	出库单等	借：制造费用/管理费用等 　贷：周转材料——低值易耗品 注：为加强实物管理，应在备查簿上进行登记
	报废时	报废单等	借：原材料 　贷：制造费用/管理费用等
分次摊销法	领用时	出库单、 价值摊销计算单等	1. 先将其“在库”低值易耗品的全部价值转为“在用”低值易耗品 借：周转材料——低值易耗品——在用 　贷：周转材料——低值易耗品——在库 2. 按单次平均摊销额摊销 借：制造费用/管理费用等 　贷：周转材料——低值易耗品——摊销
	报废时	报废单、 价值摊销计算单、 入库单等	1. 补提摊销额 借：制造费用/管理费用等 　贷：周转材料——低值易耗品——摊销 2. 转销其全部摊销额 借：周转材料——低值易耗品——摊销 　贷：周转材料——低值易耗品——在用 3. 若有残值，按残料价值 借：原材料 　贷：制造费用/管理费用等

（注：详见任务实施 5－13）

任务实施

任务实施 5－10　生产产品领用包装物的核算

江苏天润机械有限公司对包装物采用计划成本法核算。2020 年 8 月 10 日，生产 A 产品领用包装物一批，计划成本为 100 000 元，材料成本差异率为 －2%。

8 月 10 日，收集整理审核出库单、材料成本差异计算单，结转发出周转材料的成本。

借：生产成本	98 000	
材料成本差异	2 000	
贷：周转材料——包装物		100 000

任务实施 5－11 随同商品出售而不单独计价包装物的核算

江苏天润机械有限公司对包装物采用计划成本法核算。2020 年 9 月 15 日，销售商品领用不单独计价的包装物一批，计划成本为 40 000 元，材料成本差异率为 2%。

9 月 15 日，收集整理审核出库单、材料成本差异计算单，结转发出周转材料的成本。

借：销售费用	40 800	
贷：周转材料——包装物		40 000
材料成本差异		800

任务实施 5－12 随同商品出售单独计价包装物的核算

江苏天润机械有限公司对包装物采用计划成本法核算。2020 年 5 月 25 日，销售商品领用单独计价的包装物一批，计划成本为 80 000 元，销售收入为 90 000 元，取得的增值税专用发票上注明的增值税税额为 11 700 元，款项收到并存入银行。材料成本差异率为 －3%。

步骤一：5 月 25 日，收集整理审核进账单、增值税专用发票，确认其他业务收入。

借：银行存款	101 700	
贷：其他业务收入		90 000
应交税费——应交增值税（销项税额）		11 700

步骤二：收集整理审核出库单、材料成本差异计算单，对结转发出周转材料的成本。

借：其他业务成本	77 600	
材料成本差异	2 400	
贷：周转材料——包装物		80 000

任务实施 5－13 低值易耗品分次摊销法的核算

江苏天润机械有限公司对低值易耗品采用实际成本法核算。2020 年 6 月 25 日，基本生产车间领用专用工具一批，实际成本为 100 000 元，不符合固定资产定义，采用分次摊销法进行摊销。该专用工具估计使用次数为 2 次。

步骤一：6 月 25 日，收集整理审核出库单、价值摊销计算单，对周转材料由在库转为在用，并摊销 50% 的成本。

借：周转材料——低值易耗品——在用　　100 000
　　贷：周转材料——低值易耗品——在库　　100 000

同时，摊销其价值的50%：

借：制造费用　　50 000
　　贷：周转材料——低值易耗品——摊销　　50 000

步骤二：专用工具报废时，收集整理审核报废单、价值摊销计算单，摊销50%的成本，同时冲减周转材料的在用和摊销。

借：制造费用　　50 000
　　贷：周转材料——低值易耗品——摊销　　50 000

同时：

借：周转材料——低值易耗品——摊销　　100 000
　　贷：周转材料——低值易耗品——在用　　100 000

5.5 发出、收回、保管委托加工物资

任务导入

江苏天润机械有限公司需要生产某种产品，但其自身不具备特定的生产能力，便将其自有的材料对外委托某公司进行加工，加工完成收回后直接出售。财会人员需要对材料费、加工费、增值税和消费税等相关税费进行核算，需要掌握其完整业务流程的账务处理。

知识准备

5.5.1 认知委托加工物资

委托加工物资，是指企业委托外单位加工的各种材料、商品等物资。

5.5.2 计量委托加工物资

委托加工物资收入、发出与结转，可以采用实际成本法计量，也可以采用计划成本法计量。

企业委托外单位加工物资的成本包括：加工中实际耗用物资的成本、支付的加工费用、应负担的运杂费及支付的相关税费等。支付的相关税费包括委托加工物资所应负担的消费税（指属于消费税应税范围的加工物资）等。

对于委托加工物资交纳消费税的处理，分两种情况：加工物资收回后直接用于销售的，由受托方代收代缴的消费税应计入加工物资成本；如果收回的加工物资用于继续加工应税消费品的，由受托方代收代缴的消费税应先记入“应交税费——应交消费税”科目的借方，以抵扣加工完成的消费品销售后所负担的消费税。

5.5.3 记录委托加工物资的发出与收回

（一）科目设置

委托加工物资 （1408）

为了反映和监督委托加工物资增减变动及其结存情况，企业应当设置“委托加工物资”科目。

（1）定义：核算企业委托外单位加工的各种材料、商品等物资的实际成本。

（2）性质：资产类。

（3）核算内容：借方登记委托加工物资的实际成本（发给外单位加工的物资成本、支付的加工费用、应负担的运杂费及支付的税费等），贷方登记加工完成验收入库的物资的实际成本和剩余物资的实际成本。期末借方余额，反映企业尚未完工的委托加工物资的实际成本等。

（4）明细分类账的设置：按照加工合同、受托加工单位以及加工物资的品种设置明细账进行明细核算。

（二）委托加工物资的业务节点与账务处理

委托加工物资的业务节点包括发出、支付加工费运杂费、支付增值税消费税及加工完成验收入库。账务处理见表 5－16。

表 5－16　　委托加工物资的业务节点与账务处理表

业务节点	原始单据	账务处理
发出加工物资	出库单、 委托加工协议等	借：委托加工物资 　　贷：原材料 注：如果采用计划成本或售价核算的，还应同时结转材料成本差异或商品进销差价，贷记或借记“材料成本差异”科目，或借记“商品进销差价”科目
支付加工费、运杂费、增值税	增值税专用发票、 支票存根等	借：委托加工物资 　　应交税费——应交增值税（进项税额） 　　贷：银行存款

续表

业务节点	原始单据	账务处理
交纳消费税	税收凭证等	1. 若收回后直接用于销售 借：委托加工物资 　　贷：应付账款 2. 若收回后用于继续加工 借：应交税费——应交消费税 　　贷：应付账款
加工完成验收入库	入库单等	借：库存商品/原材料 　　贷：委托加工物资 注：如果采用计划成本核算的，还应结转材料成本差异，贷记或借记“材料成本差异”科目

（注：详见任务实施5－14）

任务实施

任务实施5－14　委托加工物资（计划成本）的核算

江苏天润机械有限公司对材料和委托加工物资采用计划成本核算，2020年6月委托某公司（增值税一般纳税人）加工甲产品一批。6月15日，根据加工合同发出A材料一批，计划成本6 000 000元，材料成本差异率为－3%。6月20日，开出转账支票支付加工费用120 000元，增值税专用发票上注明的增值税税额为15 600元。6月22日，开出转账支票支付运费10 000元，增值税专用发票上注明的增值税税额为900元。6月25日，开出转账支票支付消费税1 000元，甲产品收回后直接用于销售。6月29日，委托加工的甲产品收回并验收入库，其计划成本为5 900 000元。

步骤一：6月15日，收集整理审核材料出库单、委托加工协议、材料成本差异计算单，将发出材料的实际成本转入委托加工物资账户。

借：委托加工物资　　5 820 000
　　材料成本差异　　180 000
　　贷：原材料　　6 000 000

步骤二：6月20日，收集整理审核加工费增值税专用发票、支票存根，确认委托加工物资成本。

借：委托加工物资　　120 000
　　应交税费——应交增值税（进项税额）　　15 600
　　贷：银行存款　　135 600

步骤三：6 月 22 日，收集整理审核运费增值税专用发票、支票存根，确认委托加工物资成本。

借：委托加工物资　　10 000

　　应交税费——应交增值税（进项税额）　　900

　　贷：银行存款　　10 900

步骤四：6 月 25 日，收集整理审核消费税税收凭证、支票存根，确认委托加工物资成本。

借：委托加工物资　　1 000

　　贷：银行存款　　1 000

步骤五：6 月 29 日，收集整理审核委托加工物资入库单，按计划成本确认库存物品成本及材料成本差异。

借：库存商品　　5 900 000

　　材料成本差异　　51 000

　　贷：委托加工物资　　5 951 000

5.6 入库、发出、保管库存商品

任务导入

江苏天润机械有限公司 2020 年 9 月 30 日，仓库送来产品入库单，验收生产车间完工 G 产品 50 000 件，成本计算单上显示其单位生产成本为 12.45 元，总成本为 622 500 元。财会人员应如何核算呢？

知识准备

5.6.1 认知库存商品

库存商品，是指企业完成全部生产过程并已验收入库，合乎标准规格和技术条件，可以按照合同规定的条件送交订货单位，或可以作为商品对外销售的产品，以及外购或委托加工完成验收入库用于销售的各种商品。

库存商品具体包括：库存产成品、外购商品、存放在门市部准备出售的商品、发出展览的商品、寄存在外的商品、接受来料加工制造的代制品、为外单位加工修理的代修品等。

已完成销售手续但购买单位在月末尚未提取的产品，不应作为企业的库存商品，而应作为代管商品处理，单独设置“代管商品”备查簿进行登记。

5.6.2 会计科目

库存商品（1405）

为了反映和监督库存商品的增减变动及其结存情况，企业应当设置“库存商品”科目。

（1）定义：核算企业库存的各种商品的实际成本（或进价）或计划成本（或售价）。

（2）性质：资产类。

（3）核算内容：借方登记验收入库的库存商品成本，贷方登记发出的库存商品成本。期末借方余额，反映各种库存商品的实际成本。

（4）明细分类账的设置：可按照库存商品的种类、品种和规格设置明细账进行明细核算。

5.6.3 库存商品的业务节点与账务处理

库存商品的业务节点包括生产完工验收入库与销售发出等。账务处理见表5－17。

表5－17 库存商品的业务节点与账务处理表

业务节点	原始单据	账务处理
产品生产完工，验收入库	产品入库单等	借：库存商品 贷：生产成本
产品销售发出	产品发出汇总表等	借：主营业务成本 贷：库存商品

（注：详见任务实施5－15、任务实施5－16）

5.6.4 商品流通企业的库存商品

（一）发出库存商品的计价方法

商品流通企业发出存货，通常采用毛利率法和售价金额核算法进行核算。

1. 毛利率法

毛利率法，是指根据本期销售净额乘以上期实际（或本期计划）毛利率，匡算本期销售毛利，并据以计算发出存货和期末结存存货成本的一种方法。其计算公式如下：

上期毛利率 = 上期销售毛利/上期销售收入净额 ×100%

本期销售毛利 = 本期销售收入净额 × 上期毛利率

其中：本期销售收入净额 = 本期商品销售收入 - 本期销售退回与折让

本期销售成本 = 本期销售收入净额 - 本期销售毛利

期末存货成本 = 期初存货成本 + 本期购货成本 - 本期销售成本

惠客批发商行采用毛利率法进行核算。上月销售收入净额120万元，销售成本90万元；本月期初存货60万元，本月购入商品110万元，销售收入净额150万元，试计算本月销售成本和月末存货成本。

上月毛利率 = （120 - 90）/120 ×100% = 25%

本月销售毛利 = 150 ×25% = 37.5（万元）

本月销售成本 = 150 - 37.5 = 112.5（万元）

期末存货成本 = 60 + 110 - 112.5 = 57.5（万元）

这一方法是商品流通企业，尤其是商业批发企业常用的计算本期商品销售成本和期末库存商品成本的方法。商品流通企业由于经营商品的品种繁多，如果分品种计算商品成本，工作量将大大增加，而且一般来讲，商品流通企业同类商品的毛利率大致相同，采用这种存货计价方法既能减轻工作量，也能满足对存货管理的需要。

2. 售价金额核算法

售价金额核算法，是指平时商品的购入、加工收回、销售均按售价记账，售价与进价的差额通过“商品进销差价”科目核算。期末计算进销差价率和本期已销售商品应分摊的进销差价，并据以调整本期销售成本的一种方法。其计算公式如下：

商品进销差价率 =（期初库存商品进销差价 + 本期购入商品进销差价）/（期初库存商品售价 + 本期购入商品售价）×100%

本期销售商品应分摊的进销差价 = 本期商品销售收入 × 商品进销差价率

本期销售商品的成本 = 本期商品销售收入 - 本期销售商品应分摊的商品进销差价

期末结存商品的成本 = 期初库存商品的进价成本 + 本期购进商品的进价成本 - 本期销售商品的成本

某商场采用售价金额核算法进行核算。2018年6月初库存商品的进价成本为1 000 000元，售价总额为1100 000元；本期购进该商品的进价成本为750 000元，售价总额为900 000元；本期销售收入为1 200 000元，试计算该商品本月销售成本和月末结存成本。

商品进销差价率 = [（1100 000 - 1 000 000）+（900 000 - 750 000）]/（1100 000 + 900 000）×100% = 12.5%

本期销售商品应分摊的商品进销差价 = 1 200 000 ×12.5% = 150 000（元）

本期销售商品的成本 = 1 200 000 − 150 000 = 1 050 000（元）

期末结存商品的成本 = 1 000 000 + 750 000 − 1 050 000 = 700 000（元）

如果企业的商品进销差价率各期之间比较均衡，也可以采用上期商品进销差价率分摊本期的商品进销差价。年度终了，应对商品进销差价进行核实调整。

对于从事商品零售业务的企业（如百货公司、超市等），由于经营的商品种类、品种、规格等繁多，而且要求按商品零售价格标价，采用其他成本计算结转方法均较困难，因此广泛采用这一方法。

（二）商品流通企业库存商品的业务节点与账务处理

商品流通企业库存商品的业务节点包括购入及销售发出等。账务处理见表 5 − 18。

表 5 − 18　　商品流通企业库存商品的业务节点与账务处理表

业务节点		原始单据	账务处理
购入时	购入商品时	增值税专用发票、转账支票存根等	借：在途物资［进价］ 应交税费——应交增值税（进项税额） 贷：银行存款
	柜组验收商品时	验收单	借：库存商品——×柜组［含税售价］ 贷：在途物资——×柜组 商品进销差价——×柜组
销售时	取得销货收入、结转销货成本时	增值税专用发票、 支票、 出库单等	1. 取得销货收入，按其含税售价 借：银行存款 贷：主营业务收入——×柜组 2. 结转销货成本时，按其含税售价 借：主营业务成本——×柜组银行存款 贷：库存商品——×柜组
	进行价税分离时	价税分离计算单	将含税销售收入分解为不含税销售收入，按分解出的增值税额 借：主营业务收入——×柜组 贷：应交税费——应交增值税（销项税额）
	月末分摊商品进销差价时	商品进销差价计算单	借：商品进销差价——×柜组 贷：主营业务成本——×柜组

（注：详见任务实施 5 − 17）

任务实施

任务实施 5－15 结转完工产品成本的核算

江苏天润机械有限公司对库存商品采用实际成本核算。2020 年 9 月 30 日，仓库送来产品入库单，验收入库生产车间完工 G 产品 50 000 件，成本计算单上显示其单位生产成本为 12.45 元，总成本为 622 500 元。

9 月 30 日，收集整理审核产品入库单，结转生产完工入库产品成本。

借：库存商品——G 产品　　622 500

　　贷：生产成本——G 产品　　622 500

任务实施 5－16 结转销售产品成本的核算

江苏天润机械有限公司对库存商品采用实际成本核算。2020 年 11 月“产品发出汇总表”中记载，本月销售 N 产品 45 000 件，实际单位成本 18 元，总成本为 810 000 元。

11 月 30 日，收集整理审核产品发出汇总表，结转已销产品成本。

借：主营业务成本——N 产品　　810 000

　　贷：库存商品——N 产品　　810 000

任务实施 5－17 商品流通企业库存商品的核算

保真保鲜超市采用售价金额核算法。2020 年 8 月初有关资料为：副食组“库存商品”账户余额 5 960 元，“商品进销差价”账户余额 1 050 元。8 月份购入商品一批，取得的增值税专用发票上注明的价款 10 000 元，增值税 1 300 元，款项以转账支票付讫，商品由副食组验收。该批商品售价 12 000 元，增值税率为 13%。本月副食组该批商品的含税销货款为 6 780 元，收入的现金全部送存银行。

步骤一：8 月，购入商品时，收集整理审核增值税专用发票、转账支票存根，按进价增加在途物资成本。

借：在途物资——副食组　　10 000

　　应交税费——应交增值税（进项税额）　　1 300

　　贷：银行存款　　11 300

步骤二：副食组验收商品时，收集整理审核验收单，按售价增加库存物品成本并确认商品进销差价。

借：库存商品——副食组　　13 560（12 000 + 12 000 × 13%）
　　贷：在途物资——副食组　　10 000
　　　　商品进销差价——副食组　　3 560

步骤三：取得销售收入时，收集整理审核增值税专用发票、支票等，按售价确认商品销售收入。

借：银行存款　　6 780
　　贷：主营业务收入——副食组　　6 780

步骤四：结转销货成本时，收集整理审核出库单，并按售价结转销售成本业务。

借：主营业务成本——副食组　　6 780
　　贷：库存商品——副食组　　6 780

步骤五：进行价税分离时，收集整理审核价税分离计算单，确认销项税额并冲减主营业务收入。

不含税销售收入 = 6 780 ÷（1 + 13%）= 6 000（元）

销项税额 = 6 000 × 13% = 780（元）

借：主营业务收入——副食组　　780
　　贷：应交税费——应交增值税（销项税额）　　780

步骤六：月末，分摊商品进销差价时，收集整理审核商品进销差价计算单，分摊商品进销差价并冲减主营业务成本。

商品进销差价率 =（1 050 + 3 560）/（5 960 + 13 560）× 100% = 23.62%

本月已销商品应分摊的进销差价 = 6 780 × 23.62% = 1 601（元）

借：商品进销差价——副食组　　1 601
　　贷：主营业务成本——副食组　　1 601

5.7 确认、记录存货清查与期末计价

任务导入

江苏天润机械有限公司 2020 年 12 月 31 日对存货进行清查，发现盘亏 S 材料 1 000 克，单位成本为 8 元，相关的增值税专用发票上注明的增值税额为 1 280 元。经查属于管理不善而造成的丢失，财会人员对该业务应进行怎样的处理呢？

知识准备

5.7.1 认知存货清查

（一）存货清查的概念

存货清查，是指通过对存货的实地盘点，确定存货的实有数量，并与账面结存数核对，从而确定存货实存数与账面结存数是否相符的一种专门方法。

由于存货种类繁多、收发频繁，在日常收发过程中可能发生计量错误、计算错误、自然损耗，还可能发生损坏变质等情况，造成账实不符，形成存货的盘盈盘亏。对于存货的盘盈盘亏，应填写存货盘点报告表（如“实存账存对比表”），及时查明原因，按照规定程序报批处理。

（二）会计科目

待处理财产损溢 （1901）

为了反映和监督企业在财产清查中查明的各种存货的盘盈、盘亏和毁损情况，企业应当设置“待处理财产损溢”科目。

（1）定义：核算企业在清查财产过程中查明的各种财产物资盘盈、盘亏和毁损的价值。物资在运输途中发生的非正常短缺与损耗，也通过本科目核算。

（2）性质：资产类。

（3）核算内容：借方登记存货的盘亏、毁损金额及盘盈的转销金额，贷方登记存货的盘盈金额及盘亏的转销金额。本科目处理前的借方余额反映企业尚未处理财产的净损失；处理前的贷方余额反映企业尚未处理财产的净溢余；处理完毕后，本科目应无余额。

（4）明细分类账的设置：按待处理财产的类别，设置“待处理流动资产损溢”和“待处理非流动资产损溢”明细账进行明细核算。

（三）存货清查的业务节点与账务处理

1. 存货盘盈的业务节点与账务处理

存货盘盈的业务节点包括发生盘盈及批准处理。账务处理见表 5－19。

表 5－19　　存货盘盈的业务节点与账务处理表

业务节点	原始单据	账务处理
发生盘盈	存货盘点报告表等	借：原材料等 贷：待处理财产损溢——待处理流动资产损溢
批准处理	存货盘点处理意见书等	借：待处理财产损溢——待处理流动资产损溢 贷：管理费用

（注：详见任务实施 5－18）

2. 存货盘亏及毁损的业务节点与账务处理

存货盘亏及毁损的业务节点发生盘亏、毁损及批准处理。账务处理见表5-20。

表5-20 存货盘亏及毁损的业务节点与账务处理表

业务节点	原始单据	账务处理
发生盘亏及毁损	存货盘点报告表等	因管理不善造成的管理不善原因造成存货被盗、丢失、霉烂变质等形成的盘亏： 借：待处理财产损溢——待处理流动资产损溢 贷：原材料等 应交税费——应交增值税（进项税额转出）
		因存货的自然损耗、收发、计量差错等原因形成的盘亏： 借：待处理财产损溢——待处理流动资产损溢 贷：原材料等
批准处理	存货盘点处理意见书等	借：原材料［残料入库］ 其他应收款［保险公司和过失人赔款］ 管理费用［一般经营损失］ 营业外支出［非常损失］ 贷：待处理财产损溢——待处理流动资产损溢

（注：详见任务实施5-19、任务实施5-20）

【小贴士】

税法规定，非正常损失的购进货物、在产品或产成品所耗用的购进货物的进项税额不得从销项税额中抵扣。非正常损失是指因管理不善造成被盗、丢失、霉烂变质的损失。

5.7.2 存货的期末计价

为了客观、真实、准确地反映企业期末存货的实际价值，我国《企业会计准则第1号——存货》规定："资产负债表日，存货应当按照成本与可变现净值孰低计量。存货成本高于其可变现净值时，应当计提存货跌价准备，计入当期损益。"

（一）成本与可变现净值孰低法

成本与可变现净值孰低法，是指对期末存货按照成本与可变现净值两者之间较低者进行计量的方法。即当成本低于可变现净值时，存货按成本计价；当成本高于可变现净值时，存货按可变现净值计价。

当存货成本高于其可变现净值时，表明存货可能发生损失，应在存货销售之前确认这一损失，计入当期损益，并相应减少存货的账面价值。以前减记存货价值的影响因素已经消失的，减记的金额应当予以恢复，并在原已计提的存货跌价准备金额内转回，转回的金额计入当期损益。

（1）成本与可变现净值孰低法中的“成本”，是指存货的实际成本，即以历史成本为基础的存货计价方法（如先进先出法等）计算的期末存货价值，如企业在存货日常核算中采用计划成本法、售价金额核算法等简化核算方法，则成本为经调整后的实际成本。

（2）成本与可变现净值孰低法中的“可变现净值”，是指在日常活动中，存货的估计售价减去至完工时估计将要发生的成本、估计的销售费用以及估计的相关税费后的金额。可变现净值的特征表现为存货的预计未来净现金流量，而不是存货的售价或合同价。

企业在确定存货的可变现净值时，应当以取得的确凿证据为基础，并考虑持有存货的目的、资产负债表日后事项的影响等因素。

（二）会计科目

存货跌价准备 （1471）

为了反映和监督存货跌价准备的计提、转回和转销情况，企业应当设置“存货跌价准备”科目。

（1）定义：核算存货计提的存货跌价准备。

（2）性质：资产类。

（3）核算内容：借方登记实际发生的存货跌价损失金额和转回的存货跌价准备金额，贷方登记计提的存货跌价准备金额，即存货可变现净值低于成本的差额。期末余额一般在贷方，反映企业已计提但尚未转销的存货跌价准备。

（4）明细分类账的设置：可按存货项目或类别设置明细账进行明细核算。

（三）存货跌价准备的业务节点与账务处理

会计期末，比较存货的成本与可变现净值，计算出应计提的存货跌价准备金额，然后将其与“存货跌价准备”账户的已有余额进行比较。

当期应计提的存货跌价准备 =（存货成本 − 存货可变现净值） − “存货跌价准备”已有贷方余额

存货跌价准备的业务节点包括计提、转回及结转存货跌价准备。账务处理见表5－21。

表5－21　存货跌价准备的业务节点与账务处理表

业务节点	原始单据	账务处理
期末存货成本低于可变现净值时	商品报价单、 可变现净值计算表等	无须进行账务处理

续表

业务节点	原始单据	账务处理
期末存货成本高于可变现净值时	商品报价单、 可变现净值计算表等	应按照存货可变现净值低于成本的差额 借：资产减值损失——计提的存货跌价准备 　　贷：存货跌价准备
	商品报价单、 可变现净值计算表等	转回已计提的存货跌价准备金时，按恢复增加的金额 借：存货跌价准备 　　贷：资产减值损失——计提的存货跌价准备
	商品报价单、 可变现净值计算表、 产品发出汇总表等	结转存货销售成本时，对于已计提存货跌价准备的，冲减已计提的存货跌价准备和主营业务成本 借：存货跌价准备 　　贷：主营业务成本

（注：详见任务实施5－21）

任务实施

任务实施5－18　存货盘盈的核算

江苏天润机械有限公司2020年6月30日在财产清查中发现：盘盈M材料30千克，实际单位成本50元。经查属于材料收发计量方面的错误，经领导批准作为管理费用处理。

步骤一：6月30日，收集整理审核存货盘点报告表，对盘盈M材料增加原材料成本并计入待处理财产损溢。

借：原材料——M材料　　1 500

　　贷：待处理财产损溢——待处理流动资产损溢　　1 500

步骤二：收集整理审核存货盘点结果处理意见书，对盘盈M材料由待处理财产损溢转入管理费用。

借：待处理财产损溢——待处理流动资产损溢　　1 500

　　贷：管理费用　　1 500

任务实施5－19　存货盘亏的核算

江苏天润机械有限公司2020年6月30日在财产清查中，发现盘亏N材料200千克，实际单位成本15元，相关增值税专用发票单注明的增值税税额为390元。经查属于管理不善造成的丢失，属于一般经营损失。

步骤一：6 月 30 日，收集整理审核存货盘点报告表，对盘亏 N 材料转入待处理财产损溢账户。

借：待处理财产损溢——待处理流动资产损溢　　3 390

　　贷：原材料——M 材料　　3 000

　　　　应交税费——应交增值税（进项税额转出）　　390

步骤二：收集整理审核存货盘点结果处理意见书，对盘亏 N 材料批准处理增加管理费用。

借：管理费用　　3 390

　　贷：待处理财产损溢——待处理流动资产损溢　　3 390

任务实施 5 - 20　存货毁损的核算

江苏天润机械有限公司 2020 年 6 月 30 日在财产清查中，发现毁损 L 材料 150 千克，实际单位成本 24 元，相关增值税专用发票单注明的增值税税额为 468 元。经查属于材料保管员的过失造成的，按规定由其个人赔偿 1 500 元。

步骤一：6 月 30 日，收集整理审核存货盘点报告表，对毁损 L 材料转入待处理财产损溢账户。

借：待处理财产损溢——待处理流动资产损溢　　4 068

　　贷：原材料——M 材料　　3 600

　　　　应交税费——应交增值税（进项税额转出）　　468

步骤二：收集整理审核存货盘点结果处理意见书，对毁损 L 材料批准处理确认其他应收款及管理费用。

借：其他应收款　　1 500

　　管理费用　　2 568

　　贷：待处理财产损溢——待处理流动资产损溢　　4 068

步骤三：登记相关账户。

任务实施 5 - 21　存货跌价准备的核算

江苏天润机械有限公司采用“成本与可变现净值孰低法”进行存货的计价核算。该公司 2018 年 12 月 31 日某项商品的账面成本为 380 000 元，由于市场价格下降，预计可变现净值为 350 000 元，假设该商品以前未计提存货跌价准备；2019 年 12 月 31 日，该商品的预计可变现净值为 340 000 元；2020 年 12 月 31 日，该商品的可变现净值有所恢复，预计可变现净值为 365 000 元；2021 年 12 月 31 日，该商品的可变现净值进一步恢复，预计可变现净值为 390 000 元。

步骤一：2018年12月31日，收集整理审核商品报价单、可变现净值计算表，计算计提的存货跌价准备金额为30 000元（380 000－350 000），确认资产减值损失及存货跌价准备。

借：资产减值损失——计提的存货跌价准备　　30 000

　　贷：存货跌价准备　　30 000

步骤二：2019年12月31日，收集整理审核商品报价单、可变现净值计算表，计算计提的存货跌价准备金额为10 000元（380 000－340 000－30 000），确认资产减值损失及存货跌价准备。

借：资产减值损失——计提的存货跌价准备　　10 000

　　贷：存货跌价准备　　10 000

步骤三：2020年12月31日，收集整理审核商品报价单、可变现净值计算表，计算转回的存货跌价准备金额为25 000元（380 000－365 000－40 000），冲减资产减值损失及存货跌价准备。

借：存货跌价准备　　25 000

　　贷：资产减值损失——计提的存货跌价准备　　25 000

步骤四：2021年12月31日，收集整理审核商品报价单、可变现净值计算表，可变现净值390 000元高于账面成本365 000元，减记的金额应当予以恢复。之前已计提的存货跌价准备为15 000元，因此应转回存货跌价准备金额15 000元，冲减资产减值损失及存货跌价准备。

借：存货跌价准备　　15 000

　　贷：资产减值损失——计提的存货跌价准备　　15 000

步骤五：在各业务节点登记相关账户。

［扫一扫］

企业会计准则——存货

职业能力训练

5.1　存货确认条件与计量方式的认知

一、单项选择能力训练

1. 甲企业为增值税一般纳税人，适用增值税税率13%。购入原材料一批，增值税专用发票注明价款 500 000 元，增值税 65 000 元；另支付装卸费 3 000 元、增值税 180 元；入库前挑选整理费 2 000、增值税 120 元；运输费 1 000 元、增值税 90 元；该材料的入账价值是（　　）元。

A. 565 000　　B. 571 000　　C. 504 000　　D. 506 000

2. 下列各项中，不计入存货采购成本的是（　　）。

A. 采购过程中支付的运输费用　　B. 支付的进口关税

C. 入库后的仓储费　　D. 入库前整理挑选费

3. 小规模纳税人购买原材料一批，增值税专用发票注明价款为 100 万元，增值税额为 13 万元，另支付保险费 1 万元，增值税额为 0.06 万元，则该原材料的入账成本为（　　）万元。

A. 114.06　　B. 114　　C. 113　　D. 100

4. 下列各种物资中，不应作为企业存货核算的是（　　）。

A. 在产品　　B. 低值易耗品　　C. 包装物　　D. 工程物资

二、多项选择能力训练

1. 下列税金中，应计入存货成本的有（　　）。

A. 一般纳税人的进口关税　　B. 一般纳税人的进口消费税

C. 一般纳税人的增值税　　D. 小规模纳税人的增值税

2. 下列各种物资中，应作为企业存货核算的是（　　）。

A. 在产品　　B. 周转材料

C. 在途物资　　D. 委托加工物资

3 下列各科目的期末余额，不属于企业存货的有（　　）。

A. 房地产开发企业开发待售的商品房　　B. 生产成本

C. 工程物资　　D. 受托代销商品

三、判断能力训练

（　　）1. 增值税小规模纳税人购进货物支付的增值税直接计入有关货物的成本。

（　　）2. 企业接受的投资者投入的商品，应按照该商品在投资方的账面价值入账。

（　　）3. 盘盈的存货应按其重置成本作为入账价值。

四、应用能力实训

【实训目的】外购存货采购成本的计量。

【实训资料】宏达有限责任公司于 2020 年 3 月份购入甲、乙两种材料，共同发生运杂费 1 750 元，运杂费要求按甲、乙材料的重量进行分配。

【实训要求】编制“材料采购成本计算表”。

材料采购成本计算表

编制单位：宏达有限责任公司　　　　2020 年 3 月　　　　单位：元

材料名称	单位	重量（公斤）	买价	运杂费分配率	运杂费金额	实际采购成本	单位成本
甲材料	4.8	1 000					
乙材料	7.2	4 000					
合计	—			—			—

5.2 按实际成本收入、发出、保管原材料

一、单项选择能力训练

1. 某企业为增值税一般纳税人，购入材料一批，增值税专用发票上标明的价款为 25 万元、增值税为 3.25 万元；另支付材料的保险费 2 万元、增值税为 0.12 万元；包装物押金 2 万元。该批材料的采购成本为（　　）万元。

A. 27　　B. 29　　C. 28.25　　D. 32.25

2. 某企业采用先进先出法计算发出甲材料的成本。2020 年 6 月 1 日，结存甲材料 500 千克，每千克实际成本 120；6 月 10 日购入甲材料 400 千克，每千克实际成本 130 元；6 月 15 日发出甲材料 700 千克。6 月末，该企业库存甲材料的实际成本为（　　）元。

A. 26 000　　B. 24 000　　C. 28 000　　D. 25 000

3. 企业在材料收入的核算中，需在月末暂估入账并于下月初红字冲回的是（　　）。

A. 月末购货发票账单未到，但已入库的材料

B. 月末购货发票账单已到，货款未付但已入库的材料

C. 月末购货发票账单已到，货款已付但已入库的材料

D. 月末购货发票账单已到，货款已付但未入库的材料

4. 下列各种存货发出的计价方法中，不利于存货成本日常管理与控制的方法是（　　）。

A. 先进先出法　　B. 移动加权平均法

C. 月末一次加权平均法　　D. 个别计价法

二、多项选择能力训练

1. 下列项目中，应计入材料采购成本的有（　　）。

A. 制造费用

B. 进口关税

C. 运输途中的合理损耗

D. 一般纳税人购入材料支付的可以抵扣的增值税

2. 下列各项中，企业可以采用的发出存货成本计价方法有（　　）。

A. 先进先出法　　B. 移动加权平均法

C. 个别计价法　　D. 成本与可变现净值孰低法

3. 实际成本法下记录原材料业务的科目有（　　）。

A. 原材料　　B. 材料采购　　C. 在途物资　　D. 材料成本差异

三、判断能力训练

（　　）1. 购入材料在运输途中发生的合理损耗无须单独进行账务处理。

（　　）2. 采用移动加权平均法计算发出存货成本，不能在月度内随时结转发出存货的成本。

（　　）3. 企业采用先进先出法发出存货，在物价持续上涨时，期末材料成本接近于市价，而发出材料成本偏低，会高估企业当期利润和库存存货价值。

四、应用能力实训

【实训目的】掌握实际成本法下原材料的收发核算。

【实训资料】甲企业为增值税一般纳税人，增值税税率为 13%。原材料采用实际成本法核算，原材料发出采用月末一次加权平均法计价，运输费增值税税率为 9%。2020 年 11 月，与 A 材料相关资料如下：

（1）1 日，“原材料——A 材料”科目余额 20 000 元（共 2 000 公斤，其中含 10 月末验收入库但因发票账单未到而以 2 000 元暂估入账的 A 材料 200 公斤）。

（2）5 日，收到 4 月末以暂估价入库 A 材料的发票账单，货款 1 800 元，增值税 234 元，对方代垫运费，收到增值税专用发票上注明的运费 400 元，增值税 36 元，全部款项已用转账支票付讫。

（3）8 日，以汇兑结算方式购入 A 材料 3 000 公斤，发票账单已收到，货款 36 000 元，增值税 4 680 元，运输费 1 000 元，增值税 90 元。材料尚未到达，开出银行承兑汇票一张支付价税款。

（4）11 日，收到 8 日采购的 A 材料，验收时发现只有 2 950 公斤。经检查，短缺的 50 公斤确定为运输途中合理损耗，材料验收入库。

（5）18 日，持汇票 80 000 元购入 A 材料 5 000 公斤，增值税专用发票上注明货款为 49 500 元，增值税额为 6 435 元，另支付运输费用 2 000 元，增值税 180 元。材料已验收入库，剩余票款退回并存入银行。

（6）21 日，基本生产车间自制 A 材料 50 公斤验收入库，总成本为 600 元。

（7）30 日，根据“发料凭证汇总表”的记录，11 月基本生产车间为生产产品领用 A 材料 6 000 公斤，车间管理部门领用 A 材料 1 000 公斤，企业管理部门领用 A 材料 100 公斤。

【实训要求】

（1）根据资料（1）—（6）编制甲企业11月份与A材料相关的会计分录。

（2）计算甲企业11月份发出A材料的单位成本。

（3）根据资料（7）编制甲企业领用A材料的会计分录。

5.3 按计划成本收入、发出、保管原材料

一、单项选择能力训练

1. 下列各项中，关于“材料成本差异”科目的表述正确的是（　　）。

A. 期初贷方余额反映库存材料的超支差异

B. 期末余额应在资产负债表中单独列示

C. 期末贷方余额反映库存材料的节约差异

D. 借方登记入库材料的节约差异

2. 某企业材料采用计划成本核算，月初材料计划成本为30万元，材料成本差异为节约2万元；当月购入材料的实际成本为110万元，计划成本为120万元；当月领用材料的计划成本为100万元，月末该企业结存材料的实际成本为（　　）万元。

A. 48　　B. 46　　C. 50　　D. 54

3. 某企业材料采用计划成本核算，月初库存材料计划成本35万元，材料成本差异超支2万元，本月购入材料实际成本65万元，计划成本70万元，本月发出材料计划成本90万元，则期末结存材料成本差异为（　　）万元。

A. 0.7　　B. 0.3　　C. −0.43　　D. −0.3

4. 计划成本法下，企业材料已收到并验收入库，但发票账单尚未收到，月份终了，应按（　　）暂估入账。

A. 计划价格　　B. 估计价格　　C. 发票价格　　D. 出厂价格

5. 某企业原材料采用计划成本核算，甲材料计划成本每千克为15元。本月购进甲材料9 000千克，取得的增值税专用发票上注明的价款为150 000元，增值税税额为19 500元。原材料已经验收入库，则购进甲材料发生的成本超支差异为（　　）元。

A. 25 500　　B. 40 500　　C. 15 000　　D. 20 000

二、多项选择能力训练

1. 某企业原材料采用计划成本法核算，下列各项中，该企业应在“材料成本差异”科目贷方登记的有（　　）。

A. 入库原材料的成本超支差异　　B. 发出原材料应负担的成本超支差异

C. 入库原材料的成本节约差异　　D. 发出原材料应负担的成本节约差异

2. 计划成本法下记录原材料业务的科目有（　　）。

A. 原材料　　B. 材料采购　　C. 在途物资　　D. 材料成本差异

三、判断能力训练

（　　）1. 在计划成本法下，购入的材料无论是否验收入库，都要先通过“材料采

购”科目进行核算。

(　　) 2. 采用计划成本进行核算的企业，月末分摊材料成本差异时，节约差异记入“材料成本差异”贷方，超支则相反。

(　　) 3. 无论企业对存货采用实际成本核算，还是采用计划成本核算，在编制资产负债表时，资产负债表上的存货项目反映的都是存货的实际成本。

四、应用能力实训

【实训目的】掌握计划成本法下原材料的收发核算。

【实训资料】某工业企业为增值税一般纳税人，材料按计划成本计价核算。甲材料计划单位成本为每公斤10元，“原材料”账户月初借方余额40 000元，“材料成本差异”账户月初贷方余额500元，“材料采购”账户月初借方余额10 600元（上述账户核算的均为甲材料）。该企业2020年11月份有关经济业务如下：

（1）7日，企业上月已付款的甲材料1 000公斤如数收到，验收入库。

（2）22日，从外地A公司购入甲材料6 000公斤，增值税专用发票上注明的材料价款为59 000元，增值税额7 670元，材料尚未到达，企业开出转账支票支付价税款。

（3）25日，从A公司购入的甲材料到达，验收入库时发现短缺40公斤，经查为途中定额内自然损耗，按实收数量验收入库。

（4）30日，汇总本月发料凭证，本月共发出甲材料7 000公斤，全部用于产品生产。

【实训要求】

（1）根据资料（1）—（3）编制相关会计分录。

（2）计算发出材料应分摊的材料成本差异。

（3）根据资料（4）编制相关会计分录。

5.4　收入、发出、保管周转材料

一、单项选择能力训练

1. 下列各项中，随同商品出售而不单独计价的包装物，应按其实际成本记入的会计科目是（　　）。

A. 管理费用　　B. 其他业务成本　　C. 营业外支出　　D. 销售费用

2. 下列各项中，随同商品出售单独计价的包装物，应按其实际成本记入的会计科目是（　　）。

A. 管理费用　　B. 其他业务成本　　C. 营业外支出　　D. 销售费用

3. 对于金额较高，可供多次反复使用的低值易耗品，也可以采用（　　）进行摊销。

A. 一次摊销法　　B. 分次摊销法　　C. 总价法　　D. 计划成本法

二、多项选择能力训练

1. 下列各项中，关于发出包装物的会计处理表述正确的有（　　）。

A. 生产领用作为产品组成部分的包装物成本直接记入“生产成本”科目

B. 随同商品销售单独计价包装成本记入“其他业务成本”科目

C. 生产车间一般耗用包装物摊销额记入“制造费用”科目

D. 随同商品销售不单独计价包装物成本记入“销售费用”科目

2. 下列资产中，属于周转材料的有（　　）。

A. 固定资产　　B. 包装物　　C. 低值易耗品　　D. 原材料

3. 下列应计入“销售费用”的有（　　）。

A. 支付的广告费

B. 随同产品出售不单独计价的包装物的成本

C. 出借包装物的成本

D. 随同产品出售单独计价的包装物的成本

三、判断能力训练

（　　）1. 对于随同商品出售而不单独计价的包装物，企业应按实际成本计入销售费用。

（　　）2. 企业出租包装物收取的押金，应计入“其他应收款”。

（　　）3. 一次摊销法下，企业领用低值易耗品时，按其实际成本一次计入成本费用，借记“制造费用”“管理费用”等科目，贷记“周转材料——低值易耗品”科目。

四、应用能力实训

【实训一】

【实训目的】练习包装物业务的操作。

【实训资料】甲公司为增值税一般纳税人，对包装物采用实际成本核算。2020 年 9 月 16 日销售产品一批，取得不含税收入 100 万元，增值税销项税额 13 万元，上述款项收到并存入银行。包装物随产品出售不单独计价，其中产品实际成本 60 万元，包装物成本 5 万元。

【实训要求】根据上述资料编制相关会计分录：

（1）销售商品取得收入时。

（2）结转产品销售成本、包装物成本。

（3）假设包装物随产品出售单独计价，其中产品售价 90 万元，包装物售价 10 万元。

【实训二】

【实训目的】练习低值易耗品分次摊销法业务的操作。

【实训资料】甲公司对低值易耗品采用实际成本核算，采用分次摊销法进行摊销。

2020 年 12 月基本生产车间领用专用工具一批，实际成本为 100 000 元。该专用工具估计使用次数为 2 次。

【实训要求】根据上述资料编制相关会计分录：

（1）领用时：①先将其“在库”低值易耗品的全部价值转为“在用”低值易耗品；②摊销其价值的 50%。

（2）报废时：①摊销其价值的 50%；②转销其全部摊销额。

5.5　发出、收回、保管委托加工物资

一、单项选择能力训练

1. 2020 年 6 月 20 日，甲公司委托某量具厂加工一批量具，发出材料的计划成本为 80 000 元，材料成本差异率为 5%，以银行存款支付运杂费 2 000 元，6 月 25 日以银行存款支付上述量具的加工费用 20 000 元，6 月 30 日收回委托加工的量具，并以银行存款支付运杂费 3 000 元，假定不考虑其他因素，甲公司收回该批量具的实际成本是（　　）元。

A. 102 000　　B. 105 000　　C. 103 000　　D. 109 000

2. 下列税金中，不应计入存货成本的有（　　）。

A. 由受托方代扣代缴的委托加工直接用于对外销售的商品负担的消费税

B. 一般纳税企业进口原材料交纳的进口关税

C. 小规模纳税企业购进货物应交纳的增值税

D. 由受托方代扣代缴的委托加工继续用于生产应纳消费税的商品负担的消费税

二、多项选择能力训练

1. 下列各项中，构成企业委托加工物资成本的有（　　）。

A. 加工中实际耗用物资的成本

B. 支付的加工费用和保险费

C. 收回后直接销售物资的代收代缴消费税

D. 收回后继续加工物资的代收代缴消费税

2. 增值税一般纳税企业委托加工的应税消费品收回后直接销售，下列各项中，应该计入应税消费品成本的有（　　）。

A. 支付加工费应缴纳的增值税　　B. 加工方代收代缴的消费税

C. 支付的加工费　　D. 发出的委托加工原材料成本

三、判断能力训练

（　　）1. 委托加工应税消费品收回后直接用于出售的，委托方代扣代缴的消费税应计入“应交税费——应交消费税”科目。

（　　）2. 委托加工的物资收回后用于连续生产的，应将受托方代收代缴的消费税

计入委托加工物资的成本。

四、应用能力实训

【实训目的】练习委托加工物资业务的操作。

【实训资料】2020 年 12 月，增值税一般纳税人甲公司委托乙公司将 A 材料加工成商品（属于应税消费品）。1 日，发出材料实际成本 300 万元；28 日，以银行存款支付加工费 50 万元，增值税进项税额 6.5 万元，支付消费税 20 万元；30 日，加工完成的商品验收入库。

【实训要求】分别做出甲公司收回加工商品继续生产应税消费品和直接用于出售两种情况下的会计分录。（答案金额以“万元”为单位）

5.6 入库、发出、保管库存商品

一、单项选择能力训练

1. 某商品流通企业采用毛利率法核算库存商品。2020 年 7 月 1 日，家电类库存商品余额为 360 万元，7 月份购进商品 400 万元，销售商品取得不含增值税收入 580 万元，上季度该类商品毛利率为 20%。不考虑其他因素，7 月 31 日该企业家电类库存商品成本为（　　）万元。

A. 608　　B. 464　　C. 296　　D. 180

2. 下列各项中，不属于库存商品的是（　　）。

A. 接受外来材料的代制品　　B. 寄存在外销售的商品

C. 为外单位加工代修品　　D. 已完成销售手续客户未领取的商品

3. 某企业库存商品采用售价金额法核算，2020 年 5 月初库存商品售价总额为 14.4 万元，进销差价率为 15%，本月购入库存商品进价成本总额为 18 万元，售价总额为 21.6 万元，本月销售商品收入为 20 万元，该企业本月销售商品的实际成本为（　　）万元。

A. 20　　B. 16.8　　C. 17　　D. 16

4. 企业结转已销售商品成本时，应借记（　　）科目。

A. 主营业务成本　　B. 其他业务成本　　C. 生产成本　　D. 库存商品

二、应用能力实训

【实训目的】练习库存商品业务的操作。

【实训资料】

（1）甲公司“商品入库汇总表”记载，某月已验收入库 M 产品 1 000 台，实际单位成本 500 元，共计 500 000 元；N 产品 2 000 台，实际单位成本 700 元，共计 1 400 000 元。

（2）甲公司月末汇总的发出商品中，当月已实现销售的 M 产品有 500 台，N 产品 1 500 台。该月 M 产品实际单位成本为 500 元，N 产品实际单位成本为 700 元。

【实训要求】根据上述资料编制相关会计分录。

5.7 确认、记录存货清查与期末计价

一、单项选择能力训练

1. 下列各项中，关于企业原材料盘亏及毁损会计处理表述正确的是（　　）。

A. 保管员过失造成的损失，计入管理费用

B. 因台风造成的净损失，计入营业外支出

C. 应由保险公司赔偿的部分，计入营业外收入

D. 经营活动造成的净损失，计入其他业务成本

2. 某企业原材料采用实际成本核算。2020 年 6 月 29 日该企业对存货进行全面清查。发现短缺原材料一批，账面成本 12 000 元，已计提货跌价准备 2 000 元。经确认，应由保险公司赔款 4 000 元，由过失人员赔款 3 000 元，假定不考虑其他因素，该项存货清查业务应确认的净损失为（　　）元。

A. 3 000　　B. 5 000　　C. 6 000　　D. 8 000

3. 某企业 2020 年 12 月 31 日原材料余额 20 万，已计提存货跌价准备 4 万，由于市价上升，预计可变现净值 19 万，年末应转回存货跌价准备金额（　　）万元。

A. 4　　B. 1　　C. 3　　D. 5

二、多项选择能力训练

1. 下列各项中，计算存货可变现净值应涉及的项目有（　　）。

A. 估计的存货售价　　B. 估计的销售费用

C. 至完工时估计发生的成本　　D. 估计的相关税费

2. 下列与存货相关会计处理的表述中，正确的有（　　）。

A. 应收保险公司存货损失赔偿款计入其他应收款

B. 资产负债表日存货应按成本与可变现净值孰低计量

C. 按管理权限报经批准的盘盈存货价值冲减管理费用

D. 结转商品销售成本的同时转销其已计提的存货跌价准备

三、判断能力训练

（　　）1. 企业因收发计量错误发生的原材料盘盈，按管理权限报经批准后，应将盘盈金额冲减管理费用。

（　　）2. 企业发生存货盘盈时记入“营业外收入”科目。

（　　）3. 股份有限公司在财产清查时发现的存货盘亏、盘盈，应当于年末结账前处理完毕，如果确实尚未报经批准的，可先保留在“待处理财产损溢”科目中，待批准后再处理。

（　　）4. 资产负债表日，当存货成本低于可变现净值时，存货按成本计价，当可

变现净值低于成本时，存货按可变现净值计价。

（　　）5. 企业期末存货成本低于可变现净值时，无须进行账务处理。

四、应用能力实训

【实训一】

【实训目的】练习存货清查业务的操作。

【实训资料】江苏天润机械有限公司2020年6月末对原材料进行清查，清查结果如下表所示：

实存账存对比表

单位名称：江苏天润机械有限公司　　2020年6月30日

编号	名称类别	计量单位	单价	实存		账存		对比结果				备注
								盘盈		盘亏		
				数量	金额	数量	金额	数量	金额	数量	金额	
101#	甲材料	千克	5.5	3 100	17 050	3 000	16 500	100	550			
102#	乙材料	千克	3.6	1 800	6 480	2 000	7 200			200	720	

经查，上述甲材料盘盈是因计量不准造成，报经公司经理会议批准后，做冲减管理费用处理；乙材料盘亏是由于管理不善造成的，因由保管员赔偿500元，其余经批准转作管理费用处理。假设不考虑其他因素。

【实训要求】根据上述资料编制存货清查审批前和审批后的会计分录。

【实训二】

【实训目的】练习存货减值业务的操作。

【实训资料】某企业存货按年进行减值测试。2020年初存货成本为100万元，可变现净值为90万元；2020年末该存货可变现净值为85万元；2021年末该存货可变现净值为102万元。

【实训要求】根据上述资料编制相关会计分录。

项目 6 记录投资资产 确认投资收益

项目导航

知识目标

◦ 了解金融资产的一般知识
◦ 掌握交易性金融资产基本概念和会计核算
◦ 掌握债权投资的基本概念和会计核算
◦ 知悉长期股权投资的概念
◦ 掌握长期股权投资成本法核算的范围及核算方法
◦ 掌握长期股权投资权益法核算的范围及核算方法

能力目标

◦ 能说出交易性金融资产核算的账户设置
◦ 能对交易性金融资产业务流程各个环节进行会计核算
◦ 能对债权投资进行正确的账务处理
◦ 能辨析交易性金融资产、债权投资、其他债权投资、其他权益工具投资以及长期股权投资
◦ 能说出长期股权投资成本法、权益法核算的范围
◦ 能对长期股权投资的成本法进行正确的账务处理
◦ 能对长期股权投资的权益法进行正确的账务处理

企业除正常的产品、商品生产外，可能出于某种目的，如为控制其他企业、为以后积累资金进行建设或单纯取得投资收益等而对外进行投资，企业对外投资形成的资产，包括交易性金融资产、债权投资、其他债权投资、其他权益投资以及长期股权投资等。企业财务人员应根据企业投资的意图、持有时间长短及持有比例进行分别确认，在会计上进行分类确认，并对这些投资资产的取得、持有期间发生的增减变化及处置进行相应的账务处理。

6.1 确认、记录交易性金融资产

任务导入

2020 年 5 月 20 日，江苏天润机械有限公司用暂时闲置的资金，以 10.6 元每股的价格，从上海证券交易所购入 A 公司发行的股票 100 000 股，购入后，不打算长期持有，企业把该项投资确认为“交易性金融资产”。交易性金融资产取得入账价值如何确定?持有期间取得的投资收益、公允价值变动对损益的影响如何核算?处置时的盈亏及涉及的相关税费如何处理，这些问题都是会计人员必须考虑的。

知识准备

企业的金融资产，是指企业持有的现金、其他方的权益工具以及符合下列条件之一的资产：

（1）从其他方收取现金或其他金融资产的合同权利；

（2）在潜在有利条件下，与其他方交换金融资产或金融负债的合同权利；

（3）将来须用或可用企业自身权益工具进行结算的非衍生工具合同，且企业根据该合同将收到可变数量的自身权益工具；

（4）将来须用或可用企业自身权益工具进行结算的衍生工具合同，但以固定数量的自身权益工具交换固定金额的现金或其他金融资产的衍生工具合同除外。

6.1.1 确认交易性金融资产

交易性金融资产，主要是指企业为了近期内出售而持有的金融资产，如企业以赚取差价为目的从二级市场购入的股票、债券、基金等。企业闲置资金较多时，为提高资金利用率，会投资证券市场，当满足以下条件时，应确认为交易性金融资产。1. 以交易为目的（赚取买卖差价）而持有金融资产；2. 持有时间一般不超过一年；3. 该资产具有活跃市场，公允价值能够通过活跃市场获取。

6.1.2 计量交易性金融资产

（一）初始计量

企业取得交易性金融资产时，应当按照交易性金融资产取得时的公允价值作为初始入账金额。公允价值，是指市场参与者在计量日发生的有序交易中，出售一项资产所能收到或者转移一项负债所需的价格。金融资产的公允价值，应当以市场交易价格为基础加以确定。

企业取得交易性金融资产所支付价款包含了已宣告但尚未发放的现金股利或已到付息期尚未领取的债券利息的，应单独确认为应收项目，而不应构成交易性金融资产的初始入账金额。

企业取得交易性金融资产所发生的相关交易费用应当在发生时计入当期损益，作为投资收益进行会计处理，发生交易费用取得增值税专用发票的，进项税额经认证后可以从当月销项税额中扣除。交易费用，是指可直接归属于购买、发行或处置金融工具的增量费用，包括支付给代理机构、咨询公司、券商、证券交易所、财政有关部门等的手续费、佣金、相关税费以及其他必要的支出。

如某企业购入股票 10 000 股作为交易性金融资产，取得时公允价值为每股 5. 2 元，其中包含已宣告但尚未支付的现金股利每股 0. 2 元，另支付交易费用 1 000 元，取得增值税专用发票上注明的增值税额为 60 元。

该资产的初始入账金额为（5. 2 − 0. 2） ×10 000 = 50 000（元）

［扫一扫］
已宣告但尚未发放的现金股利与
已到付息期但尚未领取的债券利息

（二）后续计量

资产负债表日，交易性金融资产以公允价值计量，公允价值与账面余额的差额计入当期损益。

6. 1. 3 记录交易性金融资产

（一）科目设置

为了核算固定资产的取得、收取现金股利或利息、出售等情况，企业一般需要设置“交易性金融资产”“公允价值变动损益”“投资收益” 等科目。

1. 交易性金融资产 （1101）

（1）定义：核算企业为交易目的的所持有的债券投资、股票投资、基金投资等交易性金融资产的公允价值。

（2）性质：资产类。

（3）核算内容：借方登记交易性金融资产的取得成本、资产负债表日其公允价值高于账面余额的差额，以及出售交易性金融资产时结转公允价值低于账面价值余额变动的金额，贷方登记资产负债表日其公允价值低于账面余额的差额，以及企业出售交易性金融资产时结转的成本和公允价值高于账面余额的变动金额。

（4）明细分类账的设置：应当按照交易性金融资产的类别和品种，分别设置“成本”“公允价值变动”等明细科目进行核算。

2. 公允价值变动损益 （6101）

（1）定义：核算企业交易性金融资产等的公允价值变动而形成的应计入当期损益的利得或损失。

（2）性质：损益类。

（3）核算内容：借方登记资产负债表日企业持有的交易性金融资产等的公允价值低于账面余额的差额，贷方登记资产负债表日企业持有的交易性金融资产等的公允价值高于账面余额的差额。

3. 投资收益 （6111）

（1）定义：核算企业持有交易性金融资产等的期间内取得的投资收益以及出售交易性金融资产以及出售交易性金融资产等实现的投资收益或发生的投资损失。

（2）性质：损益类。

（3）核算内容：借方登记企业取得交易性金融资产时支付的交易费用、出售交易性金融资产等发生的投资损失，贷方登记企业持有交易性金融资产等的期间内取得的投资收益以及出售交易性金融资产等实现的投资收益。

（二）交易性金融资产的业务流程与账务处理

1. 取得交易性金融资产

交易性金融资产取得业务节点包括支付买价及支付交易费用。账务处理见表6－1。

表6－1　　取得交易性金融资产业务节点与账务处理表

业务节点	原始单据	账务处理
取得交易性金融资产	投资决议、交割单等	借：交易性金融资产——成本 　　应收股利/应收利息 　　贷：其他货币资金——存出投资款/银行存款
发生的交易费用	专用发票等	借：投资收益 　　应交税费——应交增值税（进项税额） 　　贷：其他货币资金——存出投资款/银行存款

2. 持有交易性金融资产期间

企业持有交易性金融资产期间会取得被投资单位分来的现金股利或利息，同时，持有期间交易性金融资产的公允价值也会发生变动，应进行会计核算。账务处理见表6－2。

表6－2　持有交易性金融资产期间业务节点与账务处理表

业务节点	原始单据	账务处理
被投资单位宣告发放现金股利，或企业在资产负债表日按分期付息、一次还本债券投资的票面利率计算的利息收入	股利宣告通知书、利息计算单等	1. 如交易性金融资产是股票，被投资单位宣告发放现金股利 借：应收股利 　　贷：投资收益 实际收到现金股利 借：其他货币资金——存出投资款 　　贷：应收股利 2. 如交易性金融资产是分期付息、一次还本的债券，在资产负债表日按债券投资的票面利率计算的利息 借：应收利息 　　贷：投资收益 实际收到债券利息 借：其他货币资金——存出投资款 　　贷：应收利息
资产负债表日交易性金融资产公允价值变动	价值变动计算表	1. 资产负债表日，交易性金融资产的公允价值高于其账面价值的差额 借：交易性金融资产——公允价值变动 　　贷：公允价值变动损益 2. 资产负债表日，交易性金融资产的公允价值低于其账面价值的差额 借：公允价值变动损益 　　贷：交易性金融资产——公允价值变动

3. 出售交易性金融资产

企业出售交易性金融资产时，应当将该交易性金融资产出售时的公允价值与其账面价值之间的差额作为投资收益进行会计处理，如果涉及转让金融商品应交增值税的还应计算转让金融商品应交的增值税。账务处理见表6－3。

表6－3　企业出售交易性金融资产的业务节点与账务处理表

业务节点	原始单据	账务处理
出售交易性金融资产	出售交易性金融资产决议、交割单据	借：其他货币资金——存出投资款 　　贷：交易性金融资产——成本 　　　　　　　　　　——公允价值变动［或在借方］ 　　　　投资收益［或在借方］

续表

业务节点	原始单据	账务处理
转让金融商品应交增值税	转让金融商品应交增值税计算表	1. 如果实现收益 借：投资收益 贷：应交税费——转让金融商品应交增值税 2. 如果发生损失 借：应交税费——转让金融商品应交增值税 贷：投资收益 3. 年末，如果“应交税费——转让金融商品应交增值税”账户有借方余额 借：投资收益 贷：应交税费——转让金融商品应交增值税

[扫一扫]

金融商品转让增值税

（注：详见任务实施6－1、任务实施6－2）

任务实施

任务实施6－1 交易性金融资产（股票）的核算

2020年5月20日，江苏天润机械有限公司从上海证券交易所购入A公司发行的股票100 000股，作为交易性金融资产，取得时公允价值为每股10.6元，另支付交易费用1 000元，取得增值税专用发票上注明的增值税额为60元；6月30日，该股票公允价值为每股13元；8月15日，将该股票全部处置，每股15元，出售金融商品增值税率为6%，假设除增值税外不考虑其他相关税费。

步骤一：2020年5月20日，收集整理审核公司投资决议和交割单等原始凭证（图6－1、6－2），减少其他货币资金，确认交易性金融资产和投资收益。

江苏华泰证券有限责任公司

2020-5-20	证券交易合并成交报告单		买
股东代码：	89760	证券名称：	A公司　　代码：60078
股东账号：	665789	成交数量：	100000股
资金账号：	7980	成交价格：	10.6元/股
股东姓名：	江苏天润机械有限公司	成交金额：	1060000元
申请编号：	562		
申请时间：	14:32:03	标准佣金：	1000元
成交时间：	14:46:15	过户费用：	
资金前余额：	79,300元	印花税：	
资金余额：	150,805元	增值税：	60元
证券前余额：		其他费用：	
本次余额：	100000股	实际收付金额：	1061060元
备注：	①股票买卖②资金划入证券专户中		

江苏华泰证券有限责任公司 营业专用章

图 6－1

4400178150

江苏增值税专用发票　　NO. 0155682420

发票联

国家税务总局监制

开票日期：2020年5月20日

购货方	名称：江苏天润机械有限公司 纳税人识别号：913200006666998998 地址、电话：徐州市建国路180号 开户行及账号：中国工商银行江宁支行				密码区	241766<98/198273482+< 63<+64-876*98</8765/> 216+>2>7/3-+7643<>+78 2-/5452<4*-62>-9>86>>		
货物及应税劳务的名称		规格型号	单位	数量	单价	金额	税率	税额
证券交易手续费					1,000.00	1,000.00	6%	60.00
合　计						¥1,000.00		¥60.00
价税合计（大写）		壹仟零陆拾元整				（小写）		¥1060.00
销货方	名称：江苏华泰证券有限责任公司 纳税人识别号：9561533263DFRTY163 地址、电话：徐州万华路58号 开户行及账号：工行莲花支行				备注	权验码 . 22178 41241 77128		

收款人：　　复核：陈明　　开票人：张家佳　　销货单位：（章）

第三联　发票联　购货方扣税凭证

图 6－2

借：交易性金融资产——A 公司（成本）	1 060 000	
贷：其他货币资金——存出投资款		1 060 000
借：投资收益	1 000	
应交税费——应交增值税（进项税额）	60	
贷：其他货币资金——存出投资款		1 060

步骤二：2020年6月30日，收集A公司在市场上收盘价格，编制公允价值变动损益计算表（表6－4），计量、记录公允价值变动损益。

表6－4　公允价值变动损益计算表

2020年6月30日　单位：元

股票名称	账面价值	公允价值	公允价值变动损益
A公司	1 060 000	1 300 000	240 000

借：交易性金融资产——A公司（公允价值变动）　240 000

　贷：公允价值变动损益　240 000

步骤三：2020年8月15日，收集整理审核出售交易性金融资产决议、交割单据等原始单据，增加其他货币资金，减少交易性金融资产，记录出售交易性金融资产业务，并计量、记录转让金融商品应交增值税。

（1）确认卖出价与账面价值的差额

借：其他货币资金——存出投资款　1 500 000

　贷：交易性金融资产——A公司（成本）　1 060 000

　　——A公司（公允价值变动）　240 000

　　投资收益　200 000

（2）计算转让金融商品应交增值税

转让金融商品应交增值税＝（1 500 000－1 060 000）/（1＋6%）×6%＝24 905.66（元）

借：投资收益　24 905.66

　贷：应交税费——转让金融商品应交增值税　24 905.66

任务实施6－2　交易性金融资产（债券）的核算

2020年1月2日，江苏天润机械有限公司从二级市场支付价款1 040 000元（含已到付息但尚未领取的利息20 000元）购入B公司发行的债券，另发生交易费用20 000元，取得增值税专用发票注明的增值税额为1 200元。该债券面值1 000 000元，剩余期限为2年，票面年利率4%，每半年付息一次，江苏天润机械有限公司将其划分为交易性金融资产；1月5日，收到该债券2019年下半年利息；6月30日，该债券的公允价值为1 150 000元（不含利息）；7月5日，收到2020年上半年债券利息；9月30日，将该债券出售，价格1 182 000元，出售金融商品增值税率为6%，假设除增值税外不考虑其他相关税费。

步骤一：2020年1月2日，收集整理审核投资决议或授权书、交割单等单据，记录购入债券业务，增加交易性金融资产。

借：交易性金融资产——B公司债券（成本）　1 020 000
　　应收利息　20 000
　　贷：其他货币资金——存出投资款　1 040 000
借：投资收益　20 000
　　应交税费——应交增值税（进项税额）　1 200
　　贷：其他货币资金——存出投资款　21 200

步骤二：2020年1月5日，收集整理审核利息收入交割单，增加其他货币资金，减少应收利息，记录收到包含在买价中的利息。

借：其他货币资金——存出投资款　20 000
　　贷：应收利息　20 000

步骤三：2020年6月30日，编制审核利息计算单和公允价值变动损益计算表，计量、记录债券的利息收入和公允价值变动的损益。

借：应收利息　20 000（1 000 000×4%÷2）
　　贷：投资收益　20 000
借：交易性金融资产——B公司债券（公允价值变动）
　　130 000（1150 000－1 020 000）
贷：公允价值变动损益——交易性金融资产　130 000

步骤四：2020年7月5日，收集整理审核利息收入交割单，增加其他货币资金，减少应收利息，记录收到2020上半年的利息。

借：其他货币资金——存出投资款　20 000
　　贷：应收利息　20 000

步骤五：2020年9月30日，收集整理审核投资决议或授权书、交割单等单据，增加其他货币资金，减少交易性金融资产，记录出售交易性金融资产业务，并计量、记录转让金融商品应交增值税。

（1）确认卖出价与账面价值的差额

借：其他货币资金——存出投资款　1 182 000
　　贷：交易性金融资产——B公司债券（成本）　1 020 000
　　　　　　　　　　——B公司债券（公允价值变动）　130 000
　　　　投资收益　32 000

（2）计算转让金融商品应交增值税

转让金融商品应交增值税＝(1 182 000－1 020 000)/(1＋6%)×6%＝9 169.81（元）

借：投资收益　9 169.81
　　贷：应交税费——转让金融商品应交增值税　9 169.81

【小链接】

企业以赚取差价为目的，将闲置资金用于购买股票、债券等金融资产。从收益方面看，债券在购买之前，已确定利率，只要公司有支付能力，到期可以获得固定利息，不管债券发行公司是否获利。股票股息收入随发行公司的盈利情况而定，盈利多则多得，盈利少则少得。但股票的转让周转率高，市场价格变动幅度大，有可能获得很高的投资收益，也有可能承担巨额亏损。作为财务人员，要充分了解风险和收益的关系，在实际工作能够及时发现财务风险，不仅要做好财务事务的执行者，更要做好财务管理的监督者。

【会税差异】

1. 会计处理

企业取得交易性金融资产时，应当按照交易性金融资产取得时的公允价值作为初始入账金额。所发生的相关交易费用应当在发生时计入当期损益，作为投资收益进行会计处理。资产负债表日，交易性金融资产以公允价值计量，公允价值与账面余额的差额计入当期损益。企业出售交易性金融资产时，应当将该交易性金融资产出售时的公允价值与其账面价值之间的差额，作为投资收益进行会计处理。

2. 企业所得税处理

根据《企业所得税法实施条例》第56条规定，企业的各项资产，包括固定资产、生物资产、无形资产、长期待摊费用、投资资产、存货等，以历史成本为计税基础。前款所称历史成本，是指企业取得该项资产时实际发生的支出。企业持有各项资产期间资产增值或者减值，除国务院财政、税务主管部门规定可以确认损益外，不得调整该资产的计税基础。

3. 会税差异比较

(1) 初始计量：会计核算中，交易性金融资产的初始成本应该按照取得时的公允价值确定，交易费用计入当期损益，不计入交易性金融资产的成本。税法规定，取得交易性金融资产实际发生的支出为计税基础，支付的交易费用属于交易性金融资产计税基础的组成部分。

(2) 持有期间：会计核算中，交易性金融资产以公允价值计量，税法以历史成本为基础，对于会计上公允价值的变动损益不予考虑，由此会计上形成的公允价值变动损益，在计算应纳税所得额时要做纳税调增或调减处理。

(3) 处置环节：在交易性金融资产转让时，由于先前税会对交易费用和公允价值变动处理的差异，导致交易性金融资产转让收益存在税会差异，需要进行纳税调整。(纳税调整明细表如图6－3和图6－4所示)

A105000　　纳税调整项目明细表

行次	项目	账载金额	税收金额	调增金额	调减金额
		1	2	3	4
1	一、收入类调整项目（2+3+…8+10+11）	*	*		
2	（一）视同销售收入（填写A105010）	*			*
3	（二）未按权责发生制原则确认的收入（填写A105020）				
4	（三）投资收益（填写A105030）				
5	（四）按权益法核算长期股权投资对初始投资成本调整确认收益	*	*	*	
6	（五）交易性金融资产初始投资调整	*	*		*
7	（六）公允价值变动净损益		*		

图6－3

A105030　　投资收益纳税调整明细表

行次	项目	持有效益			处置收益							纳税调整金额
		账款全数	税收全款	价税调整金额	会计确认的处置收入	税收计算的处置收入	处置投资的账面价值	处置投资的计税基础	会计确认的处置所得或损失	税收计算的处置所得	纳税调整全额	
		1	2	3（2－1）	4	5	6	7	8（4－6）	9（5－7）	10（9－8）	11（3+10）
1	一、交易性金融资产											

图6－4

6.2 确认、记录债权投资

任务导入

三年期定期存款的基准利率为2.75%，三年期国债利率一般在4%，三年期公司债券利率比国债利率略高，为追求相对较高且稳定的利息收益，企业更愿将闲置的资金购买政府或公司债券，并持有至到期。这类业务形成的就是债权投资，会计人员必须考虑的问题是：债权投资采用何种核算方法？取得债权投资时投资成本如何确定？持有债权投资期间如何进行核算？债权投资的收回如何进行账务处理？

知识准备

6.2.1 确认债权投资

债权投资，是企业购入并管理以收取合同现金流量为目标，而且在特定日期收取的现金流量仅是本金和以未偿付本金金额为基础计算的利息的金融资产。

（一）债权投资的特点

（1）企业管理金融资产的业务模式是以收取合同现金流量为目标。

企业投资目的，是收取相关合同所规定的现金流量；而且相关的合同，明确了投资者在确定的时间内获得或应收取现金流量（例如，投资本金和利息）的金额和时间。

（2）该金融资产的合同条款规定，在特定日期产生的现金流量，仅为对本金和以未偿付本金金额为基础的利息的支付。

企业收取的现金流量，仅仅是投资本金和以未偿付投资本金金额为基础计算的利息。

（二）债权投资种类

债权投资作为一种收取合同现金流量投资，其主要表现形式是购买债券，其购买债券有分期付息、一次还本债券和到期一次还本付息债券。两种不同债券所实现的现金流量略有不同。

（1）分期付息、一次还本债券又称付息债券或息票债券，是在债券到期以前按约定的日期分次按票面利率支付利息，到期偿还本金。

（2）到期一次还本付息的债券是指在债务期间不支付利息，只在债券到期后按规定的利率一次性向投资者支付利息并还本的债券。

（三）确认债权投资

企业的一项投资，是否确认为债权投资，关键在于企业管理该债券的业务模式是不是以收取合同现金流量为目标。如果企业购买的是普通债券，没有其他特殊情况，其合同现金流量是到期收回本金及按约定利率在合同期内按时收取利息，则该债券可确认为债权投资。

6.2.2 计量债权投资

（一）初始计量

企业取得债权投资时，应当按照公允价值计量，相关交易费用应当计入初始确认金额。所支付价款包含了已到付息期尚未领取的债券利息的，应单独确认为应收项目，不应构成债权投资的初始入账金额。

如某公司2020年2月1日购入债券，划分为以摊余成本计量的金融资产。债券面值1 000万元，票面利率为8%，该债券于2019年初发行，每年末付息，到期还本。假定本应于2019年末结付的利息延至2020年4月1日才兑付。债券买价1 100万元，另付交易费用6万元，取得增值税专用发票上注明的增值税额为3 600元。

该债权投资的初始入账金额 = 1 100 − 80（1 000 × 8%） + 6 = 1 026（万元）

（二）后续计量

债权投资后续计量以摊余成本计量。摊余成本是在某金融资产初始成本的基础上，经下列调整后的结果确定：

（1）扣除已偿还的本金。

（2）加上或减去采用实际利率法将该初始确认金额与到期日金额之间的差额进行摊销的累计摊销额。

（3）扣除累计计提的损失准备。

6.2.3 记录债权投资

（一）科目设置

债权投资 （1505）

（1）定义：核算企业持有的债权投资的摊余成本。

（2）性质：资产类。

（3）核算内容：借方登记债权投资的取得成本、一次还本付息债券投资在资产负债表日按照票面利率计算确定的应收未收利息等，贷方登记企业出售或到期收回债权投资时结转的成本等。

（4）明细分类账的设置：企业可以按照债权投资的类别和品种，分别设置“成本”“利息调整”“应计利息”等账户进行核算。

【小贴士】

应收利息与应计利息的不同：

“应收利息”：是核算已到付息期但尚未领取的利息，它存在于分期付息、一次还本的债券。它的期限一般比较短，在一年内收回，符合流动资产的定义。

“债权投资——应计利息”：核算到期一次还本付息的债券，在债券持有期间预计的未到付息期的利息。它要在债券到期时才能收回，收回的期限一般超过一年，符合非流动资产的定义。

（二）债权投资的业务流程与账务处理

1. 取得债权投资

取得债权投资的节点与账务处理见表6-5。

表6-5　取得债权投资的节点与账务处理表

业务节点	原始单据	账务处理
取得债权投资	投资决议、交割单、增值税专业发票等	借：债权投资——成本［面值］ 　　应收利息［已到付息期但尚未领取的债券利息］ 　　应交税费——应交增值税（进项税额） 借或贷：债权投资——利息调整 　　贷：其他货币资金/银行存款 注：先写贷方并确定企业付出的金额，后再确定借方企业所取得的债权投资的成本（面值）、是否包含已到付息期但尚未领取的债券利息及支付手续费等的增值税，借贷双方不平的，就作为债权投资——利息调整

2. 持有债权投资期间

企业持有债权投资期间，在资产负债表日，应当按（面值×票面利率×期限）计算确认“应收利息”（名义利息收入），按（债权投资摊余成本×实际利率×期限）计算确认“投资收益”（实际利息收入）。

（1）分期付息、到期一次还本债权投资持有期间业务节点与账务处理见表6-6。

表6-6　分期付息、到期一次还本债权投资持有期间业务节点与账务处理表

业务节点	原始单据	账务处理
持有期间确认利息收入	利息计算表、利息到账通知等	1. 资产负债表日，预计利息 借：应收利息［债券面值×票面利率×期限］ 借或贷：债权投资——利息调整（差额） 　　贷：投资收益［债权投资摊余成本×实际利率×期限］ 注：先按（债券面值×票面利率×期限）确定借方的名义利息收入，再按（债权投资摊余成本×实际利率×期限）确定实际的利息收入，两者的差额就是债权投资——利息调整 2. 对利息收入按贷款服务项目计提增值税 借：投资收益 　　贷：应交税费——应交增值税（销项税额） 3. 实际收到应收利息 借：其他货币资金 　　贷：应收利息

（2）到期一次还本付息债权投资持有期间业务节点与账务处理见表6-7。

表6－7　　到期一次还本付息债权投资持有期间业务节点与账务处理表

业务节点	原始单据	账务处理
持有期间确认利息收入	利息计算表等	1. 资产负债表日，预计利息 借：债权投资——应计利息［债券面值×票面利率×期限］ 借或贷：债权投资——利息调整［差额］ 贷：投资收益［债权投资摊余成本×实际利率×期限］ 2. 计算利息收入待转销项税额 借：投资收益 贷：应交税费——待转销项税额

3. 债权投资到期收回本息业务节点与账务处理

债权投资到期收回本息时，应冲减债权投资取得时的成本及应收未收的利息，并应同时对利息收入按贷款服务项目计提增值税。账务处理见表6－8。

表6－8　　企业债权投资到期收回本息的业务节点与账务处理表

业务节点	原始单据	账务处理
债权投资到期收回本息时	利息计算单、证券交易交割单、银行回单等	1. 企业债权投资到期收回本息 借：其他货币资金等 贷：债权投资——成本［面值］ 应收利息［分期付息未收的利息］ 债权投资——应计利息［一次还本付息应收的利息］ 2. 对利息收入按贷款服务项目计提增值税 借：投资收益 贷：应交税费——应交增值税（销项税额） 3. 结转到期收回一次还本付息的债权投资的待转销项税额 借：应交税费——待转销项税额 贷：应交税费——应交增值税（销项税额）

（注：详见任务实施6－3）

任务实施

任务实施6－3　债权投资（分期付息、到期还本）的核算

江苏天润机械有限公司2020年1月1日，从上海证券交易所购买C公司同日发行的5年期债券，支付价款5 000 300元（含交易费用5 000元，交易费用专用发票注明增值税300元），该债券面值总额6 250 000元，票面利率为4.72%，于每年年末支付本年度债权利息（即每年利息为295 000元），本金在债券到期时一次性偿还，江苏天润机械有限公司在购买债券时，预计发行方不会提前赎回。江苏天润机

械有限公司根据其管理该债券的业务模式和该债券的合同现金流量特征，将该债券分类为以摊余成本计量的金融资产，该债券的实际利率为10%。

步骤一：2020年1月1日，收集整理审核投资决议、债券买入交割单等单据，增加债权投资，减少其他货币资金，记录购入债券业务。

初始入账成本＝5 000 300－300＝5 000 000（元）

借：债权投资——C公司债券（成本）　　6 250 000

　　应交税费——应交增值税（进项税额）　　300

　　贷：其他货币资金——存出投资款　　5 000 300

　　　　债权投资——C公司债券（利息调整）　　1 250 000

步骤二：2020年12月31日，编制利息收入计算表，收集、整理、审核债券交易（利息收入）交割单，计量、记录收到的利息及应交增值税。

（1）确认应收利息、利息收入（投资收益）

借：应收利息　　295 000（6 250 000×4.72%）

　　债权投资——C公司债券（利息调整）　　205 000

　　贷：投资收益　　500 000（5 000 000×10%）

【小贴士】

应收利息（名义利息收入）＝债权投资的面值×票面利率＝6 250 000×4.72%

投资收益（实际利息收入）＝债权投资年初的摊余成本（债权投资的总账年初余额）×实际利率＝5 000 000×10%

（2）计算应交增值税

应交增值税＝500 000/（1＋6%）×6%＝28 301.89（元）

借：投资收益　　28 301.89

　　贷：应交税费——应交增值税（销项税额）　　28 301.89

（3）实际收到债券利息

借：其他货币资金——存出投资款　　295 000

　　贷：应收利息　　295 000

步骤三：2021年12月31日，编制利息收入计算表，收集、整理、审核债券交易（利息收入）交割单，计量、记录收到的利息及应交增值税。

（1）确认应收利息、利息收入（投资收益）

2021年12月31日前债权投资摊余成本＝5 000 000＋205 000＝5 205 000（元）

借：应收利息　　295 000（6 250 000×4.72%）

　　债权投资——C公司债券（利息调整）　　225 500

　　贷：投资收益　　520 500（5 205 000×10%）

【小贴士】

应收利息（名义利息收入）=债权投资的面值×票面利率=6 250 000×4.72%

投资收益（实际利息收入）=债权投资年初的摊余成本（债权投资的总账年初余额）×实际利率=5 205 000×10%

2021年年初的摊余成本（5 205 000）也就是2021年年初“债权投资”总账的金额。我们通过登记“债权投资”总账来确定。

债权投资

2020年初50 000 000 2020年末推销205 000	
2021年年初5 205 000	

（2）计算应交增值税

应交增值税=520 500/（1+6%）×6%=29 462.26（元）

借：投资收益　　29 462.26

　　贷：应交税费——应交增值税（销项税额）　　29 462.26

（3）实际收到债券利息

借：其他货币资金——存出投资款　　295 000

　　贷：应收利息　　295 000

步骤四：2022年12月31日，编制利息收入计算表，收集、整理、审核债券交易（利息收入）交割单，计量、记录收到的利息及应交增值税。

（1）确认应收利息、利息收入（投资收益）

2022年12月31日前债权投资摊余成本=5 205 000+225 500=5 430 500（元）

借：应收利息　　295 000（6 250 000×4.72%）

　　债权投资——C公司债券（利息调整）　　248 050

　　贷：投资收益　　543 050（5 430 500×10%）

（2）计算应交增值税

应交增值税=543 050/（1+6%）×6%=30 738.68元

借：投资收益　　30 738.68

　　贷：应交税费——应交增值税（销项税额）　　30 738.68

（3）实际收到债券利息

借：其他货币资金——存出投资款　　295 000

　　贷：应收利息　　295 000

步骤五：2023年12月31日，编制利息收入计算表，收集、整理、审核债券交易（利息收入）交割单，计量、记录收到的利息及应交增值税。

(1) 确认应收利息、利息收入（投资收益）

2023 年 12 月 31 日前债权投资摊余成本 =5 430 500 +248 050 =5 678 550（元）

借：应收利息　　　　295 000（6 250 000 ×4.72%）

　　债权投资——C 公司债券（利息调整）　　272 855

　　贷：投资收益　　　　567 855（5 678 550 ×10%）

(2) 计算应交增值税

应交增值税 =567 855/（1 +6%）×6% =32 142.74（元）

借：投资收益　　32 142.74

　　贷：应交税费——应交增值税（销项税额）　　32 142.74

(3) 实际收到债券利息

借：其他货币资金——存出投资款　　295 000

　　贷：应收利息　　295 000

步骤六：2024 年 12 月 31 日，收集、整理、审核债券交易交割单，计算实际利息收入，增加其他货币资金，减少债权投资，计量、记录收回本金、利息和应交增值税。

(1) 确认应收利息、利息收入（投资收益）

2023 年 12 月 31 日前债权投资摊余成本 =5 678 550 +272 855 =5 951 405（元）

“债权投资——利息调整”贷方余额 =1 250 000 −205 000 −225 500 −248 050 −272 855 =298 595（元）

借：应收利息　　　　295 000（6 250 000 ×4.72%）

　　债权投资——C 公司债券（利息调整）　　298 595

　　贷：投资收益　　593 595

(2) 计算应交增值税

应交增值税 =593 595 /（1 +6%）×6% =33 599.72（元）

借：投资收益　　33 599.72

　　贷：应交税费——应交增值税（销项税额）　　33 599.72

(3) 实际收到债券利息

借：其他货币资金——存出投资款　　295 000

　　贷：应收利息　　295 000

(4) 收回债券本金

借：其他货币资金——存出投资款　　6 250 000

　　贷：债权投资——C 公司债券（成本）　　6 250 000

【小链接】

山东某集团股份有限公司某分公司出纳员，于 2015 年到 2018 年挪用公司资金炒股投资，几年间资金缺口高达近400万元。2019年1月14日，淄博市博山区人民法院对该案进行了公开宣判，以挪用资金罪判处出纳人员有期徒刑五年。会计人员面临钱欲物欲的考验，要具备良好的职业道德，始终保持坚定的意志和清正廉洁的高贵品质。自觉抵制不正之风，为维护会计工作秩序的正常进行贡献自己的力量。

6.3 确认、记录长期股权投资

任务导入

企业对外投资除了取得投资收益外，还可能出于控制被投资企业、影响被投资企业的经营决策等实现自身的战略目标而形成长期股权投资。会计人员必须考虑的问题是：长期股权投资采用何种核算方法？取得长期股权投资时投资成本如何确定？持有长期股权投资期间如何进行核算？长期股权投资的处置如何进行账务处理？

知识准备

6.3.1 确认长期股权投资

长期股权投资，是指投资企业对被投资单位实施控制、重大影响的权益性投资，以及对其合营企业的权益性投资。除此之外，其他权益工具不作为长期股权投资核算。

（一）持股比例与被投资企业关系

1. 控制

投资方拥有对被投资方的权力，通过参与被投资方的相关活动而享有可变回报，并且有能力运用对被投资方的权力影响其回报金额。企业能够对被投资单位实施控制的，被投资方称为投资方的子公司。理论上讲，一家公司对另一家公司持股比例超过50%，就达到了控制的程度；但在现实社会里，一家公司对另一家公司持股比例超过30%，再辅助其他的安排，也能达到控制的程度。

2. 共同控制

按照相关约定对某项安排所共有的控制，并且该安排的相关活动必须经过分享控制权的参与方一致同意后才能决策。企业与其他投资方对被投资单位实施共同控制的，被投资方称为投资方的合营企业。理论上讲，几个股东持股比例完全相等，形成对被投资企业的共同控制；但在现实社会里，也可以通过协议约定，几家不同持股企业对被投资企业也能实施共同控制。

3. 重大影响

投资企业对被投资单位的财务和经营政策有参与决策的权利，但并不能够控制或者与其他方一起共同控制这些政策的制定。企业能够对被投资单位施加重大影响的，被投资方称为投资方的联营企业。

企业对外不同投资比例形成不同股权关系

控制	共同控制	重大影响
子公司	合营企业	联营企业

[扫一扫]

集团公司 母公司 子公司 分公司

（二）确认长期股权投资

企业的一项权益性投资，应该确认为哪项金融资产，应该综合是否存在活跃市场、持有的意图、持有的时间长短等诸多因素进行判断，以正确的确认其为交易性金融资产、其他权益工具投资和长期股权投资。

1. 企业购买（取得）的股权（股票），有活跃的市场

购买的意图	准备持有的时间	购买的比例	确认的金融资产
赚取差价	不超过一年	未达到控制、共同控制、重大影响程度	交易性金融资产
图谋长期的股息分红	超过一年且时间不确认	未达到控制、共同控制、重大影响程度	其他权益工具投资
控制、共同控制及施加影响	长期	达到控制、共同控制、重大影响程度	长期股权投资

2. 企业购买取得的股权（股票），不存在活跃的市场

企业购买取得的股权（股票），不存在活跃的市场，如果持股比例达到控制、共同控制、重大影响程度，则确认为长期股权投资；没有达到控制、共同控制、重大影响程度的，确认为其他权益工具投资。

6.3.2 计量长期股权投资

（一）长期股权投资的初始计量（非企业合并形成的）

（1）以支付现金取得的长期股权投资，应当按照实际支付的购买价款作为初始投资成本。初始投资成本包括与取得长期股权投资直接相关的费用、税金及其他必要支出。企业取得长期股权投资，实际支付的价款或对价中包含的已宣告但尚未发放的现金股利或利润，应作为应收项目处理。

（2）以发行权益性证券取得的长期股权投资，应当按照发行权益性证券的公允价值作为初始投资成本。权益性证券的发行费用如是溢价发行，则冲抵溢价；如果溢价不够冲抵或以面值发行的则应冲减盈余公积和未分配利润。

（二）长期股权投资的后续计量

长期股权投资后续计量的方法有两种：一是成本法，二是权益法。

1. 成本法

成本法是指长期股权投资按投资的实际成本计价的方法。即投资公司的长期股权投资账户，按原始取得成本入账后，始终保持原资金额，不随被投资公司的营业结果发生增减变动的一种会计处理方法。

（1）成本法的适用范围

企业能够对被投资单位实施控制的长期股权投资，即企业对子公司的长期股权投资，应当采用成本法核算，投资企业为投资性主体且子公司不纳入其合并会计报表的除外。

对子公司的长期股权投资采用成本法核算，主要为了避免在子公司实际发放现金股利或利润之前，母公司垫付资金发放现金股利或利润等情况，解决了原来权益法下投资收益不能足额收回导致超分配问题。

（2）成本法的核算原则

采用成本法核算的长期股权投资，投资企业追加或收回投资应当调整长期股权投资的账面价值，除此之外，长期股权投资账面价值一般保持不变，持有期间被投资单位宣告分配现金股利或利润时，投资企业按照应分得的金额确认为当期投资收益。

2. 权益法

权益法，是指投资以初始投资成本计量后，在投资持有期间根据投资企业享有被投资单位所有者权益份额的变动对投资的账面价值进行调整的方法。

（1）权益法的适用范围

企业能够对被投资单位具有重大影响或共同控制时，长期股权投资，应当采用权益法核算。

- 企业能够对被投资单位具有共同控制的长期股权投资，即企业对合营企业的长期股权投资。
- 企业能够对被投资单位具有重大影响的长期股权投资，即企业对联营企业的长期股权投资。

（2）权益法的核算原则

对合营企业和联营企业，长期股权投资采用权益法核算。投资企业在持有长期股权投资期间，根据被投资单位所有者权益的变动（被投资单位实现净利润、发生净亏损、分派现金股利、其他综合收益发生增减变动以及被投资单位所有者权益的其他变动），投资企业按应享有（或应分担）被投资企业所有者权益的份额调整长期股权投资账面价值。

6.3.3 记录长期股权投资

为了核算和监督企业长期股权投资的取得、持有和处置等情况，企业应当设置“长期股权投资”“投资收益”“其他综合收益”等科目。

（一）科目设置

长期股权投资 （1511）

（1）定义：核算企业持有的长期股权投资。

（2）性质：资产类。

（3）核算内容：借方登记长期股权投资取得时的初始成本以及采用权益法核算时被投资单位实现的净损益、其他综合收益和其他权益变动等计算的应分享的份额；贷方登记处置长期股权投资的账面余额或采用权益法核算时被投资单位宣告分配现金股利或利润时企业按持股比例计算应享有的份额，以及按被投资单位发生的净亏损、其他综合收益和其他权益变动等计算的应分享的份额，期末借方余额，反映企业持有的长期股权投资的价值。

（4）明细分类账的设置：应当按照被投资单位进行明细核算。长期股权投资采用权益法核算的，应当分别设置“投资成本”“损益调整”“其他综合收益”“其他权益变动”等明细账户进行核算。

（二）采用成本法核算长期股权投资

1. 取得长期股权投资

采用成本法核算长期股权投资，除企业合并形成的长期股权投资以外，以支付现金取得的长期股权投资，应当按照实际支付的购买价款作为初始投资成本。投资企业所发生的与长期股权投资直接相关的费用、税金及其他必要支出应计入长期股权投资初始成本。

此外，投资企业取得长期股权投资，实际支付的价款或对价中包含已宣告但尚未发放的现金股利或利润，作为应收项目处理，不构成长期股权投资成本。账务处理见表6－9。

表6－9 取得长期股权投资的业务节点与账务处理表

业务节点	原始单据	账务处理
取得长期股权投资	投资决议、交割单等	借：长期股权投资 　　应收股利 　　贷：银行存款等

2. 持有长期股权投资

企业持有长期股权投资期间会取得被投资单位分来的现金股利或利润等相关业务，账务处理见表6－10。

表6－10　持有长期股权投资期间业务节点与账务处理表

业务节点	原始单据	账务处理
收到实际支付的价款或对价中包含的已宣告但尚未发放的现金股利或利润	现金股利交割单等	借：银行存款 　　贷：应收股利
被投资单位宣告分派现金股利或利润	被投资单位股利分派决议等	被投资单位宣告分派现金股利或利润： 借：应收股利 　　贷：投资收益 实际收到分来的现金股利或利润： 借：银行存款 　　贷：应收股利

3. 处置长期股权投资

处置长期股权投资时，按实际取得的价款与长期股权投资账面价值的差额确认为投资收益，并应同时结转已计提的长期股权投资减值准备。账务处理见表6－11。

表6－11　企业处置长期股权投资的业务节点与账务处理表

业务节点	原始单据	账务处理
处置长期股权投资时	处置长期股权投资决议、交割单据等	借：银行存款 　　长期股权投资减值准备 　　贷：长期股权投资 　　　　投资收益（或在借方）

（注：详见任务实施6－4）

（三）采用权益法核算长期股权投资

1. 取得长期股权投资

投资企业取得长期股权投资采用权益法核算，长期股权投资取得时入账价值的确定按以下情况处理：

（1）长期股权投资的初始成本大于投资时应享有被投资单位可辨认净资产公允价值份额的，该部分差额是投资企业在取得投资过程中通过作价体现出的与所取得股权份额相对应的商誉价值，这种情况下，不要求调整长期股权投资的初始成本。

（2）长期股权投资的初始成本小于投资时应享有被投资单位可辨认净资产公允价值份额的，该部分差额体现为双方在交易作价过程中转让方的让步，该部分经济利益流入应计入取得长期股权投资当期营业外收入，同时调整增加长期股权投资的成本。

取得长期股权投资的业务节点与账务处理见表6－12。

表6－12 取得长期股权投资的业务节点与账务处理表

业务节点	原始单据	账务处理
取得的长期股权投资的初始成本大于投资时应享有的被投资单位可辨认净资产公允价值份额的	投资决议、交割单等	借：长期股权投资——投资成本 贷：银行存款等
取得的长期股权投资的初始成本小于投资时应享有的被投资单位可辨认净资产公允价值份额的	投资决议、交割单等	借：长期股权投资——投资成本 贷：银行存款等 营业外收入

2. 持有长期股权投资期间

投资企业在持有长期股权投资期间，被投资单位实现净利润、发生净亏损、分派现金股利、其他综合收益发生增减变动以及被投资单位所有者权益的其他变动，投资企业应进行相应的账务处理。账务处理见表6－13。

表6－13 持有长期股权投资期间业务节点与账务处理表

业务节点	原始单据	账务处理
被投资单位实现净利润	被投资单位年度会计报表等	借：长期股权投资——损益调整 贷：投资收益
被投资单位宣告分派现金股利或利润	被投资单位股利分派决议等	被投资单位宣告分派现金股利或利润时 借：应收股利 贷：长期股权投资——损益调整 实际收到被投资单位宣告分派现金股利或利润时 借：银行存款 贷：应收股利
被投资单位发生净亏损	被投资单位年度会计报表等	借：投资收益 贷：长期股权投资——损益调整
被投资单位其他综合收益发生增减变动	被投资单位年度会计报表等	1. 被投资单位其他综合收益增加的 借：长期股权投资——其他综合收益 贷：其他综合收益 2. 被投资单位其他综合收益减少的 借：其他综合收益 贷：长期股权投资——其他综合收益

续表

业务节点	原始单据	账务处理
被投资单位所有者权益的其他变动	被投资单位年度会计报表等	1. 被投资单位其他所有者权益增加 借：长期股权投资——其他权益变动 　　贷：资本公积——其他资本公积 2. 被投资单位其他所有者权益减少 借：资本公积——其他资本公积 　　贷：长期股权投资——其他权益变动

3. 处置长期股权投资

投资企业处置长期股权投资时，按照实际取得的价款与长期股权投资账面价值的差额确认为投资收益，采用与被投资单位直接处置相关资产或负债相同的基础，按相应比例对原计入其他综合收益的部分进行会计处理，同时按照结转的长期股权投资的投资成本比例结转“资本公积——其他资本公积”科目中的相关金额。如果对长期股权投资计提了减值准备，还应当同时结转已计提的长期股权投资减值准备。账务处理见表 6－14。

表 6－14　　企业处置长期股权投资的业务节点与账务处理表

业务节点	原始单据	账务处理
处置长期股权投资时	处置长期股权投资、交割单据	处置长期股权投资时 借：银行存款 　　长期股权投资减值准备 　　贷：长期股权投资——投资成本 　　　　　　　　　　——损益调整［或在借方］ 　　　　　　　　　　——其他权益变动［或在借方］ 　　　　　　　　　　——其他资本公积［或在借方］ 　　　　投资收益［或在借方］ 同时按相应比例结转与该长期股权投资对应其他综合收益和资本公积 借：其他综合收益 　　资本公积——其他资本公积 　　贷：投资收益 ［或做相反分录］

（注：详见任务实施 6－5）

（四）长期股权投资减值

1. 长期股权投资减值金额的确定

投资企业应当关注长期股权投资的账面是否大于享有被投资单位所有者权益账面价值的份额等类似情况。出现类似情况时，投资企业应当按照《企业会计准则第 8 号——

资产减值》对长期股权投资进行减值测试，其可收回金额低于账面价值的，应当将该长期股权投资的账面价值减记至可收回金额，减记的金额确认为减值损失，计入当期损益，同时计提相应的资产减值准备。

2. 长期股权投资减值的业务节点与账务处理

投资企业计提长期股权投资减值准备，应当通过设置“长期股权投资减值准备”科目进行核算。账务处理见表6－15。

表6－15　　计提长期股权投资减值准备的业务节点与账务处理表

业务节点	原始单据	账务处理
确认长期股权投资减值	长期股权投资减值测试表	借：资产减值损失——计提长期股权投资减值准备 　贷：长期股权投资减值准备

3. 长期股权投资减值损失一经确认，在以后会计期间不得转回。

（注：详见任务实施6－6）

任务实施

任务实施6－4　长期股权投资（成本法）的核算

江苏天润机械有限公司2020年1月5日从深圳证券交易所购买A公司发行的股票55 000 000股作为长期股权投资，从而拥有A公司55%的股份，每股买入价6.2元，其中买价中包含A公司已宣告但尚未发放的现金股利每股0.2元，另外购买该公司股票时发生有关税费1 550 000元（假设不考虑增值税进项税额），款项已经支付；

2020年1月31日实际收到A公司发放的现金股利11 000 000元；

2020年A公司实现净利润40 000 000元，2021年1月10日决定分派现金股利30 000 000元；

2021年2月10日实际收到1月10日A公司分派的现金股利；

2021年12月由于江苏天润机械有限公司战略调整，将持有的A公司股票全部对外转让，每股转让价8元（假设不考虑相关税费）。

步骤一：收集整理审核投资决议、股票买入交割单等单据，增加长期股权投资、应收股利，减少银行存款，计量、记录投资业务。

股票成交金额 = 55 000 000 × 6.2 = 341 000 000（元）

加：相关税费　　1 550 000

减：已宣告分派的现金股利　　11 000 000

初始投资成本 = 341 000 000 + 1 550 000 − 11 000 000 = 331 550 000（元）

由于持股比例达到55%，天润公司对A公司的投资应用成本法核算，具体处理如下：

借：长期股权投资——A公司　　331 550 000
　　应收股利——A公司　　11 000 000
　　贷：银行存款　　342 550 000

步骤二：2020年1月31日，收集整理审核现金股利交割单据，增加银行存款，减少应收股利，记录收到现金股利业务。

借：银行存款　　11 000 000
　　贷：应收股利　　11 000 000

步骤三：2021年1月10日，收集整理A公司现金股利分派股东会决议，增加应收股利、投资收益，记录现金股利收入。

借：应收股利　　16 500 000（30 000 000 × 55%）
　　贷：投资收益　　16 500 000

步骤四：2021年2月10日，收集整理审核现金股利交割单，增加银行存款，减少应收股利，记录收到现金股利业务。

借：银行存款　　16 500 000
　　贷：应收股利　　16 500 000

步骤五：2021年12月，收集整理审核长期股权投资转让协议、交割单据等原始单据，增加银行存款，减少长期股权投资，记录转让长期股权投资业务。

借：银行存款　　440 000 000
　　贷：长期股权投资——A公司　　331 550 000
　　　　投资收益　　108 450 000

任务实施6-5　长期股权投资（权益法）的核算

江苏天润机械有限公司发生如下长期股权投资业务：

（1）2020年1月20日从二级市场购入光华公司的股票6 000 000股准备长期持有，每股买价5.8元，另支付相关税费100 000元（假设不考虑增值税），该项投资占光华公司股权份额的30%，对光华公司具有重大影响。投资时光华公司可辨认净资产为100 000 000元。

（2）2020年光华公司实现净利润2 000 000元，提取法定盈余公积200 000元。

（3）2021年3月10日光华公司决定向投资分配现金股利每股0.05元，分配股票股利每10股转增2股。

（4）2021年4月15日实际收到光华公司分来的现金股利。

（5）2021年光华公司亏损400 000元；光华公司金融资产中其他权益工具公允价值上升100 000元；光华公司所有者权益的其他变动上升200 000元。

（6）2022年9月甲公司将持有的光华公司股票以每股6元的价格全部对外出售（假设不考虑相关税费）。

步骤一：收集整理审核投资决议、股票买入交割单等单据，增加长期股权投资，减少银行存款，计量、记录投资业务。

股票成交金额＝6 000 000×5.8＝34 800 000（元）

加：相关税费100 000

初始投资成本＝34 800 000＋100 000＝34 900 000（元）

投资时占被投资单位可辨认净资产的份额＝100 000 000×30%＝30 000 000（元）

初始投资成本＝34 900 000

借：长期股权投资——光华公司——投资成本　　34 900 000

　　贷：银行存款　　34 900 000

步骤二：取得光华公司2020年经审计后的会计报表，增加长期股权投资、投资收益，记录被投资单位实现净利润。

借：长期股权投资——光华公司——损益调整

　　600 000（2 000 000×30%）

　　贷：投资收益　　600 000

【小贴士】

被投资单位提取盈余公积其所有者权益总额不变，投资企业不做账务处理。

步骤三：2021年3月10日，收集整理光华公司股利分派股东会决议，增加应收股利，减少长期股权投资，记录现金股利收入。

借：应收股利　　300 000

　　贷：长期股权投资——光华公司——损益调整

　　300 000（6 000 000×0.05）

【小贴士】

收到被投资单位发放的股票股利，由于被投资单位所有者权益总额没有发生变化，投资企业不进行账务，但应在备查簿中进行登记，在除权日注明增加的股数，以反映股份的变化情况。

步骤四：2021 年 4 月 15 日，收集整理审核现金股利交割单，增加银行存款，减少应收股利，记录实际收到被投资单位分来的现金股利。

借：银行存款　　300 000

　　贷：应收股利　　300 000

步骤五：取得光华公司 2021 年经审计后的会计报表，记录被投资单位光华公司 2021 年发生的亏损、金融资产中其他权益工具公允价值上升、所有者权益的其他变动上升。

（1）光华公司产生亏损

借：投资收益　　120 000

　　贷：长期股权投资——光华公司——损益调整

120 000（400 000 × 30%）

【小贴士】

被投资单位产生超额亏损的，以“长期股权投资”科目的账面价值减记至零为限。还需承担的投资损失，应将其他实质上构成对被投资单位净投资的“长期应收款”等的账面价值减记至零为限；除按照以上步骤已确认的损失外，按照投资合同或协议约定将承担的损失，确认为预计负债。除上述情况仍未确认的应分担被投资单位的损失，应在备查簿中登记。发生亏损的被投资单位以后实现净利润的，应按与上述相反的顺序进行处理。

（2）光华公司金融资产中其他权益工具公允价值上升

借：长期股权投资——光华公司——其他综合收益

30 000（100 000 × 30%）

　　贷：其他综合收益　　30 000

（3）光华公司所有者权益的其他变动

借：长期股权投资——光华公司——其他权益变动

60 000（200 000 × 30%）

　　贷：资本公积——其他资本公积　　60 000

【小贴士】

投资企业对权益法下的长期股权投资确认投资收益和其他综合收益时，还需要注意以下两个方面：一是被投资单位采用的会计政策及会计期间与投资企业不一致的，应当按照投资企业的会计政策及会计期间对被投资单位的会计报表进行调整，并据确认投资收益和其他综合收益等；二是投资企业计算确认应享有或应分担被投资单位净损益时，与联营企业、合营企业之间发生的未实现内部交易按照应享有的比例计算归属于投资企业的部分，应予以抵消，在此基础上确认投资收益。

步骤六：2022 年 9 月，收集整理审核长期股权投资转让协议、交割单据等原始单据，记录转让长期股权投资业务。

借：银行存款　36 000 000

　　贷：长期股权投资——光华公司——投资成本　34 900 000

　　　　　　　　　　　　　　　——损益调整　180 000

　　　　　　　　　　　　　　　——其他综合收益　30 000

　　　　　　　　　　　　　　　——其他权益变动　60 000

　　　　投资收益　830 000

借：其他综合收益　30 000

　　资本公积——其他资本公积　60 000

　　贷：投资收益　90 000

任务实施 6－6　长期股权投资减值的核算

江苏天润机械有限公司，2020 年 12 月 31 日对 A 公司的长期股权投资账面余额 81 000 000 元，其中“长期股权投资——A 公司——投资成本”80 000 000 元，“长期股权投资——A 公司——损益调整”1 000 000 元。经计算，该长期股权投资的可收回金额合计为 75 000 000 元。

步骤一：计量长期股权投资减值金额。

该长期股权投资应计提减值准备＝81 000 000－75 000 000＝6 000 000（元）

步骤二：记录长期股权投资计提减值准备业务。

借：资产减值损失——计提长期股权投资减值准备　6 000 000

　　贷：长期股权投资减值准备　6 000 000

步骤三：登记相关账户。

[扫一扫]

企业会计准则——投资

职业能力训练

6.1 确认、记录交易性金融资产

一、单项选择能力训练

1. 2020年12月1日，某企业“交易性金融资产——A上市公司股票”借方余额为1 000 000元；12月31日，A上市公司股票的公允价值为1 050 000元。不考虑其他因素，下列各项中，关于该企业持有A上市公司股票相关会计科目处理正确的是（　　）。

A. 贷记“营业外收入”科目50 000元

B. 贷记“资本公积”科目50 000元

C. 贷记“公允价值变动损益”科目50 000元

D. 贷记“投资收益”科目50 000元

2. 甲公司从证券市场购入乙公司股票20 000股，每股买价10元，其中包含已宣告但尚未支付的现金股利每股0.6元，另支付相关交易费用1 000元，取得增值税专用发票注明增值税额为60元。甲公司将其划分为交易性金融资产，该资产的初始入账价格金额为（　　）元。

A. 189 000　　B. 200 000　　C. 188 000　　D. 201 000

3. 甲公司2020年7月1日购入乙公司同日发行的债券，支付价款为2 005万元，另支付交易费用15万元，取得增值税专用发票注明的增值税额为0.9万元。该债券面值为2 000万元。票面年利率为4%（票面利率等于实际利率），每半年付息一次，甲公司将其划分为交易性金融资产。甲公司2020年度该项交易性金融资产应确认的投资收益为（　　）万元。

A. 25　　B. 40　　C. 65　　D. 80

二、多项选择能力训练

1. “交易性金融资产”应设置的明细科目有（　　）。

A. 成本　　B. 公允价值变动　　C. 投资收益　　D. 损益调整

2. 下列各项中在“交易性金融资产”科目，借方登记的有（　　）。

A. 交易性金融资产的取得成本

B. 资产负债表日其公允价值高于账面余额的差额

C. 取得交易性金融资产所发生的相关交易费用

D. 资产负债表日其公允价值低于账面余额的差额

3. 以公允价值计量且变动计入当期损益的金融资产，正确的会计处理方法有（　　）。

A. 企业在持有期间取得的利息，应当确认为投资收益

B. 企业划分为以公允价值计量且变动计入当期损益的金融资产的股票、债券、基金，应当按取得时的公允价值和相关的交易费用作为初始确认金额

C. 资产负债表日，其公允价值变动计入公允价值变动损益

D. 支付的价款中包含的已宣告但尚未发放的现金股利或债券利息，应当单独确认为应收项目

三、判断能力训练

（　　）1. 企业出售交易性金融资产，应将实际收到的价款小于其账面余额的差额记入公允价值变动损益。

（　　）2. 出售交易性金融资产时，应将原计入公允价值变动损益的公允价值变动金额转入营业外收支。

四、应用能力实训

【实训目的】练习交易性金融资产业务的操作。

【实训资料】

（1）2020 年 1 月 8 日，江苏天润机械有限公司从二级市场购入丙公司发行的公司债券，该笔债券于 2019 年 7 月 1 日发行，面值为 2 500 万元，票面利率为 4%，债券利息每半年支付。甲公司将其划分为交易性金融资产，支付价款为 2 620 万元（其中包含已到付息期的债券利息尚未领取的债券利息 50 万元），另支付交易费用 3 万元，取得增值税专用发票注明的增值税额为 0. 18 万元。

（2）2020 年 2 月 1 日，收到 2019 年下半年的利息 50 万元。

（3）2020 年 6 月 30 日，按债券票面利率计算利息。

（4）2020 年 6 月 30 日，该笔债券的市价为 2 580 万元。

（5）2020 年 8 月 1 日，收到 2020 年上半年的利息 50 万元。

（6）2020 年 10 月 8 日，将该债券全部出售，实际收到价款 2 600 万元，已存入资金专户，转让金融商品增值税率 6%。

【实训要求】根据上述资料编制相关会计分录。（会计科目要求写出明细科目，答案中的金额单位用“万元”表示）

6. 2　确认、记录债权投资

一、单项选择能力训练

1. 2020 年 1 月 1 日，甲公司购入乙公司当日发行的面值为 1 100 万元的公司债券，

将其划分为债权投资。支付债券款1200.06万元，其中含交易费用1万元，交易费用增值税0.06万元，甲公司该项投资的入账价值为（　　）万元。

A. 1 200　　B. 1 199　　C. 1 100　　D. 1 101

2. 企业债权投资为一次还本、分期付息的债券，期末确认尚未收到的利息应借记的会计科目是（　　）。

A. 应收利息　　B. 债权投资——应计利息

C. 投资收益　　D. 债权投资——利息调整

3. 2020年9月1日，甲公司购入乙公司债券作为债权投资核算。该债权面值总额为1 500万元、票面利率为5%、到期一次还本付息，购入债券支付价款1 800.18万元，其中包括交易费用3万元、交易费用增值税0.18万元。购买日，甲公司应计入“债权投资—利息调整”科目余额为（　　）万元。

A. 303　　B. 300　　C. 297　　D. 1 500

4. 2020年1月1日，甲公司溢价购入乙公司当日发行的到期一次还本付息的3年期债券，作为以摊余成本计量的金融资产核算，并于每年年末计提利息。2020年年末，甲公司按票面利率确认当年的应计利息590万元，利息调整的摊余金额10万元，不考虑相关税费及其他因素，2020年度甲公司对该债券投资应确认的投资收益为（　　）万元。

A. 600　　B. 580　　C. 10　　D. 590

二、多项选择能力训练

1. 下列各项中，属于“债权投资”科目的明细科目有（　　）。

A. 公允价值变动　　B. 成本

C. 应计利息　　D. 利息调整

2. 下列各项中，对债权投资说法正确的有（　　）。

A. 企业管理金融资产的业务模式是以收取合同现金流量为目标

B. 该金融资产的合同条款规定，在特定日期产生的现金流量，仅为对本金和以未偿付本金金额为基础计算的利息的支付

C. 持有的目的是准备随时出售，以赚取差价

D. 期末以摊余成本计量

三、判断能力训练

（　　）1. 债权投资是企业购入并管理以收取合同现金流量为目标，而且在特定日期收取的现金流量仅是本金和以未偿付本金金额为基础计算的利息的金融资产。

（　　）2. 折价购入债券时，支付的价款及交易费用小于债券面值的金额应记入“债权投资——利息调整”科目的借方。

（　　）3. 债权投资为分期付息，到期一次偿还本金的，期末应用“债券面值×票

面利率×期限”确认“应收利息”科目金额。

四、应用能力实训

【实训目的】练习债权投资业务的操作。

【实训资料】江苏天润机械有限公司 2020 年 1 月 1 日用支付价款 1 000 600 元（含交易费用 10 000 元，交易费用专用发票注明增值税 600 元），购入 A 公司同日发行的 3 年期债券，债券面值总额 1 250 000 元，票面年利率 5%，于每年年末支付本年度债券利息（即每年利息为 62 500 元），本金在债券到期时一次性偿还。江苏天润机械有限公司在购买债券时，预计发行方不会提前赎回。江苏天润机械有限公司根据其管理该债券的业务模式和该债券的合同现金流量特征，将该债券分类为以摊余成本计量的金融资产，该债券的实际利率为 13.56%。

【实训要求】根据上述资料编制相关会计分录（取得、持有期间、到期）。

6.3 确认、记录长期股权投资

一、单项选择能力训练

1. 2020 年 3 月，甲公司将持有以成本法核算的 2 000 万股股票投资出售，每股成交价为 8 元，支付相关交易费用 100 万元（假设不考虑其他因素），款项已收妥。该投资的账面价值为 15 000 万元。不考虑其他因素，出售该投资应确认的投资收益为（　　）万元。

A. 1 000　　B. 100　　C. 900　　D. 1 100

2. 2020 年 5 月 10 日，甲公司以总价款 7 000 万元从二级市场上购入乙公司股票 500 万股准备长期持有，占乙公司 30% 的股份，对乙公司有重大影响。购入股票时，乙公司可辨认净资产的公允价值为 20 000 万元。甲公司该长期股权投资的入账价值为（　　）万元。

A. 20 000　　B. 1 000　　C. 7 000　　D. 6 000

3. 2020 年 1 月 15 日，甲公司购买非同一控制下乙公司发行的股票 8 000 万股准备长期持有，拥有乙公司 51% 的股份且实施控制，每股买入价为 5 元，款项已支付。当年乙公司实现净利润 500 万元、宣告分配现金股利 200 万元。不考虑其他因素：2020 年 12 月 31 日，甲公司该长期股权投资的账面余额为（　　）万元。

A. 40 000　　B. 40 153　　C. 10 102　　D. 40 255

4. 下列各项中，应确认为投资收益的是（　　）。

A. 支付与取得长期股权投资直接相关费用

B. 以公允价值模式计量的投资性房地产的公允价值变动

C. 处置长期股权投资净损益

D. 计提长期股权投资减值准备

二、多项选择能力训练

1. 下列各项中，关于企业长期股权投资核算方法表述正确的有（　　）。

A. 对联营企业的长期股权投资采用权益法核算

B. 对子公司的长期股权投资采用权益法核算

C. 对合营企业的长期股权投资采用成本法核算

D. 对子公司的长期股权投资采用成本法核算

2. 2020 年 1 月 1 日，甲公司以银行存款 3 950 万元取得乙公司 30% 的股权，另以银行存款支付直接相关费用 50 万元，相关手续于当日完成，甲公司能对乙公司施加重大影响。当日，乙公司可辨认净资产账面价值为 14 000 万元，各项可辨认资产、负债的公允价值均与其账面价值相同。乙公司 2020 年实现净利润 2 000 万元，其他债权投资的公允价值上升 100 万元。不考虑其他因素，下列甲公司 2020 年与该投资相关的会计处理中，正确的有（　　）。

A. 确认营业外收入 200 万元　　B. 确认财务费用 50 万元

C. 确认其他综合收益 30 万元　　D. 确认投资收益 600 万元

三、判断能力训练

（　　）1. 在成本法下，当被投资企业发生盈亏时，投资企业并不做账务处理；当被投资企业宣告分配现金股利时，投资方应将分得的现金股利确认为投资收益。

（　　）2. 企业长期股权投资的账面价值大于可收回金额时，应按其差额，借记“资产减值损失——计提的长期股权投资减值准备”科目，贷记“长期股权投资减值准备”科目。

四、应用能力实训

【实训一】

【实训目的】练习长期股权投资成本法业务的操作。

【实训资料】江苏天润机械有限公司，2018 年至 2020 年发生有关长期股权投资业务如下：

（1）2018 年 1 月 10 日，以银行存款 1 000 000 元取得对诚远股份有限公司的长期股权投资，所持有的股份占乙公司有表决权股份的 55%，另支付相关费用 5 000 元，假设不考虑增值税。

（2）2019 年 6 月 20 日，收到诚远股份有限公司宣告分派现金股利的通知，诚远股份有限公司股东大会决议拟分派现金股利 100 000 元。

（3）2019 年 6 月 30 日，实际收到诚远股份有限公司分来的现金股利存入银行。

（4）2020 年 5 月 10 日，将持有的诚远股份有限公司长期股权投资全部对外转让，转让价款 1 200 000 元，款项已有银行收妥。

【实训要求】根据上述资料编制相关会计分录。

【实训二】

【实训目的】练习长期股权投资权益法业务的操作。

【实训资料】江苏天润机械有限公司，2019 年至 2020 年发生有关长期股权投资业务如下：

（1）2019 年 1 月 20 日，购买东方股份有限公司发行的股票 500 000 股准备长期持有，占东方股份有限公司股份的 30%。每股买入价 6 元，另外，购买该股票时发生有关税费 50 000 元，款项已由银行存款支付。2019 年 1 月 20 日，东方股份有限公司的所有者权益的账面价值（与其公允价值不存在差异）10 000 000 元。

（2）2019 年东方股份有限公司实现净利润 500 000 元。

（3）2019 年东方股份有限公司其他权益工具投资的公允价值增加了 400 000 元。

（4）2020 年 3 月 15 日，东方股份有限公司已宣告发放现金股利，每 10 股派 1 元。

（5）2020 年 4 月 15 日，收到东方股份有限公司分派的现金股利。

（6）2020 年 5 月 20 日，出售所持东方股份有限公司的股票 500 000 股，每股出售价为 7 元，款项已收回。

【实训要求】根据上述资料编制相关会计分录。

项目 7 记录固定资产增减变化 核算固定资产维修损耗

项目导航

知识目标

◦ 掌握固定资产的概念、特征
◦ 了解固定资产取得的途径
◦ 知悉固定资产的价值构成
◦ 掌握固定资产折旧的含义
◦ 知悉影响折旧的因素及折旧范围
◦ 知悉固定资产后续支出的相关知识，掌握其会计核算方法
◦ 了解固定资产减值的相关知识，初步掌握其会计核算方法
◦ 知悉固定资产终止确认的条件，掌握其会计核算方法

能力目标

◦ 能描述固定资产的确认条件
◦ 能计算固定资产的初始入账价值
◦ 能对不同途径取得的固定资产进行正确的账务处理
◦ 能正确计算固定资产折旧额，并进行正确的账务处理
◦ 能辨析固定资产的后续支出，并能根据不同的处理原则进行正确的账务处理
◦ 能描述固定资产减值的情形，能进行相应的账务处理
◦ 能描述固定资产终止确认的条件，并能进行正确的账务处理

企业在生产经营过程中，不仅要消耗材料，支付人员薪酬等，还需要将机器设备、房屋建筑物等固定资产投放到生产或管理过程中。在会计上，要求对固定资产取得、在使用过程中产生的损耗（折旧）、后续支出（日常维修、改扩建）以及处置等业务进行相应的账务处理。

7.1 记录固定资产的增加

任务导入

固定资产是企业非常重要的资产，为保证固定资产的安全与完整，企业从其取得开始就应建立完善的核算制度。固定资产取得的途径有哪些？取得时的凭证手续如何？各种途径取得的固定资产如何进行初始计量？应设置哪些账户？如何进行会计核算？这些问题都是会计人员必须考虑的。

知识准备

7.1.1 确认固定资产

（一）固定资产的概念及特征

固定资产是指同时具备以下特征的有形资产：

（1）固定资产是为生产商品、提供劳务、出租或经营管理而持有。

（2）使用寿命超过一个会计年度。

从这一定义可以看出，作为企业的固定资产应具备以下两个特征：

第一，企业持有固定资产的目的，是为了生产商品、提供服务、出租或经营管理的需要，而不像存货是为了出售，这一特征是固定资产区别于存货等流动资产的重要标志。

第二，企业使用固定资产的期限较长，使用寿命超过一个会计年度。这一特征表明企业固定资产属于非流动资产，其给企业带来的收益超过一年，能在一年以上的时间里为企业创造经济利益。

（二）固定资产的确认条件

固定资产在同时满足以下两个条件时，才能予以确认：

（1）与该固定资产有关的经济利益很可能流入企业；

（2）该固定资产的成本能够可靠计量。

（注：详见任务实施7-1）

（三）固定资产的分类

企业拥有的固定资产可以有不同的分类方法：按其经济用途进行分类，可分为生产经营用固定资产和非生产经营用固定资产；按其使用情况进行分类，可分为使用中固定资产、未使用固定资产和不需用固定资产；按其所有权分类，可分为自有固定资产和租入固定资产。但为了经营管理、会计核算的需要，企业在制订固定资产目录时，一般分为以下七大类：

（1）生产经营用固定资产；

（2）非生产经营用固定资产；

（3）租出固定资产，它是指在经营性租赁方式下出租给外单位使用的固定资产；

（4）不需用固定资产；

（5）未使用固定资产；

（6）土地，它是指过去已经估价单独入账的土地；

[扫一扫]

所谓“单独估价作为固定资产入账的土地”

（7）租入固定资产，它是指企业短期租赁和低价值租赁以外租入的固定资产，在租赁期内，应视同自有固定资产进行管理。

7.1.2 固定资产的初始计量

固定资产的初始计量是指固定资产取得时入账价值的确定。

固定资产应当按照成本进行初始计量，对于特殊行业的特定固定资产，确定其初始入账成本时还应考虑弃置费用。已入账的固定资产成本也称为固定资产原价。由于企业取得固定资产的途径和方式不同，其成本的确定也有所差异。

（一）外购固定资产的入账价值

包括购买价款、相关税费、使固定资产达到预定可使用状态前所发生的可归属于该项资产的运输费、装卸费、安装费和专业人员服务费等。

如果企业以一笔款项购入多项没有单独标价的固定资产，应将各项资产单独确认为固定资产，并按各项固定资产公允价值的比例对总成本进行分配，分别确定各项固定资产的成本。

（二）自行建造固定资产的入账价值

由建造该项资产达到预定可使用状态前所发生的必要支出构成，包括工程物资支出、人工成本、缴纳的相关税费、应予以资本化的借款费用以及应分摊的间接费用等。

（三） 投资者投入固定资产的入账价值

应当按照投资合同或协议约定的价值确定，但合同或协议约定价值不公允的除外。

（四） 在原有基础上进行改建、 扩建的固定资产的入账价值

按原固定资产的账面价值，加上由于改建、扩建而使该项固定资产达到预定可使用状态前发生的支出，减去改建、扩建过程中发生的变价收入确定。

（五） 接受捐赠的固定资产

应按以下规定确定其入账价值：

（1）捐赠方提供有关凭据的，按凭据上标明的金额加上应支付的相关税费作为入账价值。

（2）捐赠方没有提供有关凭据的，应按以下规定确定其入账价值：

- 同类或类似固定资产存在活跃市场的，按同类或类似固定资产的市场价格估计的金额，加上应支付的相关税费，作为入账价值。
- 同类或类似固定资产不存在活跃市场的，按接受捐赠的固定资产的预计未来现金流量现值，作为入账价值。
- 如接受捐赠的系旧的固定资产，按依据上述方法确定的新固定资产价值减去按该项资产新旧程度估计的价值损耗后的余额，作为入账价值。

（六） 盘盈的固定资产

该项资产按以下规定确定其入账价值：

（1）同类或类似固定资产存在活跃市场的，按同类或类似固定资产的市场价格减去按该项资产新旧程度估计的价值损耗后的余额作为入账价值。

（2）同类或类似固定资产不存在活跃市场的，按该项固定资产的预计未来现金流量现值作为入账价值。

7.1.3 记录固定资产

（一） 科目设置

为了核算固定资产的取得，企业一般需要设置“固定资产”“在建工程”“工程物资”等账户。

1. 固定资产 （1601）

（1）定义：核算企业固定资产的原价。

（2）性质：资产类。

（3）核算内容：借方登记企业增加的固定资产原价，贷方登记减少的固定资产原价。期末借方余额，反映企业期末固定资产的账面原价。

（4）明细分类账的设置：按固定资产类别、使用部门和每项固定资产设置明细账进行明细核算。

为了详细了解和掌握每项固定资产的增减变动情况，必须设置固定资产卡片和登记簿进行明细核算。

固定资产卡片应按每一项固定资产设置，详细填明固定资产的使用和保管部门、名称、类别、编号、规格、启用日期、使用年限以及附属设备等情况。固定资产卡片一式三份，分别由使用部门、管理部门、财务部门作为管理和核算的依据。企业在新增固定资产时，应根据有关的交接凭证为每一项新增固定资产开设卡片，填列上述详细情况；当固定资产调出或报废、毁损、盘亏时，应根据有关凭证注销卡片（在卡片有关栏内填明原因、日期、已提折旧等情况），并另行归档保管。固定资产卡片见图7－1。

<table>
<tr><td>单位名称</td><td colspan="6"></td></tr>
<tr><td>卡片编号</td><td></td><td>资产名称</td><td colspan="4"></td></tr>
<tr><td>资产种类</td><td colspan="3"></td><td>借入借出</td><td></td><td></td></tr>
<tr><td>购建拨交日期</td><td></td><td>资产来源</td><td></td><td>使用状态</td><td colspan="2"></td></tr>
<tr><td>型号规格</td><td colspan="6"></td></tr>
<tr><td>数量</td><td></td><td>计量单位</td><td></td><td>资产原值</td><td></td><td></td></tr>
<tr><td>所属部门</td><td colspan="3"></td><td>存放地点</td><td colspan="2"></td></tr>
<tr><td>建筑面积</td><td></td><td>使用面积</td><td></td><td>出租面积</td><td></td><td></td></tr>
<tr><td>车牌号码</td><td></td><td>排气量</td><td></td><td>凭证号</td><td></td><td></td></tr>
<tr><td>附属设备名称</td><td>型号规格</td><td>存放地点</td><td>数量</td><td>单位</td><td>设备原值</td><td>启用日期</td></tr>
<tr><td></td><td></td><td></td><td></td><td></td><td></td><td></td></tr>
<tr><td></td><td></td><td></td><td></td><td></td><td></td><td></td></tr>
<tr><td></td><td></td><td></td><td></td><td></td><td></td><td></td></tr>
</table>

制卡人：　　　　　　　　　　　　　　制卡日期：

图7－1　固定资产卡片

固定资产登记簿是为了分类反映固定资产增减变动和结存情况而设置的一种账簿，按类别设置账页，并按使用和保管部门分设专栏，月末根据固定资产增减变动的有关凭证汇总登记。固定资产登记簿见图7－2。

固定资产登记簿

<table>
<tr><td colspan="2">年</td><td rowspan="2">凭证号数</td><td rowspan="2">摘要</td><td rowspan="2">借方</td><td rowspan="2">贷方</td><td rowspan="2">余额</td><td colspan="3">使用部门</td></tr>
<tr><td>月</td><td>日</td><td>基本生产车间</td><td>辅助生产车间</td><td>管理部门</td></tr>
<tr><td></td><td></td><td></td><td></td><td></td><td></td><td></td><td></td><td></td><td></td></tr>
</table>

图7－2　固定资产登记簿

2. 在建工程 （1604）

（1）定义：核算企业基建、更新改造等在建工程发生的支出。

（2）性质：资产类。

（3）核算内容：借方登记企业各项在建工程的实际支出，贷方登记完工工程转出的成本。期末借方余额反映企业尚未达到预定可使用状态的在建工程的成本。

（4）明细账的设置：按“建筑工程”“安装工程”“在安装设备”“待摊支出”以及单项工程等设置明细账进行明细核算。

3. 工程物资 （1605）

（1）定义：核算企业为在建工程而准备的各种物资的实际成本。

（2）性质：资产类。

（3）核算内容：借方登记企业购入工程物资的成本，贷方登记领用工程物资的成本。期末借方余额，反映企业为在建工程准备的各种物资的成本。

（4）明细账的设置：按“专用材料”“专用设备”“工器具”等设置明细账进行明细核算。

（二） 外购固定资产的业务节点与账务处理

1. 购入可直接使用的固定资产业务节点与账务处理

外购不需安装的固定资产业务节点仅仅是支付款项验收设备等。账务处理见表7－1。

表7－1　　外购不需安装的固定资产业务节点与账务处理表

业务节点	原始单据	账务处理
外购机器设备、房屋、建筑物等	专用发票、支票存根、交接单等	借：固定资产 　　应交税费——应交增值税（进项税额） 　　贷：银行存款等

（注：详见任务实施7－2）

2. 外购需安装的固定资产业务节点与账务处理

企业购入需安装的固定资产时，应在购入的固定资产取得成本的基础上加上安装调试成本作为固定资产的入账成本。外购需安装的固定资产业务节点包括购进需安装的固定资产、发生安装费用及达到预定可使用状态时的“转固”。账务处理见表7－2。

表7－2　　外购需安装的固定资产业务节点与账务处理表

业务节点	原始单据	账务处理
购进需安装固定资产	专用发票、支票存根等	借：在建工程 　　应交税费——应交增值税（进项税额） 　　贷：银行存款等

续表

业务节点	原始单据	账务处理
发生安装支出	安装费发票、 支票存根等	借：在建工程 应交税费——应交增值税（进项税额） 贷：银行存款等
安装完毕达到预定可使用状态时	固定资产交接单	借：固定资产 贷：在建工程

（注：详见任务实施7－3）

3. 建造固定资产的业务节点与账务处理

企业建造固定资产，主要有自营和出包两种方式，由于采用的建设方式不同，其账务处理也不同。

（1）自营工程的业务节点与账务处理。

自营工程，是指企业自行组织工程物资采购、自行组织施工人员施工的建筑工程和安装工程。自行建造不动产的业务节点与账务处理见表7－3。

表7－3　　自营工程的业务节点与账务处理表

业务节点	原始单据	账务处理
购入工程物资时	专用发票、 结算凭证等	借：工程物资 应交税费——应交增值税（进项税额） 贷：银行存款等
领用工程物资时	领料单等	借：在建工程 贷：工程物资
领用本企业生产用原材料或生产的产品时	领料单等	借：在建工程 贷：原材料/库存商品
分配工程人员工资时	工资结算凭证	借：在建工程 贷：应付职工薪酬
支付其他费用时	专用发票、 支付凭证等	借：在建工程 应交税费——应交增值税（进项税额） 贷：银行存款等
工程达到预定可使用状态	固定资产交接单等	借：固定资产 贷：在建工程
多余工程物质转为原材料	会议纪要、 原材料入库单	借：原材料 贷：工程物质
在建工程发生毁损	会议纪要等	借：其他应收款——×××［过失人承担的］ 营业外支出［自然灾害等非常损失］ 贷：在建工程

（注：详见任务实施7－4）

（2）出包工程的业务节点与账务处理。

出包工程，是指企业通过招标方式将工程项目发包给建造承包商，由建造承包商组织施工的建筑工程和安装工程。出包工程的账务处理见表7－4。

表7－4　　出包工程的账务处理表

业务节点	原始单据	账务处理
按工程进度和合同规定结算进度款时	专用发票、支票存根等	1. 如果为建造生产经营用动产 借：在建工程 　　应交税费——应交增值税（进项税额） 　　贷：银行存款等 2. 如果为建造不动产 借：在建工程 　　应交税费——应交增值税（进项税额） 　　贷：银行存款等
发生安装支出	增值税专用发票、支票存根等	同上
工程完工达到预定可使用状态时	固定资产交接单	借：固定资产 　　贷：在建工程

（注：详见任务实施7－5）

任务实施

任务实施7－1　固定资产的确认

江苏天润机械有限公司于2020年5月18日购置一批会议圆桌、沙发等，单位价格有的在千元以上，有的在千元以下，应把这些会议圆桌、沙发确认为固定资产还是确认为周转材料？

步骤一：查阅了解会计准则、税法等对固定资产的规定。

1. 新企业会计准则对固定资产标准的规定

（二）使用寿命超过一个会计年度。

使用寿命，是指企业使用固定资产的预计期间，或者该固定资产所能生产产品或提供劳务的数量。

2. 新《中华人民共和国增值税暂行条例实施细则》对固定资产标准的规定

“第二十一条……前款所称固定资产，是指使用期限超过12个月的机器、机械、运输工具以及其他与生产经营有关的设备、工具、器具等。”

3. 新企业所得税法对固定资产标准的规定

新企业所得税法对固定资产标准有变化：《实施条例》第五十七条规定："企业所得税法第十一条所称固定资产，是指企业为生产产品、提供劳务、出租或者经营管理而持有的、使用时间超过12个月的非货币性资产。"

步骤二：根据规定，进行会计职业判断。

上述三个文件，都没有金额的规定，只强调"使用寿命超过一个会计年度"或"使用时间超过12个月"，所以，购置的会议圆桌、沙发，只要满足"固定资产定义：为生产商品、提供劳务、出租或经营管理而持有；使用寿命超过一个会计年度"，可以确认为"固定资产"。

任务实施7-2　购入不需安装设备的核算

2020年7月12日，江苏天润机械有限公司购入一台生产用不需要安装的设备，取得的增值税专用发票上注明的设备价款为800 000元，增值税进项税额为104 000元；发生的运输费取得的增值税专用发票上注明的运费价款5 000元，增值税进项税额450元。上述款项开出转账支票支付，江苏天润机械有限公司为增值税一般纳税人。

7月12日，收集整理审核购买固定资产的增值税专用发票、运费增值税专用发票和固定资产交接单，确认增加固定资产。

借：固定资产　　805 000

　　应交税费——应交增值税（进项税额）　　104 450

贷：银行存款　　909 450

【小贴士】

若增值税一般纳税人购入的固定资产用于集体福利、非应税项目或小规模纳税人购入固定资产支付的进项税额不得抵扣，支付的增值税进项税额应记入固定资产成本。账务处理如下：

假设上例购入的固定资产用于集体福利，那么，购入固定资产时：

借：固定资产　　805 000

　　应交税费——应交增值税（进项税额）　　104 450

　　贷：银行存款　　909 450

增值税专用发票勾选认证后，将不得抵扣进项税额转出计入固定资产成本：

借：固定资产　　104 450

　　贷：应交税费——应交增值税（进项税额转出）　　104 450

任务实施7-3 购入需安装机器设备的核算

江苏天润机械有限公司为增值税一般纳税人，增值税进项税额可以在销项税额中抵扣，2020年7月发生如下固定资产增加的业务：

（1）7月12日，购入一台需要安装的设备，增值税专用发票上注明的设备买价为200 000元，增值税额为26 000元，支付运输费增值税专用发票注明价款10 000元，增值税进项税额900元。上述款项用转账支票支付。

（2）7月30日，支付安装费增值税专用发票注明价款30 000元，增值税进项税额2 700元。上述款项用转账支票支付。

（3）7月31日，设备移交有关部门使用。

步骤一：7月12日，收集整理审核购入需安装固定资产付款协议、增值税专用发票等，确认增加在建工程。

借：在建工程 210 000

　　应交税费——应交增值税（进项税额） 26 900

　　贷：银行存款 236 900

步骤二：7月30日，收集整理审核支付安装费协议、增值税专用发票等，增加在建工程的成本。

借：在建工程 30 000

　　应交税费——应交增值税（进项税额） 2 700

　　贷：银行存款 32 700

步骤三：7月31日，审核固定资产交接单，对安装完成达到预定可使用状态的固定资产进行成本核算，从在建工程转入固定资产。

借：固定资产 240 000

　　贷：在建工程 240 000

任务实施7-4 自行建造不动产的核算

江苏天润机械有限公司为增值税一般纳税人，2020年11月至12月自建厂房一幢，相关资料如下：

（1）11月5日，购入为工程准备的各种物资，增值税专用发票注明价款500 000元，增值税进项税额为65 000元，物资运达并验收入库，上述款项以银行存款支付。

（2）11月10日，上述物资全部领用，用于工程建设。

(3) 11月20日，领用本企业生产用原材料，实际成本为80 000元（购入时，已全额抵扣进项税额10 400元）。

(4) 11月30日，工程人员应计工资100 000元。

(5) 12月5日，用银行存款支付其他费用，增值税专用发票注明价款30 000元，增值税进项税额2 700元。

(6) 12月25日，工程完工并达到预定可使用状态。

步骤一：11月5日，收集整理审核购入工程物资付款协议、增值税专用发票等，增加工程物资。

借：工程物资　　500 000

　　应交税费——应交增值税（进项税额）　　65 000

　　贷：银行存款　　565 000

步骤二：11月10日，收集整理审核工程物资领料单，增加在建工程成本，减少耗用的工程物资。

借：在建工程——厂房工程　　500 000

　　贷：工程物资　　500 000

步骤三：11月20日，收集整理审核领用生产用原材料领料单，增加在建工程成本，减少耗用的原材料。

借：在建工程——厂房工程　　80 000

　　贷：原材料　　80 000

步骤四：11月30日，收集整理审核工资结算单，增加在建工程成本，同时确认应付职工薪酬。

借：在建工程——厂房工程　　100 000

　　贷：应付职工薪酬　　100 000

步骤五：12月5日，收集整理审核支付工程其他费用的增值税专用发票，增加在建工程成本。

借：在建工程——厂房工程　　30 000

　　应交税费——应交增值税（进项税额）　　2 700

　　贷：银行存款　　32 700

步骤六：12月25日，收集整理审核固定资产交接单，对达到预定可使用状态的固定资产业务进行成本核算，从在建工程转入固定资产。

借：固定资产　　710 000

　　贷：在建工程——厂房工程　　710 000

任务实施7-5 出包工程的核算

江苏天润机械有限公司为增值税一般纳税人，2020年9月至12月将一幢厂房的建造工程出包给丙公司承建，相关资料如下：

(1) 9月8日，按合理估计的发包工程进度和合同规定向丙公司结算进度款，取得丙公司开具的增值税专用发票，注明工程款600 000元，税率9%，增值税额54 000元；

(2) 11月30日，工程完工后，收到丙公司有关工程结算单据和增值税专用发票，补付工程款并取得丙公司开具的增值税专用发票，注明工程款400 000元，税率9%，增值税额36 000元；

(3) 12月5日，工程完工达到预定可使用状态，并移交有关部门使用。

步骤一：9月8日，收集整理审核出包固定资产的协议、增值税专用发票等，增加在建工程。

借：在建工程　　600 000
　　应交税费——应交增值税（进项税额）　　54 000
　　贷：银行存款　　654 000

步骤二：11月30日，收集整理审核出包工程决算资料、增值税专用发票等，增加在建工程。

借：在建工程　　400 000
　　应交税费——应交增值税（进项税额）　　36 000
　　贷：银行存款　　436 000

步骤三：12月5日，收集整理审核固定资产交接单，对建造完成达到预定可使用状态的固定资产业务进行成本核算，从在建工程转入固定资产。

借：固定资产　　1 000 000
　　贷：在建工程　　1 000 000

7.2 计量、记录固定资产损耗

任务导入

固定资产取得后，其价值会随着时间的推移而陈旧贬值（厂房、建筑物），或因使用发生物理损耗（机器设备），对于这些因陈旧和损耗而转移的价值，会计上一般通过计提折旧费用来进行核算。会计人员必须考虑的问题是：哪些固定资产应提取折旧？何时开始计提？何时停止计提？如何计算折旧额？应设置哪些账户？如何进行会计核算？

知识准备

7.2.1 认知固定资产折旧

固定资产折旧，是指在固定资产使用寿命内，按照确定的方法对应计折旧额进行系统分摊。

（一）使用寿命

使用寿命，是指企业使用固定资产的预计期间，或者该固定资产所能生产产品或提供劳务的数量。

确定固定资产使用寿命应考虑的因素：

（1）预计生产能力或实物产量；

（2）预计有形损耗或无形损耗；

（3）固定资产减值准备；

（4）法律或者类似规定对资产使用的限制。如客运汽车的强制报废期为8年。

（二）应计折旧额

应计折旧额，是指固定资产在整个使用寿命内，应当计提的折旧总额，是固定资产原价扣除其预计净残值后的金额。已计提减值准备的固定资产，还应当扣除已计提的固定资产减值准备累计金额。

应计折旧额 = 固定资产原价 − 预计净残值 − 已计提的减值准备

【小贴士】

固定资产账面余额 = 固定资产原价

固定资产账面净值 = 固定资产原价 − 累计折旧

固定资产账面价值 = 固定资产原价 − 累计折旧 − 固定资产减值准备

（三）预计净残值

预计净残值，是指假定固定资产预计使用寿命已满并处于使用寿命终了时的预期状态，企业目前从该项资产处置中获得的扣除预计处置费用后的金额。一般采用“净残值率”表示。

【会税差异】

《企业会计准则——固定资产》规定：企业应当根据固定资产的性质和使用情况，合理确定固定资产的使用寿命和预计净残值。固定资产的使用寿命、预计净残值一经确定，不得随意变更。

《企业所得税法实施条例》规定：企业应当根据固定资产的性质和使用情况，合理确定固定资产的预计净残值。固定资产的预计净残值一经确定，不得变更。

根据以上规定，会计上企业可以自行确定固定资产的使用寿命和预计净残值；但税法上，企业只可以自行确定固定资产的预计净残值，而对固定资产的使用寿命，税法有明确的规定。固定资产计算折旧的最低年限如下：

（1）房屋、建筑物为20年；

（2）飞机、火车、轮船、机器、机械和其他生产设备为10年；

（3）与生产经营活动有关的器具、工具、家具等为5年；

（4）飞机、火车、轮船以外的运输工具为4年；

（5）电子设备为3年；

（6）由于技术进步，产品更新换代较快的固定资产，常年处于强震动、高腐蚀状态的固定资产，可以采取缩短折旧年限方法的，最低折旧年限不得低于上述规定折旧年限的60%。

税法规定的是最低年限，企业对应固定资产的折旧年限等于或大于最低年限的，不存在税会差异，不用做纳税调整；如果小于最低年限，则需做纳税调整。举个例子，企业购入的生产设备，由于在高腐蚀性环境工作，实际折旧年限定为5年，按税法规定，折旧年限应为 $10 \times 60\% = 6$ 年，则存在税会差异，第1－5年折旧额做纳税调增，第6年做纳税调减。

（四）固定资产折旧范围

除以下情况外，企业应对所有固定资产计提折旧：

（1）已提足折旧仍继续使用的固定资产（提足折旧是指已经提足该项固定资产的应计折旧额）；

（2）按照规定单独估价作为固定资产入账的土地。

【小贴士】

（1）已达到预定可使用状态但尚未办理竣工决算的固定资产，应当按照估计价值确定其成本，并计提折旧；待办理竣工决算后，再按照实际成本调整原来的暂估价值，但不需调整原已计提的折旧额；

（2）处于更新改造过程停止使用的固定资产，应将其账面价值转入在建工程，不再计提折旧。更新改造项目达到预定可使用状态转为固定资产后，再按照重新确定的折旧方法和该项固定资产尚可使用寿命计提折旧；

（3）因进行大修理而停用的固定资产，应当照提折旧，计提的折旧额应计入相关资产成本或当期损益。

（五）计提固定资产折旧的时间

固定资产应当按月计提折旧，当月增加的固定资产，当月不计提折旧，从下月起计提折旧；当月减少的固定资产，当月仍计提折旧，从下月起不再计提折旧。

固定资产提足折旧后，不论能否继续使用，均不再计提折旧；提前报废的固定资产，也不再补提折旧。

7.2.2 计量固定资产折旧

企业应当根据与固定资产有关的经济利益的预期实现方式，合理选择固定资产折旧方法。可选用的折旧方法包括年限平均法、工作量法、双倍余额递减法和年数总和法等。固定资产的折旧方法一经确定，不得随意变更。

（一）年限平均法

采用年限平均法计提固定资产折旧，其特点是将固定资产的应计提折旧额均衡地分摊到固定资产预计使用寿命内，采用这种方法计算的每期折旧额是相等的。

年限平均法的计算公式如下：

年折旧率 =（1 - 预计净残值率）÷预计使用寿命（年）

月折旧率 = 年折旧率 ÷ 12

月折旧额 = 固定资产原价 × 月折旧率

（注：详见任务实施 7 - 6）

（二）工作量法

工作量法是指根据实际工作量计算每期应提折旧额的一种方法。

工作量法的基本计算公式如下：

单位工作量折旧额 = \[固定资产原价 ×(1 - 预计净残值率)\] ÷ 预计总工作量

某项固定资产月折旧额 = 该项固定资产当月工作量 × 单位工作量折旧额

（注：详见任务实施 7 - 7）

（三）双倍余额递减法

双倍余额递减法，是指在不考虑固定资产预计净残值的情况下，根据每期期初固定资产原价减去累计折旧后的余额和双倍的直线法折旧率计算固定资产折旧的一种方法。

采用双倍余额递减法计提固定资产折旧，一般应在固定资产使用寿命到期前两年内，将固定资产账面净值扣除预计净残值后的净值平均摊销。

双倍余额递减法的计算公式如下：

年折旧率 =2 ÷预计使用年限(年) ×100%

年折旧额 = 每年年初固定资产账面净值 × 年折旧率

(注:详见任务实施7 -8)

(四)年数总和法

年数总和法又称年限合计法,是指将固定资产的原价减去预计净残值后的余额,乘以一个逐年递减的分数计算每年的折旧额。这个分数的分子代表固定资产尚可使用寿命,分母代表预计使用寿命逐年数字总和。

年数总和法的计算公式如下：

年折旧率 = 尚可使用年限 ÷ 预计使用寿命的年数总和 ×100%

年折旧额 =(固定资产原价 - 预计净残值) × 年折旧率

(注:详见任务实施7 -9)

企业至少应当于每年年度终了,对固定资产的使用寿命、预计净残值和折旧方法进行复核。使用寿命预计数与原先估计数有差异的,应当调整固定资产使用寿命。预计净残值预计数与原先估计数有差异的,应当调整预计净残值。与固定资产有关的经济利益预期实现方式有重大改变的,应当改变固定资产折旧方法。

固定资产使用寿命、预计净残值和折旧方法的改变应当作为会计估计变更进行会计处理。

7.2.3 记录固定资产折旧

(一)科目设置

累计折旧(1602)

(1)定义:用来核算固定资产的累计折旧额。

(2)性质:资产类。

(3)核算内容:贷方登记计提的折旧额,借方登记固定资产减少时冲销的折旧额。期末贷方余额表示现有固定资产的累计折旧数。

(4)明细账的设置:按固定资产的类别或项目设置明细账户进行明细核算。

(二)固定资产折旧的业务节点与账务处理

固定资产应当按月计提折旧,计提的折旧应当记入“累计折旧”科目,并根据固定资产的用途计入相关资产的成本或当期损益。计提固定资产折旧的业务节点与账务处理见表7 -5。

表 7－5　　计提固定资产折旧的业务节点与账务处理表

业务节点	原始单据	账务处理
对基本生产车间固定资产计提折旧时	固定资产折旧计算表	借：制造费用 　　贷：累计折旧
对管理部门固定资产计提折旧时	固定资产折旧计算表	借：管理费用 　　贷：累计折旧
对销售部门固定资产计提折旧时	固定资产折旧计算表	借：销售费用 　　贷：累计折旧
对在建工程使用本单位固定资产计提折旧时	固定资产折旧计算表	借：在建工程 　　贷：累计折旧
对经营租出的固定资产计提折旧时	固定资产折旧计算表	借：其他业务成本 　　贷：累计折旧

【小贴士】

实际工作中折旧计算的方法：

计提固定资产折旧时，应以月初应提取折旧固定资产的原值为依据，按事先确定的折旧率，分固定资产使用部门计算，基本公式为：

某月某车间、部门应计提的折旧额＝∑（月初该车间、部门应计提折旧的固定资产原价×某类固定资产的月分类折旧率）

另：根据当月增加的固定资产，当月不计提折旧，从下月起计提折旧；当月内减少的固定资产，当月照提折旧，从下月起停止计提折旧。因此，企业各月计算折旧时，可在上月计提折旧的基础上，对上月固定资产增减情况进行调整后计算当月应计提的折旧额。公式如下：

当月应计提折旧额＝上月计提的折旧额＋上月增加的固定资产应计提折旧额－上月减少的固定资产应计提折旧额

在会计实务中，通常按固定资产使用部门分类编制“折旧计算表”，来完成各月计提固定资产折旧。

（注：详见任务实施 7－10）

［扫一扫］

个别折旧率　分类折旧率　综合折旧率

任务实施

任务实施7－6 年限平均法计提折旧

江苏天润机械有限公司有一幢厂房，原价为5 000 000元，预计可使用20年，预计报废时的净残值率为2%。该厂房的折旧率和折旧额的计算如下：

年折旧率＝（1－2%）÷20＝4.9%

月折旧率＝4.9%÷12＝0.41%

月折旧额＝5 000 000×0.41%＝20 500（元）

【小贴士】 上述计算中的折旧率是按个别固定资产单独计算的，为个别折旧率即某项固定资产在一定期间的折旧额与该项固定资产原值的比率。此外，还有分类折旧率和综合折旧率。

任务实施7－7 工作量法计提折旧

江苏天润机械有限公司的一辆运货卡车的原价为600 000元，预计总行驶里程为500 000公里，预计报废时的净残值率为5%，本月行驶4 000公里。该辆汽车的月折旧额计算如下：

单位里程折旧额＝［600 000×（1－5%）］÷500 000＝1.14（元/公里）

本月折旧额＝4 000×1.14＝4 560（元）

任务实施7－8 双倍余额递减法计提折旧

江苏天润机械有限公司一项固定资产的原价为1 000 000元，预计使用年限为5年，预计净残值为4 000元。按双倍余额递减法计提折旧，每年的折旧额计算如下：

年折旧率＝2÷5×100%＝40%

第1年应提的折旧额＝1 000 000×40%＝400 000（元）

第2年应提的折旧额＝（1 000 000－40 0000）×40%＝240 000（元）

第3年应提的折旧额＝（1 000 000－400 000－240 000）×40%＝144 000（元）

第4年起改用年限平均法（直线法）计提折旧：

第4年、第5年的年折旧额＝［（1 000 000－400 000－240 000－144 000）－4 000］÷2
＝106 000（元）

每年各月折旧额根据年折旧额除以12来计算。

任务实施 7－9　年数总和法计提折旧

江苏天润机械有限公司一项固定资产的原价为 1 000 000 元，预计使用年限为 5 年，预计净残值为 4 000 元。按年数总和法计提折旧，每年的折旧额计算如下表所示。

按年数总和法计提折旧表

金额单位：元

年限	尚可使用年限	原价－净残值	变动折旧率	年折旧额	累计折旧
1	5	996 000	5/15	332 000	332 000
2	4	996 000	4/15	265 000	597 600
3	3	996 000	3/15	199 200	796 800

任务实施 7－10　固定资产折旧的核算

江苏天润机械有限公司 2020 年 6 月份折旧计算表如下表所示：

折旧计算表

2020 年 6 月 30 日

单位：元

使用部门	固定资产类别	上月折旧额	上月增加固定资产		上月减少固定资产		本月折旧额
			原价	折旧额	原价	折旧额	
基本生产车间	厂房	7 100					7 100
	机器设备	41 000	40 000	200	30 000	900	40 300
	其他	900					900
	小计	49 000	40 000	200	30 000	900	48 300
行政管理部门	房屋建筑物	1 200					1 200
	运输工具	1 500					1 500
	小计	2 700					2 700
出租设备	机器设备	420					420
合计		52 120	40 000	200	30 000	900	51 420

步骤一：编制 2020 年 6 月份固定资产折旧计算表，详见上表。

步骤二：审核固定资产折旧计算表；对 2020 年 6 月份计算的固定资产折旧业务进行确认、计量、记录。

借：制造费用　　48 300

　　管理费用　　2 700

　　其他业务成本　　420

　　贷：累计折旧　　51 420

7.3 确认、记录固定资产后续支出

任务导入

企业的固定资产投入使用后，为了适应新技术发展的需要，或者为了维护或提高固定资产的使用效能，往往需要对现有固定资产进行维护、改建、扩建或改良等。对于此类后续支出，会计人员需对其进行分类辨析，确认为资本性支出或费用性支出，并根据不同的处理原则进行不同的账务处理。

知识准备

7.3.1 认知固定资产后续支出

固定资产的后续支出，是指固定资产在使用过程中发生的更新改造支出、修理费用等。企业固定资产投入使用后，为了适应新技术发展的需要，或者为维护或提高固定资产的使用效能，往往需要对现有固定资产进行维护、改建、扩建或者改良。

7.3.2 确认固定资产后续支出

固定资产后续支出的处理原则是：与固定资产有关的更新改造等后续支出满足固定资产确认条件的，按资本化的后续支出处理，将相关支出作为固定资产成本，同时将被替换部分的账面价值扣除；与固定资产有关的修理费用等后续支出，不能满足固定资产确认条件的，按费用化的后续支出处理，应当直接计入当期损益。

7.3.3 记录固定资产后续支出

（一）资本化后续支出的业务节点与账务处理

资本化的后续支出，是指与固定资产有关的、使可能流入企业的经济利益超过原先估计的那部分后续支出。如固定资产的改建、扩建、部件的换新、再安装及再组合等，支出能导致企业未来经济利益的增加，应在发生时予以资本化，计入固定资产的账面价值。资本化后续支出的业务节点与账务处理见表7－6。

表 7－6　　资本化后续支出的业务节点与账务处理表

业务节点	原始单据	账务处理
转入更新改造、改扩建	转入在建工程通知单等	借：在建工程 累计折旧 固定资产减值准备 贷：固定资产
发生可资本化的后续支出	领料单、支票存根、发票等	借：在建工程 应交税费——应交增值税（进项税额） 贷：银行存款
拆除被替换设备账面价值	终止确认通知书	借：营业外支出 贷：在建工程
更新改造完成达到预定可使用状态	固定资产交接单	借：固定资产 贷：在建工程

（注：详见任务实施 7－11）

（二）费用化后续支出的业务节点与账务处理

一般情况下，固定资产投入使用后，由于固定资产磨损、各组成部分耐用程度不同，可能会导致固定资产的局部损坏，为了维持固定资产的正常运转和使用，充分发挥其使用效能，企业会对固定资产进行必要的维护。固定资产的日常维护支出只是确保固定资产的正常工作状况，通常不满足固定资产的确认条件，应在发生时计入管理费用或销售费用，不得采用预提或待摊方式处理。费用化后续支出账务处理见表 7－7。

表 7－7　　费用化后续支出账务处理表

业务节点	原始单据	账务处理
发生日常维护或修理支出等不能资本化的支出	增值税专用发票等	借：管理费用 销售费用 应交税费——应交增值税（进项税额） 贷：银行存款等
分配日常维护或修理人员的薪酬	工资分配表	借：管理费用 销售费用 贷：应付职工薪酬

【小贴士】

固定资产费用化后续支出，应当记入当期损益，车间及行政部门的记入“管理费用”科目，销售部门的记入“销售费用”科目。

（注：详见任务实施 7－12）

任务实施

任务实施 7－11 资本化后续支出的核算

江苏天润机械有限公司 2011 年 12 月购入一架飞机总计花费 80 000 000 元（含发动机），发动机当时的购价为 5 000 000 元，公司未将发动机作为一项单独的固定资产进行核算。2020 年年初，公司开辟新航线，航程增加。为延长飞机的空中飞行时间，公司决定更换一部性能更为先进的发动机。新发动机购买价为 7 000 000 元，增值税专用发票上注明的增值税额为 910 000 元，另用银行存款支付安装费用 100 000 元，增值税专用发票上注明的增值税额为 9 000 元。假定飞机的年折旧率为 8%，不考虑预计净残值和相关费用的影响。

步骤一：收集整理审核对固定资产进行更新改造的决议及通知单，对飞机转入更新改造业务，按账面价值转入在建工程。

飞机的累计折旧额 = 80 000 000 × 3% × 8 = 19 200 000（元）

借：在建工程　　60 800 000
　　累计折旧　　19 200 000
　　贷：固定资产　　80 000 000

步骤二：收集整理审核工程物资领料单、支票存根、发票等，因新发动机提升了飞机性能，可以资本化后续支出，增加在建工程成本。

借：在建工程　　7 000 000
　　应交税费——应交增值税（进项税额）　　910 000
　　贷：银行存款　　7 910 000

步骤三：收集整理审核发票、支票存根等，新发动机的安装费可以资本化，增加在建工程成本。

借：在建工程　　100 000
　　应交税费——应交增值税（进项税额）　　9 000
　　贷：银行存款　　109 000

步骤四：对拆除老发动机的账面价值进行复核，减少在建工程成本，增加营业外支出。

老发动机账面价值 = 5 000 000 − 5 000 000 × 8% × 8 = 1 800000（元）

借：营业外支出　　1 800 000
　　贷：在建工程　　1 800 000

步骤五：收集整理审核工程完工的相关凭证及固定资产交接单，对达到预定可使用状态的更新改造业务进行成本结转。

固定资产入账价值 =60 800 000 +7 000 000 +100 000 -1 800 000 =67 000 000（元）

借：固定资产　　67 000 000

　　贷：在建工程　　67 000 000

任务实施 7-12　费用化后续支出的核算

2020 年 6 月 1 日，江苏天润机械有限公司对现有的一台管理用设备进行日常修理，修理过程中应支付的维修人员工资为 20 000 元，另以银行存款支付销售部门固定资产日常维修费用，增值税专用发票注明价款 10 000 元，增值税额为 1 300 元。

步骤一：收集整理审核对管理用设备进行日常修理的审批表及工资分配表，日常维修支出费用化，增加管理费用。

借：管理费用　　20 000

　　贷：应付职工薪酬——短期薪酬（工资）　　20 000

步骤二：收集整理审核对销售部门固定资产进行日常修理的审批表及发票等，日常维修支出费用化，增加销售费用。

借：销售费用　　10 000

　　应交税费——应交增值税（进项税额）　　1 300

　　贷：银行存款　　11 300

7.4　确认、记录固定资产处置

知识准备

7.4.1　确认固定资产处置

企业在生产经营过程中，可能将不适用或不需用的固定资产对外出售转让，或因磨损、技术进步等原因对固定资产进行报废，或因遭受自然灾害而对毁损的固定资产进行处理。固定资产处置的确认实质上是指对固定资产终止的确认，固定资产符合下列条件之一的，应当予以终止确认：

（一）该固定资产处于处置状态

固定资产处置，包括固定资产的出售、转让、报废或毁损、对外投资、非货币性交换、债务重组等。处于处置状态的固定资产不再用于生产商品、提供劳务、出租或经营管理，因此不再符合固定资产的定义，应予终止确认。

（二） 该固定资产预期通过使用或处置不能产生经济利益

固定资产的确认条件之一是“与该固定资产有关的经济利益很可能流入企业”，如果一项固定资产预期通过使用或处置不能产生经济利益，那么就不再符合固定资产的定义和确认条件，应予以终止确认。

7.4.2 记录固定资产处置

（一） 科目设置

1. 固定资产清理 （1606）

（1）核算内容：该账户用来核算因处置而减少的固定资产。

（2）性质：资产类。

（3）结构：借方登记转入处置固定资产账面价值、处置过程中发生的费用和相关税费，贷方登记收回处置固定资产的价款、残料、变价收入和应由保险公司赔偿的损失。期末借方余额反映尚未清理完毕的固定资产清理净损失，期末贷方余额反映尚未清理完毕的固定资产清理净收益。

2. 资产处置损益 （6115）

（1）核算内容：企业出售划分为持有待售的非流动资产（金融工具、长期股权投资和投资性房地产除外）或处置组（子公司和业务除外）时确认的处置利得或损失，以及处置未划分为持有待售的固定资产、在建工程、生产性生物资产及无形资产而产生的处置利得或损失。

（2）性质：损益类。

（3）结构：借方登记处置固定资产、在建工程、生产性生物资产及无形资产等产生的损失，贷方登记处置固定资产、在建工程、生产性生物资产及无形资产等产生的收益。期末结转到“本年利润”科目后无余额。

（4）明细账的设置：按照处置的资产类别或处置组进行明细核算。

（二） 固定资产处置的业务节点与账务处理

固定资产处置包括三个环节：转入清理；清理过程；结转损益。首先将固定资产的账面价值转入固定资产清理账户的借方；其次将发生的清理费用、收到出售固定资产的价款（残料）及保险赔款分别记入固定资产清理账户的借方和贷方；前两个环节之后，固定资产清理账户借方登记清理成本，贷方登记清理收入，余额即为清理净损益，根据处置方式的不同，结转清理净损益。因出售、转让等原因产生的固定资产处置利得或损失记入资产处置损益，因毁损、丧失使用功能等原因报废清理产生的利得或损失记入营业外收支。清理完毕，固定资产清理账户余额为零。账务处理见表7－8。

表7－8　　固定资产处置的业务节点与账务处理表

业务节点	原始单据	账务处理
企业出售、报废、毁损、对外投资等转出的固定资产转入清理	转入清理通知单	借：固定资产清理 　　累计折旧 　　固定资产减值准备 　　贷：固定资产
取得转让收入	发票、支票等	借：银行存款 　　贷：固定资产清理 　　　　应交税费——应交增值税（销项税额）
发生清理费用	发票、支票存根等	借：固定资产清理 　　应交税费——应交增值税（进项税额） 　　贷：银行存款
收回残料或取得残料变价收入	入库单、发票等	借：原材料 　　银行存款 　　贷：固定资产清理
结转处置固定资产的净损益	清算损益计算表	1. 如为出售净收益 借：固定资产清理 　　贷：资产处置损益 2. 如为出售净损失 借：资产处置损益 　　贷：固定资产清理 3. 报废、毁损等原因产生的净损失 借：营业外支出 　　贷：固定资产清理

（注：详见任务实施7－13）

任务实施

任务实施7－13　固定资产出售的核算

江苏天润机械有限公司为增值税一般纳税人，2020年12月出售一幢建筑物（系2019年6月15日外购取得），原价为2 000 000元，已计提折旧142 500元，未计提减值准备，实际出售不含增值税价款为3 000 000元，增值税率9%，增值税额为270 000元，已通过银行收回价款，假设不考虑其他税费。

步骤一：收集整理审核固定资产清理通知单，对出售固定资产转入清理，按账面价值转入固定资产清理，同时减少固定资产和累计折旧。

借：固定资产清理 1 857 500
　　累计折旧 142 500
　　贷：固定资产 2 000 000

步骤二：收集整理审核出售固定资产发票等，清理收入记入固定资产清理账户的贷方。

借：银行存款 3 270 000
　　贷：固定资产清理 3 000 000
　　　　应交税费——应交增值税（销项税额） 270 000

步骤三：复核出售固定资产实现的净收益，转入资产处置损益账户，清理完毕，固定资产清理账户余额为0。

借：固定资产清理 1142 500
　　贷：资产处置损益 1142 500

7.5 记录固定资产清查

任务导入

企业应当定期或者至少于每年年末对固定资产进行清查盘点。以保证固定资产核算的真实性，充分挖掘企业现有固定资产的潜力。在固定资产清查过程中，如果发现盘盈、盘亏的固定资产，应当填制固定资产盘盈盘亏报告表。对于清查固定资产的损益，应当及时查明原因，并按照规定程序报批处理。

知识准备

7.5.1 认知固定资产清查

（一）固定资产清查目的

为了保障财产安全，充分挖掘企业现有固定资产的潜力，企业会定期（至少每年末）或不定期地对固定资产进行清查盘点，以确认是否账实一致。

（二）固定资产清查结果

在固定资产清查过程中，如发现盘盈或盘亏的情况，要填写固定资产盘盈盘亏报告表，由董事会、经理（厂长）会议或类似有管理权限的机构批准处理意见，在期末结账前处理完毕。

（1）固定资产盘盈，是指在清查中发现账面上没有记载某项固定资产，但其实物存在。

（2）固定资产盘亏，是指在清查中发现账面上记载了某项固定资产，但其实物已不存在。

7.5.2 记录固定资产清查

（一）固定资产盘盈的业务节点与账务处理

企业在财产清查中盘盈的固定资产，根据《企业会计准则第 28 号——会计政策、会计估计变更和差错更正》的规定，应当作为重要的前期差错进行会计处理，企业在财产清查中盘盈的固定资产，在按管理权限报经批准前，应先通过“以前年度损益调整”科目核算。盘盈的固定资产应按重置成本确定其入账价值。固定资产盘盈的业务节点与账务处理见表 7－9。

表 7－9　　固定资产盘盈的业务节点与账务处理表

业务节点	原始单据	账务处理
发生固定资产盘盈时	固定资产盘盈盘亏报告表	借：固定资产 　贷：以前年度损益调整
批准处理	按管理权限批准处理的固定资产盘盈盘亏报告表	借：以前年度损益调整 　贷：盈余公积 　　利润分配——未分配利润

（二）固定资产盘亏的业务节点与账务处理

对于盘亏的固定资产，在按管理权限报经批准前，将固定资产的账面价值转入“待处理财产损溢”科目，若是管理原因造成的盘亏，还需将固定资产净值对应的增值税进项税额转出。最终按批准意见进行处理，盘亏净损失记入营业外支出科目。账务处理见表 7－10。

表 7－10 固定资产盘亏的业务节点与账务处理表

业务节点	原始单据	账务处理
盘亏固定资产时	固定资产盘盈盘亏报告表	借：待处理财产损溢——待处理非流动资产损溢 累计折旧 固定资产减值准备 贷：固定资产
转出不可抵扣的进项税额	固定资产盘盈盘亏报告表（如果管理原因造成的固定资产盘亏，应转出不可抵扣的进项税额）	借：待处理财产损溢——待处理非流动资产损溢 贷：应交税费——应交增值税（进项税额转出）
批准处理	按管理权限批准处理的固定资产盘盈盘亏报告表	借：其他应收款 营业外支出——盘亏损失 贷：待处理财产损溢——待处理非流动资产损溢

【小贴士】

由于管理不善造成的固定资产盘亏，应按固定资产的净值乘以增值税税率转出不得抵扣的增值税。

不同财产物资盘亏、毁损的会计处理总结

项目	原因	处理
存货	计量差错、管理不善的净损失	计入管理费用
工程物资	建设期间盘亏、报废毁损的净损失	计入工程成本
	完工后发生盘亏、报废毁损的净损失	计入营业外支出
固定资产	当期清查中盘亏净损失	计入营业外支出
上述资产	自然灾害等意外净损失	计入营业外支出

（注：详见任务实施 7－14、任务实施 7－15）

【小链接】

在会计师事务所工作，入职第一天就会发放笔记本电脑，无论是在公司办公、在家办公、外出审计都很方便。笔记本电脑作为电子产品，更新换代很快，一般折旧年限为 3 年，但实际使用时间往往长于 3 年，企业从节省成本的角度不会频繁购置新电脑。那么问题来了，已在事务所工作 3 年以上的人员，由于日夜相伴，会产生这是自己笔记本的感觉，而且会计核算方面，这台笔记本电脑已提足折旧，账面价值为 0，对企业似乎没有价值，是否可以认为笔记本属于自己了呢？答案是 NO！离职时一定要归还，否则可能会面临诉讼哦。

任务实施

任务实施 7－14　固定资产盘盈的核算

江苏天润机械有限公司为增值税一般纳税人，2020 年 12 月在财产清查中发现，2018 年 12 月购入的一台设备尚未入账，重置成本为 200 000 元。假定江苏天润机械有限公司按净利润的 10% 提取法定盈余公积，不考虑相关税费及其他因素的影响。

步骤一：收集整理审核固定资产盘盈盘亏报告表，按重置成本增加固定资产，对应科目以前年度损益调整。

借：固定资产　　200 000

　　贷：以前年度损益调整　　200 000

步骤二：收集整理审核固定资产盘盈盘亏批准处理报告表，对批准的固定资产盘盈业务进行账务处理。

借：以前年度损益调整　　200 000

　　贷：盈余公积　　20 000

　　　　利润分配——未分配利润　　180 000

任务实施 7－15　固定资产盘亏的核算

江苏天润机械有限公司为增值税一般纳税人，2020 年 12 月进行财产清查时发现盘亏设备一台，其账面原价为 50 000 元，已提折旧 15 000 元，设备已提减值准备为 5 000 元，购入时增值税额为 8 500 元。经查明原因，应由责任人赔偿 4 000 元，其余由单位承担。

步骤一：收集整理审核固定资产盘盈盘亏报告表，按固定资产的账面价值转入待处理财产损溢。

借：待处理财产损溢　　30 000

　　累计折旧　　15 000

　　固定资产减值准备　　5 000

　　贷：固定资产　　50 000

步骤二：对转出不得抵扣的进项税额业务进行确认、计量、记录。

固定资产净值率 =（50 000 － 15 000）/50 000 × 100% = 70%

应转出增值税进项税额 = 8 500 × 70% = 5 950（元）

借：待处理财产损溢　　5 950

　　贷：应交税费——应交增值税（进项税额转出）　　5 950

步骤三：收集整理审核固定资产盘亏批准报告表，按批准意见结转待处理财产损溢，赔款记入其他应收款，净损失记入营业外支出。

借：其他应收款 4 000

营业外支出 31 950

贷：待处理财产损溢 35 950

7.6 确认、记录固定资产减值

任务导入

固定资产的初始入账价值是历史成本，由于固定资产使用年限较长，市场条件和经济环境的变化、科学技术的进步以及企业经营管理不善等原因，都可能导致固定资产创造未来经济利益的能力大大下降。因此，固定资产的真实价值可能低于账面价值，在期末应对固定资产减值损失进行确认。

知识准备

7.6.1 确认固定资产减值

固定资产在资产负债表日存在可能发生减值的迹象时，如固定资产发生损坏、技术陈旧或者其他经济原因，导致其可收回金额低于其账面价值，这种情况称之为固定资产减值。存在下列迹象的，表明资产可能发生了减值：

（一）资产的市价当期大幅度下跌，其跌幅明显高于因时间的推移或者正常使用而预计的下跌。

（二）企业经营所处的经济、技术或者法律等环境以及资产所处的市场在当期或者将在近期发生重大变化，从而对企业产生不利影响。

（三）市场利率或者其他市场投资报酬率在当期已经提高，从而影响企业计算资产预计未来现金流量现值的折现率，导致资产可收回金额大幅度降低。

（四）有证据表明资产已经陈旧过时或者其实体已经损坏。

（五）资产已经或者将被闲置、终止使用或者计划提前处置。

（六）企业内部报告的证据表明资产的经济绩效已经低于或者将低于预期，如资产所创造的净现金流量或者实现的营业利润（或者亏损）远远低于（或者高于）预计金额等。

（七）其他表明资产可能已经发生减值的迹象。

7.6.2 计量固定资产减值

固定资产发生减值时，其可收回金额低于账面价值的，企业应当将该固定资产的账面价值减记至可收回金额，减记的金额确认为减值损失，计入当期损益。

（一）可收回金额

可收回金额，是指公允价值减去处置费用后的净额与资产预计未来现金流量的现值两者之间较高者。处置费用，包括与资产处置有关的法律费用、相关税金、搬运费以及为使固定资产达到可销售状态所发生的直接费用等。

（二）固定资产账面价值

固定资产账面价值，是指固定资产成本扣减累计折旧和累计减值准备后的金额。

（三）固定资产减值损失

固定资产减值损失 = 固定资产账面价值 − 固定资产可收回金额

固定资产减值损失一经确认，不得转回。

7.6.3 记录固定资产减值

（一）科目设置

固定资产减值准备（1603）

1. 核算内容：用来核算固定资产发生减值时计提的减值准备。

2. 结构：贷方登记发生减值时计提的减值准备，借方登记资产处置时应结转的已计提减值准备。期末贷方余额，反映企业已计提但尚未转销的资产减值准备。

（二）固定资产减值的业务节点与账务处理

固定资产在资产负债表日存在可能发生减值的迹象时，其可收回金额低于账面价值的，企业应当将该固定资产的账面价值减记至可收回金额，减记的金额确认为减值损失，计入当期损益。固定资产减值的业务节点与账务处理见表 7－11。

表 7－11　　固定资产减值的业务节点与账务处理表

业务节点	原始单据	账务处理
确认固定资产减值	固定资产减值测试法	借：资产减值损失——计提固定资产减值准备 　　贷：固定资产减值准备

（注：详见任务实施 7－16）

任务实施

任务实施 7－16 固定资产减值的核算

江苏天润机械有限公司为增值税一般纳税人，2020 年 12 月 31 日该公司一条生产线存在可能发生的减值迹象。经计算，该生产线的可收回金额合计为 1 000 000 元，原值 2 000 000 元，已计提折旧 800 000 元。

步骤一：计算固定资产减值金额。

生产线计提减值准备前账面价值 = 2 000 000 － 800 000 = 1 200 000（元）

生产线应计提减值准备 = 1 200 000 － 1 000 000 = 200 000（元）

步骤二：对固定资产计提减值准备业务进行账务处理。

借：资产减值损失——计提固定资产减值准备　　200 000

　　贷：固定资产减值准备　　200 000

［扫一扫］

企业会计准则——固定资产

职业能力训练

7.1 记录固定资产的增加

一、单项选择能力训练

1. 下列各项中，不属于固定资产特征的是（　　）。

A. 是为生产商品、提供劳务、出租或经营管理而持有

B. 属于非流动资产

C. 使用寿命超过一个会计年度

D. 持有的目的是为了出售

2. 甲公司为增值税一般纳税人，2020 年 4 月 3 日外购一台不需安装的生产设备，取得增值税专用发票注明的价款为 500 万元，增值税税额为 65 万元，支付运费取得增值税专用发票注明的运费为 10 万元，增值税税额为 0.6 万元，支付保险费取得增值税专用发票注明的保险费为 2 万元，增值税税额为 0.12 万元，支付专业人员服务费 10 万元，专业人员培训费 3.5 万元，则固定资产的入账金额为（　　）万元。

A. 611.72　　B. 515.5　　C. 512　　D. 522

3. 某企业为增值税一般纳税人，自建厂房过程中耗用工程物资的实际成本为 8 000 000 元；在建工程人员薪酬 900 000 元；领用本企业生产经营用材料 100 000 元，该批材料增值税为 13 000 元。该厂房完工后，其入账价值为（　　）万元。

A. 8 000 000　　B. 8 900 000　　C. 9 000 000　　D. 9 013 000

4. 企业接受投资者投入的一项固定资产，应按（　　）作为入账价值。

A. 投资合同或协议约定的价值　　B. 投资方的账面原值

C. 公允价值　　D. 投资方的账面价值

二、多项选择能力训练

1. 下列项目中，应计入固定资产价值的是（　　）。

A. 购置固定资产时发生的运杂费

B. 增值税一般纳税人为取得固定资产而支付的可以抵扣的增值税

C. 增值税小规模纳税人为取得固定资产而支付的增值税

D. 为建造固定资产发生的建造费用

2. 下列税金中，应该计入固定资产入账价值的有（　　）。

A. 进口固定资产支付的关税　　B. 契税

C. 耕地占用税　　D. 车辆购置税

3. 2020 年 9 月 20 日，某增值税一般纳税人购入甲、乙、丙三项未单独标价的不需安装生产用设备，共支付价款 470 万元，增值税进项税额 61.1 万元，相关运杂费 10 万元（不考虑增值税进项税额），上述款项均以银行存款支付。三项固定资产公允价分别为 180 万元，200 万元和 120 万元。下列说法正确的有（　　）。

A. 甲设备入账价值为 169.2 万元　　B. 甲设备入账价值为 172.8 万元

C. 乙设备入账价值为 192 万元　　D. 丙设备入账价值为 115.2 万元

三、判断能力训练

（　　）1. 企业购入需安装的固定资产时，应在购入的固定资产取得成本的基础上加上安装调试成本作为固定资产的入账成本。

（　　）2. 企业采用出包方式进行固定资产工程，支付给建造承包商的工程价款作为工程成本，通过“在建工程”科目核算。

四、应用能力实训

【实训一】

【实训目的】掌握购入需安装固定资产业务的账务处理。

【实训资料】江苏天润机械有限公司 2020 年 12 月 15 日向江苏泽伟机械有限公司购入一台需要安装的设备，增值税发票上注明的价款为 900 000 元，增值税为 117 000 元；安装过程中支付安装费 50 000 元，增值税额 4 500 元，上述款项已开出转账支票支付；

2020 年 12 月 31 日，该设备安装完成达到预定可使用状态。

【实训要求】根据上述资料编制相关会计分录。

【实训二】

【实训目的】掌握自营建造不动产业务的账务处理。

【实训资料】江苏天润机械有限公司采用自营方式建造厂房一幢，2019 年至 2020 年发生有关业务如下：

（1）2019 年 7 月 2 日，购入为工程准备的各种物资 10 000 000 元，支付的增值税税额 1 300 000 元。

（2）2019 年 7 月 10 日，实际领用上述全部工程物资。

（3）2019 年 12 月 20 日，领用了企业生产用的原材料一批，实际成本为 200 000 元，增值税税率为 13%。

（4）2019 年 12 月 30 日，计提工程应负担的工程人员薪酬为 300 000 元。

（5）2020 年 5 月 31 日，领用本企业生产的产品一批，实际成本为 500 000 元，该批产品所包含的进项税额 52 000 元。

（6）2020 年 6 月 30 日，厂房达到要使用状态并交付使用。

【实训要求】根据上述资料编制相关会计分录。

7.2 计量、记录固定资产损耗

一、单项选择能力训练

1. 企业计算固定资产折旧时，不考虑的因素有（　　）。

A. 固定资产预计使用年限　　B. 固定资产取得时的原始价值

C. 固定资产净残值　　D. 固定资产使用部门

2. 某企业 2020 年 10 月 2 日购入一台不需用安装的设备，支付的价款为 200 000 元，则该固定资产开始折旧的时间是（　　）。

A. 2020 年 12 月　　B. 2020 年 10 月　　C. 2020 年 11 月　　D. 2021 年 1 月

3. 下列各项中，车间管理用房屋计提的折旧费应记入的会计科目是（　　）。

A. 财务费用　　B. 制造费用　　C. 生产成本　　D. 管理费用

4. 某项固定资产原值 900 000 元，预计净残值 30 000 元，预计使用 5 年，采用年数总和法第 2 年应提折旧额为（　　）。

A. 232 000　　B. 290 000　　C. 174 000　　D. 240 000

5. 企业有设备一台，原价 900 000 元，预计净残值 30 000 元，预计可使用年限 5 年。按双倍余额递减法计提折旧，则第 2 年应计提折旧为（　　）元。

A. 348 000　　B. 360 000　　C. 216 000　　D. 208 800

6. 双倍余额递减法和年数总和法这两种固定资产累计折旧的方法的共同点有（　　）。

A. 每期折旧额相同　　B. 每期折旧率相同

C. 前期折旧高，后期折旧低　　D. 不考虑净残值

二、多项选择能力训练

1. 影响固定资产折旧的因素主要有（　　）。

A. 固定资产原值　　B. 固定资产的使用年限

C. 固定资产的净残值　　D. 固定资产减值准备

2. 企业的下列固定资产中，应计提折旧的有（　　）。

A. 提前报废的设备　　B. 出租的设备

C. 当月出售的固定资产　　D. 未使用的固定资产

3. 下列各项中，关于企业固定资产折旧方法的表述正确的有（　　）。

A. 双倍余额递减法在折旧初期不需要考虑固定资产的预计净残值

B. 年限平均法需要考虑固定资产的预计净残值

C. 年数总和法不需要考虑固定资产的预计净残值

D. 年数总和法计算的固定资产折旧额逐年递减

三、判断能力训练

（　　）1. 已提足折旧的固定资产，无论是否继续使用，均不再提取折旧；提前报废的固定资产，也不再补提折旧。

（　　）2. 加速折旧是通过缩短折旧年限，从而达到加速折旧的目的。

四、应用能力实训

【实训目的】掌握固定资产增加的核算及折旧计算的方法。

【实训资料】江苏天润机械有限公司为增值税一般纳税人，增值税税率为13%。2020年发生固定资产业务如下：

（1）1月20日，企业管理部门购入一台不需安装的A设备，取得的增值税专用发票上注明的设备价款为550万元，增值税为71.5万元，另发生运输费50万元，运费增值税4.5万元，款项均以银行存款支付。

（2）A设备经过调试后，于1月22日投入使用，预计使用10年，净残值为30万元，决定采用双倍余额递减法计提折旧。

（3）7月15日，企业生产车间购入一台需要安装的B设备，取得的增值税专用发票上注明的设备价款为990万元，增值税为128.7万元，另发生保险费7万元，保险费增值税为0.42万元，款项均以银行存款支付。

（4）8月19日，将B设备投入安装，以银行存款支付安装费3万元，安装费增值税0.27万元。B设备于8月25日达到预定使用状态，并投入使用。

（5）B设备采用工作量法计提折旧，预计净残值为50万元，预计总工时为5万小时。9月，B设备实际使用工时为720小时。

假设上述资料外，不考其他因素。

【实训要求】

（1）编制甲企业2020年1月20日购入A设备的会计分录。

（2）计算甲企业2020年2月A设备的折旧额并编制会计分录。

（3）编制甲企业2020年7月15日购入B设备的会计分录。

（4）编制甲企业2020年8月安装B设备及其投入使用的会计分录。

（5）计算甲企业2020年9月B设备的折旧额并编制会计分录。

（答案中的金额单位用“万元”表示）

7.3 确认、记录固定资产后续支出

一、单项选择能力训练

1. 某企业扩建一条生产线，该生产线原价为1 000万元，已提折旧300万元，扩建生产线发生相关支出800万元，且满足固定资产确认条件，不考虑其他因素，该生产线扩建后的入账价值为（ ）万元。

A. 1 800 B. 800 C. 1 000 D. 1 500

2. 某企业对生产设备进行改良，发生资本化支出共计45万元，被替换旧部件的账面价值为10万元。该设备原价为500万元，已计提折旧300万元。不考虑其他因素，该设备改良后的入账价值为（ ）万元。

A. 200 B. 235 C. 245 D. 190

3. 企业车间使用的固定资产发生的修理费应记入的会计科目是（ ）。

A. 管理费用 B. 制造费用 C. 生产成本 D. 销售费用

4. 拆除被替换设备账面价值，编制会计分录正确的是（ ）。

A. 借记“在建工程”，贷记“营业外收入”

B. 借记“在建工程”，贷记“营业外支出”

C. 借记“营业外支出”，贷记“在建工程”

D. 借记“管理费用”，贷记“在建工程”

二、多项选择能力训练

1. 固定资产的后续支出，可能记入的会计科目有（ ）。

A. 在建工程 B. 制造费用 C. 管理费用 D. 销售费用

2. 下列各项中，关于企业固定资产的会计处理表述正确的有（ ）。

A. 固定资产日常修理费用计入固定资产成本

B. 提前报废的固定资产不再补提折旧

C. 专设销售机构的固定资产发生的不应资本化的后续支出计入销售费用

D. 专设销售机构的固定资产发生的不应资本化的后续支出计入管理费用

三、判断能力训练

(　　) 1. 一切为固定资产发生的后续支出均应计入固定资产的成本。

(　　) 2. 企业将发生的固定资产后续支出计入固定资产成本的，应当终止确认被替换部分的价值。

(　　) 3. 企业生产车间发生的固定资产日常修理费，应作为制造费用核算。

四、应用能力实训

【实训目的】掌握固定资产资本化后续支出的账务处理。

【实训资料】2020 年 12 月江苏天润机械有限公司对生产线进行更新改造：

该生产线原值 10 000 000 元，已计提折旧 4 000 000 元；改造中以银行存款支付更新改造支出 2 800 000 万元，增值税税额 364 000 元；分配更新改造工程人员薪酬 200 000 元；改造过程中拆除替换设备账面价值 150 000 元；2020 年 12 月 31 日，该生产线改造完成达到预定可使用状态。

【实训要求】根据上述资料编制相关会计分录。

7.4　确认、记录固定资产处置

一、单项选择能力训练

1. 下列项目中，不属于"固定资产清理"账户的核算内容包括（　　）。

A. 固定资产报废　　B. 固定资产出售

C. 固定资产盘盈　　D. 固定资产毁损

2. 企业报废某项固定资产清理结束后，应将净损失转入（　　）科目。

A. 管理费用　　B. 资产处置损益

C. 营业外支出　　D. 营业外收入

3. "固定资产清理"账户的借方登记的项目有（　　）。

A. 残值变价收入　　B. 出售固定资产的价格

C. 结转的清理净收益　　D. 结转的清理净损失

4. 某公司出售专用设备一台，取得价款 30 万元，增值税销项税额 3.9 万元，发生清理费 5 万元、增值税 0.45 万元，该设备的账面价值为 22 万元，不考虑其他因素，下列各项中，关于此项交易净损益会计处理结果表述正确的是（　　）。

A. 营业外支出增加 37 万元　　B. 资产处置损益贷方增加 3 万元

C. 营业外收入增加 3 万元　　D. 资产处置损益借方增加 3 万元

5. 某公司因火灾毁损了一批设备，其账面原值为 100 000 元，已提折旧 60 000 元，支付清理费 8 000 元，保险公司赔款 20 000 元，设备残值变价收入 10 000 元，增值税销项税额 1 300 元。计入“营业外支出”科目的数额为（　　）万元。

A. 58 000　　B. 18 000　　C. 28 000　　D. 64 000

二、多项选择能力训练

1. 下列业务中通过“固定资产清理”科目核算的有（　　）。

A. 固定资产清查　　B. 固定资产报废

C. 固定资产损毁　　D. 固定资产对外投资

2. “固定资产清理”科目贷方登记的项目有（　　）。

A. 出售固定资产的价款　　B. 变价收入

C. 支付的清理费用　　D. 应由保险公司或过失人赔偿的损失

三、判断能力训练

（　　）1. 企业生产经营期间发生的固定资产出售、报废、毁损形成的净损失，应该直接计入当期损益通过管理费用核算。

（　　）2. 企业出售固定资产产生的净损失应记入“营业外支出”科目。

（　　）3. 企业报废固定资产产生的净损失应记入“营业外支出”科目。

四、应用能力实训

【实训一】

【实训目的】掌握固定资产出售业务的账务处理。

【实训资料】江苏天润机械有限公司 2020 年 11 月发生如下经济业务：

（1）11 月 3 日准备出售一座建筑物，原价为 5 000 000 元，累计折旧为 2 000 000 元，将该固定资产转入清理。

（2）11 月 15 日将建筑物出售给江苏贸通公司，出售价格为 3 500 000 元，增值税率 9%，增值税额为 315 000 元，价款及增值税收到已存入银行。

（3）11 月 6 日以银行存款支付其他相关税费 20 000 元，增值税 1 800 元。

（4）11 月 30 日该建筑物清理完毕，结转处置利得或损失。

【实训要求】根据上述资料编制相关会计分录。

【实训二】

【实训目的】掌握固定资产取得、计提折旧、发生日常修理费用以及毁损业务的账务处理

【实训资料】江苏天润机械有限公司为增值税一般纳税人，2019 年至 2020 年发生相关经济业务如下：

（1）2019 年 6 月 1 日，购进一台生产用设备并交付生产部门使用，取得的增值税专用发票上注明的价款为 950 000 元，增值税税额为 123 500 元，发票已通过税务机关认证，全部款项已通过银行存款支付，该设备预计使用年限为 10 年、预计净残值为 5 万元，采用直线法计提折旧。

（2）2020年8月，企业对该设备进行日常维修，发生不含税维修费用5 000元，增值税650元。

（3）2020年12月，该设备因遭受自然灾害发生严重毁损，企业支付不含税清理费用10 000元，增值税额为900元；经保险公司核定应赔偿损失300 000元。该设备未存在减值迹象，至当年末，该设备于2020年12月31日清理完毕。

【实训要求】根据以上资料分别进行会计处理，具体要求如下：

（1）对2019年6月1日购入设备进行账务处理。

（2）计算2019年7月应计提折旧并进行账务处理。

（3）对2020年8月对该设备进行日常维修进行账务处理。

（4）对2020年12月毁损该设备进行账务处理。

7.5 记录固定资产清查

一、单项选择能力训练

1. 企业进行财产清查时盘亏设备一台，其账面原值25 000元，已提取折旧18 000元，假设不考虑其他因素，则应记入“待处理财产损溢”科目的金额是（　　）元。

A. 7 000　　B. 12 000　　C. 25 000　　D. 30 000

2. 企业盘亏的固定资产，扣除保险公司或过失人赔偿后的净损失，应转入的科目是（　　）。

A. 其他业务收入　　B. 营业外支出

C. 资本公积　　D. 营业外收入

3. 2020年12月进行财产清查时发现盘亏设备一台，其账面原价为100 000元，已提折旧40 000元，该设备购入时增值税额为13 000元。经查盘亏的原因是由于保管不善造成，盘亏时应转出增值税额为（　　）元。

A. 5 200　　B. 7 800　　C. 13 000　　D. 113 000

4. 企业盘盈的固定资产，应根据（　　）入账。

A. 历史成本　　B. 可变现净值　　C. 重置成本　　D. 公允价值

二、多项选择能力训练

1. 下列业务中通过“待处理财产损溢”科目核算的有（　　）。

A. 存货盘亏　　B. 固定资产报废　　C. 存货损毁　　D. 固定资产盘亏

2. 下列关于固定资产清查中说法正确的有（　　）。

A. 固定资产盘亏审批前应通过“待处理财产损溢”科目核算

B. 发现固定资产盘亏直接计入“营业外支出”科目

C. 固定资产盘盈应当作为重要的前期差错进行会计处理，企业在财产清查中盘盈的固定资产，在按管理权限报经批准前，应先通过“以前年度损益调整”科目核算

D. 固定资产盘盈批准处理时，借记“以前年度损益调整”科目，贷记“盈余公积”“利润分配”科目

三、判断能力训练

1. 企业盘盈固定资产应通过“待处理财产损溢”科目核算。(　　)

2. 企业盘盈固定资产应通过“以前年度损益调整”科目核算。(　　)

四、应用能力实训

【实训目的】掌握固定资产盘亏业务的账务处理。

【实训资料】2020 年 11 月 25 日，江苏天润机械有限公司财产清查中发现盘亏一台设备，其原价为 200 000 元，已提折旧 80 000 元，该设备购入时已抵扣增值税额为 26 000 元。11 月 30 日，盘亏设备的原因查明，经有关机构批准后，责成过失人赔偿 20 000 元，其余部分转入营业外支出。

【实训要求】根据上述资料编制相关会计分录。

7.6 确认、记录固定资产减值

一、单项选择能力训练

1. 企业某项固定资产，其账面原值 250 000 元，已提取折旧 180 000 元，可收回金额 50 000 元，假设该固定资产未计提过减值准备，则应对该固定资产计提减值准备的金额是（　　）元。

A. 70 000　　B. 20 000　　C. 50 000　　D. 130 000

2. 企业某项固定资产，其账面原值 250 000 元，已提取折旧 180 000 元，可收回金额 50 000 元，假设该固定资产原已计提减值准备 5 000 元，则应对该固定资产计提减值准备的金额是（　　）元。

A. 15 000　　B. 20 000　　C. 50 000　　D. 125 000

二、多项选择能力训练

1. 下列业务中通过“资产减值损失”科目核算的有（　　）。

A. 对应收款项计提减值准备　　B. 对存货计提减值准备

C. 对固定资产计提减值准备　　D. 固定资产盘亏

2. 下列关于说法正确的有（　　）。

A. “资产减值损失”科目属于损益类账户

B. “资产减值损失”科目属于资产类账户

C. “固定资产减值准备”科目属于损益类账户

D. “固定资产减值准备”科目属于资产类账户

三、判断能力训练

1. 企业对固定资产计提减值准备后，以后可收回金额又回升的，计提的减值准备

可以转回。（　　）

2. 企业对固定资产计提减值准备，应借记“资产减值损失”科目核算。（　　）

四、应用能力实训

【实训目的】掌握固定资产减值准备的账务处理。

【实训资料】江苏天润机械有限公司为增值税一般纳税人，2020 年 12 月 31 日该公司一条生产线存在可能发生的减值迹象。经计算，该生产线的可收回金额合计为 1 500 000 元，原值 3 000 000 元，已计提折旧 800 000 元。

【实训要求】根据上述资料编制相关会计分录。

项目 8 记录其他资产 保护财产完整

项目导航

知识目标

- ◦了解投资性房地产、无形资产、长期待摊费用的概念、特征
- ◦理解投资性房地产、无形资产、长期待摊费用的确认条件、方法
- ◦掌握投资性房地产、无形资产、长期待摊费用的初始计量及核算方法
- ◦掌握投资性房地产、无形资产、长期待摊费用的后续计量及核算方法
- ◦熟悉投资性房地产、无形资产的处置及期末计价

能力目标

- ◦能说出投资性房地产、无形资产、长期待摊费用的概念并列举所包含的项目
- ◦能运用成本计价模式对投资性房地产进行会计核算
- ◦能对无形资产的取得、摊销、处置等业务环节进行会计核算
- ◦能对内部研发费用的业务进行会计核算

8.1 投资性房地产的核算

任务导入

随着我国社会主义市场经济的发展，房地产业日益活跃，企业除了用于自身经营管理需要的房产外，还出现了将房地产出租用于赚取租金或资本增值的活动，对于持有的、用于不同用途的房屋建筑物，在会计上我们应该如何区分？又应该如何核算呢？

知识准备

8.1.1 确认投资性房地产

房地产是土地和房屋及其权属的总称。投资性房地产，是指为赚取租金或资本增值，或两者兼而有之而持有的房地产。实质上是一种让渡资产使用权的行为。主要包括已出租的土地使用权、持有并准备增值后转让的土地使用权和已出租的建筑物。

（一）会计准则界定的投资性房地产的范围

1. 属于投资性房地产的项目

（1）已出租的土地使用权。

已出租的土地使用权，是指企业以经营租赁方式出租的土地使用权，包括自行开发完成后用于出租的土地使用权。

（2）持有并准备增值后转让的土地使用权。

持有并准备增值后转让的土地使用权，是指企业取得的、准备增值后转让的土地使用权（不包括按照国家有关规定认定的闲置土地）。

（3）已出租的建筑物。

已出租的建筑物，是指企业拥有产权的、以经营租赁方式出租的建筑物，包括自行建造或开发活动完成后用于出租的建筑物。

2. 不属于投资性房地产的项目

（1）自用房地产。

自用房地产，即为生产商品、提供劳务或者经营管理而持有的房地产，包括自用建筑物（固定资产）和自用土地使用权（无形资产）。如企业的厂房、办公楼等。

（2）作为存货的房地产。

作为存货的房地产，通常指房地产开发企业在正常经营过程中销售的或为销售而正在开发的商品房和土地。

资产项目	一般企业	房地产企业
拥有的用于生产经营管理所需的厂房建筑物	固定资产	固定资产
拥有的用于生产经营管理所需的土地使用权	无形资产	无形资产
用于建造并对外出售的建筑物及其土地	—	开发产品
持有并准备增值后转让的土地使用权	投资性房地产	投资性房地产
已出租的土地使用权或建筑物	投资性房地产	投资性房地产

（二） 投资性房地产的确认条件

将某个项目确认为投资性房地产，首先应当符合投资性房地产的概念，其次要同时满足投资性房地产的两个确认条件：

（1）与该投资性房地产相关的经济利益很可能流入企业。

（2）该投资性房地产的成本能够可靠地计量。

【小贴士】

某房地产项目，部分用于赚取租金或资本增值，部分自用（即用于生产商品、提供劳务或经营管理），产权能够单独计量和出售的，应当分别确认为固定资产（或无形资产、存货）和投资性房地产。不能够单独计量和出售的、用于赚取租金或资本增值的部分，不能确认为投资性房地产。该项房地产自用的部分，以及不能单独计量和出售的、用于赚取租金或资本增值的部分，应当确认为固定资产或无形资产。产权能够单独计量和出售，一般是指可以划分成若干单元对外单独出售。

8.1.2 计量投资性房地产

（一） 投资性房地产的初始计量

投资性房地产应当按照成本进行初始计量，不同渠道和方式取得的投资性房地产成本构成如下：

1. 外购的投资性房地产

外购投资性房地产的成本，包括购买价款、相关税费和可直接归属于该资产的其他支出。

2. 自行建造的投资性房地产

企业自行建造的房地产，只有在自行建造活动完成（即达到预定可使用状态）的同时开始对外出租或用于资本增值，才能将自行建造的房地产确认为投资性房地产。自行建造投资性房地产的成本，由建造该项房地产达到预定可使用状态前发生的必要支出构成。

（二） 投资性房地产的后续计量

投资性房地产的后续计量，有成本和公允价值两种模式。通常应当采用成本模式计量，满足特定条件时可以采用公允价值模式计量。但是，同一企业只能采用一种模式对所有投资性房地产进行后续计量，不得同时采用两种模式。计量模式一经确定，不得随意变更。

在存在确凿证据表明投资性房地产的公允价值能够持续可靠取得且能够满足采用公允价值模式条件的情况下，才允许企业对投资性房地产从成本模式计量变更为公允价值模式计量。但已采用公允价值模式计量的投资性房地产，不得从公允价值模式转为成本模式。

8.1.3 记录投资性房地产

8.1.3.1 投资性房地产采用成本模式计量的业务节点与账务处理

（一） 科目设置

1. 投资性房地产（1521）

（1）定义：核算企业持有的投资性房地产的成本。

（2）性质：资产类。

（3）核算内容：借方登记增加的投资性房地产的成本，贷方登记减少的投资性房地产的成本。期末借方余额，反映企业采用成本模式计量的投资性房地产成本。

（4）明细分类账的设置：按照投资性房地产的项目设置明细账进行明细核算。

2. 投资性房地产累计折旧（摊销）（1522）

（1）定义：核算企业投资性房地产累计折旧（摊销）数，是投资性房地产的抵减项目，与固定资产的“累计折旧”类似。

（2）性质：资产类备抵科目。

（3）核算内容：贷方登记按规定计提的投资性房地产累计折旧（摊销）数，借方登记投资性房地产累计折旧（摊销）减少数。期末贷方余额，反映企业采用成本模式计量的投资性房地产的累计折旧（摊销）数。

（4）明细分类账的设置：按投资性房地产类别和项目设置明细账进行明细核算。

3. 投资性房地产减值准备（1523）

（1）定义：核算企业投资性房地产的减值，是“投资性房地产”的备抵账户，与“固定资产减值准备”类似。

（2）性质：资产类。

（3）核算内容：用于登记期末经过减值测试应当计提的投资性房地产减值数。

（二）投资性房地产核算的业务节点与账务处理（成本模式）

在成本模式下，企业取得投资性房地产时，按取得时的实际成本入账；后续计量应当按照固定资产或无形资产的有关规定，按期（月）对投资性房地产计提折旧或摊销；期末如果存在减值迹象，应当计提减值准备，已经计提减值准备的投资性房地产，其减值损失在以后的会计期间不得转回。采用成本模式进行后续计量的投资性房地产核算的业务节点与账务处理见表8－1。

表8－1 采用成本模式进行后续计量的投资性房地产核算的业务节点与账务处理表

业务节点		原始单据	账务处理
取得投资性房地产	外购或自行建造	房屋买卖合同、 经营租赁合同、 管理层决议书、 支付凭证等	借：投资性房地产 　　应交税费——应交增值税（进项税额） 　　贷：银行存款/在建工程/开发产品等
取得投资性房地产	自用建筑物或土地使用权转换而来	房屋买卖合同、 经营租赁合同、 管理层决议书、 支付凭证等	借：投资性房地产 　　累计折旧/累计摊销 　　固定资产减值准备/无形资产减值准备 　　贷：固定资产/无形资产 　　　　投资性房地产累计折旧（摊销） 　　　　投资性房地产减值准备
计提折旧（摊销）		投资性房地产累计折旧（摊销）计算表	借：其他业务成本 　　贷：投资性房地产累计折旧（摊销）
取得租金收入		经营租赁合同、 进账单	借：银行存款 　　贷：其他业务收入 　　　　应交税费——应交增值税（销项税额）
减值		关于减值的证明资料、 减值计算表	借：资产减值损失 　　贷：投资性房地产减值准备 注意：减值损失在以后的会计期间不得转回
处置投资性房地产	处置收到出售收入	房屋买卖合同、 出售发票、 收款单据进账单等	借：银行存款 　　贷：其他业务收入 　　　　应交税费——应交增值税（销项税额）
处置投资性房地产	结转处置成本	投资性房地产成本计算表、 折旧计算表、 减值计算表等	借：其他业务成本 　　投资性房地产累计折旧（摊销） 　　投资性房地产减值准备 　　贷：投资性房地产

（注：详见任务实施8－1、任务实施8－2）

8.1.3.2 投资性房地产采用公允价值模式计量的业务节点与账务处理

（一）采用公允价值模式计量的前提条件

投资性房地产的公允价值，是指在公平交易中，熟悉情况的当事人之间自愿进行房地产交换的价格，它应当反映资产负债表日的市场情况。

企业只有存在确凿证据表明投资性房地产的公允价值能够持续可靠取得，才可以采用公允价值模式对投资性房地产进行后续计量。企业一旦选择采用公允价值计量模式，就应当对其所有投资性房地产均采用公允价值模式进行后续计量。

采用公允价值模式进行后续计量的投资性房地产，应当同时满足下列条件：

1. 投资性房地产所在地有活跃的房地产交易市场；

2. 企业能够从活跃的房地产交易市场上取得同类或类似房地产的市场价格及其他相关信息，从而对投资性房地产的公允价值做出合理的估计。

（二）科目设置

1. 投资性房地产（1521）

（1）定义：核算采用公允价值模式进行后续计量的投资性房地产的成本。

（2）性质：资产类。

（3）明细分类账的设置：按“成本”“公允价值变动”设置明细账进行明细核算。

• 投资性房地产——成本，借方登记企业投资性房地产的取得成本，贷方登记投资性房地产处置时的结转成本。

• 投资性房地产——公允价值变动，借方登记资产负债表日其公允价值高于账面余额的差额，贷方登记资产负债表日其公允价值低于账面余额的差额，以及处置投资性房地产时结转公允价值变动。

2. 公允价值变动损益（6101）

（1）定义：核算采用公允价值模式进行后续计量的投资性房地产公允价值的变动情况。

（2）性质：损益类。

（3）核算内容：自用建筑物或土地使用权转换为投资性房地产的，转换日，公允价值低于账面价值的差额计入公允价值变动损益；投资性房地产采用公允价值模式进行后续计量的，资产负债表日，公允价值低于账面余额的差额借记“公允价值变动损益”，公允价值高于账面余额的差额贷记“公允价值变动损益”。处置时结转原转换日计入公允价值变动损益的金额。

3. 其他综合收益（4004）

（1）定义：核算采用公允价值模式进行后续计量的投资性房地产，转换日，公允价值高于账面价值的差额。

（2）性质：损益类。

（3）核算内容：自用建筑物或土地使用权转换为投资性房地产的，转换日，公允价值高于账面价值的差额计入其他综合收益，处置时结转原转换日计入其他综合收益的金额。

（三）投资性房地产核算的业务节点与账务处理（公允价值模式）

采用公允价值模式进行后续计量，不对投资性房地产计提折旧或摊销，也不计提减值准备。企业应当以资产负债表日投资性房地产的公允价值调整其账面价值，公允价值与原账面价值之间的差额计入当期损益。

采用公允价值模式进行后续计量的投资性房地产核算的业务节点包括从外部购建、从内部固定资产转换、收取租金、期末公允价值变动及出售处置等。账务处理见表8－2。

表8－2　采用公允价值模式进行后续计量的投资性房地产核算的业务节点与账务处理表

业务节点		原始单据	账务处理
取得投资性房地产	外购或自行建造	房屋买卖合同、 经营租赁合同、 管理层决议书、 支付凭证等	借：投资性房地产 　　应交税费——应交增值税（进项税额） 　　贷：银行存款/在建工程/开发产品等
取得投资性房地产	自用建筑物或土地使用权转换	房屋买卖合同、 经营租赁合同、 管理层决议书、 支付凭证等	借：投资性房地产——成本 　　累计折旧/累计摊销 　　固定资产减值准备/无形资产减值准备 　　公允价值变动损益［公允价值<账面价值的差额］ 　　贷：固定资产/无形资产 　　　　其他综合收益［公允价值>账面价值的差额］
公允价值变动	资产负债表日，投资性房地产公允价值大于原账面价值	公允价值变动计算表	借：投资性房地产——公允价值变动 　　贷：公允价值变动损益
公允价值变动	资产负债表日，投资性房地产公允价值小于原账面价值	公允价值变动计算表	借：公允价值变动损益 　　贷：投资性房地产——公允价值变动
取得租金收入		经营租赁合同、 进账单	借：银行存款 　　贷：其他业务收入 　　　　应交税费——应交增值税（销项税额）

续表

业务节点		原始单据	账务处理
处置投资性房地产	处置收到出售收入	房屋买卖合同、 出售发票、 收款单据进账单等	借：银行存款 　　贷：其他业务收入 　　　　应交税费——应交增值税（销项税额）
	结转处置成本、累计公允价值变动、其他综合收益	投资性房地产成本计算表、公允价值计算表等	借：其他业务成本 　　贷：投资性房地产——成本 　　　　——公允价值变动［或在借方］ 同时： 借［或贷］：公允价值变动损益 贷［或借］：其他业务成本 借：其他综合收益 　　贷：其他业务成本

（注：详见任务实施 8－3、任务实施 8－4）

【会税差异】

投资性房地产是会计上的一种定义，税法中并未将其单独列出，而是作为固定资产或者无形资产进行处理。投资性房地产的税会差异集中体现在公允价值模式的后续计量，因为税法只认可实际发生的支出或收益，不认可公允价值。当投资性房地产公允价值变动时，会计上计入当期损益，影响利润，但税法认为没有实际收付，不确认损益，因此应将公允价值变动金额做纳税调整。同时投资性房地产作为固定资产或者无形资产处理，理应按照税法规定计提折旧或者摊销进行税前扣除。因此还需将允许税前扣除的折旧调减应纳税所得额。

［扫一扫］

企业会计准则——投资性房地产

任务实施

任务实施 8－1　投资性房地产（成本模式计量）的核算

江苏天润机械有限公司对投资性房地产采用成本模式进行后续计量。2020 年 8

月，天润公司计划购入一栋写字楼用于对外出租。8月15日，天润公司与乙公司签订了经营租赁合同，约定自写字楼购买日起将这栋写字楼出租给乙公司，为期5年。

(1) 8月15日，天润公司实际购入写字楼，卖方开出增值税专用发票注明价款12 000 000元，增值税率9%，增值税额1 080 000元，款项用银行存款支付。

(2) 该写字楼按直线法计提折旧，使用寿命为20年，预计净残值为0，自2020年9月起，按月计提折旧。

(3) 按租赁合同，收到承租方每月支付给公司租金10万元，公司开出增值税专用发票，税率9%，款项存入银行。

(4) 2020年12月31日，该栋写字楼发生减值迹象，经减值测试，其可收回金额为1000万元。

步骤一：8月15日，收集整理审核购房合同、付款凭证等相关凭证，按取得成本增加投资性房地产。

借：投资性房地产——写字楼　　12 000 000

　　应交税费——应交增值税（进项税额）　　1 080 000

　　贷：银行存款　　13 080 000

步骤二：编制折旧计算表，确认、计量、记录投资性房地产的折旧。

9月应计提的折旧 = 12 000 000 ÷ 20 ÷ 12 = 50 000（元）

借：其他业务成本　　50 000

　　贷：投资性房地产累计折旧　　50 000

步骤三：收集整理审核租赁合同、银行收款通知，增加其他业务收入。

借：银行存款　　109 000

　　贷：其他业务收入　　100 000

　　　　应交税费——应交增值税（销项税额）　　9 000

步骤四：经过减值测试，编制减值计算表，将账面价值减记至可收回金额，确认资产减值损失，增加投资性房地产减值准备。

2020年12月31日该栋写字楼账面价值 = 12 000 000 − 50000 × 4 = 11 800 000（元）

该写字楼确认减值损失 = 11 800 000 − 10 000 000 = 1 800 000（元）

借：资产减值损失　　1 800 000

　　贷：投资性房地产减值准备　　1 800 000

任务实施8－2　出售投资性房地产（成本模式计量）的核算

江苏天润机械有限公司将其出租的一栋写字楼确认为投资性房地产，采用成本模式计量。2020 年 12 月 31 日租赁期满后，公司将该写字楼出售给甲公司，合同价款为 30 000 000 元，开出增值税专用发票，注明税率 9%，甲公司已用银行存款付清。出售时，该栋写字楼的成本为 28 000 000 元，已计提折旧 3000 000 元。

步骤一：租赁期满，出售投资性房地产，收集整理相关凭证，确认、计量、记录收取处置收入。

借：银行存款　　32 700 000

　　贷：其他业务收入　　30 000 000

　　　　应交税费——应交增值税（销项税额）　　2 700 000

步骤二：根据配比原则，将投资性房地产相关账户进行结转，账面价值转入其他业务成本。

借：其他业务成本　　25 000 000

　　投资性房地产累计折旧　　3 000 000

　　贷：投资性房地产——写字楼　　28 000 000

任务实施 8－3　投资性房地产（公允价值模式计量）的核算

甲公司为从事房地产经营开发的企业，对涉及投资性房地产采用公允价值模式进行后续计量，发生如下涉及投资性房地产的业务：

（1）2019 年 8 月，甲公司与乙公司签订租赁协议，约定甲公司开发的一栋精装修的写字楼于开发完成的同时开始租赁给乙公司使用，租赁期为 10 年。2019 年 10 月 1 日，该写字楼开发完成并开始出租，写字楼的造价为 90 000 000 元。由于该栋写字楼地处商业繁华区，所在城区有活跃的房地产交易市场，而且能够从房地产交易市场上取得同类房地产的市场报价，甲公司决定采用公允价值模式对该项出租的房地产进行后续计量。

（2）2019 年 12 月 31 日，该写字楼的公允价值为 92 000 000 元。

（3）2020 年 6 月 30 日，该写字楼的公允价值为 91 000 000 元。

步骤一：2019 年 10 月 1 日，收集整理审核租赁协议和相关单据，按公允价值确认投资性房地产。

借：投资性房地产——写字楼（成本）　　90 000 000

　　贷：开发产品　　90 000 000

步骤二：2019 年 12 月 31 日，编制公允价值计算表（计量），公允价值上升，增加投资性房地产账面价值。

借：投资性房地产——写字楼（公允价值变动）　　2 000 000

　　贷：公允价值变动损益　　2 000 000

步骤三：2020 年 6 月 30 日，编制公允价值计算表（计量），公允价值下降，减少投资性房地产账面价值。

借：公允价值变动损益　　1 000 000

　　贷：投资性房地产——写字楼（公允价值变动）　　1 000 000

任务实施 8－4　出售投资性房地产（公允价值模式计量）的核算

江苏天润机械有限公司将其出租的一栋写字楼确认为投资性房地产，采用公允价值模式计量。租赁期届满后，天润公司将该栋写字楼出售给乙公司，合同价款为 15 000 000 元，开出增值税专用发票，注明税率 9%，乙公司已用银行存款付清。出售时，该栋写字楼的成本为 12 000 000 元，公允价值变动为借方余额 1 000 000 元，原转换取得时确认的其他综合收益 300 000 元。

步骤一：租赁期满，出售投资性房地产，收集整理相关凭证，确认、计量、记录收取的处置收入。

借：银行存款　　16 350 000

　　贷：其他业务收入　　15 000 000

　　　　应交税费——应交增值税（销项税额）　　1 350 000

步骤二：根据配比原则，将投资性房地产相关账户进行结转，账面价值转入其他业务成本。

借：其他业务成本　　13 000 000

　　贷：投资性房地产——写字楼（成本）　　12 000 000

　　　　　　　　　　——写字楼（公允价值变动）　　1 000 000

步骤三：结转投资性房地产累计公允价值变动。

借：公允价值变动损益　　1 000 000

　　贷：其他业务成本　　1 000 000

步骤四：结转转换时的其他综合收益。

借：其他综合收益　　300 000

　　贷：其他业务成本　　300 000

8.2 无形资产和其他资产的核算

任务导入

在竞争日趋激烈的市场中，企业要立于不败之地，不仅要依靠产品、服务和精细化管理，更要掌握核心竞争力，要拥有自己的知识产权，也就是无形资产。所以会计人员也应掌握无形资产的相关知识及核算流程、账务处理。

知识准备

8.2.1 确认无形资产

（一）认知无形资产

1. 无形资产的概念

无形资产，是指企业拥有或控制的没有实物形态的可辨认非货币性资产。

2. 无形资产的特征

相对于其他资产，无形资产具有以下特征：

（1）无形资产不具有实物形态。

无形资产不具有实物形态，是无形资产区别于固定资产及其他有形资产的显著标志。

（2）无形资产具有可辨认性。

要作为无形资产核算，该资产必须是能够区别于其他资产可单独辨认的。

资产满足下列条件之一的，符合无形资产定义中的可辨认性标准：

- 能够从企业中分离或者划分出来，并能单独或者与相关合同、资产或负债一起，用于出售、转让、授予许可、租赁或交换。
- 源自合同性权利或其他法定权利，无论这些权利是否可以从企业或其他权利和义务中转移或分离（商誉的存在无法与企业自身分离，不具有可辨认性，不属于本节所指无形资产）。

（3）无形资产属于非货币性长期资产。

货币性资产，是指企业持有的货币资金和将以固定或可确定的金额收取的资产。无形资产能够在多个会计期间为企业带来经济利益，使用年限在一年以上，同时它不具有货币形态，因此说无形资产是一种非货币性的长期资产。

3. 无形资产的内容

无形资产通常包括专利权、非专利技术、商标权、著作权、特许权、土地使用权等。

（1）专利权。

专利权，是指国家专利主管机关依法授予发明创造专利申请人对其发明创造在法定期限内所享有的专有权利，包括发明专利权、实用新型专利权和外观设计专利权。它给予持有者独家使用或控制某项发明的特殊权利。一般而言，只有从外单位购入的专利或者自行开发并按法律程序申请取得的专利，才能作为无形资产管理和核算。

（2）非专利技术。

非专利技术，即专有技术，或技术秘密、技术诀窍，是指先进的、未公开的、未申请专利、可以带来经济效益的技术及诀窍。主要内容包括工业专有技术、商业（贸易）专有技术、管理专有技术等。企业的非专利技术，有些是自己开发研究的，有些是根据合同规定从外部购入的。如果是企业自己开发研究的，应将符合《企业会计准则第6号——无形资产》规定的开发支出资本化条件的，确认为无形资产。对于从外部购入的非专利技术，应将实际发生的支出予以资本化，作为无形资产入账。

（3）商标权。

商标，是用来辨认特定的商品或劳务的标记。商标权，是指专门在某类指定的商品或产品上使用特定的名称或图案的权利。企业自创的商标并将其注册登记，所花费用一般不大，是否将其资本化并不重要。广告费一般不作为商标权的成本，而是在发生时直接计入当期损益。如果企业购买他人的商标，一次性支出费用较大的，可以将其资本化，作为无形资产管理。这时，应根据购入商标的价款、支付的手续费及有关费用作为商标的成本。

（4）著作权。

著作权又称版权，指作者对其创作的文学、科学和艺术作品依法享有的某些特殊权利。著作权包括两方面的权利，即精神权利（人身权利）和经济权利（财产权利）。

（5）土地使用权。

土地使用权，是指国家准许某一企业或单位在一定期间内对国有土地享有开发、利用、经营的权利。企业取得土地使用权，应将取得时发生的支出资本化，作为土地使用权的成本，记入“无形资产”账户核算。

（6）特许权。

特许权，又称经营特许权、专营权，指企业在某一地区经营或销售某种特定商品的权利或是一家企业接受另一家企业使用其商标、商号、技术秘密等的权利。前者一般是由政府机构授权，准许企业使用或在一定地区享有经营某种业务的特权，如水、电、邮电通信等专营权、烟草专卖权等；后者指企业间依照签订的合同，有限期或无限期使用另一家企业的某些权利，如连锁店分店使用总店的名称等。

（二）无形资产的确认条件

无形资产应在符合无形资产定义的前提下，同时满足下列条件时才能予以确认。

1. 与该无形资产有关的经济利益很可能流入企业

如果某无形资产产生的经济利益很可能流入企业，并同时满足无形资产确认的其他条件，则企业应将其确认为无形资产。

2. 该无形资产的成本能够可靠地计量

满足资产的确认条件其中一项是成本能够可靠地计量。对于无形资产，这个条件更为重要。有一些项目能为企业创造经济利益，但有的创造过程中发生的支出却难以计量，这些项目就不能作为无形资产核算。

（注：详见任务实施 8－5）

8.2.2 计量无形资产

（一）无形资产的初始计量

无形资产应当按照成本进行初始计量。不同来源取得的无形资产，其成本构成也不尽相同。

1. 外购无形资产的成本

包括购买价款、相关税费以及直接归属于使该项资产达到预定用途所发生的其他支出。其中，相关税费不包括按照现行增值税制度规定，可以从销项税额中抵扣的增值税进项税额；直接归属于使该项资产达到预定用途所发生的其他支出，是指使无形资产达到预定用途所发生的专业服务费用、测试无形资产是否能够正常发挥作用的费用等。

2. 投资者投入无形资产的成本

应当按照投资合同或协议约定的价值确定，但合同或协议约定价值不公允的除外。

3. 自行研究开发无形资产

企业内部研究开发项目所发生的支出应区分研究阶段支出和开发阶段支出。关于研究阶段与开发阶段的具体划分，企业应当根据自身实际情况以及相关信息加以判断。

（1）研究阶段基本上是探索性的，是为进一步的开发活动进行资料及相关方面的准备，已经进行的研究活动将来是否会转入开发、开发后是否会形成无形资产等均具有较大的不确定性。考虑到研究阶段的探索性及其成果的不确定性，企业无法证明其能够带来未来经济利益的无形资产的存在，因此，对于企业内部研究开发项目，研究阶段的有关支出，应当在发生时全部费用化，计入当期损益（管理费用）。

（2）开发阶段应当是已完成研究阶段的工作，在很大程度上具备了形成一项新产品或新技术的基本条件。进入开发阶段后，如企业能证明开发支出符合无形资产的定义及相关确认条件的，则可将其确认为无形资产，否则应当计入当期损益（管理费用）。

在开发阶段，可将有关支出资本化计入无形资产的成本，但必须同时满足以下条件：

- 完成该无形资产以使其能够使用或出售在技术上具有可行性。
- 具有完成该无形资产并使用或出售的意图。
- 无形资产产生经济利益的方式，包括能够证明运用该无形资产生产的产品存在市场或无形资产自身存在市场，无形资产将在内部使用的，应当证明其有用性。
- 足够的技术、财务和其他资源支持，以完成该无形资产的开发，并有能力使用或出售该无形资产。
- 归属该无形资产开发阶段的支出能够可靠计量。如无法区分研究阶段和开发阶段的支出，应当在发生时作为管理费用，全部计入当期损益。

（二）无形资产的后续计量

1. 估计无形资产的使用寿命

企业应当于取得无形资产时分析判断其使用寿命。无形资产的使用寿命如为有限的，应当估计该使用寿命的年限或者构成使用寿命的产量等类似计量单位数量；无法预见无形资产为企业带来经济利益期限的，应当视为使用寿命不确定的无形资产。

2. 无形资产使用寿命的确定

无形资产使用寿命的确定方法如下：

（1）源自合同性权利或其他法定权利取得的无形资产，其使用寿命不应超过合同性权利或其他法定权利的期限。

（2）没有明确的合同或法律规定的无形资产，企业应当综合各方面情况，如聘请相关专家进行论证或与同行业的情况进行比较以及企业的历史经验等，来确定无形资产为企业带来未来经济利益的期限，如果经过这些努力确实无法合理确定无形资产为企业带来经济利益的期限，再将其作为使用寿命不确定的无形资产。

（3）使用寿命不确定的无形资产，不符合以上两条的无形资产，视为使用寿命不确定的无形资产。

【小贴士】

无形资产的使用寿命包括法定寿命和经济寿命两个方面，有些无形资产的使用寿命受法律、规章或合同的限制，称为法定寿命。如我国法律规定发明专利权有效期为20年，商标权的有效期为10年。有些无形资产如永久性特许经营权、非专利技术等的寿命则不受法律或合同的限制。经济寿命是指无形资产可以为企业带来经济利益的年限。由于受技术进步、市场竞争等因素的影响，无形资产的经济寿命往往短于法定寿命，因此，在估计无形资产的使用寿命时，应当综合考虑各方面相关因素的影响，合理确定无形资产的使用寿命。

3. 使用寿命有限的无形资产计提摊销

使用寿命有限的无形资产，应在其预计的使用寿命内采用系统合理的方法对应摊销金额进行摊销。

（1）应摊销金额。

它是指无形资产的成本扣除残值后的金额。已计提减值准备的无形资产，还应扣除已计提的无形资产减值准备累计金额。使用寿命有限的无形资产，其残值一般应视为零。

（2）摊销期和摊销方法。

无形资产的摊销期自其可供使用（即其达到预定用途）时起至终止确认时止，与固定资产计提折旧不一样，无形资产当月增加，当月开始摊销；当月减少，当月不再摊销。在无形资产的使用寿命内系统地分摊其应摊销金额，存在多种方法。这些方法包括直线法、生产总量法等。企业选择的无形资产摊销方法，应当能够反映与该项无形资产有关的经济利益的预期实现方式，并一致地运用于不同会计期间；无法可靠确定其预期实现方式的，应当采用直线法进行摊销。

4. 使用寿命不确定的无形资产计提减值

对于使用寿命不确定的无形资产，在持有期间不需要进行摊销，但应当在每个会计期间进行减值测试。如经减值测试表明已发生减值，则需要计提相应的减值准备。

企业无形资产减值损失一经确认，在以后会计期间不得转回。同时，企业至少应当于每年年度终了，对无形资产的使用寿命及摊销方法进行复核，如果有证据表明无形资产的使用寿命及摊销方法不同于以前的估计，如由于合同的续约或无形资产应用条件的改善，延长了无形资产的使用寿命，则对于使用寿命有限的无形资产，应改变其摊销年限及摊销方法并按照会计估计变更进行处理。对于使用寿命不确定的无形资产，如果有证据表明其使用寿命是有限的，则应视为会计估计变更，应当估计其使用寿命并按照使用寿命有限的无形资产的处理原则进行处理。

8.2.3 记录无形资产

8.2.3.1 无形资产取得的业务节点与账务处理

（一）科目设置

1. 无形资产（1701）

（1）定义：核算企业持有的无形资产成本。

（2）性质：资产类。

（3）核算内容：借方登记取得无形资产的成本，贷方登记处置或转出无形资产的账面余额。期末借方余额，反映企业无形资产的成本。

（4）明细分类账的设置：按无形资产项目设置明细账进行明细核算。

2. 研发支出（5301）

（1）定义：核算企业研究与开发无形资产过程中发生的各项支出。

（2）性质：成本类。

（3）核算内容：借方登记企业无形资产研究开发过程中费用的增加，贷方登记期末结转减少数。

（4）明细分类账的设置：按“费用化支出”与“资本化支出”设置明细账进行明细核算。

（二）无形资产取得时的初始计量

无形资产取得的业务一般分为外购和自行开发。账务处理见表8-3。

表8-3　　无形资产的业务节点与账务处理表

业务节点		原始单据	账务处理
外购无形资产		购买协议、 支付凭证	借：无形资产 应交税费——应交增值税（进项税额） 贷：银行存款
自行开发无形资产	发生各项研发支出	开发人员工资表、 费用报销凭证、 付款单据、 采购材料发票	借：研发支出——费用化支出 ——资本化支出 贷：原材料/银行存款/应付职工薪酬
	研发项目形成无形资产	满足无形资产资本化条件的证明资料	借：无形资产 贷：研发支出——资本化支出
	期（月）末结转费用化研发支出	不符合资本化条件的支出单据	借：管理费用 贷：研发支出——费用化支出

（注：详见任务实施8-6）

8.2.3.2 无形资产持有（使用）期间的业务节点与账务处理

（一）科目设置

1. 累计摊销（1702）

（1）定义：核算企业对使用寿命有限的无形资产计提的累计摊销。

（2）性质：资产类，是无形资产的备抵科目。

（3）核算内容：贷方登记企业按期（月）计提无形资产的摊销额，借方登记处置或转出无形资产的累计摊销额。期末贷方余额，反映企业无形资产的累计摊销额。

2. 无形资产减值准备（1703）

（1）定义：用来核算无形资产发生减值时计提的减值准备。

（2）性质：资产类，是无形资产的备抵科目。

(3) 核算内容：贷方登记发生减值时计提的减值准备，借方登记资产处置时应结转的已计提减值准备。期末贷方余额，反映企业已计提但尚未转销的无形资产减值准备。

（二） 使用寿命确定的无形资产持有（使用）期间的业务节点与账务处理

无形资产的摊销额一般应当计入当期损益。如果无形资产在资产负债表日存在可能发生减值的迹象时，其可收回金额低于账面价值的，企业应当将该无形资产的账面价值减记至可收回金额，减记的金额确认为减值损失，计入当期损益，同时计提相应的资产减值准备。其业务节点与账务处理见表8－4。

表8－4　　无形资产摊销的业务节点与账务处理表

业务节点	原始单据	账务处理
月末，计提无形资产摊销	无形资产摊销计算表	借：管理费用［企业管理使用无形资产］ 　　制造费用［生产产品使用无形资产］ 　　其他业务成本［出租的无形资产］ 　　贷：累计摊销
月末，计提无形资产减值准备	无形资产减值准备计息表	借：资产减值损失——计提无形资产减值准备 　　贷：无形资产减值准备

（注：详见任务实施8－7）

（三） 使用寿命不确定的无形资产会计核算

对于使用寿命不确定的无形资产，在持有期间不需要进行摊销，但应当在每个会计期间进行减值测试。如经减值测试表明已发生减值，则需要计提相应的减值准备。账务处理同上。

8.2.3.3　无形资产处置的会计核算

无形资产的处置，主要是指无形资产出售、对外捐赠、出租，或者是无法为企业带来经济利益时，应予以终止确认并转销。

企业出售某项无形资产，表明企业放弃该无形资产的所有权，应将所取得的价款与该无形资产账面价值（成本减去累计摊销和已计提的减值准备）的差额作为资产处置损益；如果是报废无形资产，差额作为利得和损失（营业外收支）。企业让渡无形资产使用权形成的租金收入和发生的相关费用，属于与企业日常活动相关的其他经营活动取得的收入和发生的成本，企业应分别确认为其他业务收入和其他业务成本。无形资产处置的业务节点与账务处理见表8－5。

表 8－5　　无形资产处置的业务节点与账务处理表

业务节点	原始单据	账务处理
处置无形资产	无形资产出售合同或转让协议、 增值税专用发票、 摊销计算表、 减值计算表、 收款证明、 进账单等	借：银行存款 　累计摊销［按已计提的累计摊销］ 　无形资产减值准备［计提过减值准备的］ 　营业外支出——处置非流动资产损失［报废损失］ 　贷：无形资产［无形资产账面余额］ 　　应交税费——应交增值税（销项税额） 　　营业外收入——处置非流动资产利得［报废利得］ 借或贷：资产处置损益［出售利得或损失］
出租无形资产	出租协议、 租金收款凭证	借：银行存款 　贷：其他业务收入 　　应交税费——应交增值税（销项税额）
	摊销计算表	借：其他业务成本 　贷：累计摊销

（注：详见任务实施 8－8）

【小链接】

2018 年最火的电影要数《我不是药神》，走私仿制药救人性命，合法还是不合法？这其实牵扯到的就是知识产权保护问题。针对某些重大疾病的特效药往往是天价药，一个月要几万元的药费，而且是长期吃，一般家庭无法负担。仿制药效果近似，一个月的费用只有几千元，内心的天平必然倾斜。药品的生产成本其实很低，但研发成本很高。如果说几毛钱的成本是第二颗药的成本，第一颗药的成本可能是 50 亿元。药品专利期限是 20 年，其利润往往可达到 20 倍，也是暴利才让药企有研发的动力。我国是法治社会，严格的知识产权保护是未来发展的主流，这才能激励全社会的创新，从长期看才会提高社会福利。在互联网、大数据、人工智能、区块链各种信息技术突飞猛进的现代社会，知识产权保护是推动高质量发展和建设创新型国家的有力支撑。

8.2.4　认知其他资产

（一）确认其他资产

其他资产，是指除货币资金、交易性金融资产、应收及预付款项、存货、长期股权投资、固定资产、无形资产等以外的资产，如长期待摊费用等。

长期待摊费用，是指企业已经发生但应由本期和以后各期负担的分摊期限在一年以上的各项费用，包括固定资产修理支出、租入固定资产的改良支出以及摊销期限在 1 年以上的其他待摊费用等。

（二）计量长期待摊费用

长期待摊费用按实际成本入账，后续计量按受益期间摊销费用。

（三）记录长期待摊费用

企业应通过“长期待摊费用”科目，核算长期待摊费用的发生、摊销和结存等情况。按费用项目进行明细核算。长期待摊费用的业务节点与账务处理见表8－6。

表8－6　　　　长期待摊费用的业务节点与账务处理表

业务节点	原始单据	账务处理
发生的长期待摊费用	长期待摊费用支付凭证、原材料领用凭证	借：长期待摊费用 　　应交税费——应交增值税（进项税额） 　　贷：原材料/银行存款
摊销长期待摊费用	长期待摊费用摊销计算表	借：管理费用/销售费用 　　贷：长期待摊费用

（注：详见任务实施8－9）

[扫一扫]

企业会计准则——无形资产

任务实施

任务实施8－5　无形资产的确认

江苏天润机械有限公司花费40万元采购了一台数控车床，配备自动化控制软件；花费28万元采购用友ERP软件一套，这些软件是否都是无形资产呢？

步骤一：查阅了解会计准则对无形资产的规定。

《企业会计准则第8号——无形资产》

第三条 无形资产，是指企业拥有或者控制的没有实物形态的可辨认非货币性资产。

资产满足下列条件之一的，符合无形资产定义中的可辨认性标准：

（一）能够从企业中分离或者划分出来，并能单独或者与相关合同、资产或负债一起，用于出售、转移、授予许可、租赁或者交换。

（二）源自合同性权利或其他法定权利，无论这些权利是否可以从企业或其他权利和义务中转移或者分离。

步骤二：根据规定，进行会计职业判断。

数控车床配备的控制软件，保障了设备的正常运行，无法从设备中剥离出来，属于车床不可分离的部分，因此不具备可辨认性，不能确认为无形资产，应和车床一起确认为固定资产。

用友 ERP 软件是为管理使用，符合“企业拥有或者控制的没有实物形态的可辨认非货币性资产”的定义，应确认为无形资产。

任务实施 8-6　自行研究开发无形资产的核算

江苏天润机械有限公司自行研究开发一项技术，截至 2019 年 12 月 31 日，发生研发支出合计 2 000 000 元，经测试，该项研发活动完成了研究阶段，从 2020 年 1 月 1 日开始进入开发阶段。2020 年发生开发支出 300 000 元，假定符合《企业会计准则第 6 号——无形资产》规定的开发支出资本化的条件，取得的增值税专用发票上注明的增值税率为 6%，税额为 18 000 元。2020 年 6 月 30 日，该项研发活动结束，最终开发出一项非专利技术。

步骤一：收集整理审核 2019 年研究阶段发生的相关凭证，研究阶段的支出均为费用化支出。

借：研发支出——费用化支出　　2 000 000

　　贷：银行存款等　　2 000 000

步骤二：2019 年 12 月 31 日，将研发支出——费用化支出全部转入管理费用。

借：管理费用　　2 000 000

　　贷：研发支出——费用化支出　　2 000 000

步骤三：收集整理审核 2020 年开发阶段发生的相关凭证，符合资本化条件的支出，增加研发支出——资本化支出。

借：研发支出——资本化支出　　300 000

　　应交税费——应交增值税（进项税额）　　18 000

　　贷：银行存款等　　318 000

步骤四：2020 年 6 月 30 日，该技术研发完成并形成无形资产，资本化支出构成无形资产成本。

借：无形资产　　300 000

贷：研发支出——资本化支出　300 000

任务实施 8-7　无形资产购入、摊销的核算

江苏天润机械有限公司2020年12月1日从外单位购得一项非专利技术，价款3 000 000元，以银行存款支付，该无形资产的预计使用年限为10年，采用直线法摊销，请编制取得时和2020年12月的摊销分录（假定不考虑相关税费）。

步骤一：2020年12月1日，收集整理审核相关单据，购入的非专利技术应确认为无形资产，按取得成本入账。

借：无形资产——非专利技术　3 000 000

贷：银行存款　3 000 000

步骤二：2020年12月31日，计算无形资产的摊销数额，并对摊销业务进行确认、计量、记录。

12月份摊销额 = 3 000 000 ÷ 10 ÷ 12 = 250 000（元）

借：管理费用　250 000

贷：累计摊销　250 000

【会税差异】

为进一步激励企业加大研发投入，支持科技创新，财税【2018】99号《财政部 税务总局 科技部关于提高研究开发费用税前加计扣除比例的通知》中规定，企业开展研发活动中实际发生的研发费用，未形成无形资产计入当期损益的，在按规定据实扣除的基础上，在2018年1月1日至2020年12月31日期间，再按照实际发生额的75%在税前加计扣除；形成无形资产的，在上述期间按照无形资产成本的175%在税前摊销。符合优惠条件的企业需进行纳税调整。

任务实施 8-8　无形资产出售的核算

江苏天润机械有限公司拥有某项专利技术的成本为1 000 000元，已摊销金额为500 000元，已计提的减值准备为200 000元。该公司于2020年将该项专利技术出售给C公司，开具增值税专用发票，注明价款600 000元，增值税税率6%，增值税为36 000元，款项636 000元已存入银行。

步骤一：收集整理审核转让协议、增值税专用发票、填制进账单收款。

步骤二：对无形资产出售业务进行确认、计量、记录，结转无形资产的账面价值，由于是为企业带来收益的处置，净收益记入资产处置损益。

借：银行存款　636 000

累计摊销　500 000

无形资产减值准备　　200 000
贷：无形资产　　1 000 000
应交税费——应交增值税（销项税额）　　36 000
资产处置损益　　300 000

任务实施 8－9　长期待摊费用的核算

2020 年 4 月 1 日，江苏天润机械有限公司对以经营租赁方式新租入的办公楼进行装修，发生有关支出：领用生产用材料 80 000 元，相关增值税税额为 10 400 元；有关人员工资等职工薪酬 40 000 元。2020 年 11 月 30 日，该办公楼装修完工，达到预定可使用状态并交付使用，按租期 10 年进行摊销。假定不考虑其他因素。

步骤一：4 月 1 日，收集整理审核相关凭证，办公楼装修的各项开支属于改良支出，应予以资本化，增加长期待摊费用。

借：长期待摊费用　　120 000
贷：原材料　　80 000
应付职工薪酬　　40 000

步骤二：12 月编制摊销计算表，摊销长期待摊费用，并对摊销业务进行确认、计量、记录。

12 月摊销额 = 120 000 ÷ 10 ÷ 12 = 1 000（元）

借：管理费用　　1 000
贷：长期待摊费用　　1 000

步骤三：在各业务节点登记相关账户。

【小贴士】

资产期末计量总结

资产项目	初始计量	后续计量
交易性金融资产	实际成本（历史成本）	公允价值
存货	实际成本（历史成本）	成本与可变现净值孰低
债权投资	实际成本（历史成本）	摊余成本
长期股权投资	实际成本（历史成本）	账面价值与可收回金额孰低
其他债权投资	实际成本（历史成本）	公允价值
其他权益工具投资	实际成本（历史成本）	公允价值
固定资产	实际成本（历史成本）	账面价值与可收回金额孰低
投资性房地产（成本模式）	实际成本（历史成本）	账面价值与可收回金额孰低
投资性房地产（公允价值模式）	实际成本（历史成本）	公允价值
无形资产	实际成本（历史成本）	账面价值与可收回金额孰低

资产减值的总结

资产类别	适用的准则	计提标准	能否转回
存货（存货跌价准备）	“存货”准则	成本大于可变现净值	可以转回
固定资产、无形资产（固定资产、无形资产减值准备）	“资产减值”准则	账面价值大于可收回金额	不得转回
长期股权投资（长期股权投资减值准备）	“资产减值”准则	账面价值大于可收回金额	不得转回
采用成本模式计量的投资性房地产（投资性房地产减值准备）	“资产减值”准则	账面价值大于可收回金额	不得转回
应收款项（坏账准备）	“金融工具确认和计量”准则	预期信用损失	可以转回

[扫一扫]

商誉惊雷——大股东疯狂割韭菜套现超60亿

职业能力训练

8.1 投资性房地产的核算

一、单项选择能力训练

1. 下列不属于企业投资性房地产的是（　　）。

A. 房地产开发企业将作为存货的商品房以经营租赁方式出租

B. 企业开发完成后用于出租的房地产

C. 企业持有并准备增值后转让的土地使用权

D. 房地产企业拥有并自行经营的饭店

2. 对按成本模式进行后续计量的投资性房地产（用于出租）摊销时，应该借记（　　）账户。

A. 投资收益　　B. 其他业务成本　　C. 营业外收入　　D. 管理费用

3. 2020年1月1日，甲公司购入一幢建筑物用于出租，确认为投资性房地产，取得的增值税专用发票上注明的价款为100万元，税款为9万元，款项以银行存款支付。购入该建筑物发生的契税为2万元也以银行存款支付。该投资性房地产的入账价值为（　　）万元。

A. 100　　B. 102　　C. 109　　D. 111

4. 企业出售、转让、报废投资性房地产时，应当将处置收入计入（　　）。

A. 公允价值变动损益　　B. 营业外收入

C. 其他业务收入　　　　　　　　　D. 资本公积

5. 2020 年 12 月 1 日，甲公司购入一幢建筑物用于出租，取得增值税专用发票上注明的价款为 100 万元，税费 9 万，款项以银行存款支付。购入该建筑物发生的谈判费用为 0.2 万元，差旅费为 0.3 万元。该投资性房地产的入账价值为（　　）万元。

A. 100　　　B. 109.2　　　C. 109.3　　　D. 109.5

二、多项选择能力训练

1. 下列各项中，属于投资性房地产的有（　　）。

A. 企业拥有并出租给员工居住的职工公寓

B. 企业以经营租赁方式租出的写字楼

C. 房地产开发企业持有并准备增值后出售的房屋

D. 企业持有拟增值后转让的土地使用权

2. 下列各项应该记入一般企业“其他业务收入”账户的有（　　）。

A. 出售投资性房地产的收入

B. 出租建筑物的租金收入

C. 出售自用房屋的收入

D. 将持有并准备增值后转让的土地使用权予以转让所取得的收入

三、判断能力训练

1. 企业采用公允价值模式进行后续计量的，不对投资性房地产计提折旧或进行摊销，应当以资产负债表日投资性房地产的公允价值为基础调整其账面价值，公允价值与原账面价值之间的差额计入其他业务成本或其他业务收入。（　　）

2. 已采用公允价值模式计量的投资性房地产，不得从公允价值模式转为成本模式。（　　）

3. 采用公允价值模式进行后续计量的投资性房地产，应根据其预计使用寿命计提折旧或进行摊销。（　　）

四、应用能力实训

【实训一】

【实训目的】练习投资性房地产业务的操作。

【实训资料】江苏天润机械有限公司对投资性房地产采用成本模式进行后续计量。2020 年 8 月，天润公司计划购入一栋写字楼用于对外出租。8 月 15 日，天润公司与乙公司签订了经营租赁合同，约定自写字楼购买日起将这栋写字楼出租给乙公司，为期 5 年。请完成如下业务的账务处理：

（1）8 月 15 日，天润公司实际购入写字楼，卖方开出增值税专用发票注明价款 50 000 000 元，增值税率 9%，增值税额 4 500 000 元，款项用银行存款支付。该写字楼按直线法计提折旧，使用寿命为 40 年，预计净残值为 0，自 2020 年 9 月起，按月计提折旧。

（2）按租赁合同，收到承租方每月支付给公司租金 10 万元，公司开出增值税专用发票，税率 9%，款项存入银行。

（3）2020 年 12 月 31 日，该栋写字楼发生减值迹象，经减值测试，其可收回金额为 45 000 000 元。

【实训要求】根据上述资料编制相关会计分录。

【实训二】

【实训目的】练习投资性房地产业务的操作。

【实训资料】江苏天润机械有限公司对投资性房地产采用公允模式进行后续计量。2020 年 8 月，天润公司计划购入一栋写字楼用于对外出租。8 月 15 日，天润公司与乙公司签订了经营租赁合同，约定自写字楼购买日起将这栋写字楼出租给乙公司，为期 5 年。相关经济业务如下：

（1）8 月 15 日，天润公司实际购入写字楼，卖方开出增值税专用发票注明价款 50 000 000 元，增值税率 9%，增值税额 4 500 000 元，款项用银行存款支付。

（2）2020 年 12 月 31 日，该写字楼的公允价值为 52 000 000 元。

（3）2021 年 6 月 30 日，该写字楼的公允价值为 51 000 000 元。

【实训要求】根据上述资料编制相关会计分录。

【实训三】

【实训目的】练习投资性房地产业务的操作。

【实训资料】江苏天润机械有限公司将其出租的一栋写字楼确认为投资性房地产，采用公允价值模式计量。租赁期届满后，天润公司将该栋写字楼出售给乙公司，合同价款为 20 000 000 元，开出增值税专用发票，注明税率 9%，乙公司已用银行存款付清。出售时，该栋写字楼的成本为 17 000 000 元，公允价值变动为借方余额 1 000 000 元，原转换取得时确认的其他综合收益 150 000 元。

【实训要求】根据上述资料编制相关会计分录。

8.2　无形资产和其他资产的核算

一、单项选择能力训练

1. 按照现行规定，下列各项中，股份有限公司应作为无形资产入账的是（　　）。

A. 开办费　　B. 为获得上地使用权支付的土地出让金

C. 商誉　　D. 开发新技术过程中发生的研究开发费

2. A 公司为甲、乙两个股东共同投资设立的股份有限公司。经营一年后，甲、乙股东之外的另一个投资者丙要求加入 A 公司。经协商，甲、乙同意丙以一项非专利技术投入，三方确认该非专利技术的价值是 100 万元。该项非专利技术在丙公司的账面余额为120万元，市价为100万元，则该项非专利技术在A公司的入账价值为（　　）万元。

A. 100　　B. 120　　C. 0　　D. 220

3. 企业在研发阶段发生的无形资产支出应先记入（　　）账户。

A. 无形资产　　B. 管理费用　　C. 研发支出　　D. 累计摊销

4. 下列各项中，关于无形资产摊销的会计处理表述正确的是（　　）。

A. 无形资产摊销额应全部计入管理费用

B. 用于生产产品的无形资产的摊销额应计入其他业务成本

C. 使用寿命不确定的无形资产不应摊销

D. 使用寿命有限的无形资产自可供使用下个月开始摊销

二、多项选择能力训练

1. 下列关于内部研究开发无形资产所发生支出的会计处理中，正确的有（　　）。

A. 将研究阶段的支出计入当期管理费用

B. 若无法区分研究阶段和开发阶段支出，应将发生的全部研发支出资本化

C. 研究阶段的支出，其资本化的条件是能够单独核算

D. 开发阶段的支出在满足一定条件时，允许资本化确认为无形资产

2. 下列关于无形资产说法正确的有（　　）。

A. 无形资产不具有实物形态　　B. 无形资产不具有可辨认性

C. 专利权和非专利技术都属于无形资产　　D. 商誉属于无形资产

3. 下列各项中，企业计提的资产减值准备在以后期间不得转回的有（　　）。

A. 投资性房地产减值准备　　B. 无形资产减值准备

C. 长期股权投资减值准备　　D. 存货跌价准备

三、判断能力训练

（　　）1. 无形资产是企业拥有或者控制的没有实物形态的非货币性资产，分为可辨认的无形资产和不可辨认的无形资产。

（　　）2. 企业的无形资产均应按照直线法进行摊销。

（　　）3. 企业出售无形资产取得的净收益，应计入其他业务收入。

四、应用能力实训

【实训目的】练习无形资产业务的操作。

【实训资料】甲企业为增值税一般纳税人，2018年度至2020年度发生的与无形资产有关业务如下：

（1）2018年1月10日，甲企业开始自行研发一项行政管理用非专利技术，截至2018年5月31日，用银行存款支付外单位协作费74万元，领用本单位原材料成本26万元，经测试，该项研发活动已完成研究阶段。

（2）2018 年 6 月 1 日研发活动进入开发阶段，该阶段发生研究人员的薪酬支出 35 万元，领用材料成本 85 万元，全部符合资本化条件，2018 年 12 月 1 日，该项研发活动结束，最终开发形成一项非专利技术并投入使用，该非专利技术预计可使用年限为 5 年，预计净残值为 0，采用直线法摊销。

（3）2019 年 1 月 1 日，甲企业将该非专利技术出租给乙企业，双方约定租赁期限为 2 年，每月末以银行转账结算方式收取押金 1.5 万元。

（4）2020 年 12 月 31 日，租赁期限届满，经减值测试，该非专利技术的可回收金额为 52 万元。

【实训要求】根据上述材料，不考虑其他因素，分析回答下列问题。（答案中的金额单位用万元表示）

（1）根据资料（1）至（2），甲企业自行研究开发无形资产的入账价值为（　　）万元。

A. 100　　B. 120　　C. 146　　D. 220

（2）根据资料（1）至（3），下列各项中，关于甲企业该非专利技术摊销的会计处理表述正确的是（　　）。

A. 应当自可供使用的下个月起开始摊销

B. 应当自可供使用的当月起开始摊销

C. 该非专利技术出租前的摊销额应计入管理费用

D. 摊销方法应当反映与该非专利技术有关的经济利益的预期实现方式

（3）根据资料（3），下列各项中，甲企业 2016 年 1 月出租无形资产和收取租金的会计处理正确的是（　　）。

A. 借：其他业务成本　2
　　贷：累计摊销　2

B. 借：管理费用　2
　　贷：累计摊销　2

C. 借：银行存款　1.5
　　贷：其他业务收入　1.5

D. 借：银行存款　1.5
　　贷：营业外收入　1.5

（4）根据资料（4），甲企业非专利技术的减值金额为（　　）万元。

A. 0　　B. 18　　C. 20　　D. 35.6

（5）根据资料（1）至（4），甲企业 2020 年 12 月 31 日应列入资产负债表“无形资产”项目的金额为（　　）万元。

A. 52　　B. 70　　C. 72　　D. 88

项目9 记录各项流动负债 明确责任义务

项目导航

知识目标

- 了解负债的概念和内容构成
- 了解应付职工薪酬的内容
- 掌握应付职工薪酬的会计核算
- 了解应交税费的概念和内容构成
- 掌握增值税的会计核算
- 掌握消费税的会计核算
- 了解其他税费的有关规定
- 掌握其他税费的会计核算
- 了解其他流动负债的概念

能力目标

- 能描述企业常见的负债项目
- 能正确核算企业发生的短期借款、应付账款、应付票据、预收账款业务
- 能对企业发生的应付职工薪酬业务进行账务处理
- 能对企业发生的增值税业务进行账务处理
- 能对企业发生的消费税业务进行账务处理
- 能对企业发生的其他税费业务进行账务处理
- 能对企业发生的其他流动负债业务进行账务处理

负债，是指企业过去的交易或者事项形成的、预期会导致经济利益流出企业的现时义务。负债一般按其偿还速度或偿还时间的长短划分为流动负债和长期负债两类。流动负债，是指将在1年或超过1年的一个营业周期内偿还的债务，主要包括短期借款、应付票据、应付账款、应付利息、预收账款、应付职工薪酬、应交税费、应付股利、其他应付款等。

9.1 确认、记录短期借款

任务导入

江苏天润公司新接一笔订单，需要大量采购原材料，企业自有资金有限，决定向银行借入期限3个月、利率7.2%、金额为500 000元的短期借款。对于这种经常发生的融资业务，财会人员应考虑如何核算款项借入、利息计付及偿还。

知识准备

9.1.1 确认短期借款

短期借款，是企业向银行或金融机构借入的期限在1年以下（含1年）的各种借款。通常是为了满足正常生产经营的需要。

（一）短期借款——本金的确认

根据《企业会计准则——基本准则》的规定，负债是指企业过去的交易或者事项形成的、预期会导致经济利益流出企业的现时义务。符合负债定义的义务，在同时满足：①与该义务有关的经济利益很可能流出企业；②未来流出的经济利益的金额能够可靠地计量两个条件时，确认为负债。

据上，在企业与相关金融机构签订短期借款合同，确定了借款的金额、偿还的期限、借款利率等条款并取得借款时，企业就承担一项现时义务，且该项义务未来会导致经济利益流出企业、经济利益流出（需要偿还的本金和利息）的金额能准确地计量。所以，企业在取得短期借款借入的款项时，就应确认“短期借款”并进行计量与记录。

相关情形	确认短期借款与否
企业与金融机构达成3 000万元借款意向	否
企业获金融机构30 000万元授信	否
企业与金融机构签订借款合同，借款1 000万元，期限6个月，但银行正在进行风控审查，款项尚未转入企业的存款账户	否
企业与金融机构签订借款合同，借款1 000万元，期限6个月，已通过银行风控审查，款项已转入企业的存款账户	是

（二）短期借款——利息的确认

企业取得“短期借款”时，会在借款合同中约定利息的支付时间、支付方式，这也就明确了企业因为短期借款而导致经济利益（借款利息）流出的时间与金额。企业应根据合同约定的支付时间、支付方式来确认应付利息。根据权责发生制原则，企业在各资产负债表日（如月末、季末或年末）计提利息；如果数额不大，也可于实际支付时一次计入当期损益。

约定的利息支付方式	短期借款——利息确认时点
按月计算并支付	月末确认应付利息
借款到期时随同本金一起归还利息	如利息金额不大，则在借款到期时确认应付利息；如利息金额较大，则应于每月末确认应付利息
利息按季定期支付	每月末确认应付利息，预提计入当期损益，再按季度与银行结算

9.1.2 计量短期借款

（一）短期借款本金的计量

根据《企业会计准则——基本准则》的规定，负债的计量，一般是按照历史成本计量，即按照因承担现时义务而实际收到的款项或者资产的金额，或者承担现时义务的合同金额，或者按照日常活动中为偿还负债预期需要支付的现金或者现金等价物的金额计量。据此，短期借款计量的一般是借款时实际收到的款项。

（二）短期借款利息的计量

短期借款归还期短（1 年以内），其利息一般采取单利计算。

借款利息 = 借款本金 × 借款期限 × 借款利率

9.1.3 记录短期借款

（一）科目设置

1. 短期借款 （2001）

（1）定义：核算企业向银行或其他金融机构等借入的期限在 1 年以下（含 1 年）的各种借款。

（2）性质：负债类。

（3）核算内容：贷方登记取得借款的本金，借方登记归还借款本金。期末贷方余额，反映企业尚未偿还的短期借款本金。

（4）明细账设置：按借款种类、出借人和币种进行明细核算。

2. 财务费用 （6603）

（1）定义：核算企业为筹集生产经营所需资金等而发生的筹资费用，包括利息支出（减利息收入）、汇兑损益以及相关的手续费、企业发生的现金折扣或收到的现金折扣等。

（2）性质：损益类。

（3）核算内容：借方登记企业发生的财务费用，如利息支出、汇兑损失、银行手续费、发生的现金折扣等；贷方登记发生的应冲减财务费用的利息收入、汇兑收益、收到的现金折扣等，期末应将本科目余额转入“本年利润”科目，结转后本科目无余额。

（4）明细账设置：按费用项目（利息、手续费、汇兑损益等）进行明细核算。

3. 应付利息 （2231）

（1）定义：核算企业按照合同约定应支付的利息。

（2）性质：负债类。

（3）核算内容：资产负债表日，贷方登记按合同利率计算确定的应付未付利息，借方登记实际支付利息。期末贷方余额，反映企业应付未付的利息。

（4）明细账设置：按存款人或债权人进行明细核算。

（二） 短期借款的业务流程与账务处理

短期借款的业务流程一般要经历申请、审查、审批、收到借款及计提支付利息等环节，每一环节所生成的凭证及影响的资金运动如表 9－1 所示。

表 9－1　　短期借款的业务流程

	贷款申请	银行贷款审查	贷款审批	计提利息	支付利息	到期归还
业务流程节点	①借款人向当地银行提出借款申请	②银行对借款人的合法性、安全性、营利性等情况进行调查	③签订借款合同 ④发放贷款	⑤在资产负债表日，计算确定利息费用	⑥按合同约定支付利息	⑦到期归还借款
凭证资料	借款申请表、企业贷款相关材料	无	借款合同、借款凭证（回单）	短期借款利息计算表	客户贷款本息支出通知单	客户贷款本息支出通知单
资金运动	无	无	短期借款增加，银行存款增加	无	应付利息减少，银行存款减少	短期借款减少，银行存款减少

短期借款的核算，包括借款的取得、归还和利息的计付等的会计核算。账务处理见表 9－2。

表 9－2　　　　　　　　　　短期借款的账务处理

业务节点	原始单据	账务处理
借入短期借款	借款凭证（回单）	借：银行存款 　贷：短期借款
借款期间，每月末计息	短期借款利息计算表	借：财务费用 　贷：应付利息
季末支付利息	短期借款利息计算表、 银行付款通知（付款单据）	借：应付利息 　财务费用 　贷：银行存款
到期归还本金	银行付款通知（付款单据）	借：短期借款 　贷：银行存款

（注：详见任务实施 9－1）

任务实施

任务实施 9－1　短期借款的借入、计息与归还业务的核算

2020 年 12 月 1 日，江苏天润机械有限公司与中国工商银行徐州开发区支行签订借款合同：借款金额 500 000 元，借款期限 2020 年 12 月 1 日至 2021 年 2 月 28 日，借款月利率为 6‰。

步骤一：签订借款合同后，收到银行借款凭证回单，增加银行存款，确认短期借款本金。

中国工商银行借款凭证（回单）3

单位编号：1002　　　　日期：2019年12月1日　　　　银行编号：1321

<table>
<tr><td rowspan="3">借款人</td><td>名称</td><td>江苏天润机械有限公司</td><td rowspan="3">收款人</td><td>名称</td><td colspan="2">江苏天润机械有限公司</td></tr>
<tr><td>账号</td><td>740108320311</td><td>往来账号</td><td colspan="2">320105087912</td></tr>
<tr><td>开户银行</td><td>工商银行江宁支行</td><td>开户银行</td><td colspan="2">工商银行江宁支行</td></tr>
<tr><td colspan="2">借款期限（最后还款日）</td><td colspan="3">2020年2月28日</td><td>借款计划指标</td><td></td></tr>
<tr><td colspan="2">借款申请金额</td><td colspan="3">人民币（大写）：伍拾万元整</td><td colspan="2">千 百 十 万 千 百 十 元 角 分
¥ 5 0 0 0 0 0 0 0</td></tr>
<tr><td colspan="2">借款原因及用途</td><td colspan="2">生产经营周转用</td><td>银行核定金额</td><td colspan="2">千 百 十 万 千 百 十 元 角 分
¥ 5 0 0 0 0 0 0 0</td></tr>
<tr><td>期限</td><td>计划还款日期</td><td colspan="2">计划还款金额</td><td rowspan="4">分次还款记录</td><td>期次　还款</td><td>还款　结欠</td></tr>
<tr><td>1</td><td>2020年2月28日</td><td colspan="2">500 000.00</td><td></td><td></td></tr>
<tr><td>2</td><td></td><td colspan="2"></td><td></td><td></td></tr>
<tr><td>3</td><td></td><td colspan="2"></td><td></td><td></td></tr>
<tr><td colspan="4">备注：</td><td colspan="3">上述借款业已同意贷给进转入你单位往来账户，借款到期时应按期归还。　此致
（印章：银行江宁支行 2018.12.01 业务专用章 (05)）
借款单位
（银行盖章）2019年12月1日</td></tr>
</table>

借：银行存款——工商银行　　500 000

　　贷：短期借款——工商银行　　500 000

步骤二：资产负债表日，增加财务费用、确认应付利息（见利息计算表）。

短期借款利息计算表

借款期间：2019年12月1日—2020年2月28日　　单位：元

计息期间	借款金额	借款利率（月）	本月借款利息	已提利息	合计
2019年12月	500 000	6‰	3 000	0	3 000

借：财务费用——利息费用　　3 000

　　贷：应付利息——工商银行　　3 000

2021 年 1 月 31 日，同上。

步骤三：2021 年 2 月 28 日归还银行借款本息，减少银行存款、应付利息，计量、记录归还借款本金、利息。

中国工商银行贷款利息通知单

2020年2月28日

账　号	户　名	计息期	基　数	利率（月）	利息金额
740108320311	江苏天润机械有限公司	2019年12月1日 起至 2020年2月28 日 止	¥500 000.00	0.60%	¥9 000.00
大写金额：人民币玖仟元整					
上列款项已从你单位往来户如数支付 银行盖章			备注：		

（印章：工商银行江宁支行 2020.02.28 业务专用章 (05)）

此联由银行送单位作支款通知

借：短期借款——工商银行　　500 000

　　财务费用——利息费用　　3 000

　　应付利息——工商银行　　6 000

　　贷：银行存款——工商银行　　509 000

【会税差异】

小微企业在发展的过程中，融资渠道有限，有时会向股东或自然人借款，这些借款及利息如实际存在，在会计上是可以被确认计量记录的，但利息费用的所得税的扣除则是有一定的条件的：(1) 企业与个人之间的借贷是真实、合法、有效的，并且不具有非法集资目的或其他违反法律、法规的行为；(2) 企业与个人之间签订了借款合同；(3) 利息支出金额必须遵守反资本弱化的规定、遵守金融企业同期同类贷款利率水平的限制；(4) 利息支出的扣除必须提供有效票据（也就是取得利息的个人必须交纳个人所得税，取得扣除凭证）。

9.2 确认、记录应付及预收款项

任务导入

江苏天润公司与金海公司商定，采用商业汇票方式结算采购材料的货款；与东海公司商定，采用赊购的方式结算采购材料的货款；与南海公司商定，采用先收款后发货的方式结算产品的销售款。公司与这些合作伙伴在业务往来中，会形成一定的负债，会计人员应对此进行会计核算。

知识准备

9.2.1 确认应付及预收款项

企业为了缓解资金周转的困难，采购材料时会想办法与对方协商推迟付款，从而承担现时义务，形成应付票据、应付账款；销售商品时想办法提前收取的款项，也承担了现时义务，形成预收账款。应付票据、应付账款和预收账款一般合称应付及预收款项。企业应当在取得购买物资或收到预收款项的控制权时确认应付及预收款项。

企业赊购货物或销售货物时，采用的结算方式与会计核算时使用的科目如表 9－3 所示。

表 9-3

结算方式	使用的科目
采用商业汇票方式结算采购材料的货款	应付票据
采用赊购的方式结算采购材料的货款	应付账款
采用先收款、后发货的方式销售产品	预收账款

9.2.2 计量应付及预收款项

负债的计量，一般是按照形成负债时实际收到资产的金额，或者偿还负债预期需要支付的现金或者现金等价物的金额计量。故应付票据、应付账款应按所采购材料、物品等资产的金额计量；预收款项应按实际预收的款项金额计量。

9.2.3 记录应付及预收款项

（一）记录应付票据

应付票据，是由出票人出票，委托付款人在指定日期无条件支付确定的金额给收款人或持票人的票据，是付款人允诺在一定时期内支付一定款额的现时义务。它也是采用商业汇票结算方式下所使用的会计科目。

1. 应付票据的认知

应付票据，是由出票人出票，委托付款人在指定日期无条件支付确定的金额给收款人或持票人的票据，是付款人允诺在一定时期内支付一定款额的书面证明。它也是采用商业汇票结算方式下所使用的会计科目。

商业汇票，是指收款人或付款人（或承兑申请人）签发，由承兑人承兑，并于到期日向收款人或被背书人支付款项的票据。商业汇票按承兑人不同分为商业承兑汇票和银行承兑汇票；按是否带息（计算承兑期间的利息），分为带息票据和不带息票据。不带息票据，企业到期时应支付的金额就是应付票据面值。带息票据的票面金额仅表示本金，票据到期时除按面值支付外，还应另行支付利息。

2. 科目设置

应付票据（2201）

（1）定义：核算企业购买材料、商品或接受劳务供应等而开出并承兑的商业汇票，包括银行承兑汇票和商业承兑汇票。

（2）性质：负债类。

（3）核算内容：贷方登记开出并承兑汇票的面值及带息票据的预提利息，借方登记支付票据的金额，余额在贷方，表示企业尚未到期的商业汇票的票面金额和应计未付的利息。

（4）明细账设置：一般按债权人名称进行明细核算。

企业应当设置“应付票据备查簿”，详细登记每一应付票据的种类、号数、签发日期、到期日、票面金额、票面利率、合同交易号、收款人姓名或单位名称，以及付款日期和金额等资料。应付票据到期结清时，应当在备查簿内逐笔注销。

3. 商业汇票的业务流程与账务处理

商业汇票的业务流程一般要经历申请、签发承兑及到期偿付等环节。账务处理见表9－4。

表9－4　　商业汇票的账务处理

业务节点	原始单据	账务处理
企业签发、承兑应付票据用于采购原材料或偿还债务	采购协议、增值税专用发票记账联、材料入库单、商业汇票复印件、银行付款单据等	1. 企业因购买材料、商品和接受劳务供应等而开出并承兑的商业汇票 借：在途物资、原材料等 　　应交税费——应交增值税（进项税额） 　　贷：应付票据
		2. 企业出具商业汇票抵偿前欠账款 借：应付账款 　　贷：应付票据
		3. 如果企业出具的是银行承兑汇票，企业支付银行承兑汇票的手续费 借：财务费用 　　贷：银行存款
到期偿付应付票据	银行付款单据等	应付票据到期偿付票款时，应按账面余额予以结转 借：应付票据 　　贷：银行存款
应付票据的转销	商业汇票复印件、相关说明材料等	1. 应付商业承兑汇票到期，如企业无力支付票款，应将应付票据按账面余额转作应付账款 借：应付票据 　　贷：应付账款
		2. 应付银行承兑汇票到期，如企业无力支付票款，企业应将应付票据的账面余额转作短期借款 借：应付票据 　　贷：短期借款
带息应付票据期末计息	商业汇票利息计算表	企业开出、承兑的带息票据，应于期末计算应付利息，计入当期财务费用 借：财务费用 　　贷：应付票据

（注：详见任务实施9－2、任务实施9－3和任务实施9－4）

（二）记录应付账款

应付账款，是指企业因购买材料、商品或接受劳务供应等经营活动应支付的款项。应付账款主要是由于企业取得资产的时间与结算付款的时间不一致而产生的。

应付账款与应付票据的相同之处：两者均因赊购商品、原材料或接受劳务供应等而产生，都是企业负担的现时义务，都属于流动负债；不同之处：应付票据是一种延期付款的证明，有承诺付款的商业汇票为依据，有确切的到期日，票据到期企业负有无条件支付票款的责任。

1. 科目设置

应付账款（2202）

（1）定义：指企业因购买材料、商品或接受劳务等应付给供应单位的款项。

（2）性质：负债类。

（3）核算内容：贷方登记企业购买材料、商品和接受劳务等而发生的应付账款。借方登记偿还的应付账款，或开出商业汇票抵付应付账款的款项，或已冲销的无法支付的应付账款。余额一般在贷方，表示企业尚未支付的应付账款余额。

（4）明细账设置：一般应按照债权人设置明细科目进行明细核算。

2. 应付账款业务节点与账务处理

企业购入材料、商品等验收入库，但货款尚未支付，也未签发承兑商业汇票时，应确认“应付账款”。其涉及应付账款的业务节点与账务处理见表9－5。

表9－5　应付账款的业务节点与账务处理

业务节点	原始单据	账务处理
形成应付账款	采购协议、 增值税专用发票记账联、 材料入库单等	企业购入材料、商品、接受供应单位提供劳务等暂未付款 借：原材料、在途物资、管理费用等 　　应交税费——应交增值税（进项税额） 　　贷：应付账款
偿还应付账款	银行付款单据、 商业汇票复印件等	企业偿还应付账款或开出商业汇票抵付应付账款时 借：应付账款 　　贷：银行存款/应付票据
应付账款的转销	应付账款转销确认书	企业转销确实无法支付的应付账款，应按其账面余额计入营业外收入 借：应付账款 　　贷：营业外收入

（注：详见任务实施9－5、任务实施9－6）

【小贴士】

应付账款入账价值的确认，应按实际应付金额即发票上的货款额入账。存在商业折扣的，按扣除商业折扣后的金额入账；存在现金折扣的，应按“总价法”进行会计处理，即应先按不扣除现金折扣的金额入账，按发票上记载的应付金额入账，待实际发生现金折扣时，再将折扣金额冲减当期财务费用。

【理实差异】

头部企业的应付账款不是没有钱付款，而是“供应链”管理。

制造业的龙头老大，在支付供应商货款时，选择利用优势地位，再次横切一刀。如美的集团对供应商的付款政策都是实行“3+6”的账期，在确认收到供应商货物三个月后，对方会开出一张六个月的承兑汇票，这样实际上供应商拿到货款就是九个月以后的事了。有些企业存在应付账款，不是没有钱付款，而是搞所谓的“供应链”管理，占用中小企业的资金，压榨为其做配套的中小企业。

（三）记录预收账款

预收账款，是指企业按照合同规定向购货单位预收的款项。与应付账款不同，预收账款所形成的负债不是以货币偿付，而是以货物偿付。

1. 科目设置

预收账款（2203）

（1）定义：核算预收账款的取得、偿付等情况。

（2）性质：负债类。

（3）核算内容：贷方登记发生的预收账款数额和购货单位补付账款的数额，借方登记企业向购货方发货后冲销的预收账款数额和退回购货方多付账款的数额。余额一般在贷方，反映企业向购货单位预收的款项但尚未向购货方发货的数额；如为借方余额，反映企业应收的款项。

（4）明细账设置：应当按照购货单位设置明细科目进行核算。

2. 预收账款的业务流程及账务处理

预收账款的业务流程一般要经历预收、发货销售及结算预收账款等环节，涉及预收账款的业务节点与账务处理见表9-6。

表9-6 预收账款的业务节点与账务处理

业务节点	原始单据	账务处理
形成预收账款	采购协议、银行收款单据（收款通知）	根据购销合同预收购货单位款项时 借：银行存款 　　贷：预收账款

续表

业务节点	原始单据	账务处理
使用预收账款	采购协议、增值税专用发票的发票联等	销售实现时，按实现的收入和应交的增值税销项税额冲减预收账款 借：预收账款 　　贷：主营业务收入 　　　　应交税费——应交增值税（销项税额）
结算预收账款	银行收款单据（收款通知）	企业收到购货单位补付的款项 借：银行存款 　　贷：预收账款
	银行付款单据（付款通知）	向购货单位退回其多付的款项 借：预收账款 　　贷：银行存款

（注：详见任务实施9－7）

【小贴士】

预收账款情况不多的企业可以不设“预收账款”科目，通过“应收账款”科目核算。

任务实施

任务实施9－2　不带息应付票据（商业承兑汇票）的核算

江苏天润机械有限公司为增值税一般纳税人，发生应付票据的核算业务，相关原始凭证如下所示：

3200078390　　江苏增值税专用发票　　NO.004892763

发票联

国家税务总局监制

开票日期：2019年10月19日

购货方	名　　称：江苏天润机械有限公司 纳税人识别号：913200006666998998 地 址、电 话：徐州市建国路180号 开户行及账号：工商银行江宁支行740108320311	密码区	241766<98/198273482+< 63<+64-876*98</8765/> 216+>2>7/3-+7643<>+78 2-/5452<4*-62>-9>86>> 加密版本：01320009 82270867 2833

货物及应税劳务的名称	规格型号	单位	数量	单价	金额	税率	税额
A	S1	件	80	1 000.00	80 000.00	13%	10 400.00
B	M3	只	40	5 000.00	200 000.00	13%	26 000.00
合　计					280 000.00		36 400.00
价税合计（大写）	叁拾壹万陆仟肆佰元整					（小写）	￥316 400.00

销货方	名　　称：徐州鹏飞公司 纳税人识别号：911122554548963368 地 址、电 话：徐州市矿山西路18号 开户行及账号：建设银行支行4222304163	备注	徐州鹏飞公司 911122554548963368 发票专用章

收款人：李齐　　复核：吴同　　开票人：张利　　销货单位：（章）

第三联　发票联　购货方记账凭证

商业承兑汇票（存根）

出票日期（大写） 贰零壹玖年零壹拾月壹拾玖日 SQ02880

付款人	全称	江苏天润机械有限公司	收款人	全称	徐州鹏飞公司
	账号	740108320311		账号	4222304163
	开户银行	工商银行江宁支行		开户银行	建设银行徐州支行
出票金额		人民币（大写） 叁拾壹万陆仟肆佰元整		十万千百十元角分	3 1 6 4 0 0 0 0
汇票到期日（大写）		贰零壹玖年壹拾贰月壹拾玖日	付款人开户行	行号	
交易合同号码		39402		地址	
本汇票已承兑，到期无条件付票款 江苏天润机械有限公司 财务专用章 李民 承兑人签章 承兑日期 年 月 日			本汇票请予以承兑于到期日付款 出票人签章		

收料单

供应单位：徐州鹏飞公司　　2019年10月19日

发票号码：004894763　　编号：06

材料编号	名称	规格	计量单位	数量		实际成本			
				应收	实收	单价（元）	发票价格（元）	运杂费	合计（元）
	A	M1	件	80	80	1 000.00	80 000.00		80 000.00
	B	S3	只	40	40	5 000.00	200 000.00		200 000.00
备注：									

收料人：林子栋　　交料人：李岚

步骤一：2020 年 10 月 19 日采购材料并验收入库，开出商业汇票抵付货款。江苏天润机械有限公司取得了材料的控制权，增加原材料；同时承担了现时义务，增加应付票据等。

借：原材料——A 材料　　80 000

　　　　　——B 材料　　200 000

　　应交税费——应交增值税（进项税额）　　36 400

　　贷：应付票据——徐州鹏飞公司　　316 400

步骤二：2020 年 12 月 19 日到期付款，清偿了现时义务，减少银行存款和应付票据。

借：应付票据——徐州鹏飞公司　　316 400

　　贷：银行存款　　316 400

步骤三：若江苏天润机械有限公司2020年12月19日到期没有清偿现时义务，把现时义务确认为应付账款。

借：应付票据——徐州鹏飞公司　　316 400

　　贷：应付账款——徐州鹏飞公司　　316 400

任务实施9-3　不带息应付票据（银行承兑汇票）的核算

江苏天润机械有限公司向连云港市正信公司采购甲材料一批，双方约定采用银行承兑汇票结算。同时，江苏天润机械有限公司又与承兑银行签订"银行承兑汇票承兑协议"，约定江苏天润机械有限公司交纳50 000元保证金，银行承兑116 000元的商业汇票；并另外支付承兑手续费2 000元。2020年10月19日，江苏天润机械有限公司交纳保证金及承兑手续费后，签发"银行承兑汇票"交由银行承兑，并取得"银行承兑票"；10月20日，向正信公司交付汇票后，取得购买原材料专用发票，价款100 000元，增值税13 000元，材料已验收入库；11月19日，汇票到期，把款项交存银行偿还票款。

步骤一：2020年10月19日减少银行存款，把交纳承兑保证金确认为其他货币资金，把支付的手续费确认为财务费用。

借：其他货币资金——银行承兑汇票保证金　　50 000

　　贷：银行存款　　50 000

借：财务费用——手续费　　2 000

　　贷：银行存款　　2 000

步骤二：2020年10月20日，使用商业承兑汇票购买原材料，取得了材料控制权，承担了现时义务，确认、记录原材料、应付票据。

借：原材料——甲材料　　100 000

　　应交税费——应交增值税（进项税额）　　13 000

　　贷：应付票据——连云港市正信公司　　113 000

步骤三：2020年11月19日，汇票到期，偿还汇票款项，减少银行存款、银行承兑汇票保证金、应付票据。

借：应付票据——连云港市正信公司　　113 000

　　贷：银行存款　　63 000

　　　　其他货币资金——银行承兑汇票保证金　　50 000

任务实施9-4　带息应付票据的核算

2020年2月20日，江苏天润机械有限公司与银海公司商定，采用商业承兑汇票方式支付前欠购货款。2020 年 3 月 1 日，开出带息商业汇票一张，面值 640 000 元，用于抵付其前欠银海公司的货款。该票据票面利率为 6%，期限为 3 个月。承兑期间，每月末计算并提取上述商业汇票的应付利息。2020 年 5 月 31 日，上述商业汇票到期，以银行存款支付票款和利息。

步骤一：2020 年 3 月 1 日以商业汇票抵付货款，转换现时义务形式，确认应付票据。

借：应付账款——银海公司　　640 000

　　贷：应付票据——银海公司　　640 000

步骤二：2020 年 3 月 31 日计提利息，确认应付利息和财务费用。

借：财务费用　　3 200

　　贷：应付票据——银海公司　　3 200

2020 年 4 月 30 日计提利息，确认应付利息，会计处理同上。

步骤三：2020 年 5 月 31 日商业汇票到期支付票款及利息，减少银行存款、应付票据并确认财务费用。

借：应付票据——银海公司　　646 400

　　财务费用　　3 200

　　贷：银行存款　　649 600

若到期没有支付票款和利息，则把“应付票据”重新确认为“应付账款”。

借：应付票据——银海公司　　646 400

　　财务费用　　3 200

　　贷：应付账款——银海公司　　649 600

任务实施 9－5　不涉及商业折扣、现金折扣的应付账款的核算

江苏天润机械有限公司为增值税一般纳税人，发生如下应付账款的核算业务：

2020 年 6 月 1 日，从云达公司购入一批钢材，货款 200 000 元，增值税 26 000 元，对方代垫运杂费 2 000 元，增值税 180 元。材料已运到并按实际成本验收入库，款项尚未支付。

2020 年 6 月 5 日，用银行汇票支付前欠云达公司欠款 128 180 元，其余款项以一张银行承兑汇票抵付。

2020 年 6 月 30 日，根据供电部门通知，本月应支付给电力公司电费 52 000 元，增值税 6 760 元。其中生产车间电费 38 000 元，企业行政管理部门电费 14 000 元，款项尚未支付。

2020 年 6 月 30 日，公司确定一笔应付光明公司 50 000 元为无法支付的应付账

款，应予转销。

步骤一：2020 年 6 月 1 日购买材料未付款，企业取得材料控制权，增加原材料、确认应付账款。

借：原材料——钢材　　202 000
　　应交税费——应交增值税（进项税额）　　26 180
　　贷：应付账款——云达公司　　228 180

步骤二：2020 年 6 月 5 日以商业汇票和银行汇票支付欠款，减少应付账款的同时，确认应付票据。

借：应付账款——云达公司　　228 180
　　贷：其他货币资金——银行汇票存款　　128 180
　　　　应付票据——云达公司　　100 000

步骤三：2020 年 6 月 30 日确认各单位部门的费用和应付账款。

借：制造费用　　38 000
　　管理费用　　14 000
　　应交税费——应交增值税（进项税额）　　6 760
　　贷：应付账款——供电公司　　58 760

步骤四：2020 年 6 月 30 日转销应付账款，确认营业外收入。

借：应付账款——光明公司　　50 000
　　贷：营业外收入　　50 000

任务实施 9－6　涉及商业折扣、现金折扣的应付账款的核算

美达百货商场于2020 年 6 月 2 日，从红海公司购入一批家电产品并验收入库。增值税专用发票上注明的该批家电的价款为 1 000 000 元，增值税为 130 000 元。按照购货协议的规定，美达百货商场如在 15 天内付清货款，将获得 1% 的现金折扣（假定计算现金折扣时考虑增值税）。美达百货商场于 2020 年 6 月 10 日，按照扣除现金折扣后的金额，用银行存款付清了所欠红海公司货款。

步骤一：2020 年 6 月 2 日购入商品并验收入库，取得商品控制权，增加库存商品，确认应付账款。

借：库存商品　　1 000 000
　　应交税费——应交增值税（进项税额）　　130 000
　　贷：应付账款——红海公司　　1 130 000

步骤二：2020 年 6 月 10 日付清货款，减少应付账款，冲减财务费用。

借：应付账款——红海公司　　1 130 000

贷：银行存款 1 118 700

财务费用（1 130 000 × 1%） 11 300

任务实施9－7 预收账款的核算

江苏天润机械有限公司为增值税一般纳税人，发生如下预收账款结算业务：

2020年6月3日，天润公司与光明公司签订供货合同，向其出售一批产品，货款200 000元，增值税26 000元。根据购货合同的规定，光明公司在购货合同签订后一周内，应当向宏达公司预付货款120 000元，剩余货款在交货后付清。6月9日，宏达公司收到光明公司交来的预付货款120 000元并存入银行。6月19日，天润公司将货物发到光明公司并开出增值税专用发票，并收到了光明公司支付的剩余货款。

步骤一：2020年6月9日收到光明公司预付款项，确认现时义务（预收账款）。

借：银行存款 120 000

贷：预收账款——光明公司 120 000

步骤二：2020年6月19日发出商品、减少预收账款，确认收入。

借：预收账款——光明公司 226 000

贷：主营业务收入 200 000

应交税费——应交增值税（销项税额） 26 000

步骤三：2020年6月19日收到补付货款，增加银行存款，并结清预收账款。

借：银行存款 106 000

贷：预收账款——光明公司 106 000

9.3 应付职工薪酬的核算

任务导入

根据2016年两市3204家上市公司的数据统计，员工人均薪酬在10万元以上的，共计1 625家。其中，696家公司人均薪酬在15万元以上，126家公司在30万元以上，35家公司人均薪酬在50万元之上，民生控股以员工人均薪酬271.44万元位居榜首。上市公司披露的员工薪酬是否包括个人所得税？是否包括"五险一金"？是否包括职工福利？职工薪酬应该怎样核算呢？

知识准备

9.3.1 确认、记录职工薪酬（工资、社会保险费、住房公积金）

9.3.1.1 确认应付职工薪酬

职工薪酬，是指企业为获得职工提供的服务而给予各种形式的报酬以及其他相关支出。包括短期薪酬、离职后福利、辞退福利和其他长期职工福利。企业提供给职工配偶、子女、受赡养人、已故员工遗属及其他受益人等的福利，也属于职工薪酬。职工薪酬作为一种耗费构成企业的人工费用。

职工，是指与企业订立劳动合同的所有人员，含全职、兼职和临时职工，也包括虽未与企业订立劳动合同但由企业正式任命的人员。

［扫一扫］

关于季节工、临时工等费用税前扣除问题

（一）职工薪酬的内容

1. 短期薪酬

短期职工薪酬，是指企业在职工提供相关服务的年度报告期结束后十二个月内需要全部予以支付的职工薪酬，因解除与职工的劳动关系给予的补偿除外。具体包括：

（1）职工工资、奖金、津贴和补贴。

工资，是指支付给职工的计时工资和计件工资。

奖金，是指支付给职工的超额劳动报酬和增收节支的劳动报酬。如：生产奖，包括超产奖、质量奖、安全奖；考核各项经济指标的综合奖、年终奖、劳动分红等；劳动竞赛奖，包括发给劳动模范、先进个人的各种奖金和实物奖励等。

津贴和补贴，是指为了补偿职工特殊或额外的劳动消耗和因其他特殊原因支付给职工的津贴，以及为了保证职工工资水平不受物价影响而支付的物价补贴。包括补偿职工特殊或额外劳动消耗的津贴（如高空津贴、井下津贴等）、保健津贴、技术性津贴、工龄津贴及其他津贴（如直接支付的伙食津贴、合同制职工工资性补贴及书报费等）。

根据国家法律、法规和政策规定，因病、工伤、产假、婚丧假、探亲假、带薪休假、停工学习、执行国家和社会义务等原因应支付的工资也包括在内。

（2）职工福利费。

职工福利费，主要包括职工因公负伤赴外地就医路费、职工生活困难补助、未实行医疗统筹企业职工医疗费用，以及按规定发生的其他职工福利支出。

（3）社会保险费。

社会保险费，是指企业按照国务院、各地方人民政府规定的基准和比例计算，向人社局缴纳的医疗保险费、工伤保险费。

（4）住房公积金。

住房公积金，是指企业按照国家规定的基准和比例计算，向住房公积金管理机构缴存的住房公积金。

（5）工会经费和职工教育经费。

工会经费和职工教育经费，是指企业根据《中华人民共和国工会法》的规定，为了改善职工文化生活、为职工学习先进技术和提高文化水平和业务素质，用于开展工会活动和职工教育及职业技能培训等的相关支出。

（6）非货币性福利。

非货币性福利，是指企业以自己的产品或外购商品发放给职工的福利。

（7）短期带薪缺勤与短期利润分享计划。

带薪缺勤，是指企业支付工资或提供补偿的职工缺勤，包括年休假、病假、短期伤残、婚假、产假、丧假、探亲假等。利润分享计划，是指因职工提供服务而与职工达成的基于利润或其他经营成果提供薪酬的协议。

（8）其他短期薪酬。

指除上述七种薪酬以外的其他为获得职工提供的服务而给予的薪酬。

2. 离职后福利

离职后福利，是指企业为获得职工提供的服务而在职工退休或与企业解除劳动关系后，提供的各种形式的报酬和福利（短期薪酬和辞退福利除外）。包括设定提存计划和设定受益计划。其中，设定提存计划，是指向独立的基金缴存固定费用后（养老保险、失业保险），企业不再承担进一步支付义务的离职后福利计划；设定受益计划，是指除设定提存计划以外的离职后福利计划。

3. 辞退福利

辞退福利，是指企业在职工劳动合同到期之前解除与职工的劳动关系，或者为鼓励职工自愿接受裁减而给予职工的补偿。

4. 其他长期职工福利

其他长期职工福利，是指除短期薪酬、离职后福利、辞退福利之外所有的职工薪酬，包括长期带薪缺勤、长期残疾福利、长期利润分享计划等。

[扫一扫]

企业工资薪金及职工福利费扣除问题的通知

（二） 确认应付职工薪酬 （短期薪酬）

根据《企业会计准则—职工薪酬》规定，企业应当在职工为其提供服务的会计期间，将实际发生的短期薪酬确认为负债，并计入当期损益，其他会计准则要求或允许计入资产成本的除外。发生的职工福利费，应当在实际发生时根据实际发生额计入当期损益或相关资产成本。职工福利费为非货币性福利的，应当按照公允价值计量。

企业为职工缴纳的医疗保险费、工伤保险费等社会保险费和住房公积金，以及按规定提取的工会经费和职工教育经费，应当在职工为其提供服务的会计期间，根据规定的计提基础和计提比例计算确定相应的职工薪酬金额，并确认相应负债，计入当期损益或相关资产成本。

9.3.1.2 计量应付职工薪酬

（一） 计量职工薪酬（应付职工工资、奖金、津补贴的计算）

1. 计算依据与计算部门

实务中，企业按照劳动工资制度的规定，每月末由人力资源部门根据每个职工的考勤记录、工时记录、产量记录、工资标准、工资等级计算应付每一职工的薪酬。计算是通过编制“工资结算单”进行的。

2. 工资结算单

工资结算单一般一式三份，一份按职工姓名裁成“工资条”，连同实发工资一起发放给职工，以便职工查对；一份作为劳资部门作为劳动工资统计的依据；一份经过职工签收后作为工资结算和付款的原始凭证。如表 9 –7 所示。

表 9 –7　　江苏天润机械有限公司工资结算单

2019年9月　　单位：元

工号	隶属部门	姓名	基本工资				奖金	缺勤扣款	应发工资	代缴设定提存计划与社会保险费					代缴个税	实发工资
			职务工资	工龄工资	学历工资	合计				养老保险	医疗保险	失业保险	住房公积金	合计		
1602	销售部	赵兵	3,000.00	1,000.00	1,000.00	5,000.00	1680.4	0	6680.4	534.43	133.6	33.4	668.04	1369.48	457.06	4853.86
1620	销售部	马汉民	2,000.00	800.00	1,000.00	3,800.00	1555	0	5355	428.4	107.1	53.55	535.50	1124.55	287.05	3943.4
1604	销售部	叶清宏	1,500.00	500.00	500.00	2,500.00	720.04	0	3220.04	257.6032	64.4	32.2	322.00	676.208	57.00	2486.83
1618	销售部	宋海涛	800.00	200.00	800.00	1,800.00	1055	0	2855	228.4	57.1	28.55	285.50	599.55	31.70	2223.75
1607	销售部	洪嘉	2,000.00	1000.00	800.00	3,800.00	1180	40	4940	395.2	98.8	49.4	494.00	1037.4	224.80	3677.8
1616	销售部	朝晓霞	800.00	500.00	1,000.00	2,300.00	240.04	0	2540.04	203.2032	50.8	25.4	254.00	533.408	8.60	1998.03

3. 工资结算汇总表 （分配表）

财会部门将“工资结算单”按职工类别进行汇总，编制“工资结算汇总表”，作为月份终了编制“工资费用分配表”的依据。

（二） 计量职工薪酬 （社会保险费、 设定提存计划、 住房公积金的计算）

根据国家有关政策的规定，企业除了支付给职工工资、奖金、津补贴外，还要按工资总额的一定比例为职工缴纳社会保险（医疗保险、工伤保险、生育保险）、设定提存计划（养老保险、失业保险）及住房公积金，简称“五险一金”。2019 年 3 月国务院办公厅印发《关于全面推进生育保险和职工基本医疗保险合并实施的意见》，将生育保险并入基本医疗保险，2019 年底，大部分省份已开始执行，“五险一金”变为“四险一金”。但生育保险的险种并未取消，只是纳入医保统一管理，待遇不变。

2016 年以来，国家鼓励有条件的企业在为职工交纳基本养老保险和基本医疗保险的基础上，再为职工缴纳补充养老保险（企业年金）和补充医疗保险。

补充养老保险制度，即为企业年金。《企业年金办法》由人力资源保障部和财政部联合印发，将自 2018 年 2 月 1 日起施行。企业缴费每年不超过本企业职工工资总额的 8%，企业和职工个人缴费合计不超过本企业职工工资总额的 12%。

补充医疗保险是在单位和职工参加统一的基本医疗保险后，由单位或个人根据需求和可能的原则，适当增加医疗保险项目，来提高保险保障水平的一种补充性保险。主要包括：企业补充医疗保险、商业医疗保险、社会互助和社区医疗保险等多种形式，是基本医疗保险的有力补充。基本医疗保险的企业和事业单位可以建立补充医疗保险。企业根据国家有关政策规定，为在本企业任职或者受雇的全体员工支付的补充医疗保险费，不超过职工工资总额 5% 标准内的部分，在计算应纳税所得额时准予扣除；超过的部分，不予扣除。

目前，国家强制企业为职工缴纳“四险”，鼓励企业为职工缴纳住房公积金、补充养老保险（企业年金）、补充医疗保险；而且缴费基数、缴费标准由省级人民政府规定一个缴纳范围，具体由当地人民政府确定，特别是缴费基数，每年都有可能调整。缴存基数、缴存比例，不同省份、城市或地区，不同企业或单位都不相同。

[扫一扫]

江苏省南京市“六险二金”的缴存基数、比例。

[扫一扫]

企业按最低标准缴纳社保的套路已经不灵了

9.3.1.3 记录应付职工薪酬

（一） 科目设置

应付职工薪酬（2211）

1. 定义：核算应付职工薪酬的提取、结算、使用等情况。

2. 性质：负债类。

3. 核算内容：贷方登记已分配计入有关成本费用项目的职工薪酬数额，借方登记实际发放职工薪酬的数额以及扣还的款项。期末贷方余额，反映企业应付未付的职工薪酬。

4. 明细账设置：按照“工资、奖金、津贴和补贴”“职工福利费”“社会保险费”“非货币性福利”“住房公积金”“工会经费和职工教育经费”“带薪缺勤”“利润分享计划”“设定提存计划”“设定受益计划”“辞退福利”等职工薪酬项目设置明细账进行明细核算。即：

应付职工薪酬——工资、奖金、津贴和补贴
——职工福利费
——社会保险费
——非货币性福利
——住房公积金
——工会经费和职工教育经费
——带薪缺勤
——利润分享计划
——设定提存计划
——设定受益计划
——辞退福利

（1）应付职工薪酬——工资、奖金、津贴和补贴。核算企业按照构成工资总额的计时工资、计件工资、支付给职工的超额劳动报酬等的劳动报酬，为了补偿职工特殊或额外的劳动消耗和因其他特殊原因支付给职工的津贴，以及为了保证职工工资水平不受物价影响支付给职工的物价补贴等。

（2）应付职工薪酬——职工福利费。核算企业向职工提供的生活困难补助、丧葬补助费、抚恤费、职工异地安家费、防暑降温费等职工福利支出。

（3）应付职工薪酬——社会保险费。核算企业按照国家规定的基准和比例计算，向社会保险经办机构缴存的医疗保险费、工伤保险费。

（4）应付职工薪酬——非货币性福利。核算企业向职工提供非货币性福利。

（5）应付职工薪酬——住房公积金。核算企业按照国家规定的基准和比例计算，向住房公积金管理机构缴存的住房公积金。

(6) 应付职工薪酬——工会经费和职工教育经费。核算企业为了改善职工文化生活、为职工学习先进技术和提高文化水平和业务素质，用于开展工会活动和职工教育及职业技能培训等相关支出。

(7) 应付职工薪酬——设定提存计划。核算企业向单独主体（如基金等）缴存固定费用后，不再承担进一步支付义务的离职后福利计划。

(8) 应付职工薪酬——利润分享计划。核算企业因职工提供服务而与职工达成的基于利润或其他经营成果提供薪酬的协议。

(9) 应付职工薪酬——辞退福利。核算企业在职工劳动合同到期之前解除与职工的劳动关系，或者为鼓励职工自愿接受裁减而给予职工的补偿。

（二）“工资”“社会保险费”“住房公积金”的业务节点与账务处理

企业“工资”“社会保险费”“住房公积金”等职工薪酬要经过计算确认、分配计入、发放、上缴等环节，其账务处理见表9-8。

表9-8 “工资”“社会保险费”“住房公积金”业务节点与账务处理

业务节点	原始单据	账务处理
每个会计期（月）末，企业根据公司薪酬制度与职工工作绩效（劳动时间、产品产量等）计算应付给职工的薪酬，并按受益对象分配计入相关的成本、费用等，同时将应付的职工短期薪酬确认为负债	工资结算汇总表（工资费用分配表）	借：生产成本［生产部门人员的职工薪酬］ 制造费用［车间管理人员的职工薪酬］ 管理费用［行政管理人员和难以确定直接受益对象的人员的薪酬］ 销售费用［销售人员的职工薪酬］ 在建工程［工程建设人员的职工薪酬］ 贷：应付职工薪酬——工资、奖金、津补贴
期（月）末确认企业为职工负担的社会保险费（医疗保险、工伤保险）、设定提存计划（养老保险、失业保险）、住房公积金（标准按企业所在地政府的规定）	企业负担的社会保险费、设定提存计划、公积金计算表	借：生产成本［生产部门人员的社会保险费、设定提存计划、住房公积金］ 制造费用［车间管理人员的社会保险费、设定提存计划、住房公积金］ 管理费用［行政管理人员和难以确定直接受益对象人员的社会保险费、设定提存计划、住房公积金］ 销售费用［销售人员的社会保险费、设定提存计划、住房公积金］ 在建工程［工程建设人员的社会保险费、设定提存计划、住房公积金］ 贷：应付职工薪酬——社会保险费［医疗保险、工伤保险］ ——设定提存计划［养老保险、失业保险］ ——住房公积金

续表

业务节点	原始单据	账务处理
下月初，企业发放工资并代扣应由个人负担的社会保险费、离职后福利、住房公积金、个人所得税（代扣的标准按企业所在地政府的规定）	工资结算汇总表	（1）委托银行发放工资 借：应付职工薪酬——工资、奖金、津补贴 贷：库存现金/银行存款 （2）代扣应由职工个人负担的“三险一金”及个税 借：应付职工薪酬——工资、奖金、津补贴 贷：其他应付款——社会保险费（医疗保险） ——设定提存计划（养老保险、失业保险） ——住房公积金 应交税费——应交个人所得税
向有关部门交纳社会保险费	设定提存计划与社会保险费缴纳表、银行付款单据	借：应付职工薪酬——社会保险费［企业负担的部分］ ——设定提存计划［企业负担部分］ 其他应付款——社会保险费（医疗保险）［个人负担的部分］ ——设定提存计划（养老保险、失业保险）［个人负担的部分］ 贷：银行存款 注：上交的社会保险费 = 企业承担的社会保险费 + 个人负担的社会保险费
向住房公积金管理部门交纳住房公积金	银行付款单据	借：应付职工薪酬——住房公积金［企业负担的部分］ 其他应付款——住房公积金［个人负担的部分］ 贷：银行存款 注：上交的住房公积金 = 企业承担的住房公积金 + 个人负担的住房公积金
申报交纳个人所得税	个税申报表、银行付款单据	借：应交税费——应交个人所得税 贷：银行存款

（注：详见任务实施 9－8）

【理实差异】

不缴纳社保，公司多发几百块钱工资——这做法无效也不被允许！

社会保险是一种为丧失劳动能力、暂时失去劳动岗位或因健康原因造成损失的人口提供收入或补偿的一种社会和经济制度。社会保险的主要项目包括养老保险、医疗保险、失业保险、工伤保险、生育保险。根据我国《劳动法》规定，用人单位必须依法为员工购买社会保险，社会保险是国家强制性要求购买的一种保险。如果存在不缴纳社保，公司多发几百块钱工资——这做法无效，也不被允许！

9.3.2 确认、记录职工薪酬（福利费、工会经费、教育经费）

9.3.2.1 职工福利费的确认与记录

（一）职工福利费的认知

职工福利费，主要包括职工因公负伤赴外地就医路费、职工生活困难补助、未实行医疗统筹企业职工医疗费用，以及按规定发生的其他职工福利支出。

[扫一扫]

财政部财企［2009］242 号《关于企业加强职工福利费财务管理的通知》

职工福利费属于没有规定计提比例的情况。《企业会计准则第 9 号——职工薪酬》应用指南规定：“没有规定计提基础和计提比例的，企业应当根据历史经验数据和实际情况，合理预计当期应付职工薪酬。当期实际发生金额大于预计金额的，应当补提应付职工薪酬；当期实际发生金额小于预计金额的，应当冲回多提的应付职工薪酬。”

新准则规定：企业发生的职工福利费，应当在实际发生时根据实际发生额计入当期损益或相关资产成本。

（二）账务处理

职工福利费的账务处理，包括职工福利费的支出与分配。涉及职工福利费的业务节点与账务处理见表 9 – 9。

表 9 – 9 职工福利费的业务节点与账务处理

业务节点		原始单据	账务处理
一般职工福利费	实际发放		借：应付职工薪酬——职工福利费 贷：银行存款/库存现金
	分配职工福利费	职工福利费计算分配表	借：生产成本 制造费用 管理费用 销售费用 研发支出 贷：应付职工薪酬——职工福利费

续表

业务节点		原始单据	账务处理
内部食堂职工福利费	支付食堂经费补贴	银行付款单据等	支付食堂经费补贴 借：应付职工薪酬——职工福利费［食堂］ 贷：银行存款/库存现金
	购入菜、米、面、油等	购买米面油等物品的单据、银行付款单据	借：应付职工薪酬——职工福利费［食堂］ 贷：银行存款/库存现金
	收取员工饭费	银行收款单据	借：银行存款 贷：应付职工薪酬——职工福利费［食堂］
	根据员工服务对象分配	职工福利费计算分配表	借：生产成本、管理费用、销售费用、制造费用等 贷：应付职工薪酬——职工福利费［食堂］

（注：详见任务实施 9－9、任务实施 9－10）

【小贴士】

职工福利费：支出后分配，也就是只有先支出了才进行分配。所以对职工福利费的核算，一般是在发放时做两笔会计分录：即发放和分配的分录。至于我们经常提到的14%的比例，则是所得税法规定列支的限额。

9.3.2.2 工会经费、职工教育经费的的确认与记录

工会经费和职工教育经费，是指企业为了改善职工文化生活、为职工学习先进技术和提高文化水平与业务素质，用于开展工会活动和职工教育及职业技能培训等的相关支出。

（一）工会经费、职工教育经费的政策规定

1. 工会经费的政策规定

根据《国家税务总局关于工会经费企业所得税税前扣除凭据问题的公告》（国家税务总局公告 2010 年第 24 号）第一条之规定：自 2010 年 7 月 1 日起，企业拨缴的职工工会经费，不超过工资薪金总额 2% 的部分，凭工会组织开具的《工会经费收入专用收据》在企业所得税税前扣除。所以已经组建工会组织的企业一般都是按工资薪金总额的 2% 计提工会经费；每月计提工会经费后，将其中的 40% 上交上级工会（一般是通过向受委托代收工会经费的税务机关申报缴纳）；其余的 60% 由企业同时拨付给其所在的基层工会，取得本单位基层工会开具的《工会经费收入专用收据》。

没有组建工会组织的小微企业，按工资薪金总额的 2% 计提工会经费全部上交上级工会。

【小贴士】

基层工会组织要单独设置账户对留存的工会经费进行核算，与企业财务会计核算体系没有关系。资金拨到工会组织了，用工会经费组织工会会员开展集体活动及会员特殊困难补助的费用，如会员活动日、郊游活动、联欢会、参观、游园以及其他集体活动的费用等，则是由基层工会组织进行账务处理，与企业财务会计核算是没有关系的。

2. 职工教育经费的政策规定

根据《中华人民共和国企业所得税法实施条例》和其他文件的规定，企业发生的职工教育经费支出，不超过工资薪金总额8%的部分，准予在计算企业所得税应纳税所得额时扣除；超过部分，准予在以后纳税年度结转扣除。所以企业一般按照工资薪金总额的8%计提职工教育经费，用于对职工进行上岗和转岗培训、职业技术等级培训、高技能人才培训、专业技术人员继续教育、特种作业人员培训、职工岗位自学成才奖励费用等方面。

（二）账务处理

企业工会经费、职工教育经费业务节点主要包括计提及使用。账务处理见表9－10。

表9－10　　工会经费、职工教育经费业务节点及账务处理

业务节点	原始单据	账务处理
月末计提工会经费和职工教育经费：工会经费按工资总额的2%计提，职工教育经费按工资总额的8%计提。	工会经费和职工教育经费计算表	借：生产成本［生产部门人员工资总额×计提比例］ 制造费用［车间管理人员工资总额×计提比例］ 管理费用［行政管理人员工资总额×计提比例］ 销售费用［销售人员工资总额×计提比例］ 研发支出［研发人员工资总额×计提比例］ 贷：应付职工薪酬——工会经费和职工教育经费（工会经费）［工资总额×计提比例］ ——工会经费和职工教育经费（职工教育经费）［工资总额×计提比例］
月末确认应上交上级工会的工会经费	应上交上级工会的工会经费计算表	借：应付职工薪酬——工会经费和职工教育经费（工会经费） 贷：应交税费——工会经费
下月初，在纳税申报平台申报应上交上级工会的工会经费	地方基金（工会经费）申报表、 银行付款单据	借：应交税费——工会经费 贷：银行存款

续表

业务节点	原始单据	账务处理
实际使用、支出职工教育支出时	实际支出相关发票、 银行付款单据	借：应付职工薪酬——工会经费和职工教育经费（职工教育经费） 贷：银行存款
实际使用、支出工会经费时		这是基层工会组织的账务处理，不属于企业财务会计核算的业务。但有的规模比较小，可能是由财务部门的人员代理工会组织记账。

（注：详见任务实施 9－11）

9.3.3 非货币性职工薪酬的核算

9.3.3.1 非货币性职工薪酬的认知

非货币性福利，是指企业以非货币性资产支付给职工的薪酬，主要包括企业以自产产品和外购商品发放给职工作为福利、将企业拥有的资产无偿提供给职工使用、为职工无偿提供医疗保健服务等。

9.3.3.2 非货币性职工薪酬的业务节点与账务处理

非货币性职工薪酬主要包括企业以自产产品作为非货币性福利发放给职工及以其拥有的资产（如住房、车辆等）或租赁的住房无偿提供给职工使用。其业务节点与账务处理见表 9－11。

表 9－11　　非货币性职工薪酬的业务节点与账务处理

业务节点	原始单据	账务处理
企业以其自产产品作为非货币性福利发放给职工	非货币性福利发放决议及非货币性福利分配表	1. 确认应付职工薪酬 借：生产成本 管理费用 销售费用等 贷：应付职工薪酬——非货币性福利
	非货币性福利发放表、增值税专用发票的发票联	2. 确认收入 借：应付职工薪酬——非货币性福利 贷：主营业务收入 应交税费——应交增值税（销项税额）
	库存商品出库单	3. 结转产品成本 借：主营业务成本 贷：库存商品

续表

业务节点	原始单据	账务处理
将企业自有的房屋、汽车等资产无偿提供给职工使用	非货币性福利分配表	1. 确认应付职工薪酬时 借：管理费用/生产成本/制造费用 贷：应付职工薪酬——非货币性福利
	折旧计算表	2. 计提折旧时 借：应付职工薪酬——非货币性福利 贷：累计折旧
租赁住房等资产供职工无偿使用	非货币性福利分配表	1. 确认应付职工薪酬时 借：管理费用/生产成本/制造费用 贷：应付职工薪酬——非货币性福利
	银行付款单据	2. 支付房租时 借：应付职工薪酬——非货币性福利 贷：银行存款

（注：详见任务实施 9 - 12、任务实施 9 - 13）

任务实施

任务实施 9 - 8 工资、社会保险费、住房公积金及个税的核算

江苏天润公司为增值税一般纳税人，2020 年 10 月份工资结算汇总表如下所示，按规定代扣职工个人负担的社会保险费和住房公积金；企业按应付工资的 9.8% 和 1% 负担社会保险费（医疗保险、工伤保险），按应付工资的 19%、0.5% 和 10% 计提设定提存计划（养老保险、失业保险）及住房公积金；11 月初，发放工资并代扣个人负担的社会保险费、设定提存计划；向有关部门缴纳社会保险费和住房公积金。

工资结算汇总表

2019年5月31日

隶属部门	基本工资				奖金	缺勤扣款	应发工资	代缴设定提存计划与社会保险费					代缴个税	实发工资
	职务工资	工龄工资	学历工资	合计				养老保险 8%	医疗保险 2%	失业保险 0.5%	住房公积金 10%	合计		
生产工人	48000	4000	3100	55100	8000	400	62700	5016	1254	313.5	6270	12853.5	1500	48346.5
管理人员	10000	1000	600	11600	2000		13600	1088	272	68	1360	2788	700	10112
机修车间	23000	1500	1000	25500	6000	60	31440	2515.2	628.8	157.2	3144	6445.2	800	24194.8
供汽车间	5000	700	500	6200	2000		8200	656	164	41	820	1681		6519
销售机构	16000	1000	700	17700	4500		22200	1776	444	111	2220	4551	860	16789
管理部门	28000	3000	1150	32150	7000	250	38900	3112	778	194.5	3890	7974.5	1200	29725.5
基建工程	10000	1000	1000	12000	1500		13500	1080	270	67.5	1350	2767.5		10732.5
合计	140000	12200	8050	160250	31000	710	190540	15243.2	3810.8	952.7	19054	39060.7	5060	146419.3

步骤一：10月末计算，分配工资费用、确认应付职工薪酬（工资、奖金、津贴和补贴）。

借：生产成本——基本生产成本　62 700
　　　　　　——辅助生产成本（机修车间）　31 440
　　　　　　——辅助生产成本（供汽车间）　8 200
　　制造费用　13 600
　　管理费用　38 900
　　销售费用　22 200
　　在建工程　13 500
　　贷：应付职工薪酬——职工工资、奖金、津贴和补贴　190 540

步骤二：10月末按国家政策，按比例计提企业应负担的社会保险费、设定提存计划、公积金等，确认应付职工薪酬（社会保险费、设定提存计划、住房公积金）。

企业负担的社会保险费、设定提存计划、公积金计算表

车间、部门	应发工资	企业负担					
		医疗保险 9.8%	工伤保险 1%	养老保险 19%	失业保险 0.5%	公积金 10%	合计
生产工人	62 700	6 144.6	627	11 913	313.5	6 270	25 268.1
管理人员	13 600	1 332.8	136	2 584	68	1 360	5 480.8
机修车间	31 440	3 081.12	314.4	5 973.6	157.2	3 144	12 670.32
供汽车间	8 200	803.6	82	1 558	41	820	3 304.6
销售机构	22 200	2 175.6	222	4 218	111	2 220	8 946.6
管理部门	38 900	3 812.2	389	7 391	194.5	3 890	15 676.7
基建工程	13 500	1 323	135	2 565	67.5	1 350	5 440.5
合计	190 540	18 672.92	1 905.4	36 202.6	952.7	19 054	76 787.62

借：生产成本——基本生产成本　25 268.10
　　　　　　——辅助生产成本（机修车间）　12 670.32
　　　　　　——辅助生产成本（供汽车间）　3 304.60
　　制造费用　5 480.80
　　管理费用　15 676.70
　　销售费用　8 946.60
　　在建工程　5 440.50
　　贷：应付职工薪酬——社会保险费（医疗保险）　18 672.92
　　　　　　　　　　——社会保险费（工伤保险）　1 905.40
　　　　　　　　　　——设定提存计划（养老保险）　36 202.60

——设定提存计划（失业保险） 952.70
——住房公积金 19 054.00

步骤三：10月末代扣个人负担的社会保险费、设定提存计划、个人所得税；确认其他应付款和应交税费（应交个人所得税）。

借：应付职工薪酬——工资、奖金、津贴和补贴 44 120.70
贷：其他应付款——社会保险费（医疗保险） 3 810.80
——设定提存计划（养老保险） 15 243.20
——设定提存计划（失业保险） 952.70
——住房公积金 19 054.00
应交税费——应交个人所得税 5 060.00

步骤四：11月初按实发数通过银行发放工资，减少银行存款、应付职工薪酬。

借：应付职工薪酬——工资、奖金、津贴和补贴 146 419.30
贷：银行存款 146 419.30

步骤五：11月初向有关部门缴纳社会保险费、设定提存计划，减少银行存款、应付职工薪酬、其他应付款。

借：应付职工薪酬——社会保险费（医疗保险） 18 672.92
——社会保险费（工伤保险） 1 905.40
——设定提存计划（养老保险） 36 202.60
——设定提存计划（失业保险） 952.70
其他应付款——社会保险费（医疗保险） 3 810.80
——设定提存计划（养老保险） 15 243.20
——设定提存计划（失业保险） 952.70
贷：银行存款 77 740.32

步骤六：向住房公积金管理部门交纳住房公积金，减少银行存款、应付职工薪酬、其他应付款。

借：应付职工薪酬——住房公积金 19 054
其他应付款——住房公积金 19 054
贷：银行存款 38 108

步骤七：通过“金三工程”个人所得税申报系统申报交纳个人所得税。

借：应交税费——应交个人所得税 5 060
贷：银行存款 5 060

任务实施 9-9 职工福利费支出的核算

2020 年 2 月 2 日，江苏天润公司以现金支付职工困难补助 8 000 元、抚恤费 5 000 元、探亲假路费 6 295 元。

步骤一：审核相关文件决议和单据，支付（减少）库存现金和应付职工薪酬。

借：应付职工薪酬——职工福利费　　19 295

　　贷：库存现金　　19 295

步骤二：同时或在月末，按照用途对实际发生的职工福利费进行分配（假设领取困难补助的人员为生产工人，其他是管理部门人员），确认费用及应付职工薪酬（职工福利费）。

借：管理费用　　11 295

　　制造费用　　8 000

　　贷：应付职工薪酬——职工福利费　　19 295

任务实施 9-10 职工福利费（职工食堂伙食补助）的核算

江苏天润公司现有员工 200 人，其中生产工人 120 人，车间管理人员 15 人，行政管理人员 45 人，销售人员 20 人。2020 年 6 月 1 日，支付每位员工食堂补贴 500 元，共 100 000 元。6 月 2 日开出转账支票拨付食堂经费 200 000 元。

步骤一：6 月 1 日转账支付员工食堂补贴，减少银行存款、应付职工薪酬。

借：应付职工薪酬——职工福利费　　100 000

　　贷：银行存款　　100 000

步骤二：6 月 2 日开出转账支票拨付食堂经费，减少银行存款、应付职工薪酬。

借：应付职工薪酬——职工福利费（食堂）　　200 000

　　贷：银行存款　　200 000

步骤三：6 月末根据员工服务对象分配，确认相关费用及应付职工薪酬（职工福利费）。

借：生产成本　　180 000

　　制造费用　　22 500

　　管理费用　　67 500

　　销售费用　　30 000

　　贷：应付职工薪酬——职工福利费（食堂）　　300 000

任务实施9－11　工会经费、职工教育经费的核算

2020年6月30日，宏达公司当月应发工资2 000万元，其中：生产部门直接生产人员工资1 000万元，生产部门管理人员工资200万元，公司管理部门人员工资360万元，公司专设产品销售机构人员工资100万元，建造厂房人员工资220万元，无形资产开发人员工资120万元。公司分别按照职工工资总额的2%和8%计提工会经费和职工教育经费；

6月30日，计提应上交上级工会的工会经费；

7月5日，申报交纳应上交上级工会的工会经费；

7月6日，签发转账支票，把留存企业的工会经费拨付给本单位的工会组织；

7月26日，通过电汇方式，向上海国家会计学院支付公司财会人员培训费用5 000元。

步骤一：6月末编制工会经费和职工教育经费计算表，如下表所示，审核后确认相关费用和应付职工薪酬（工会经费和职工教育经费）。

工会经费和职工教育经费计算表

2020年6月　　　　单位：万元

员工类别	工资总额	工会经费		职工教育经费		合计
		计提比率	计提额	计提比率	计提额	
直接生产人员	1 000	2%	20	8%	80	100
生产部门管理人员	200	2%	4	8%	16	20
公司管理部门人员	360	2%	7.2	8%	28.8	36
专设销售机构人员	100	2%	2	8%	8	10
建造厂房人员	220	2%	4.4	8%	17.6	22
无形资产开发人员	120	2%	2.4	8%	9.6	12
合　计	2 000	2%	40	8%	160	200

借：生产成本　1 000 000

　　制造费用　200 000

　　管理费用　360 000

　　销售费用　100 000

　　在建工程　220 000

　　研发支出　120 000

　　贷：应付职工薪酬——工会经费和职工教育经费（工会经费）400 000

　　　　　　　　　——工会经费和职工教育经费（职工教育经费）

　　　　　　　　　　1 600 000

步骤二：6月30日计提应上交上级工会的工会经费，确认应交税费（工会经费）、减少应付职工薪酬。

借：应付职工薪酬——工会经费和职工教育经费（工会经费）160 000

　　贷：应交税费——工会经费　　160 000

步骤三：7月5日申报交纳应上交上级工会的工会经费，减少银行存款和应交税费。

借：应交税费——工会经费　　160 000

　　贷：银行存款　　160 000

步骤四：7月26日根据收集整理上海国家会计学院开具的发票，通过电汇方式付公司财会人员培训费用，减少银行存款和应付职工薪酬。

借：应付职工薪酬——工会经费和职工教育经费（职工教育经费） 5 000

　　贷：银行存款——中国银行　　5 000

任务实施9-12　以其自产产品作为非货币性福利发放给职工的核算

三星面粉有限公司，系增值税一般纳税人，主营面粉、挂面、食品加工等，适用增值税率为9%。公司共有职工100人，其中生产工人85人，车间管理人员5人，厂部管理人员10人。2020年9月，公司经理办公会决定，为欢度国庆、中秋两大节日，向每人发放自产特制面粉2袋。每袋面粉单位生产成本40元，9月平均销售价格66元（含增值税）；此外，公司还决定，为5名优秀员工（主管生产的副总经理和4名生产工人）免费提供由新闻旅行社组织的“春节港澳双飞六日游”，旅行社报价1 380元/人。

步骤一：根据经理办公会决议，编制非货币性福利发放表，分配计入相关成本费用并确认应付职工薪酬——非货币性福利。

非货币性福利发放表

部门人员	人数	金额
生产工人	85	11 220
车间管理人员	5	660
厂部管理人员	10	1 320
合计	100	13 200

借：生产成本　　11 220

　　制造费用　　660

　　管理费用　　1 320

　　贷：应付职工薪酬——非货币性福利　　13 200

步骤二：实际发放非货币性福利，减少应付职工薪酬并确认主营业务收入。

应确认的营业收入 = 13 200 ÷ （1 + 9%） = 12 110.09（元）

应计提的销项税额 = 12 110.09 × 9% = 1 089.91（元）

借：应付职工薪酬——非货币性福利　　13 200

　　贷：主营业务收入　　12 110.09

　　　　应交税费——应交增值税（销项税额）　　1 089.91

借：主营业务成本　　8 000

　　贷：库存商品　　8 000

步骤三：提供免费旅游，确认相关成本费用和应付职工薪酬。

借：生产成本　　5 520

　　管理费用　　1 380

　　贷：应付职工薪酬——非货币性福利　　6 900

步骤四：支付旅游费用，减少银行存款和应付职工薪酬。

借：应付职工薪酬——非货币性福利　　6 900

　　贷：银行存款　　6 900

任务实施 9－13　将企业拥有或租赁的房屋、汽车等资产无偿提供给职工使用的核算

江苏天润机械有限公司为总部部门经理级别以上职工每人提供一辆某品牌汽车免费使用。该公司总部共有部门经理级别以上职工 15 名，假定每辆该品牌汽车每月计提折旧 1 000 元；该公司还为其 4 名高级管理人员每人租赁一套公寓免费使用，月租金为每套 7 000 元（假定上述发生的费用无法认定受益对象）。

步骤一：企业免费提供汽车和公寓时，减少应付职工薪酬、增加累计折旧等。

借：应付职工薪酬——非货币性福利　　43 000

　　贷：累计折旧　　15 000

　　　　其他应付款　　28 000

步骤二：分配应付职工薪酬时，确认相关费用及应付职工薪酬。

借：管理费用　　43 000

　　贷：应付职工薪酬——非货币性福利　　43 000

9.4 应交税费的核算

任务导入

企业在一定时期内取得的营业收入和实现的利润，要按规定向国家缴纳税费。江苏天润公司在经营过程中要缴纳增值税、城市维护建设税、教育费附加、企业所得税、个人所得税、房产税、车船使用税、城镇土地使用税和印花税等。税金一般需要先计算应交数额，再与税务部门发生清算或结算关系，因此形成企业的流动负债。企业应通过“应交税费”科目，总括反映各种税费的缴纳情况，并按照应交税费项目进行明细核算。该科目贷方登记应缴纳的各种税费等，借方登记实际缴纳的税费。期末余额一般在贷方，反映企业尚未缴纳的税费；期末余额如在借方，反映企业多交或尚未抵扣的税费。

知识准备

9.4.1 确认企业应交税费的种类

（一）认知我国税收法律体系

按税收征收对象的不同，我国的税收法律可以分为以下五大类：

1. 流转税类：包括增值税、消费税、关税等；
2. 所得税类：包括企业所得税、个人所得税；
3. 财产、行为税类：包括房产税、车船税、印花税、契税、环境保护税等；
4. 资源税类：包括资源税、土地增值税、城镇土地使用税等；
5. 特定目的税：包括城市维护建设税、车辆购置税、耕地占用税和烟叶税等。

[扫一扫]

我国的税收法律体系

（二）认知税收之外的基金（费）

企业除缴纳税收之外，还要缴纳众多的基金、费等，如残疾人就业保障金、教育费附加和地方教育附加、工会经费、生活垃圾处理费等。这些基金（费）是由地方政府确定，各地征收的项目和标准不尽相同。企业可以查询当地的税务网站获取相关信息。

（三） 确认企业（市场主体）应交的税收及基金（费）

企业应交的税费，取决于企业所开展的生产经营活动、所拥有的资产（资源）、从进行的行为及企业的经营所得。但在实际工作中，一个企业应申报的税种、基金（费），相关的税务局，会在系统替企业设置好，企业的财务人员，登录后，按要求申报即可。

（注：详见任务实施9－14）

9.4.2 确认、计量、记录增值税

9.4.2.1 认知增值税

（一） 增值税的计征范围

增值税是以商品（含应税劳务、应税行为）在流转过程中实现的增值额作为计税依据而征收的一种流转税。

根据《中华人民共和国增值税暂行条例》和《关于全面推开“营改增”试点的通知》等文件规定，增值税的计征范围包括：

1. 销售货物；
2. 应税劳务：提供加工修理修配劳务；
3. 销售应税服务：交通运输服务、邮政服务、电信服务、金融服务、现代服务、生活服务；
4. 应税行为：销售无形资产和不动产；
5. 进口货物。

［扫一扫］

相关税目的解释

（二） 增值税的纳税人

在我国境内销售货物或者加工、修理修配劳务（以下简称劳务），销售服务、无形资产、不动产以及进口货物的单位和个人，为增值税的纳税人。按照纳税人的经营规模及会计核算的健全程度，增值税纳税人分为一般纳税人和小规模纳税人。

1. 一般纳税人的认定

年应征增值税销售额超过500万元的纳税人，会计核算资料俱全，能提供完整纳税

资料的，应申请认定为增值税一般纳税人。

2. 小规模纳税人的认定

年应征增值税销售额未超过500万元的纳税人，一般应认定为增值税小规模纳税人。

[扫一扫]

小规模纳税人标准

（三）增值税的计税方法

增值税计税方法包括一般计税方法和简易计税方法。

1. 一般计税方法

应交增值税 = 销项税额 − 进项税额

= ∑（各类商品、劳务的销售额 × 增值税税率）− ∑（可抵扣的进项税额 − 进项税额转出）

2. 简易计税方法

应交增值税 = 销售额 × 增值税征收率 = ∑(各类商品、劳务的销售额 × 增值税征收率)

3. **一般纳税人发生财政部和国家税务总局规定的特定应税行为，可以选择适用简易计税方法计税，但一经选择，36个月内不得变更。**

增值税计税方法总结如下表9−12。

表9−12　　增值税计税方法

计税方法	纳税人	计算公式
一般计税	一般纳税人	应纳税额 = 当期销项税额 − 当期进项税额 销项税额 = 销售额 × 税率 销售额 = 含税销售额 ÷（1 + 税率）
简易计税	一般纳税人 选择按简易计税方法计税	应纳税额 = 销售额 × 征收率 销售额 = 含税销售额 ÷（1 + 征收率）
	小规模纳税人	

（四）增值税税率及征收率

1. 一般纳税人增值税税率

（1）基本税率13%

增值税一般纳税人销售或者进口货物，提供加工、修理修配劳务以及提供有形动产租赁服务的税率为13%。

（2）低税率：9%

如：交通运输服务、邮政服务、基础电信服务、建筑服务、不动产租赁服务；销售土地使用权、销售不动产；粮食、食用植物油；自来水、暖气、冷气、热水、煤气、石油液化气、天然气、沼气、居民用煤炭制品；图书、报纸、杂志；饲料、化肥、农药、农机、农膜；国务院规定的其他货物。

（3）低税率：6%

①电信增值服务。

②金融服务。主要包括贷款服务（贷款和融资性售后回租）、直接收费金融服务、人身和财产保险服务及金融商品转让业务。

③现代服务。

④生活服务。是指为满足城乡居民日常生活需求提供的各类服务活动，包括：文化体育服务、教育医疗服务、旅游娱乐服务、餐饮住宿服务、居民日常服务和其他生活服务。

⑤销售无形资产。如技术，包括专利技术和非专利技术、商标、著作权、商誉、其他权益性无形资产；如自然资源使用权，包括海域使用权、探矿权、采矿权和其他自然资源使用权。

（4）零税率

纳税人跨境应税行为适用增值税零税率。

2. 小规模纳税人增值税征收率

增值税对小规模纳税人采用简易征收办法，对小规模纳税人适用的税率称为征收率。征收率一律为3%。

3. 简易计税的征收率

一般纳税人，其采用的计税方法一般是一般计税方法。

（1）按征收率5%计税的应税行为

销售不动产、不动产经营租赁服务、转让土地使用权、不动产融资租赁、劳务派遣服务、人力资源外包服务等。

（2）按征收率3%计税的应税行为

公路收费、建筑服务、物业管理服务、非学历教育服务、公共交通运输服务、动漫设计服务、电影放映服务、仓储服务、装卸搬运服务、文化体育服务、有形动产租赁服务等。

（3）依3%征收率减按2%的应税行为

① 一般纳税人销售自己使用过的属于条例第十条规定不得抵扣且未抵扣进项税额的固定资产。

②一般纳税人销售自己使用过的，2008年12月31日以前取得的固定资产。

③一般纳税人销售自己使用过的，纳入“营改增”试点前取得的固定资产。

④销售旧货。

（注：详见任务实施9－15）

【理实差异】

一般纳税人与小规模纳税人的区别

1. 应交税金的计算方法不同。一般纳税人按一般计税办法（抵扣制）计算应交税金，即按销项减进项后的余额交税；小规模纳税人按销售收入除以（1＋征收率）后的金额再乘征收率计算应交税金；

2. 使用发票不同。一般纳税人可以领用并自行开具增值税专用发票；小规模纳税人一般只能领用开具普通发票，一般不能领用并自行开具增值税专用发票；

3. 税率（征收率）不同。一般纳税人使用税率，一般分为13%、9%、6%等三档税率。小规模纳税人的征收率3%。

9.4.2.2 记录增值税（一般纳税人）

（一）科目设置

1. 应交税费（2211）

（1）定义：企业根据在一定时期内取得的营业收入、实现的利润等，按照现行税法规定，采用一定的计税方法计提的应缴纳的各种税费。

应交税费，包括企业依法缴纳的增值税、消费税、企业所得税、资源税、土地增值税、城市维护建设税、房产税、土地使用税、车船税、教育费附加、矿产资源补偿费、印花税、耕地占用税等税费，以及在上缴国家之前，由企业代收代缴的个人所得税等。

（2）性质：负债类。

（3）核算内容：该科目贷方登记应缴纳的各种税费等，借方登记实际缴纳的税费；期末余额一般在贷方，反映企业尚未缴纳的税费，期末余额如在借方，反映企业多交或尚未抵扣的税费。

（4）明细账设置：本科目按应交税费项目设置明细科目进行明细核算。

2. 一般纳税人核算增值税应设置的二级科目

一般纳税人，应设置“三交”“二待”“一留抵、简易、代扣代交、转让金融商品”等二级明细科目。

应交税费——应交增值税
——未交增值税
——预交增值税 } “三交”

——待认证进项税额
——待转销项税额 } “二待”

——“增值税留抵税额”
——“简易计税”
——“代扣代交增值税”
——“转让金融商品应交增值税” } 留抵、简易、代扣代交、金融商品

（1）“未交增值税”明细科目，核算一般纳税人月度终了从“应交增值税”或“预交增值税”明细科目转入当月应交未交、多交或预缴的增值税额，以及当月交纳以前期间未交的增值税额。

（2）“预缴增值税”明细科目，核算一般纳税人转让不动产、提供不动产经营租赁服务、提供建筑服务、采用预收款方式销售自行开发的房地产项目等，按现行增值税制度规定应预缴的增值税额。预缴的增值税税款，可以在当期增值税应纳税额中抵减，抵减不完的，结转下期继续抵减。纳税人以预缴税款抵减应纳税额，应以完税凭证作为合法有效凭证。

（3）“待认证进项税额”明细科目，核算一般纳税人由于未经税务机关认证而不得从当期销项税额中抵扣的进项税额。包括：一般纳税人已取得增值税扣税凭证、按照现行增值税制度规定准予从销项税额中抵扣，但尚未经税务机关认证的进项税额；一般纳税人已申请稽核但尚未取得稽核相符结果的海关缴款书进项税额。

（4）“待转销项税额”明细科目，核算一般纳税人销售货物、加工修理修配劳务、服务、无形资产或不动产，已确认相关收入（或利得）但尚未发生增值税纳税义务而须于以后期间确认为销项税额的增值税额。这里核算的主要是：由于会计与税法在确认收入时点不一致时，产生的待后期开票确认的销项金额，这样处理解决了增值税作为价外税，会计入账金额需价税分离的要求，符合会计信息披露和财务报表列报要求，也能帮助企业更清楚未来将产生的应纳税金额。

（5）“简易计税”明细科目，核算一般纳税人采用简易计税方法发生的增值税计提、扣减、预缴、缴纳等业务。

（6）“转让金融商品应交增值税”明细科目，核算增值税纳税人转让金融商品发生的增值税额。

（7）“代扣代交增值税”明细科目，核算纳税人购进在境内未设经营机构的境外单位或个人在境内的应税行为代扣代缴的增值税。

3. 一般纳税人核算增值税应设置的三级科目

一般纳税人应在“应交税费——应交增值税”下，再设置三级明细科目：

应交税费——应交增值税（进项税额）
（销项税额抵减）
（已交税金）
（转出未交增值税）
（减免税款）
（出口抵减内销产品应纳税额）
（销项税额）
（出口退税）

（进项税额转出）

（转出多交增值税）

（1）“进项税额”专栏，记录一般纳税人购进货物、加工修理修配劳务、服务、无形资产或不动产而支付或负担的、准予从当期销项税额中抵扣的增值税额；

（2）“销项税额抵减”专栏，记录一般纳税人按照现行增值税制度规定因扣减销售额而减少的销项税额；

（3）“已交税金”专栏，记录一般纳税人当月已缴纳的应交增值税额；

（4）“转出未交增值税”和“转出多交增值税”专栏，分别记录一般纳税人月度终了转出当月应交未交或多交的增值税额；

（5）“减免税款”专栏，记录一般纳税人按现行增值税制度规定准予减免的增值税额；

（6）“出口抵减内销产品应纳税额”专栏，记录实行“免、抵、退”办法的一般纳税人按规定计算的出口货物的进项税抵减内销产品的应纳税额；

（7）“销项税额”专栏，记录一般纳税人销售货物、加工修理修配劳务、服务、无形资产或不动产应收取的增值税额；

（8）“出口退税”专栏，记录一般纳税人出口货物、加工修理修配劳务、服务、无形资产按规定退回的增值税额；

（9）“进项税额转出”专栏，记录一般纳税人购进货物、加工修理修配劳务、服务、无形资产或不动产等发生非正常损失以及其他原因而不应从销项税额中抵扣、按规定转出的进项税额。

“应交税费——应交增值税”的二级科目与三级科目结构体系

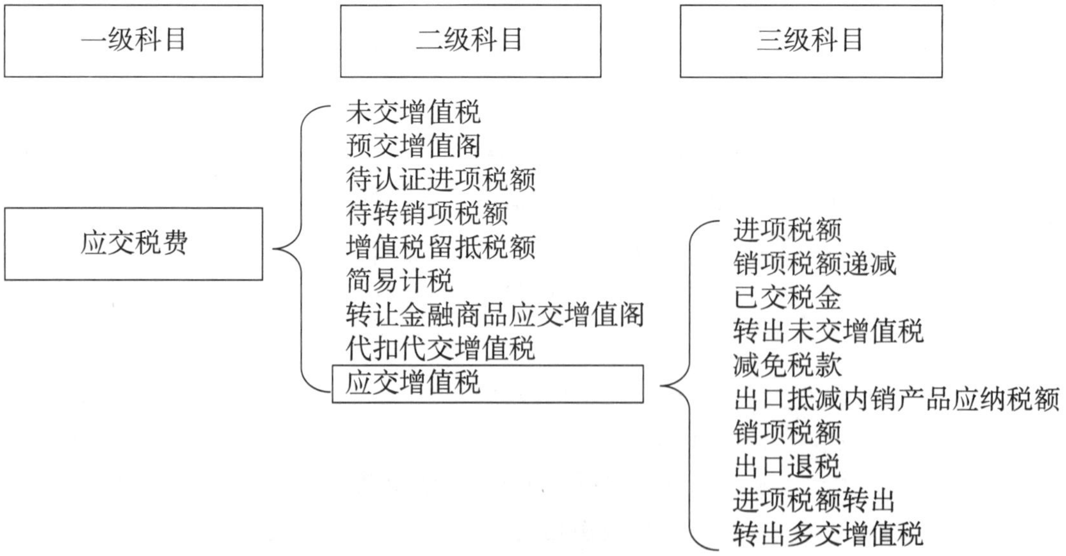

（二） 一般纳税人应交增值税的业务节点与账务处理

1. 取得资产或接受劳务等业务时支付进项税额的账务处理

（1）进项税额的抵扣的政策规定

企业在购买材料、商品，接收劳务时，在向客户支付价款的同时，还要在价格之外支付增值税，即进项税额。

进项税额，是一般纳税人在购进货物、劳务、服务、无形资产、不动产时，支付或负担的增值税额。根据《增值税暂行条例》和《关于全面推开营业税改征增值税试点的通知》的有关规定，准予从销项税额中抵扣的进项税额有以下几种：

①从销售方取得的增值税专用发票上注明的增值税额。

②从海关取得的海关进口增值税专用缴款书上注明的增值税额。

③购进农产品，按照农产品收购发票或者销售发票上注明的农产品买价和9%的扣除率计算的进项税额，国务院另有规定的除外。进项税额计算公式为：

进项税额 = 买价 × 扣除率

④自境外单位或者个人购进劳务、服务、无形资产或者境内的不动产，从税务机关或者扣缴义务人取得的代扣代缴税款的完税凭证上注明的增值税额。

纳税人购进货物、劳务、服务、无形资产、不动产，取得的增值税扣税凭证不符合法律、行政法规或者国务院税务主管部门有关规定的，其进项税额不得从销项税额中抵扣。

【小贴士】

一般纳税人在购进货物、劳务、服务、无形资产、不动产时，支付或负担的增值税额，能否作为进项税额抵扣，一般有三个条件：一是企业为一般纳税人且增值税采用一般计税方法计税；二是取得合法增值税扣税凭证；三是购进的材料、商品、劳务等用于应税产品的生产，将来销售时能够产生增值税销项税额。

[扫一扫]

增值税的三种进项税抵扣方法

（2）取得资产或接受劳务支付进项税额的业务节点与账务处理

涉及进项税额的业务主要有一般纳税人购进货物服务、专用发票的勾选认证、购入的免税农产品及进口货物等。其账务处理见表9－13。

表 9－13　　涉及进项税额业务节点与账务处理

业务节点	原始单据	账务处理
一般纳税人购进货物、加工修理修配劳务、服务、无形资产或不动产，取得增值税专用发票但没有通过认证的账务处理	采购协议（合同）、入库单、专用发票记账联、银行付款单据等	根据增值税专用发票上记载的应计入采购成本或应计入加工、修理修配等物资成本的金额或应计入相关费用的金额，以及增值税专用发票上注明的可抵扣但未认证的增值税税额 借：原材料/固定资产/库存商品/生产成本/管理费用 　　应交税费——待认证进项增值税 　　贷：应付账款/应付票据/银行存款/其他货币资金
	认证通过说明	通过认证后 借：应交税费——应交增值税（进项税额） 　　贷：应交税费——待认证进项增值税
一般纳税人购进货物、加工修理修配劳务、服务、无形资产或不动产，取得增值税专用发票并通过认证的账务处理	采购协议（合同）、入库单、专用发票记账联、银行付款单据等	根据增值税专用发票上记载的应计入采购成本或应计入加工、修理修配等物资成本的金额或应计入相关费用的金额，以及增值税专用发票上注明的可抵扣的增值税税额 借：原材料/固定资产/库存商品/生产成本/管理费用 　　应交税费——应交增值税（进项税额） 　　贷：应付账款/应付票据/银行存款/其他货币资金
采购等业务进项税额不得抵扣的账务处理	采购协议（合同）、入库单、专用发票记账联、银行付款单据等	一般纳税人购进货物、加工修理修配劳务、服务、无形资产或不动产，用于简易计税方法计税项目、免征增值税项目、集体福利或个人消费等，其进项税额按照现行增值税制度规定不得从销项税额中抵扣的，但根据现行税法规定，企业取得增值税专用发票时，不管能否抵扣，都应通过“金三”系统进行认证，在通过认证时 借：原材料/固定资产/库存商品/生产成本/等 　　应交税费——应交增值税（进项税额） 　　贷：应付账款/应付票据/银行存款/其他货币资金
	专用发票抵扣联复印件及转出说明	如果取得的专用发票没有通过认证，应先记入“应交税费——待认证进项增值税”科目，在通过认证后转入“应交税费——应交增值税（进项税额）”
	专用发票抵扣联复印件及转出说明	以后期间，上述购入的货物用于简易计税方法计税项目、免征增值税项目、集体福利或个人消费时，进行进项税额转出 借：应付职工薪酬、管理费用等 　　贷：应交税费——应交增值税（进项税额转出）

续表

业务节点	原始单据	账务处理
购入的免税农产品的账务处理	采购协议（合同）、入库单、农产品收购专用票据或增值税普通发票（免税）、银行付款单据等	企业购入免税农产品，按照买价和规定的扣除率（9%）计算进项税额 借：材料采购/原材料/库存商品等［买价×91%］ 　　应交税费——应交增值税（进项税额）［买价×9%］ 　　贷：应付账款/应付票据/银行存款/其他货币资金
进口货物的账务处理	报关单、关税缴纳凭证、海关进口增值税专用缴款书	按到岸价和应交的进口关税以及从海关取得的海关进口增值税专用缴款书上注明的增值税额 借：原材料/固定资产/库存商品/生产成本 　　应交税费——应交增值税（进项税额） 　　贷：应付账款/应付票据/银行存款/其他货币资金
	海关进口增值税专用缴款书及相关说明	如果从海关取得的海关进口增值税专用缴款书没有通过认证，也应先记入“应交税费——待认证进项增值税”科目，在通过认证后转入“应交税费——应交增值税（进项税额）”

（注：详见任务实施9－16）

2. 销售产品、提供劳务（含视同销售）时销项税额的账务处理

（1）销项税额的计算

企业在销售产品、提供劳务时，在向客户收取价款的同时，还要在价格之外收取增值税，即销项税额。销项税额，是指纳税人销售货物或者应税劳务，按照销售额和适用税率计算并向购买方收取的增值税额。其计算公式为：

销项税额＝销售额×税率

① 销售额，是指纳税人销售货物或者应税劳务向购买方收取的全部价款和价外费用，但不包括收取的销项税额。

价外费用，是指价外向购买方收取的手续费、补贴、基金、集资费、返还利润、奖励费、违约金（延期付款利息）、包装费、包装物租金、储备费、运输装卸费、代收款项、代垫款项及其他各种性质的价外费用。

销售额不包括的内容：向购买方收取的销项税额；受托加工应征消费税的消费品所

代收代缴的消费税；符合以下条件的代垫运费：一是承运者的运费发票开具给购买方的，二是纳税人将该项发票转交给购买方的。

②含税销售额的换算，一般纳税人销售货物或应税劳务采用销售额和销项税额合并定价的，即对小规模纳税人或居民等开出普通发票（俗称含税价），按下列公式计算销售额：

销售额 = 含税销售额 ÷（1 + 增值税税率）

（2）视同销售业务

《中华人民共和国增值税暂行条例实施细则》第四条规定：单位或者个体工商户的下列行为，视同销售货物：

①将货物交付其他单位或者个人代销；

②销售代销货物；

③设有两个以上机构并实行统一核算的纳税人，将货物从一个机构移送至其他机构用于销售，但相关机构设在同一县（市）的除外；

④将自产或者委托加工的货物用于非增值税应税项目；

⑤将自产、委托加工的货物用于集体福利或者个人消费；

⑥将自产、委托加工或者购进的货物作为投资，提供给其他单位或者个体工商户；

⑦将自产、委托加工或者购进的货物分配给股东或者投资者；

⑧将自产、委托加工或者购进的货物无偿赠送其他单位或者个人。

【小贴士】

判断一项是否属于视同销售货物，其关键是要看货物的所有权是否发生转移，如货物的所有权发生了转移，即使没现金流入，不能确认为会计上的收入，但会产生纳税义务，就属于视同销售货物，如上面所列举的将自产、委托加工的货物用于集体福利或者个人消费等。如果货物的所有权没有发生转移，不确认为会计销售收入，也不属于视同销售货物，如企业在建工程领用原材料、库存商品等。

[扫一扫]

《关于企业处置资产所得税处理问题的通知》

（3）销项税额的账务处理

涉及销项税额相关业务主要是对外销售及视同销售。其账务处理见表9－14。

表 9－14 销项税额的账务处理

业务节点	原始单据	账务处理
企业销售货物或者提供应税劳务	销货合同、 增值税专用发票的发票联、 银行收款单据	借：应收账款/应收票据/银行存款等 　　贷：主营业务收入/其他业务收入等 　　　　应交税费——应交增值税（销项税额） 注：发生的销售退回，作相反的会计分录
将自产的货物用于非应税项目（如职工福利设施的建设）（这时，货物的产权没有转移，不确认收入；但是增值税中的视同销售）	库存商品领用单、 增值税专用发票的发票联等	借：在建工程（职工福利设施） 　　贷：库存商品 　　　　应交税费——应交增值税（销项税额）［售价×适用增值税税率］
将自产的货物对外投资（这时，货物的产权已经转移并取得相关经济利益，应确认收入）	股权投资协议、 增值税专用发票的发票联、 库存商品出库单	借：长期股权投资 　　贷：主营业务收入 　　　　应交税费——应交增值税（销项税额）［售价×适用增值税税率］ 同时 借：主营业务成本 　　贷：库存商品
将自产的货物用于个人消费（这时，货物的产权已经转移并取得相关经济利益或偿还了相关债务，应确认收入）	非货币福利发放表、 增值税专用发票的发票联、 库存商品出库单	借：应付职工薪酬——非货币性福利 　　贷：主营业务收入 　　　　应交税费——应交增值税（销项税额）［售价×适用增值税税率］ 同时 借：主营业务成本 　　贷：库存商品
将自产的货物无偿赠送他人（这时，货物的产权虽然已经转移但并没有取得相关经济利益，不应确认收入，但是增值税视同销售）	捐赠协议、 增值税专用发票发票联、 库存商品出库单	借：营业外支出 　　贷：库存商品 　　　　应交税费——应交增值税（销项税额）［售价×适用增值税税率］

（注：详见任务实施 9－17、任务实施 9－18）

【税会差异】

会计上的收入是指企业在日常活动中形成的、会导致所有者权益增加的、与所有者投入资本无关的经济利益的总流入。而且收入只有在经济利益很可能流入从而导致企业资产增加或者负债减少，且经济利益的流入额能够可靠计量时才能予以确认。会计上强调经济利益的总流入，也就是说，必须有经济利益的流入才确认收入。

而税法为了征收税款，为了把实现相应的税收应收尽收，使用了“视同销售”的概念。“视同销售”作为一种税收术语，与一般的销售业务是不同的，它是一种特殊的销售行为。它与会计准则中所界定的正常销售行为是不同的，视同销售并不能给企业带来经济利益的流入（现金流入），但是从税收的角度来看，它实现了销售的功能，企业要承担纳税的义务。

3. 进项税额转出的账务处理

（1）不得从销项税额中抵扣的进项税额

按《增值税暂行条例》和《关于全面推开营业税改征增值税试点的通知》规定，不得从销项税额中抵扣的进项税额有：

①用于简易计税方法计税项目、免征增值税项目、集体福利或者个人消费的购进货物、劳务、服务、无形资产和不动产；

②非正常损失的购进货物，以及相关的劳务和交通运输服务（非正常损失，是指因管理不善造成被盗、丢失、霉烂变质，或因违反法律法规造成的依法没收、销毁、拆除情形，其购进货物以及相关的加工修理修配劳务和交通运输服务所抵扣的进项税额应进行转出的损失）；

③非正常损失的在产品、产成品所耗用的购进货物（不包括固定资产）、劳务和交通运输服务；

④国务院规定的其他项目。

（2）进项税额转出的账务处理

涉及进项税额转出的业务主要是所购入的货物直接用于简易计税方法计税项目、非增值税应税项目等认证后转出；购入的货物改变用途等。账务处理见表9－15。

表9－15　进项税额转出的账务处理

业务节点	原始单据	账务处理
直接用于简易计税方法计税项目、非增值税应税项目、免征增值税项目、集体福利或者个人消费	采购协议（合同）、增值税专用发票记账联、付款单据等	购入货物时 借：在建工程［职工福利设施工程］ 　　应付职工薪酬——职工福利 　　应交税费——应交增值税（进项税额） 　　贷：应付账款/应付票据/银行存款/其他货币资金等

续表

业务节点	原始单据	账务处理
直接用于简易计税方法计税项目、非增值税应税项目、免征增值税项目、集体福利或者个人消费	专用发票抵扣联复印件、 转出说明等	把已经计入“应交税费——应交增值税（进项税额）”的进项税额转出 借：在建工程［职工福利设施工程］ 应付职工薪酬——职工福利 贷：应交税费——应交增值税（进项税额转出）
购进货物改变用途	入库单、 增值税专用发票发票联、 银行付款单据	购进货物时 借：原材料 应交税费——应交增值税（进项税额） 贷：银行存款
	专用发票抵扣联复印件、 转出说明等	改变用途领用时 借：在建工程［职工福利设施工程］ 应付职工薪酬——职工福利 贷：应交税费——应交增值税（进项税额转出） 原材料
企业购进的货物因管理不善而发生的非正常损失	材料盘点报告单、 增值税进项税额转出计算表等	借：待处理财产损溢 贷：原材料 应交税费——应交增值税（进项税额转出）
非正常损失的在产品、产成品所耗用的购进货物或者应税劳务	库存商品盘点报告单、 增值税进项税额转出计算表等	借：待处理财产损溢 贷：生产成本、库存商品等 应交税费——应交增值税（进项税额转出）

（注：详见任务实施9－19）

【小贴士】

（1）企业因自然灾害造成的原材料、在产品、产成品等损失为正常损失，其进项税额可以抵扣，无须将其进项税额转出。

（2）按税法规定用于在建工程（福利用房）的购进货物不予抵扣进项税额，应将其购进货物进项税额的部分转出计入在建工程（福利用房）成本。

4. 月末缴纳增值税的账务处理

月份终了，一般纳税人应根据“应交税费——应交增值税”明细账户各专栏本期发生额，计算企业当期应纳增值税额的计算公式为：

当期应纳增值税额＝当期销项税额－当期发生的允许抵扣的进项税额
＝当期销项税额－（当期发生的允许抵扣的进项税额－当期进项税额转出）
＝（当期销项税额＋当期进项税额转出＋当期出口退税发生额）－（上期留抵＋当期发生的允许抵扣的进项税额）

涉及缴纳增值税相关的业务节点与账务处理见表9－16。

表9－16　　缴纳增值税的账务处理

业务节点	原始单据	账务处理
月份终了，转出未交增值税	未交增值税计算表	借：应交税费——应交增值税（转出未交增值税） 贷：应交税费——未交增值税
月份终了，转出多交增值税	多交增值税计算表	借：应交税费——未交增值税 贷：应交税费——应交增值税（转出多交增值税）
当月缴纳以前期间未交的增值税额	增值税申报表、银行付款单据	借：应交税费——未交增值税 贷：银行存款
当月缴纳当月应交的增值税额	增值税申报表、银行付款单据	借：应交税费——应交增值税（已交税金） 贷：银行存款

（注：详见任务实施9－20）

［扫一扫］

财会［2016］22号 增值税会计处理规定

［扫一扫］

增值税暂行条例实施细则

9.4.2.3　记录增值税（小规模纳税人）

（一）科目设置

增值税小规模纳税人在“应交税费”科目下设置“应交增值税”“转让金融商品应交增值税”“代扣代交增值税”三个二级明细，不开设三级明细。

（二）小规模纳税人增值税的业务节点与账务处理

因小规模纳税人采用简易征收的方法，不得抵扣进项税额，采购时的增值税均应计入成本。销售核算时做好价税分离，确认应交增值税。涉及小规模纳税企业相关的业务主要包括采购原材料、销售货物劳务、缴纳增值税及增值税减免等。其账务处理见表9－17。

表9－17　　小规模纳税企业增值税的账务处理

业务节点	原始单据	账务处理
小规模纳税人采购物资、服务、无形资产或不动产时	采购协议、 入库单、 购货发票、 银行付款单据	借：原材料、库存商品、无形资产、固定资产等 　贷：银行存款、应付账款等
小规模纳税人销售货物、加工修理修配劳务、服务时	销售合同、 增值税普通发票、 银行存款收款单据	借：应收账款、应收票据、银行存款等 　贷：主营业务收入、其他业务收入等 　　应交税费——应交增值税
小规模纳税人缴纳当月应交增值税时	申报表、 银行存款付款单据	借：应交税费——应交增值税 　贷：银行存款
小规模纳税人当期直接减免的增值税：月销售额不超过3万元（按季纳税9万元）免征增值税。	申报表、 减免说明	借：应交税费——应交增值税 　贷：营业外收入

（注：详见任务实施9－21）

[扫一扫]

小规模纳税人免税政策

9.4.3 消费税的核算

（一）消费税的认知

1. 消费税

消费税，是指在我国境内生产、委托加工和进口应税消费品的单位和个人，按其流转额缴纳的一种税。

2. 应税消费品

应税消费品，是指《中华人民共和国消费税暂行条例》规定的在生产销售、移送、进口时应当缴纳消费税的消费品。主要包括四种类型的产品：

（1）一些过度消费会对人类健康、社会秩序、生态环境等方面造成危害的特殊消费品，如烟、酒、鞭炮、烟花、木制一次性筷子、实木地板等；

（2）奢侈品、非生活必需品，如贵重首饰、高档手表、化妆品、高尔夫球及球具等；

（3）高能耗及高档消费品，如游艇、小轿车、摩托车等；

（4）不可再生和替代的石油类消费品，如汽油、柴油等；

需要特别强调的是：以上四类产品首先是有形动产，在生产销售、移送、进口时要缴纳增值税，其次又是应税消费品，在生产销售、移送、进口时还要缴纳消费税。

3. 消费税的计算方法

消费税的计算方法有三种，分别为从价定率、从量定额和从价从量复合计征。

采取从价定率方法征收的消费税，以不含增值税的销售额为税基，按照税法规定的税率计算。企业的销售收入包含增值税的，应将其换算为不含增值税的销售额。采取从量定额计征的消费税，根据税法确定的企业应税消费品的数量和单位应税消费品应缴纳的消费税计算确定。复合计征消费税则是将从量定额与从价定率相结合来计算消费税的方法。三种消费税计税方法总结见表 9－18。

表 9－18

计税方法	适用范围	计税依据	计税公式
从量定额	啤酒、黄酒、成品油	销售数量	销售数量×单位税额
复合计税	白酒、卷烟	销售额 销售数量	销售额×比例税率＋销售数量×单位税额
从价定率	其他应税消费品	销售额	销售额×比例税率

（二）应交消费税的账务处理

企业在“应交税费”科目下设置“应交消费税”明细科目，核算应交消费税的发生、缴纳情况。该科目贷方登记应缴纳的消费税，借方登记已缴纳的消费税；期末贷方余额为尚未缴纳的消费税，借方余额为多缴纳的消费税。

纳税人生产的应税消费品，于纳税人销售时纳税。纳税人自产自用的应税消费品，用于连续生产应税消费品的，不纳税；用于其他方面的，于移送使用时纳税。委托加工的应税消费品，除受托方为个人外，由受托方在向委托方交货时代收代缴税款。委托加工的应税消费品，委托方用于连续生产应税消费品的，所纳税款准予按规定抵扣。涉及消费税的业务节点及相关账务处理见表 9－19。

表 9-19 消费税的业务节点及相关账务处理

业务节点	原始单据	账务处理
销售应税消费品	消费税计算表	企业销售应税消费品应交的消费税 借：税金及附加 贷：应交税费——应交消费税
自产自用应税消费品	消费税计算表	企业将生产的应税消费品用于职工福利 借：应付职工薪酬 贷：应交税费——应交消费税
受托加工应税消费品	消费税计算表、 银行收款单据	企业如有应交消费税的受托加工物资，受托方按照应交消费税金额 借：应收账款/银行存款等 贷：应交税费——应交消费税
委托加工应税消费品	委托加工物资用途说明、 银行付款单据	委托加工物资收回后，直接用于销售的 借：委托加工物资 贷：应付账款/银行存款等
	委托加工物资用途说明、 银行付款单据	委托加工物资收回后用于连续生产，按规定准予抵扣的 借：应交税费——应交消费税 贷：应付账款、银行存款等
进口应税消费品	报关单、 材料入库单、 银行付款单据	企业进口应税物资在进口环节应交的消费税 借：原材料/固定资产等 贷：银行存款

（注：详见任务实施 9-22）

9.4.4 其他应交税费的核算

其他应交税费，是指除上述应交税费以外的应交税费，包括应交资源税、应交城市维护建设税、应交土地增值税、应交所得税、应交房产税、应交土地使用税、应交车船税、应交教育费附加、应交矿产资源补偿费、应交个人所得税等。企业应当在“应交税费”科目下设置明细科目进行核算，贷方登记应缴纳的有关税费，借方登记已缴纳的有关税费，期末贷方余额表示尚未缴纳的有关税费。

（一）应交资源税的会计核算

资源税，是对在我国境内开采矿产产品或者生产盐的单位和个人征收的税。资源税按照应税产品的课税数量和规定的单位税额计算。开采或生产应税产品对外销售的，以销售数量为课税数量；开采或生产应税产品自用的，以自用数量为课税数量。

企业缴纳资源税，应借记“应交税费——应交资源税”科目，贷记“银行存款”

科目。涉及资源税的业务节点及相关账务处理见表9－20。

表9－20　　资源税的业务节点及相关账务处理

业务节点	原始单据	账务处理
企业销售应税产品应纳资源税	应纳资源税计算表	对外销售应税产品应缴纳的资源税 借：税金及附加 　　贷：应交税费——应交资源税
企业自产自用应税产品应纳资源税	应纳资源税计算表	自产自用应税产品应缴纳的资源税 借：生产成本、制造费用等 　　贷：应交税费——应交资源税
缴纳资源税	资源税申报表、银行存款付款单据	企业缴纳资源税 借：应交税费——应交资源税 　　贷：银行存款

（注：详见任务实施9－23）

（二）应交城市维护建设税和应交教育费附加的核算

1. 城市维护建设税

城市维护建设税，是以增值税、消费税为计税依据征收的一种税。城市维护建设税，以纳税人实际缴纳的消费税、增值税税额为计税依据，分别与消费税、增值税同时缴纳。城市维护建设税税率如下：

纳税人所在地在市区的，税率为7%；

纳税人所在地在县城、镇的，税率为5%；

纳税人所在地不在市区、县城或镇的，税率为1%。

2. 教育费附加

教育费附加，是为了发展教育事业而向企业征收的附加费用，企业按应交流转税的一定比例计算缴纳。教育费附加，以各单位和个人实际缴纳的增值税、消费税的税额为计征依据，教育费附加率为3%，分别与增值税、消费税同时缴纳。

3. 应交城市维护建设税和应交教育费附加的账务处理

涉及城市维护建设税、教育费附加的业务主要是月末计提及下月初申报缴纳。账务处理见表9－21。

表9－21　　城市维护建设税、教育费附加的业务节点与账务处理

业务节点	原始单据	账务处理
计提城市维护建设税	城市维护建设税计算表 （实际缴纳增值税＋实际缴纳消费税）×适用税率	企业应交的城市维护建设税 借：税金及附加 　　贷：应交税费——应交城市维护建设税

续表

业务节点	原始单据	账务处理
计提教育费附加	教育费附加计算表 （实际缴纳增值税 + 实际缴纳消费税）×附加费率	企业应交的教育费附加 借：税金及附加 贷：应交税费——应交教育费附加
缴纳城市维护建设税、教育费附加	税款缴纳单据	借：应交税费——应交城市维护建设税 ——应交教育费附加 贷：银行存款

（注：详见任务实施 9－24）

（三）应交土地增值税的会计核算

土地增值税，是指在我国境内有偿转让土地使用权及地上建筑物和其他附着物产权的单位和个人，就其土地增值额征收的一种税。土地增值额，是指转让收入减去规定扣除项目金额后的余额。转让收入包括货币收入、实物收入和其他收入。扣除项目主要包括取得土地使用权所支付的金额、开发土地的费用、新建及配套设施的成本、旧房及建筑物的评估价格等。涉及土地增值税的业务节点及相关账务处理见表 9－22。

表 9－22　土地增值税的业务节点及账务处理

业务节点	原始单据	账务处理
企业主营房地产业务，销售房地产过程中应缴纳的土地增值税	应交土地增值税计算表	借：税金及附加 贷：应交税费——应交土地增值税
企业兼营房地产业务，转让房地产应交的土地增值税	应交土地增值税计算表	借：其他业务成本 贷：应交税费——应交土地增值税
其他企业计算应交土地增值税	应交土地增值税计算表	转让国有土地使用权应交的土地增值税 借：其他业务成本 贷：应交税费——应交土地增值税 转让的房地产原属于企业固定资产的，转让时应交的土地增值税 借：固定资产清理 贷：应交税费——应交土地增值税

（注：详见任务实施 9－25）

（四）应交房产税、土地使用税、车船税、环境保护税和个人所得税的会计核算

1. 房产税

房产税，是国家对在城市、县城和工矿区征收的由产权所有人缴纳的一种税。房产

税依照房产原值一次减除10% ~30%后的余额计算缴纳。没有房产原值作为依据的，由房产所在地税务机关参考同类房产核定；房产出租的，以房产租金收入为房产税的计税依据。

房产税的计税公式为：

（1）从价计税应纳税额 = 房产原值 ×（1 - 30%）×1.2%。

（2）从租计税应纳税额 = 房产租金收入 ×12%。

（3）个人出租住房应纳税额 = 房产租金收入 ×4%。

2. 土地使用税

土地使用税，是国家为了合理利用城镇土地，调节土地级差收入，提高土地使用效益，加强土地管理而开征的一种税，以纳税人实际占用的土地面积为计税依据，依照规定税额计算征收。

3. 车船税

车船税，由拥有并且使用车船的单位和个人按照适用税额计算缴纳。车辆、船舶（以下简称车船）的所有人或者管理人为车船税的纳税人。

4. 环境保护税

环境保护税，是以直接向环境排放应税污染物的企业事业单位和其他生产经营者为环境保护税的纳税人，以应税污染物为计税依据的一种税。

涉及房产税、土地使用税、车船税和环境保护税的业务节点及相关账务处理见表9 - 23。

表9 - 23　房产税、土地使用税、车船税和环境保护税的业务节点及账务处理

业务节点	原始单据	账务处理
计提房产税、土地使用税、车船税和环境保护税	房产税、土地使用税、车船税和环境保护税计算表	借：税金及附加 贷：应交税费——应交房产税（或应交土地使用税、应交车船税、应交环境保护税）
缴纳房产税、土地使用税、车船税和环境保护税	房产税等申报表、银行存款付款单据	借：应交税费——应交房产税（或应交土地使用税、应交车船税、应交环境保护税） 贷：银行存款

5. 应交个人所得税

个人所得税是个人（包括居民纳税人和非居民纳税人）就其工薪所得、劳务报酬所得等所交纳的一种税。居民纳税人是指在中国境内有住所，或者无住所而一个纳税年度内在中国境内居住累计满一百八十三天的个人。居民纳税人从中国境内和境外取得的所得，都应依法缴纳个人所得税。非居民个人是指在中国境内无住所又不居住，或者无住所而一个纳税年度内在中国境内居住累计不满一百八十三天的个人。非居民纳税人仅就其从中国境内取得的所得，依法缴纳个人所得税。下列各项个人所得，应当缴纳个人所得税：

①工资、薪金所得；②劳务报酬所得；③稿酬所得；④特许权使用费所得；⑤经营所得；⑥利息、股息、红利所得；⑦财产租赁所得；⑧财产转让所得；⑨偶然所得。

居民个人取得前款第一项至第四项所得（综合所得），按纳税年度合并计算个人所得税；非居民个人取得前款第一项至第四项所得，按月或者按次分项计算个人所得税。纳税人取得前款第五项至第九项所得，依照法律规定分别计算个人所得税。

涉及个人所得税的业务节点及相关账务处理见表9－24。

表9－24　　个人所得税的业务节点及账务处理

业务节点	原始单据	账务处理
企业代扣时	工资结算汇总表	企业按规定计算的代扣代缴的职工个人所得税 借：应付职工薪酬 　　贷：应交税费——应交个人所得税
企业代缴时	个税申报表、 银行存款付款单据	企业缴纳个人所得税 借：应交税费——应交个人所得税 　　贷：银行存款

任务实施

任务实施9－14　企业交纳的税收种类及基金（费）的认定

张三毕业后自主创业，在苏州开了一家网络公司，主营业务是咨询服务、网页设置的，张三的公司需要交哪些税呢？

步骤一：分析公司的经营范围为咨询服务、网页设置，属于现代服务业，应该缴纳增值税。

步骤二：因为缴纳了增值税，就应该缴纳附加税费：城市维护建设税、教育费附加。

步骤三：前三个季度，如果有会计利润，要计算缴纳企业所得税；年末，根据全年利润总额，经过纳税调整后，有应纳税所得额，也要计算缴纳企业所得税；并在第二年的5月31日前，进行汇算清缴。

步骤四：按所在地税务机关规定，还应申报缴纳各项基金（费）：如按月申报城建税、工会经费、职工教育经费；按年申报残疾人就业保障金、生活垃圾处理费等。

其他税种如：房产税、车船税、印花税、契税、环境保护税、资源税、土地增值税、城镇土地使用税等，要视企业拥有的资产和一些特定行为情况而定。

任务实施9-15　纳税人身份的认定及发票的申领

2020年9月2日，李同学注册成立“兴旺竹品公司”，注册资本50万元，主营竹制品加工销售，预计年销售额80万元左右，客户多为个人消费者，会计核算也不是很健全。

2020年10月18日，王同学注册成立“科尔机电设备销售公司”，注册资本100万元，主营机电设备销售，预计年销售额1 000万元。

请根据有关规定，分别向税务机关申请纳税人身份认定及领购发票。

步骤一：查阅相关政策文件。

根据财税〔2018〕32号《关于调整增值税税率的通知》的规定：从2018年5月1日起，统一增值税小规模纳税人标准为年销售额500万元。因此，“兴旺竹品制造公司”作为新注册的公司，且会计核算不健全，应申请认定为小规模纳税人；“科尔机电设备销售公司”，预计年销售额1 000万元，应申请认定为一般纳税人。

步骤二：结合公司实际，做出职业判断。

“兴旺竹品公司”作为小规模纳税人，应申请领购增值税普通发票；“科尔机电设备销售公司”是一般纳税人，应申请领购增值税专用发票。

任务实施9-16　取得资产或接受劳务等业务的核算（进项税额）

江苏天润机械有限公司为增值税一般纳税人，2020年6月份发生下列部分购进业务：

6月5日，委托外单位修理办公设备，取得增值税专用发票上注明修理费用20 000元，增值税税额2 600元，款项已用银行存款支付。

6月10日，购入不需要安装设备一台，价款400 000元，取得增值税专用发票上注明的增值税税额52 000元，款项以银行存款支付，设备已交付使用。

6月12日，从外地购入原材料一批，增值税专用发票上注明货款20 000元，增值税税率为13%，另外向运输公司支付运输费用2 000元，运输费用的税率为9%。货物已运抵并验收入库，按实际成本核算。货款、进项税款和运输费已用银行存款支付。

6月20日，购入免税农产品一批，价款120 000元，规定的扣除率为9%，货物已验收入库，货款已用银行存款支付。

6月22日，购进办公大楼一座，该大楼用于公司办公。取得该大楼的增值税专用发票并认证相符，专用发票注明的金额为1 000万元，增值税税额为90万元；取得交纳契税凭证40万元。以上款项用银行存款支付。

6月28日，从国外进口一台不需安装的设备并取得海关进口增值税专用缴款书，其中不含税价50万元，增值税6.5万元，款项已付清。已申请稽核比对，但尚未取得稽核相符的结果。6月30日查询税务机关稽核比对的结果相符。

步骤一：6月5日接受劳务，对取得增值税专用发票进行认证后，减少银行存款、确认相关费用及应交增值税（进项税额）。

借：管理费用　　20 000

　　应交税费——应交增值税（进项税额）　　2 600

　　贷：银行存款　　22 600

步骤二：6月10日，购入不需要安装设备，设备交付有关部门使用，对取得增值税专用发票进行认证后，减少银行存款、增加固定资产、确认进项税额。

借：固定资产　　400 000

　　应交税费——应交增值税（进项税额）　　52 000

　　贷：银行存款　　452 000

步骤三：6月12日，购入原材料，原材料验收入库，对取得增值税专用发票进行认证后，减少银行存款、增加原材料、确认进项税额。

借：原材料　　22 000

　　应交税费——应交增值税（进项税额）　　2 780

　　贷：银行存款　　24 780

步骤四：6月20日，购入免税农产品，农产品验收入库，计算可抵扣的进项税额，减少银行存款、增加库存商品、确认进项税额。

借：库存商品　　109 200

　　应交税费——应交增值税（进项税额）　　10 800

　　贷：银行存款　　120 000

步骤五：6月22日，购进不动产，办理不动产房屋登记，对取得增值税专用发票进行认证，减少银行存款、增加固定资产、确认进项税额。

借：固定资产——办公楼　　10 400 000

　　应交税费——应交增值税（进项税额）　　900 000

　　贷：银行存款　　11 300 000

步骤六：6月28日进口固定资产取得海关进口增值税专用缴款书，已申请稽核比对，但尚未取得稽核结果，减少银行存款、增加固定资产、确认待认证进项税额。

借：固定资产　500 000

　　应交税费——待认证进项增值税　65 000

　　贷：银行存款　565 000

步骤七：6月30日查询税务机关稽核比对的结果相符，确认进项税额。

借：应交税费——应交增值税（进项税额）　65 000

　　贷：应交税费——待认证进项增值税　65 000

任务实施9－17　销售业务的核算（销项税额）

江苏天润机械有限公司为增值税一般纳税人，2020年7月份发生下列部分销售业务：

7月3日销售产品一批，不含税价格为800 000元，另收取销售产品手续费及包装费22 600元，增值税税率为13%，提货单和增值税专用发票已交给买方，款项尚未收到。

7月25日销售外购多余的生产用材料一批，价款100 000元，增值税税率为13%，提货单和增值税专用发票已交给买方，收到一张金额为113 000的转账支票送存银行。

步骤一：7月3日销售产品，产品的价格确认为主营业务收入，手续费及包装费确认为其他业务收入，同时，增值税政策规定，手续费及包装费是价外费用，应征收增值税，所以应把手续费及包装费分解为不含税收入。在审核相关单据后，增加应收账款、确认收入和增值税（销项税额）。

借：应收账款　926 600

　　贷：主营业务收入　800 000

　　　　其他业务收入　20 000

　　　　应交税费——应交增值税（销项税额）　106 600

步骤二：7月25日销售材料，增加银行存款、确认收入和增值税（销项税额）。

借：银行存款　113 000

　　贷：其他业务收入　100 000

　　　　应交税费——应交增值税（销项税额）　13 000

任务实施9－18　视同销售业务的核算

2020年12月份发生下列业务：

12月5日，公司用自己生产的产品自行建造职工俱乐部。该批产品的成本为300 000元，计税价格为400 000元，增值税税率为13%。

12月10日，公司将自己生产的一批产品100台，作为福利发放给企业基本车间一线工人，该产品单位完工成本是2 000元/台，售价为3 000元/台，增值税税率为13%。

12月30日，公司将自己生产的产品用于分配利润，产品的成本为50万元，不含税销售价格为80万元，该产品的增值税税率为13%。

12月31日，公司以自己生产的产品投资B企业，产品的成本为80万元，不含税销售价格为100万元，该产品的增值税税率为13%。

12月31日，公司以自己生产的产品无偿赠送给A公司，产品的成本为10万元，不含税销售价格为20万元，该产品的增值税税率为13%。

12月31日，公司以外购的材料对外投资，材料的成本为20万元，正常销售价格为30万元，增值税税率为13%。

步骤一：12月5日在建工程领用产品，减少库存商品、增加在建工程、确认应交增值税（销项税额）。

借：在建工程——职工俱乐部 352 000

　　贷：库存商品 300 000

　　　　应交税费——应交增值税（销项税额） 52 000

步骤二：12月10日发放福利领用产品，减少应付职工薪酬、确认收入和应交增值税（销项税额）；同时结转业务成本。

借：应付职工薪酬——职工福利 339 000

　　贷：主营业务收入 300 000

　　　　应交税费——应交增值税（销项税额） 39 000

借：主营业务成本 200 000

　　贷：库存商品 200 000

步骤三：12月30日根据决议进行分配利润，减少应付利润、确认收入和应交增值税（销项税额）；同时结转业务成本。

（1）根据股东大会的利润分配决议文件

借：利润分配——应付利润 904 000

　　贷：应付利润 904 000

（2）实际发出产品用于利润分配时

借：应付利润 904 000

　　贷：主营业务收入 800 000

　　　　应交税费——应交增值税（销项税额） 104 000

借：主营业务成本 500 000

贷：库存商品　　500 000

步骤四：12 月 31 日对外投资领用产品，增加长期股权投资、确认收入和应交增值税（销项税额）；同时结转业务成本。

借：长期股权投资　　1 130 000

贷：主营业务收入　　1 000 000

应交税费——应交增值税（销项税额）　　130 000

借：主营业务成本　　800 000

贷：库存商品　　800 000

步骤五：12 月 31 日无偿赠送领用产品，增加营业外支出、减少库存商品和确认应交增值税（销项税额）。

借：营业外支出　　126 000

贷：库存商品　　100 000

应交税费——应交增值税（销项税额）　　26 000

步骤六：12 月 31 日外购材料对外投资，增加长期股权投资、确认其他业务收入和应交增值税（销项税额）；同时结转业务成本。

借：长期股权投资　　339 000

贷：其他业务收入　　300 000

应交税费——应交增值税（销项税额）　　39 000

借：其他业务成本　　200 000

贷：原材料　　200 000

任务实施 9－19　一般纳税人进项税额转出业务的核算

宏达公司为家具制造厂，是增值税一般纳税人，增值税率为 13%，2020 年 9 月份发生下列经济业务：

9 月 5 日，公司库存木材因霉烂变质毁损一批，有关增值税专用发票确认的成本为 20 000 元，增值税税额为 2 600 元。

9 月 13 日，公司因管理不善造成产成品被盗，其实际成本为 80 000 元，经确认所耗用的外购货物的增值税为 8 500 元。

9 月 15 日，公司所属的职工医院维修领用原材料为 5 000 元，其购入时支付的增值税为 650 元。

9 月 20 日，该纳税人将 6 月购进的洗涤剂全部用于职工食堂。该批洗涤剂于 6 月 14 日购入，价值 10 万元，准备用于销售，取得增值税专用发票列明的增值税额 1.3 万元，已于当期认证抵扣。

9月25日，该企业领用木材，用于企业正在修建的办公楼。该批木材为7月购进用于生产经营，购进时企业取得增值税专用发票上注明的税额13万元，已于当期认证抵扣。

步骤一：9月5日盘亏材料，减少原材料，确认待处理财产损溢和应交增值税（进项税额转出）。

借：待处理财产损溢——待处理流动资产损溢　　22 600
　　贷：原材料　　20 000
　　　　应交税费——应交增值税（进项税额转出）　　2 600

步骤二：9月13日盘亏库存商品，减少库存商品，确认待处理财产损溢和应交增值税（进项税额转出）。

借：待处理财产损溢——待处理流动资产损溢　　88 500
　　贷：库存商品　　80 000
　　　　应交税费——应交增值税（进项税额转出）　　8 500

步骤三：9月15日原材料用于集体福利，减少原材料、应付职工薪酬，确认应交增值税（进项税额转出）。

借：应付职工薪酬——职工福利费　　5 650
　　贷：原材料　　5 000
　　　　应交税费——应交增值税（进项税额转出）　　650

步骤四：9月20日产品用于集体福利，减少库存商品、应付职工薪酬，确认应交增值税（进项税额转出）。

借：应付职工薪酬——职工福利费　　113 000
　　贷：库存商品　　100 000
　　　　应交税费——应交增值税（进项税额转出）　　13 000

步骤五：9月25日材料用于建设不动产，减少原材料、增加在建工程，不确认应交增值税（进项税额转出）。

借：在建工程　　1 000 000
　　贷：原材料　　1 000 000

任务实施9-20　一般纳税人未交增值税业务的核算

江苏天润机械有限公司为增值税一般纳税人，2020年7月发生的增值税销项税额为1 000 000元，进项税额为800 000元，7月31日转出未交增值税。8月8日缴纳上月未交增值税200 000元。

8月发生的增值税销项税额为1 000 000元，进项税额为800 000元，8月26日上交本已交税金300 000元，月末转出多交增值税。

步骤一：7月31日，转出应交增值税（转出未交增值税），确认未交增值税。

借：应交税费——应交增值税（转出未交增值税）　　200 000

　　贷：应交税费——未交增值税　　200 000

步骤二：8月8日上交上月未交增值税200 000元，减少银行存款和未交增值税。

借：应交税费——未交增值税　　200 000

　　贷：银行存款　　200 000

步骤三：8月26日上交增值税300 000元，减少银行存款、增加应交增值税（已交税金）。

借：应交税费——应交增值税（已交税金）　　300 000

　　贷：银行存款　　300 000

步骤四：8月末，转出多交增值税。

借：应交税费——未交增值税　　100 000

　　贷：应交税费——应交增值税（转出多交增值税）　　100 000

任务实施9-21　小规模纳税人增值税业务的核算

海天艺术制作中心属小规模纳税企业，2020年10月发生下列经济业务：

（1）10月2日，购入原材料一批，取得的普通发票中注明货款5 000元，款项尚未支付，材料到达并已验收入库（该批材料按实际成本计价核算）。

（2）10月10日，购入原材料一批，取得的专用发票中注明货款10 000元，增值税1 300元，款项以转账支票支付，材料已验收入库（该材料按实际成本计价核算）。

（3）10月12日，销售产品一批，所开出的普通发票中注明的货款（含税）为30 900元，增值税征收率为3%，款项已存入银行。10月15日，以银行存款缴纳增值税900元。

步骤一：10月2日购入材料，增加原材料和应付账款。

借：原材料　　5 000

　　贷：应付账款　　5 000

步骤二：10月10日购入材料，增加原材料，减少银行存款。

借：原材料　　11 300

　　贷：银行存款　　11 300

步骤三：10月12日销售产品，增加银行存款，确认收入和应交增值税。

借：银行存款　　30 900

　　贷：主营业务收入　　30 000

　　　　应交税费——应交增值税　　900

步骤四：10月15日缴纳增值税，减少银行存款和应交增值税。

借：应交税费——应交增值税　　900

　　贷：银行存款　　900

任务实施9-22　消费税业务的核算

红星公司为增值税一般纳税人，增值税率13%，2019年5-6月份发生下列涉及消费税的经济业务：

(1) 5月3日，销售所生产的产品一批，价款1 000 000元（不含增值税），适用30%的消费税税率。

(2) 5月4日，公司下设的职工食堂领用自产产品一批，该产品的账面价值40 000元，市场价格60 000元（不含增值税），适用的消费税税率为10%，增值税税率为13%。

(3) 5月5日，公司委托南海加工厂代为加工应税消费品一批，发出材料的实际总成本为40 000元，以银行存款支付加工费8 000元，增值税1 040元。南海加工厂代扣代缴消费税8 000元。5月30日，公司将委托加工的应税消费品提回后当即投入最终应税消费品的生产（南海加工厂代缴的消费税未结算），生产出的最终应税消费品于6月25日全部售出，售价400 000元，消费税率为10%，增值税率为13%，销售商品款未收。

(4) 6月28日，公司从国外进口一批需要交纳消费税的商品，商品价值210 000元，进口环节需要交纳的消费税为40 000元（不考虑增值税），采购的商品已验收入库，货款尚未支付，税款已用银行存款支付。

步骤一：5月3日销售应税消费品，确认税金及附加和应交消费税（正常情况下，确认税金及附加和应交消费税是在月末进行；同时，这里假设销售产品收款，确认收入、增值税销项税额已经确认）。

借：税金及附加　　300 000

　　贷：应交税费——应交消费税　　300 000

步骤二：5月4日视同销售应税消费品，减少应付职工薪酬，确认收入、应交增值税（销项税额）、应交消费税。

借：应付职工薪酬——职工福利　　73 800

贷：主营业务收入　　60 000

　　应交税费——应交增值税（销项税额）　　7 800

　　　　　　——应交消费税　　6 000

步骤三：5月5日–6月25日委托加工应税消费品。

①5月5日发出材料，减少原材料、增加委托加工物资。

借：委托加工物资　　40 000

　　贷：原材料　　40 000

②5月30日支付加工费，减少银行存款、增加委托加工物资、确认应交增值税（进项税额）。

借：委托加工物资　　8 000

　　应交税费——应交增值税（进项税额）　　1 040

　　贷：银行存款　　9040

③5月30日委托加工物资收回，确认可抵扣的应交消费税。

借：应交税费——应交消费税　　8 000

　　贷：应付账款　　8 000

④5月30日收回委托加工物资，增加原材料、减少委托加工物资。

借：原材料　　48 000

　　贷：委托加工物资　　48 000

⑤6月25日连续加工的商品出售，确认税金及附加和应交消费税。

借：税金及附加　　40 000

　　贷：应交税费——应交消费税　　40 000

⑥ 实际缴纳消费税，减少银行存款、减少应交消费税。

借：应交税费——应交消费税　　32 000

　　贷：银行存款　　32 000

步骤四：6月28日进口应税消费品，增加库存商品。

借：库存商品　　250 000

　　贷：应付账款　　210 000

　　　　银行存款　　40 000

任务实施9–23　资源税的核算

五矿公司2020年8月份发生下列经济业务：对外销售某种资源税应税矿产品3 000吨，每吨应交资源税5元；将自产的资源税应税矿产品700吨用于企业的产品生产，每吨应交资源税5元。

步骤一：销售应税产品，确认税金及附加、应交资源税。

借：税金及附加　15 000

　贷：应交税费——应交资源税　15 000

步骤二：自产自用，增加生产成本、确认应交消费税。

借：生产成本　3 500

　贷：应交税费——应交资源税　3 500

任务实施 9 – 24　城市维护建设税与教育费附加的核算

江苏天润机械有限公司 2019 年 5 月份实际缴纳增值税 500 000 元，消费税 240 000 元。该企业适用的城市维护建设税税率为 7%，教育费附加率为 3%。

步骤一：计提城市维护建设税，确认税金及附加和应交城市维护建设税。

借：税金及附加　51 800

　贷：应交税费——应交城市维护建设税　51 800

步骤二：计提教育费附加，确认税金及附加和应交教育费附加。

借：税金及附加　22 200

　贷：应交税费——应交教育费附加　22 200

任务实施 9 – 25　土地增值税的核算

江苏天润公司对外转让一栋厂房，根据税法规定计算的应交土地增值税为 20 000 元。增加固定资产清理成本、确认应交土地增值税。

借：固定资产清理　20 000

　贷：应交税费——应交土地增值税　20 000

9.5　其他流动负债的核算

任务导入

企业的流动负债，除了前述的短期借款、应付及预收款项、应付职工薪酬、应交税费之外，还有些金额不大、发生频率不多的其他流动负债。如，江苏天润公司一年下来取得了较好的经营业绩。为给投资者良好的回报，公司决定向投资者分配现金股利；这些向投资者分配的股利应如何核算？同时，公司还发生了与其他单位例如租金、押金等一些往来款项，这些往来款项应如何核算？也是我们应掌握的内容。

企业其他流动负债，是指除前述短期借款、应付票据、应付账款、预收账款、应付职工薪酬与应交税费以外的流动负债。主要包括应付股利、应付利息和其他应付款。

知识准备

9.5.1 应付股利

应付股利，是指企业根据股东大会或类似机构审议批准的利润分配方案确定分配给投资者的现金或利润。

（一）科目设置

应付股利（2232）

1. 定义：核算企业确定或宣告支付但尚未实际支付的现金股利或利润。

2. 性质：负债类。

3. 核算内容：贷方登记应支付的现金股利或利润，借方登记实际支付的现金股利或利润，期末贷方余额反映企业应付未付的现金或利润。

4. 明细账设置：一般按投资者设置明细科目进行明细核算。

（二）应付股利账务处理

涉及应付股利的业务节点主要包括审议批准利润分配方案及支付股利等。账务处理见表 9－25。

表 9－25　应付股利的业务节点与账务处理

业务节点	原始单据	账务处理
确认现金股利	审议批准的利润分配方案	企业根据股东大会或类似机构审议批准的利润分配方案 借：利润分配——应付现金股利或利润 贷：应付股利
支付现金股利	股利发放表、银行存款付款单据	借：应付股利 贷：银行存款

（注：详见任务实施 9－26）

【小贴士】

企业董事会或类似机构通过的利润分配方案中拟分配的现金股利或利润，不做账务处理，但应在财务会计报告附注中披露。另，企业分配的股票股利不通过“应付股利”账户核算。

9.5.2 应付利息

应付利息，是指企业按照合同约定应支付的利息，包括吸收存款、分期付息到期还本的长期借款、企业债券等应支付的利息。本科目可按存款人或债权人进行明细核算。

（一）科目设置

应付利息（2231）

1. 定义：核算企业应付利息的发生、支付情况。

2. 性质：负债类。

3. 核算内容：该科目贷方登记按照合同约定计算的应付利息，借方登记实际支付的利息，期末贷方余额反映企业应付未付的利息。

4. 明细账设置：本科目一般应按债权人设置明细科目进行明细核算。

（二）应付利息账务处理

应付利息的业务节点主要包括利息的计算确认与支付。账务处理见表9-26。

表9-26 应付利息的业务节点与账务处理

业务节点	原始单据	账务处理
企业确定利息费用时	利息计算表	按应付合同利息金额 借：在建工程/财务费用/研发支出等 贷：应付利息
实际支付利息时	银行付款单据	借：应付利息 贷：银行存款

9.5.3 其他应付款

其他应付款，是指企业除应付票据、应付账款、预收账款、应付职工薪酬、应交税费、应付股利等经营活动以外的其他各项应付、暂收的款项，如应付租入包装物租金、存入保证金等。

（一）科目设置

其他应付款（2241）

1. 定义：核算其他应付款的增减变动及其结存情况。

2. 性质：负债类。

3. 核算内容：贷方登记发生的各种应付、暂收款项，借方登记偿还或转销的各种应付、暂收款项，该科目期末贷方余额，反映企业应付未付的其他应付款项。其他应付款的具体内容：①应付经营租入固定资产和包装物租金；②职工未按期领取的工资；③存入保证金（如收入包装物押金等）；④应付、暂收所属单位、个人的款项；⑤其他应付、暂收款项。

4. 明细账设置：按照其他应付款的项目和对方单位（或个人）设置明细科目进行明细核算。

（二）其他应付款账务处理

涉及其他应付款的业务节点主要包括其他应付款的产生和结清。账务处理见表9－27。

表9－27　其他应付款的业务节点与账务处理

业务节点	原始单据	账务处理
其他应付款的产生	费用单据、 经营租赁协议、 银行存款收款单据等	企业发生其他各种应付、暂收款项 借：管理费用/银行存款等 　贷：其他应付款
其他应付款的结清	银行存款付款单据	支付或退回其他各种应付、暂收款项 借：其他应付款 　贷：银行存款

（注：详见任务实施9－27）

任务实施

任务实施9－26　现金股利的核算

江苏天润机械有限公司2020年1月28日通过股东大会审议批准的利润分配方案，应支付给投资者的现金股利总额为600 000元。3月2日以银行存款实际支付现金股利600 000元。

步骤一：2020年1月28日根据股东大会审议批准的利润分配方案，进行利润分配、确认应付股利。

借：利润分配——应付现金股利　　600 000

　贷：应付股利　　600 000

步骤二：3月2日以银行存款实际支付现金股利，减少银行存款、应付股利。

借：应付股利　　600 000

　贷：银行存款　　600 000

任务实施9－27　其他应付款的核算

江苏天润机械有限公司从2020年1月1日起，以经营租赁方式从东方公司租入管理用办公设备一批，每月租金8 000元，按季支付。3月31日，天润公司以银行存款支付应付租金。

步骤一：2020年1月31日和2月29日计提租金费用，增加管理费用和其他应付款。

借：管理费用　　8 000
　　贷：其他应付款　　8 000

步骤二：2020年3月31日支付租金费用，减少银行存款、其他应付款，增加管理费用。

借：其他应付款　　16 000
　　管理费用　　8 000
　　贷：银行存款　　24 000

职业能力训练

9.1 确认、记录短期借款

一、单项选择能力训练

1. 短期借款在核算时，不会涉及的账户是（　　）。

A. 短期借款　　B. 应付利息　　C. 财务费用　　D. 其他应付款

2. 某公司2020年7月1日向银行借入资金60万元，期限6个月，年利率为6%，到期还本，按月计提利息，按季付息。该企业7月31日应计提的利息为（　　）万元。

A. 0.3　　B. 0.6　　C. 0.9　　D. 3.6

3. 2020年7月1日，某企业向银行借入一笔经营周转资金100万元，期限6个月，到期一次还本付息，年利率为6%，借款利息按月预提，2020年11月30日该短期借款的账面价值为（　　）万元。

A. 120.5　　B. 102.5　　C. 100　　D. 102

4. 2020年9月1日，某企业向银行借入一笔期限2个月、到期一次还本付息的生产经营周转借款200 000元，年利率6%。借款利息不采用预提方式，于实际支付时确认。11月1日，企业以银行存款偿还借款本息的会计处理正确的是（　　）。

A. 借：短期借款　　200 000
　　　应付利息　　2 000
　　　贷：银行存款　　202 000

B. 借：短期借款　　200 000
　　　财务费用　　2 000
　　　贷：银行存款　　202 000

C. 借：短期借款　　200 000
　　应付利息　　1 000
　　财务费用　　1 000
　　贷：银行存款　　202 000

D. 借：短期借款　　202 000
　　贷：银行存款　　202 000

二、多项选择能力训练

1. 下列有关负债的表述，不恰当的有（　　）。

A. 负债是企业承担的现时义务

B. 企业未来会发生的交易形成的义务，应属于企业的负债

C. 只要是企业的现时义务，就应是企业的负债

D. 如果与某些现时义务有关的经济利益很可能流出企业，就应作为一项负债确认

2. 核算短期借款利息时，可能会涉及的会计科目是（　　）。

A. 应付利息　　B. 财务费用　　C. 银行存款　　D. 短期借款

三、判断能力训练

（　　）1. 负债是过去的交易、事项形成的潜在的义务，履行该义务预期会导致经济利益流出企业。

（　　）2. 短期借款利息在预提或实际支付时均通过“短期借款”核算。

（　　）3. 企业的短期借款利息应在实际支付时计入当期财务费用。

（　　）4. 资产负债表日，按计算确定的短期借款利息费用，贷记的会计科目为“应付利息”。

（　　）5. 如果企业短期借款利息是在借款到期时连同本金一起归还，数额不大的情况下可以不采用预提方式，在实际支付时直接计入当期损益。

四、应用能力实训

【实训一】

【实训目的】训练短期借款的会计核算

【实训资料】A 企业因生产经营需要，2020 年 7 月 1 日从银行取得一项为期 3 个月的临时借款 120 000 元，年利率 4.8%，借款利息数额不大，不考虑预提，借款到期一次以存款还本付息。

【实训要求】编制 A 企业短期借款取得、计（付）息、还款的相关会计分录。

【实训二】

【实训目的】训练短期借款的会计核算

【实训资料】B 企业因生产经营需要，于 2020 年 9 月 1 日从银行取得一项为期 6 个月的生产周转借款 900 000 元，年利率 4.8%，借款利息分月预提，在季末付息，到期

日归还本金及未付利息。

【实训要求】编制短期借款取得、计（付）息、还款的相关会计分录。

【实训三】

【实训目的】甄别相关原始凭证，提升职业判断能力。

【实训资料】

中国工商银行计付利息清单（付款通知）

2020 年 12 月 31 日

单位名称	江苏天润机械有限公司	结算户账号	740108320311
计算起讫日期	2020 年 10 月 1 日至 2020 年 12 月 31 日		
计算户账号	计算总积数	利率（年）	利息金额
			¥8 100.00
备注：你单位上述应偿借款利息 已从你单位账户划出			

（注：环宇公司该笔短期借款按季付息并已于 2020 年 10 月末、11 月末预提利息费用 5 400 元）

【实训要求】写出相关会计分录。

9.2　确认、记录应付及预收款项

一、单项选择能力训练

1. 期末，带息应付票据计提利息时，应做的会计分录是（　　）。

A. 借记“财务费用”科目，贷记“应付利息”科目

B. 借记“管理费用”科目，贷记“应付利息”科目

C. 借记“财务费用”科目，贷记“应付票据”科目

D. 借记“管理费用”科目，贷记“应付票据”科目

2. 某企业以一张期限为 6 个月的商业承兑汇票支付货款，票面价值为 100 万元，票面年利率为 6%。该票据到期时，企业应支付的金额为（　　）万元。

A. 106　　B. 104　　C. 103　　D. 100

3. 如果企业不设置“预收账款”科目，应将预收的货款计入（　　）。

A. 应收账款的借方　　B. 应收账款的贷方

C. 应付账款的借方　　D. 应付账款的贷方

4. 结转确实无法支付的应付账款，账面余额转入（　　）。

A. 管理费用　　B. 财务费用　　C. 其他业务收入　　D. 营业外收入

二、多项选择能力训练

1. 下列各项中应计入“财务费用”的是（　　）。

A. 短期借款期末计提的利息

B. 客户提前付款享受的现金折扣

C. 申请银行承兑商业汇票时按要求存入的保证金

D. 带息应付票据在期末所计提的利息

2. 商业汇票到期无力偿付时，付款方应将其从“应付票据”账户转入（　　）账户。

A. 短期借款　　B. 应付账款　　C. 其他应付款　　D. 不做账务处理

3. 下列项目中，属于其他应付款核算范围的有（　　）。

A. 收到的包装物押金　　B. 应付经营租入固定资产租金

C. 存出投资款　　D. 应付租入包装物的租金

三、判断能力训练

（　　）1. 企业到期无力偿付的商业承兑汇票，应按其账面余额转入“短期借款”科目。

（　　）2. 企业转销无力支付的商业承兑汇票时，应将应付票据按票据到期值转入“应付账款”。

（　　）3.“预收账款”如出现贷方余额，反映企业尚欠供货商的款项。

四、应用能力实训

【实训一】

【实训目的】训练应付票据的会计核算

【实训资料】2020 年 7 月 31 日，江苏天润机械有限公司向银行申请办理银行承兑汇票面值 58 680 元、年利率为 6%、为期 3 个月；交付保证金 30 000 元，手续费 750 元；2020 年 8 月 1 日，用上述商业汇票从乙公司购入 B 材料一批，货款 50 000 元，增值税 6 500元；乙公司代垫运费，企业收到运费增值税专用发票，发票中列示运费为 2 000 元，增值税 180 元，材料已验收入库（材料按实际成本计价核算）。

【实训要求】编制交付保证金、支付承兑手续费、用商业汇票购买材料、月末计提利息、到期支付票据款项的会计分录。

【实训二】

【实训目的】训练应付账款的会计核算

【实训资料】江苏天润机械有限公司 2020 年 8 月 4 日从 B 公司购入原材料 100 千克，货款 60 000 元，增值税税率 13%，材料验收时发现有 1 千克合理损耗，材料入库，价税款尚未支付。

8 月 12 日支付 8 月 4 日从 B 公司购料的款项。

8 月 25 日向五丰公司购入原材料一批，材料已验收入库，价款因尚未收到发票账单而无法支付。8 月 25 日向五丰公司购入原材料业务，至月终仍未收到发票账单，月终企业按估价 36 000 元暂付入账。8 月末，经批准，将确实无法支付的应付白云公司账款 15 000 元予以转销。

【实训要求】根据资料编制有关会计分录。

【实训三】

【实训目的】训练预收账款的会计核算

【实训资料】2020 年 3 月 5 日，江苏天润机械有限公司按合同约定预收 B 公司货款 30 000 元存入银行，2020 年 3 月 20 日，将商品发运给 B 公司，售价 50 000 元，增值税 6 500 元，差额 26 500 元已收存银行。

【实训要求】根据资料编制有关会计分录。

9.3 应付职工薪酬的核算

一、单项选择能力训练

1. 按照《企业会计准则第 9 号——职工薪酬》的规定，职工薪酬不包括的内容有（　　）。

A. 医疗保险费等社会保险费　　B. 住房公积金

C. 工会经费和职工教育经费　　D. 职工出差报销的差旅费

2. 企业从应付职工薪酬中代扣的个人所得税，贷记的会计科目是（　　）。

A. 其他应收款　　B. 应交税费——应交个人所得税

C. 银行存款　　D. 其他应付款

3. 企业在无形资产研究阶段发生的职工薪酬，应当计入（　　）。

A. 管理费用　　B. 在建工程　　C. 无形资产　　D. 生产成本

4. 职工工资中代扣的职工房租，应借记的会计科目是（　　）。

A. 应付职工薪酬　　B. 银行存款　　C. 其他应收款　　D. 其他应付款

5. 下列各项支出，不通过“应付职工薪酬”核算的有（　　）。

A. 职工培训费　　B. 职工生活困难补助

C. 职工社会保险费　　D. 业务招待费

6. 某企业将自产的 300 台空调作为福利发放给职工，每台成本为 0.18 万元，市场售价为 0.2 万元（不含增值税），该企业适用的增值税税率为 13%，假定不考虑其他因素，该企业由此而贷记“应付职工薪酬”科目的发生额为（　　）。

A. 67.8　　B. 63.18　　C. 54　　D. 60

二、多项选择能力训练

1. 向职工发放自产产品时，记入“应付职工薪酬”的金额有（　　）。

A. 产品的生产成本

B. 产品视同销售应负担的增值税税额

C. 制造产品所耗材料须予转出的增值税进项税额

D. 产品的计税价格

2. 非货币性职工薪酬主要为非货币性福利，通常不包括的内容有（　　）。

A. 企业以自己的产品发放给职工作为福利

B. 企业向职工提供技能培训的相关支出

C. 企业外购物资无偿发放给职工

D. 向社会保险经办机构交纳的养老保险费

3. 下列各项中，应作为应付职工薪酬核算的有（　　）。

A. 支付的工会经费

B. 支付的职工教育经费

C. 为职工支付的住房公积金

D. 因解除与职工的劳动关系给予的补偿

4. 根据受益对象进行分配，应付职工薪酬计提时可以记入的会计科目有（　　）。

A. 生产成本　　B. 研发支出　　C. 在建工程　　D. 财务费用

三、判断能力训练

（　　）1. 应付职工薪酬包括职工在职期间和离职后提供给职工的全部货币性薪酬和非货币性福利，也包括解除劳务关系给予的补偿。

（　　）2. 企业为职工交纳的基本养老保险金、补充养老保险费，均属于企业提供的职工薪酬。

（　　）3. 应由企业负担的职工社会保险费、住房公积金等均应通过“应付职工薪酬”核算。

四、应用能力实训

【实训一】

【实训目的】训练应付职工薪酬的会计核算

【实训资料】2020 年 5 月，江苏天润机械有限公司与职工薪酬有关的情况分别如下：

（1）按照工资总额的标准分配工资费用，其中：生产工人工资为 1 000 000 元（160 人），车间管理人员工资 200 000 元（16 人），总部管理人员工资为 300 000 元（20 人），专设销售部门人员工资为 100 000 元（60 人），在建工程人员工资为 50 000 元（10 人），内部开发人员工资为 350 000 元（符合资本化条件（150 人）。

（2）根据所在地政府规定，按照工资总额的 7%、16%、1.5%、10%、1%、0.8% 计提应由企业负担的医疗保险费、养老保险费、失业保险费、住房公积金、工伤保险和生育保险；按每人 5 元的标准计提大病统筹。

（3）企业在扣除个人应负担的医疗保险费、养老保险费、失业保险费、住房公积金（比例分别为 2%、8%、2%、10%）和个人所得税 34 000 元后开出转账支票将工资转入职工个人工资卡。

【实训要求】根据以上资料编制相关会计分录。

【实训二】

【实训目的】训练应付职工薪酬的会计核算

【实训资料】昌达公司是一家服装加工企业，共有职工 238 人，其中直接参加生产的职工 200 人，总部管理人员 38 人。2020 年 10 月，公司以其生产成本为 60 元的保暖内衣套装作为中秋节福利发放给全体职工。保暖内衣套装售价为 100 元，昌达公司适用的增值税税率为 13%。

要求　根据以上资料编制相关会计分录。

【实训三】

【实训目的】训练应付职工薪酬的会计核算

【实训资料】江苏天润机械有限公司为总部各部门经理级别以上职工提供汽车免费使用，同时为副总裁以上高级管理人员每人租赁一套住房。甲公司总部共有部门经理以上职工 20 名，每人提供一辆桑塔纳汽车免费使用，假定每辆桑塔纳汽车每月计提折旧 1 000元；该公司共有副总裁以上高级管理人员 5 名，公司为其每人租赁一套面积为 200 平方米公寓，月租金为每套 8 000 元。

【实训要求】根据以上资料编制相关会计分录。

9.4　应交税费的核算

一、单项选择能力训练

1. 下列各项税金不需要通过“应交税费”科目核算的是（　　）。

A. 车船税　　B. 房产税　　C. 增值税　　D. 印花税

2. 甲公司 2020 年 4 月销售自产产品计算应缴纳的增值税为 150 万元，应交消费税为 200 万元，应交印花税 10 万元，应交房产税 8 万元，应交车船税 1 万元。甲公司适用的城市维护建设税税率为 7%，教育费附加征收率为 3%。不考虑其他事项，则甲公司当月应记入“税金及附加”科目的金额为（　　）万元。

A. 254　　B. 404　　C. 219　　D. 235

3. 某工业生产企业为小规模纳税人，本期购入原材料一批，取得增值税专用发票上注明原材料价款为 200 000 元，增值税额为 26 000 元；并支付运费 1 200 元，增值税税额 108 元，已取得运费增值税专用发票。材料尚未到达，应计入材料采购账户的金额为（　　）元。

A. 201 200　　B. 235 200　　C. 218 116　　D. 227 308

4. 某一般纳税人购进免税农产品一批，支付购买价款 80 万元，增值税扣除率为 9%，另发生保险费 1 万元，装卸费 1.4 万元。则该批农产品的采购成本为（　　）万元。

A. 80　　B. 75.2　　C. 82.4　　D. 81

5. 下列各项中，进项税额不需要做转出处理的是（　　）。

A. 将外购的原计划用于产品生产的原材料发放给职工

B. 购进原材料用于生产线建造

C. 购进原材料由于管理不善发生非常损失

D. 将购进的库存商品用于个人消费

6. 下列税金中，不应计入存货成本的是（　　）。

A. 一般纳税企业进口原材料支付的关税

B. 一般纳税企业购进原材料支付的增值税

C. 小规模纳税企业购进原材料支付的增值税

D. 一般纳税企业进口应税消费品支付的消费税

二、多项选择能力训练

1. 增值税的计征范围有（　　）。

A. 销售货物　　B. 销售房屋

C. 提供加工修理修配劳务　　D. 提供交通运输业劳务

2. 一般纳税人设置的“应交税费——应交增值税”多栏式明细账的栏目有（　　）。

A. 销项税额　　B. 进项税额转出　　C. 出口退税　　D. 已交税金

3. 下列行为，应视同销售必须计算增值税销项税额的有（　　）。

A. 将自产或委托加工货物对外捐赠

B. 将自产或委托加工的货物用于发放职工福利

C. 在建工程领用外购材料

D. 将自产或委托加工货物对外投资

4. 下列各项中，应在“税金及附加”科目核算的有（　　）。

A. 工业企业销售应税消费品缴纳的消费税

B. 工业企业销售厂房缴纳的土地增值税

C. 工业企业销售应税矿产品缴纳的资源税

D. 工业企业自用厂房缴纳的房产税

5. 消费税的会计处理，下列表述中正确的有（　　）。

A. 企业销售应税消费品应交纳的消费税应计入税金及附加

B. 在建办公楼领用应税消费品应交的消费税应计入在建工程

C. 进口环节应交的消费税应计入税金及附加

D. 委托加工环节受托方代扣代缴的消费税计入委托加工物资的成本

6. 某企业为增值税一般纳税人，下列各项中，能从销项税额中抵扣的进项税额的有（　　）。

A. 从销售方取得的增值税专用发票上注明的增值税额

B. 购进免税农产品准予抵扣的增值税额

C. 从海关取得的完税凭证上注明的增值税额

D. 从税务机关或境内代理人取得的解缴税款的税收缴款凭证上注明的增值税额

三、判断能力训练

（　）1. 某企业为小规模纳税企业，销售产品一批，含税价格 206 000 元，增值税征收率 3%，该批产品应交增值税为 6 000 元。

（　）2. 企业购进办公楼建造工程所需物资，支付的增值税税款，应计入“应交税费——应交增值税（进项税额）”科目。

（　）3. 企业自产产品因管理不善造成变质损失，应视同销售，计算增值税销项税额。

（　）4. 转让无形资产所有权及使用权都属于增值税应税范围。

（　）5. 对外销售的应税产品应缴纳的资源税计入“税金及附加”科目，自产自用应税产品应该缴纳的资源税应计入“生产成本”或“制造费用”等科目中。

四、应用能力实训

【实训一】

【实训目的】训练应交税费的会计核算

【实训资料】某企业为一般纳税人，本月发生如下经济业务：

（1）购入甲材料一批，增值税专用发票上注明的原材料价款为 50 000 元，增值税为 6 500 元，供货方代垫运费 4 000 元，增值税 360 元；材料已验收入库，货款尚未支付。

（2）从 A 企业（小规模纳税人）购入乙材料一批，价款为 23 200 元，材料已到达并验收入库。开出为期 2 个月的商业承兑汇票一张。

（3）购置生产用机器设备一台，发票上注明的价款为 60 000 元，增值税为 7 800 元，安装费为 1 800 元，以转账支票付讫。

（4）因洪灾毁损原材料 10 000 元，增值税为 1 600 元。

（5）销售产品一批，价款为 200 000 元，增值税为 26 000 元，开出增值税专用发票，款项收存银行。

（6）在建工程领用生产用原材料一批，价款为 8 000 元，增值税为 1 280 元。

（7）接收 H 公司投资转入的原材料一批，价款为 7 000 元，增值税为 910 元，取得 H 公司开来的增值税专用发票。

（8）企业出售一项商标权，取得收入 200 000 元，商标权账面原值 250 000 元，计提累计摊销为 100 000 元，未计提无形资产减值准备，增值税税率为 6%，价款收存银行，出售商标权已办妥手续。

【实训要求】

（1）根据以上业务，编制会计分录。

（2）假设该企业上月无留抵的进项税额，计算当月应交增值税，并编制月末结转的会计分录。

【实训二】

【实训目的】训练应交税费的会计核算

【实训资料】某企业为小规模纳税人，本月发生如下经济业务：

（1）购入A材料，专用发票上注明的买价为60 000元，增值税额为7 800元，材料已到达并验收入库，款项尚未支付。

（2）销售产品一批，开出普通发票，含税价款为61 800元，款已收存银行。

（3）以银行存款缴纳本月应交增值税。

【实训要求】根据以上业务做出相应的会计处理。

【实训三】

【实训目的】训练应交税费的会计核算

【实训资料】长江公司为增值税一般纳税人，增值税税率为13%，消费税税率为10%。2019年12月31日“应交税费——应交增值税”科目借方余额为18万元，该借方余额可用下月的销项税额抵扣。材料按实际成本核算。2020年1月发生如下业务：

（1）从甲公司购入生产用的A原材料一批，取得的增值税专用发票上注明的材料价款为500万元，增值税税款为65万元，货款已经支付。在购入材料过程中向铁路部门支付运费5万元，增值税税款为0.45万元。A原材料已到达并验收入库。

（2）用A原材料对乙公司投资。该批材料的实际成本为50万元，经协议，以作价60万元的A材料换取乙公司51%的股权。有关资产转让及产权登记手续已办理完毕。假设该批原材料的计税价格也为60万元。

（3）销售应税消费品B产品一批,不含增值税的销售价格为800万元,实际成本为680万元,提货单和增值税专用发票已交购货方,货款尚未收到。该销售已符合收入确认条件。

（4）本期建造厂房领用生产用A原材料40万元，其购入时支付的增值税为5.2万元。该工程同时又领用本公司生产的应税消费品B产品，该产品实际成本75万元（进项税额8万元），计税价格90万元。

（5）将自产应税消费品B产品一批发放给生产工人作为节日福利，该批产品实际成本为80万元，计税价格为96万元，产品已发放完毕。

（6）收回委托加工的C原料一批并验收入库，C原料系消费税的应税物品。该委托加工材料系上月发出，发出原材料的成本为15.2万元。本期收回时以银行存款支付受托加工企业加工费2.8万元（不含增值税），同时支付其代收代缴的消费税2万元，但受托加工企业无与C原材料同类的物品。收回委托加工的C原材料用于生产应税产品B产品。

【实训要求】

（1）根据上述资料编制长江公司有关经济业务的会计分录（不考虑除增值税、消费税以外的其他税费）。

（2）计算本月应交增值税额和应交消费税。

9.5 其他流动负债的核算

一、单项选择能力训练

1. 下列事项中不记入“其他应付款”科目的是（　　）。

A. 无力支付到期的银行承兑汇票　　B. 销售商品收取的包装物押金

C. 应付租入包装物的租金　　D. 应付经营租赁固定资产租金

二、多项选择能力训练

1. 下列项目，属于其他应付款核算范围的有（　　）。

A. 职工未按期领取的工资

B. 应付经营租入固定资产租金

C. 应付的客户存入保证金

D. 代扣应交由职工个人负担的社会保险费

2. 下列各项中，计入其他应付款的有（　　）。

A. 根据法院判决应支付的合同违约金　　B. 租入包装物应支付的租金

C. 根据购销合同预收的货款　　D. 租入包装物支付的押金

三、判断能力训练

（　　）1. 董事会通过的拟分配现金股利和股票股利方案时，应贷记“应付股利”科目。

（　　）2. 企业股东大会通过的利润分配方案中拟分配的现金股利和利润，企业不需要进行账务处理。

（　　）3. 企业宣告发放的现金股利和股票股利，均应通过“应付股利”科目核算。

（　　）4. 企业股东大会审议批准的利润分配方案中应分配的现金股利，在支付前不作账务处理，但应在报表附注中披露。

四、应用能力实训

【实训一】

【实训目的】训练其他应付款的会计核算

【实训资料】甲公司向乙公司租入生产用设备一台，租期 6 个月，月租金 2 000 元，增值税税率为 13%，到期一次支付租金，并取得乙公司所开具的增值税专用发票。

【实训要求】编制甲公司月末计提租金费用及到期支付租金的会计分录。

【实训二】

【实训目的】训练应付股利的会计核算

【实训资料】甲公司 2020 年年初未分配利润 20 万元，年末实现净利润 260 万元，股东代表大会批准的利润分配方案决定：按净利润的 10% 提取法定盈余公积金，按 20% 提取任意盈余公积金，同时决定分配现金股利 120 万元。

【实训要求】编制有关的会计分录。

项目10 记录非流动负债 明确长期义务

项目导航

知识目标

◦ 了解非流动负债的含义
◦ 知悉长期借款和应付债券的基本概念
◦ 掌握借款费用处理的基本原则
◦ 了解公司债券分类
◦ 理解债券溢、折价发行的经济实质
◦ 掌握长期借款业务的核算
◦ 掌握应付债券发行、应计利息以及还本付息的账务处理
◦ 了解长期应付款的含义及其核算

能力目标

◦ 能说出非流动负债核算的账户设置
◦ 能写出长期借款业务核算所涉及账户之间的对应关系
◦ 能分清长期借款利息费用的列支渠道
◦ 能对长期借款完整业务流程进行会计核算
◦ 能说出应付债券核算的账户设置
◦ 能辨析债券发行价格的确定
◦ 能对长期应付款业务流程进行基本的账务处理

非流动负债，是流动负债以外的负债，一般是指偿还期限在1年或者超过1年的一个营业周期以上的债务，主要分为长期借款、应付债券、长期应付款。其特点是：偿还期长（1年以上）、负债金额大。

10.1 长期借款的核算

任务导入

江苏天润公司为提高自身核心竞争力，拟新建一条自动化流水线。公司结合自身财务状况，抵押了部分厂房以后，借入了五年期的长期借款用于流水线的搭建和调试。与短期借款不同的是，长期借款往往需要借款人抵押或质押部分资产为担保，银行对借款人提供的各项担保材料进行审查，并对项目预期收益进行预估后，才能向银行进行贷款。

各位同学思考一下，天润公司为何不借入手续较为简便的短期借款用于流水线的建设？借入的长期借款又应该如何进行会计核算呢？

知识准备

10.1.1 认知长期借款

长期借款，是指企业向银行或其他金融机构借入的期限在1年以上（不含1年）的各项借款。长期借款一般用于固定资产的购建、改扩建工程及大修理工程等，它是企业长期负债的重要组成部分。

（一）长期借款的确认与种类

长期借款与短期借款的确认相似，主要区别就是借款期限的长短。企业与银行等金融机构签订长期借款合同，取得款项时确认长期借款。长期借款分为一般借款和专门借款。专门借款，是指为购建或生产符合资本化条件的资产而专门借入的款项。一般借款，是指专门借款之外的借款。相对于专门借款而言，一般借款在借入时，其用途通常没有特指用于符合资本化条件的资产的购建或者生产。

（二）长期借款利息的列支渠道

长期借款利息费用的列支渠道要视长期借款是发生于筹建期间还是发生于生产经营期间及借款的用途来确定。

借款费用列支渠道总结见表10－1。

表 10－1　　借款费用列支渠道总结表

生产经营期间及借款的用途		利息费用的列支渠道	
		符合资本化条件（资本化）	不符合资本化条件（费用化）
筹建期间	专门借款	计入所购建资产的成本	计入管理费用
	一般借款	计入所购建资产的成本	计入管理费用
生产经营期间	专门借款	计入所购建资产的成本	计入财务费用
	一般借款	计入所购建资产的成本	计入财务费用

10.1.2　计量长期借款

取得长期借款时，按照实际收到的金额计入长期借款。资产负债表日，按摊余成本和实际利率计算确定长期借款的利息费用。

【小贴士】

区分利息费用和应付利息

1. 利息费用：在资产负债表日，按照长期借款的摊余成本和实际利率法计算确定，实际利率与合同利率差异较小的，也可以采用合同利率计算确定的利息费用。

利息费用（实际利息费用）＝摊余成本×实际利率×期限

2. 应付利息：按合同利率计算确定

应付利息（名义利息费用）＝本金×合同利率×期限

10.1.3　记录长期借款

（一）科目设置

长期借款（2501）

1. 定义：核算企业向银行或其他金融机构借入的期限在 1 年以上（不含 1 年）的各项借款。

2. 性质：负债类。

3. 核算内容：贷方登记企业借入长期借款（本金和利息调整数）及资产负债表日利息调整摊销数，借方登记归还的长期借款本金和利息调整摊销数。期末贷方余额，反映企业尚未偿还的长期借款。

4. 明细账的设置：分别对“本金”“利息调整”“应计利息”等进行明细核算。

（二）长期借款的业务流程与账务处理

长期借款业务一般要经历申请、审批、放款、计提支付利息、到期归还等环节。企业会计制度规定，长期借款利息的归还方式为到期一次付息的，应在“长期借款——应计利息”账户核算，如果长期借款的利息是分期支付的，则应在“应付利息”账户核算。一般银行是按季度计息发给单位贷款利息通知单，为符合成本配比原则，企业应于每月预提利息作相应的账务处理。涉及长期借款的业务节点及账务处理见表 10－2。

表 10－2　长期借款的业务节点及账务处理表

业务节点	原始单据	账务处理
借入时点	借款申请书、 放款放出通知单	企业借入各种长期借款时，按实际收到的款项 借：银行存款 　贷：长期借款——本金 借或贷：长期借款——利息调整
持有期间	长期借款及利息费用明细表	资产负债表日，企业应按长期借款的摊余成本和实际利率计算确定长期借款的利息费用，并根据借款的用途 借：在建工程/财务费用/制造费用/研发支出等 　贷：应付利息［借款本金×合同利率］ 　　/长期借款——应计利息 贷或借：长期借款——利息调整
到期归还	客户贷款本息 支出通知单	归还的长期借款本金 借：长期借款——本金 　贷：银行存款 同时，存在利息调整余额的 借：在建工程、制造费用、财务费用、研发支出等 　贷：长期借款——利息调整 或做相反分录

（注：详见任务实施 10－1）

任务实施

任务实施 10－1　长期借款的核算

江苏天润机械有限公司为建造一幢厂房，2020 年 1 月 1 日向银行借入 2 年期长期专门借款 2 000 000 元，款项已存入银行。借款年利率为 9%，每年付息一次，期满后一次还清本金。2020 年 1 月 3 日，全部用于支付工程价款。该厂房于 2021 年 8 月底完工，达到预定可使用状态。2021 年 12 月 31 日还本付息。

步骤一：2020 年 1 月 1 日，取得借款，增加银行存款、增加长期借款。

借：银行存款　　2 000 000

　　贷：长期借款——本金　　2 000 000

步骤二：2020 年 1 月 3 日，支付工程价款，减少银行存款，增加工程成本。

借：在建工程　　2 000 000

　　贷：银行存款　　2 000 000

步骤三：2020 年 12 月 31 日，计提利息时，符合资本化条件，增加工程成本；支付利息时，减少银行存款、应付利息。

借：在建工程　　180 000

　　贷：应付利息　　180 000

借：应付利息　　180 000

　　贷：银行存款　　180 000

步骤四：2021 年 8 月底完工，计提应付利息、增加工程成本；同时，在建工程转成固定资产。

借：在建工程　　120 000

　　贷：应付利息　　120 000

借：固定资产　　2 300 000

　　贷：在建工程　　2 300 000

步骤五：2021 年 12 月 31 日计息，计提应付利息，因不满足利息资本化条件，确认财务费用。

借：财务费用　　60 000

　　贷：应付利息　　60 000

步骤六：2021 年 12 月 31 日借款到期，还本付息。

借：长期借款——本金　　2 000 000

　　应付利息　　180 000

　　贷：银行存款　　2 180 000

10.2 应付债券的核算

任务导入

债券产生于成为债券契约的合同，即在规定的时间支付款项和利息的约定活动。经过江苏天润公司董事会和股东的许可，为扩大生产规模，同意抵押本公司部分不动产，对外发行公司债券。拟发行一次还本债券 4 000 万元，发行日为 2020 年 1 月，期限 3 年，年利率 4%，按年支付利息。各位同学思考一下，天润公司应如何确定债券的发行价格？对此业务该如何进行账务处理？

知识准备

10.2.1 认知应付债券

（一）债券的概念

债券，是企业按照法定程序发行，约定在一定期限内还本付息的一种书面凭证。债券的票面一般都载明以下内容：企业名称、债券面值、票面利率、还本期限、付息方式，以及债券发行日期等。企业发行债券通常须经董事会及股东大会批准，若向社会公众公开发行，还须经有关证券监督管理机构核准。

应付债券，是企业因发行债券筹措资金而形成的一种长期负债。

企业通过发行债券取得资金，是以将来履行归还购买债券者的本金和利息的义务作为保证的。企业应当设置“企业债券备查簿”，详细登记企业每种债券的票面金额、债券票面利率、还本付息期限与方式、发行总额、发行日期和编号、委托代售单位、转换股份等资料。企业债券到期结清时，应当在备查簿内逐笔注销。

（二）债券的种类

债券可以按不同的分类标志，分成不同的类型见表 10 - 3。

表 10 -3　　债券类型表

分类标志	债券种类	具体说明
按还本方式	一次还本债券	本金于到期日一次偿还
	分期还本债券	债券的本金按不同的到期日分期偿还
按付息方式	普通债券	债券票面上载明确定利率
	收益债券	利率不固定，视当期经营状况而定，无盈利时可能不付息
按是否记名	记名债券	债券票面上载有持有人姓名，并在企业保留持有人名册的一种债券
	无记名债券	债券上不记载持券人姓名的债券
按有无担保	抵押债券	发行企业以特定资产作为抵押担保而发行的债券
	信用债券	没有任何资产作为抵押担保，完全出于企业良好的信誉而发行的债券
按是否可转换为股票	可转换债券	可于某时间按一定条件转换为企业发行的股票
	不可转换债券	不能转换为企业发行的股票

（三）债券发行价格的确定

企业债券发行价格的高低，一般取决于债券票面金额、债券票面利率、发行当时的市场利率以及债券期限的长短等因素。

发行债券时应考虑资金的时间价值，将未来应付给投资者的本金和利息按市场利率折现以确定发行价格（未来现金流入按市场利率折算的现值）：

1. 分期付息到期还本债券发行价格的计算

发行价格 = 债券到期偿还本金的现值 + 各期利息的现值

= 债券面值 × 复利现值系数 + 债券每期利息 × 年金现值系数

2. 到期一次还本付息债券发行价格的计算

发行价格 = 债券到期偿还本金及到期利息之和的现值

= （债券面值 + 债券利息） × 复利现值系数

按上述公式计算，债券发行有面值发行（平价发行）、溢价发行和折价发行三种情况。企业债券发行的价格受同期市场利率的影响较大，具体情况见表 10 -4。

表 10 -4　　企业债券发行价格受同期市场利率的影响表

利率情况	发行价格	溢价、折价实质
债券票面利率 = 同期市场利率	平价发行	—
债券票面利率 > 同期市场利率	溢价发行	溢价实质是企业以后各期多付利息而事先得到的补偿，是发行债券企业在债券存续期内对利息费用的调整
债券票面利率 < 同期市场利率	折价发行	折价实质是企业为以后各期少付利息而事先付出的代价，是发行债券企业在债券存续期内对利息费用的调整

10.2.2 计量应付债券

应付债券的计量，是指按照企业发行债券实际取得金额计入应付债券，并在持有期间按照面值乘以票面利率确认应付利息，按照摊余成本乘以实际利率确认利息费用。

10.2.3 记录应付债券

（一）科目设置

应付债券（2502）

1. 定义：核算企业为筹集（长期）资金而发行债券的本金和利息。

2. 性质：负债类。

3. 核算内容：贷方登记债券的本金、利息增加及利息调整数，借方登记债券的本金、利息减少及利息调整数。期末贷方余额，反映企业尚未偿还的长期债券摊余成本。

4. 明细账的设置：设置“面值”“应计利息”“利息调整”三个明细账户，并按债券类别进行明细核算。

（二）企业发行债券的业务流程与账务处理

企业发行债券业务一般要经历申报、报批、债券正式发行、计提支付利息、到期归还等环节。涉及应付债券的业务节点及账务处理见表10－5。

表10－5　　应付债券的业务节点及账务处理表

业务节点	原始单据	账务处理
发行债券时	债券发行清单	借：银行存款（实际收到的款项） 　　贷：应付债券——面值 借或贷：应付债券——利息调整
持有期间	利息费用明细表	资产负债表日，应按摊余成本和实际利率计算确定债券的利息费用 （1）对于分期付息、一次还本的债券 借：在建工程/制造费用/财务费用/研发支出等 　　贷：应付利息 借或贷：应付债券——利息调整 （2）对于一次还本付息的债券 借：在建工程/制造费用/财务费用/研发支出等 　　贷：应付债券——应计利息 借或贷：应付债券——利息调整

续表

业务节点	原始单据	账务处理
到期支付债券本息		债券到期，支付债券本息 借：应付债券——面值 　　应付债券——应计利息或应付利息 　　贷：银行存款 同时，存在利息调整余额的 借：在建工程/制造费用/财务费用/研发支出等 　　贷：应付债券——利息调整 或做相反分录

（注：详见任务实施 10－2）

【小贴士】

实际利率法，是指按照金融资产或金融负债（含一组金融资产或金融负债）的实际利率计算其摊余成本及各期利息收入或利息费用的方法。而摊余成本可以理解为金融资产或金融负债期初余额。企业在资产负债表日确认利息费用时：

本期应付（计）利息（即名义利息）＝票面面值×票面利率×期限

本期实际利息费用＝应付债券摊余价值（期初余额）×市场利率×期限

任务实施

任务实施 10－2　溢价发行债券的核算

2019 年 12 月 31 日，江苏天润机械有限公司经批准发行 5 年期一次还本、分期付息的公司债券 10 000 000 元，债券利息在每年 12 月 31 日支付，票面利率为年利率 6% 。假定债券发行时的市场利率为 5% 。天润公司该批债券实际发行价格为 10 432 700 元。天润公司采用实际利率法和摊余成本计算确定的利息费用如下：

利息费用一览表 单位：元

付息日期	实际支付利息	利息费用	摊销的利息	调整应付债券摊余成本
2019年 12 月 31 日				10 432 700.00
2020年 12 月 31 日	600000	521 635.00	78 365.00	10 354 335.00
2021年 12 月 31 日	600000	517 716.75	82 283.25	10 272 051.75
2022年 12 月 31 日	600000	513 602.59	86 397.41	10 185 654.34
2023年 12 月 31 日	600000	509 282.72	90 717.28	10 094 937.06
2024年 12 月 31 日	600000	505 062.94	94 937.06	10 000 000.00

根据表 10－6 的资料，天润公司的账务处理如下：

步骤一：2019 年 12 月 31 日发行债券，按取得价款确认应付债券。

借：银行存款 10 432 700

　　贷：应付债券——面值 10 000 000

　　　　　　　——利息调整 432 700

步骤二：2020 年 12 月 31 日计算利息费用。

借：财务费用 521 635

　　应付债券——利息调整 78 365

　　贷：应付利息 600 000

应付利息（名义利息费用）＝10 000 000×6%＝600 000（元）

财务费用（实际利息费用）＝10 432 700×5%＝521 635（元）

支付利息时：

借：应付利息 600 000

　　贷：银行存款 600 000

步骤三：2021 年 12 月 31 日计算利息费用。

借：财务费用 517 716.75

　　应付债券——利息调整 82 283.25

　　贷：应付利息 600 000

应付利息（名义利息费用）＝10 000 000×6%＝600 000（元）

财务费用（实际利息费用）＝(10 432 700－78 365)×5%＝517 716.75（元）

支付利息时：

借：应付利息 600 000

　　贷：银行存款 600 000

步骤四：2022 年 12 月 31 日计算利息费用。

借：财务费用　　513 602.59

　　应付债券——利息调整　　86 397.41

　　贷：应付利息　　600 000

支付利息时：

借：应付利息　　600 000

　　贷：银行存款　　600 000

步骤五：2023 年 12 月 31 日计算利息费用。

借：财务费用　　509 282.72

　　应付债券——利息调整　　90 717.28

　　贷：应付利息　　600 000

支付利息时：

借：应付利息　　600 000

　　贷：银行存款　　600 000

步骤六：2024 年 12 月 31 日归还债券本金及最后一期利息费用。

借：财务费用　　505 062.94

　　应付债券——面值　　10 000 000

　　　　　　——利息调整　　94 937.06

　　贷：银行存款　　10 600 000

【小贴士】

最后一期利息费用通过倒挤得出。"应付债券——利息调整"还有 94 937.06 元的余额，随着票据到期应减记至零，应付利息 600 000 元不变，利息费用 = 600 000 − 94 937.06 = 505 062.94（元）。

10.3 长期应付款的核算

知识准备

10.3.1 认知长期应付款

长期应付款，是指除了长期借款和应付债券以外的其他长期应付款，其核算的内容包括以分期付款方式购入固定资产和无形资产发生的应付账款、补偿贸易方式引进国外设备价款等。

10.3.2 记录长期应付款

（一）科目设置

长期应付款（2701）

1. 定义：核算企业发生的长期应付款收付业务。

2. 性质：负债类。

3. 核算内容：贷方登记发生的长期应付款，借方登记归还的长期应付款，贷方余额表示企业尚未支付的各种长期应付款。

4. 明细账的设置：该账户按长期应付款的种类和债权人进行明细分类核算。

（二）分期付款的长期应付款的业务节点与账务处理

购买固定资产的价款超过正常信用条件延期支付，实质上具有融资性质的，固定资产的成本以购买价款的现值为基础确定。实际支付的价款与购买价款的现值之间的差额，应当在信用期间内采用实际利率法进行摊销，摊销金额除满足借款费用资本化条件应当计入固定资产成本外，均应当在信用期间内确认为财务费用，计入当期损益。涉及分期付款的长期应付款的业务节点及账务处理见表10－6。

表10－6　分期付款的长期应付款的业务节点及账务处理表

业务节点	原始单据	账务处理
分期付款购买固定资产	采购合同	借：固定资产/在建工程 　　未确认融资费用 　　贷：长期应付款
支付购买价款时	银行付款凭证	借：长期应付款 　　贷：银行存款

（注：详见任务实施10－3）

任务实施

任务实施10－3　长期应付款的核算

江苏天润机械有限公司为增值税一般纳税企业，适用的增值税税率为13%。

2020年1月1日，天润公司与四海公司签订一项购货合同，天润公司从四海公司购入一台需要安装的大型机器设备。合同约定，天润公司采用分期付款方式支付价款，该设备价款共计6 000万元（不含增值税），分6期平均支付，首期款项1 000万元于2020年1月1日支付，其余款项在5年期间平均支付，每年的付款日期为当年12月31日。支付款项时收到增值税发票。2020年1月1日，设备如期运抵并开始安装，发生运杂费和相关税费260万元，已用银行存款付讫。2020年12月31日，设备达到预定可使用状态，发生安装费360万元，已用银行存款付讫。天润公司按照合同约定用银行存款如期支付了款项。假定折现率为10%［（P/A，10%，5）=3.7908］。

购买价款的现值为：

1 000+1 000×（P/A，10%，5）=1 000+1 000×3.7908=4 790.8（万元）

步骤一：2020年1月1日，取得需安装的设备，确认在建工程；支付第1笔款项和相关税费。

借：在建工程	47 908 000	
未确认融资费用	12 092 000	
贷：长期应付款		60 000 000
借：长期应付款	10 000 000	
应交税费——应交增值税（进项税额）	1 300 000	
贷：银行存款		11 300 000
借：在建工程	2 600 000	
贷：银行存款		2 600 000

步骤二：2020年1月1日至2020年12月31日为设备的安装期间，未确认融资费用的分摊额符合资本化条件，计入固定资产成本。

2020年12月31日：

本期摊销金额=（长期应付款期初余额－未确认融资费用期初余额）×折现率

=（5 000－1209.2）×10%

=379.08（万元）

借：在建工程	3 790 800	
贷：未确认融资费用		3 790 800
借：长期应付款	10 000 000	
应交税费——应交增值税（进项税额）	1 300 000	
贷：银行存款		11 300 000

借：在建工程　　3 600 000

　贷：银行存款　　3 600 000

借：固定资产

　(47 908 000 +2 600 000 +3 790 800 +3 600 000) 57 898 800

　贷：在建工程　　57 898 800

2020 年 12 月 31 日：

长期应付款账面价值 = （5 000 -1 000） - （1 209.2 -379.08）

=3 169.88（万元）

步骤三：2021 年 1 月 1 日至 2021 年 12 月 31 日，设备已经达到预定可使用状态，未确认融资费用的分摊额不再符合资本化条件，应计入当期损益。

2021 年 12 月 31 日：

未确认融资费用的分摊额 =3 169.88 ×10% =316.99（万元）

借：财务费用　　3 169 900

　贷：未确认融资费用　　3 169 900

借：长期应付款　　10 000 000

　应交税费——应交增值税（进项税额）　　1 300 000

　贷：银行存款　　11 300 000

【试一试】 请继续完成 2022 -2024 年的账务处理。

10.4　借款费用的核算

任务导入

经过上面三个任务的学习，我们了解并掌握了长期借款、应付债券、长期应付款的相关核算方法。但是，在学习过程中，我相信同学们也发现以上三个负债中均有利息和手续费的出现。有时这些费用被资本化了，即计入了相关资产的成本中；而有时却被费用化了，算进了当期损益里面，以上的情况会让同学们在自己进行核算时不清楚具体的应对方法，感到比较迷茫。

那么，以下内容会对借款费用何时资本化，何时费用化作一个详尽的讲解和梳理。

同学们在认真学习完之后，就会明白到底应该如何确认借款费用的资本化和费用化了，下面就让我们一起去学习吧。

知识准备

10.4.1 认知借款费用

借款费用，是指企业因借款而发生的利息及其他相关成本。

借款费用包括借款利息、折价或者溢价的摊销、辅助费用以及因外币借款而发生的汇兑差额等。

（一）借款费用的列支渠道

企业发生的借款费用，可直接归属于符合资本化条件的资产的购建或者生产的，应当予以资本化，计入相关资产成本；其他借款费用，应当在发生时根据其发生额确认为费用，计入当期损益。符合资本化条件的资产，是指需要经过相当长时间的购建或者生产活动才能达到预定可使用或者可销售状态的固定资产、投资性房地产和存货等资产。

借款费用同时满足下列条件的，才能开始资本化：

1. 资产支出已经发生，资产支出包括为购建或者生产符合资本化条件的资产而以支付现金、转移非现金资产或者承担带息债务形式发生的支出；

2. 借款费用已经发生；

3. 为使资产达到预定可使用或者可销售状态所必要的购建或者生产活动已经开始。

（二）借款费用的计量

在资本化期间内，每一会计期间的利息（包括折价或溢价的摊销）资本化金额，应当按照下列规定确定：

1. 为购建或者生产符合资本化条件的资产而借入专门借款的，应当以专门借款当期实际发生的利息费用，减去将尚未动用的借款资金存入银行取得的利息收入或进行暂时性投资取得的投资收益后的金额确定。

专门借款，是指为购建或者生产符合资本化条件的资产而专门借入的款项。

专门借款利息资本化金额 = 资本化期间实际利息费用 − 资本化期间闲置专门借款的利息收益

2. 为购建或者生产符合资本化条件的资产而占用了一般借款的，企业应当根据累计资产支出超过专门借款部分的资产支出加权平均数乘以所占用一般借款的资本化率，计算确定一般借款应予资本化的利息金额。资本化率应当根据一般借款加权平均利率计算确定。

有关计算公式如下：

一般借款利息费用资本化金额 = 累计资产支出超过专门借款部分的资产支出加权平均数 × 所占用一般借款的资本化率

所占用一般借款的资本化率 = 所占用一般借款加权平均利率 = 所占用一般借款当期实际发生的利息之和 ÷ 所占用一般借款本金加权平均数

所占用一般借款本金加权平均数 = ∑（所占用每笔一般借款本金 × 每笔一般借款在当期所占用的天数 ÷ 当期天数）

资本化期间，是指从借款费用开始资本化时点到停止资本化时点的期间，借款费用暂停资本化的期间不包括在内。

（三）借款费用资本化的暂停

符合资本化条件的资产在购建或者生产过程中发生非正常中断，且中断时间连续超过 3 个月的，应当暂停借款费用的资本化。在中断期间发生的借款费用应当确认为费用，计入当期损益，直至资产的购建或者生产活动重新开始。如果中断是所购建或者生产的符合资本化条件的资产达到预定可使用或者可销售状态必要的程序，借款费用的资本化应当继续进行。

（四）借款费用资本化的终止

购建或者生产符合资本化条件的资产达到预定可使用或者可销售状态时，借款费用应当停止资本化。在符合资本化条件的资产达到预定可使用或者可销售状态之后所发生的借款费用，应当在发生时根据其发生额确认为费用，计入当期损益。

购建或者生产符合资本化条件的资产达到预定可使用或者可销售状态，可从下列几个方面进行判断：

1. 符合资本化条件的资产的实体建造（包括安装）或者生产工作已经全部完成或者实质上已经完成。

2. 所购建或者生产的符合资本化条件的资产与设计要求、合同规定或者生产要求相符或者基本相符，即使有极个别与设计、合同或者生产要求不相符的地方，也不影响其正常使用或者销售。

3. 继续发生在所购建或生产的符合资本化条件的资产上的支出金额很少或者几乎不再发生。

购建或者生产符合资本化条件的资产需要试生产或者试运行的，在试生产结果表明资产能够正常生产出合格产品或者试运行结果表明资产能够正常运转或者营业时，应当认为该资产已经达到预定可使用或者可销售状态。

10.4.2 借款费用的会计核算

（一）借款费用的核算原则

1. 筹建期间不应计入相关资产价值的借款费用，计入管理费用。

2. 属于经营期间不应计入相关资产价值的借款费用，计入财务费用。

3. 属于发生的与购建或者生产符合资本化条件的资产有关的借款费用，按规定在购建或者生产的资产达到预定可使用或者可销售状态前应予资本化的计入相关资产的成本，视资产的不同分别计入在建工程、制造费用、研发支出等。

4. 购建或生产符合条件的资产达到预定可使用或可销售状态后所发生的借款费用以及规定不能予以资本化的借款费用应计入财务费用。

（二）借款费用的业务节点与账务处理

每期计算利息费用时，根据利息费用计算表，分别按借款费用能否资本化账务处理，包括计提及支付等环节。涉及借款费用的业务节点及账务处理见表 10－7。

表 10－7　借款费用的业务节点及账务处理表

业务节点	原始单据	账务处理
每期计算利息费用时	利息费用计算表	分别按借款费用能否资本化 借：在建工程/财务费用/管理费用/研发支出等 　　贷：应付利息（分期付息） 　　　　/长期借款——应计利息（到期一次还本付息）
按期支付利息时	银行付款凭证	借：应付利息/长期借款——应计利息 　　贷：银行存款

（详见任务实施 10－4）

任务实施

任务实施 10－4　借款费用的核算

江苏天润机械有限公司建造一条生产线，该工程预计工期两年，2020 年 7 月 1 日建造活动开始，当日预付承包商建造工程款 3 000 万元。9 月 30 日，追加支付工程进度款 2 000 万元。天润公司建造工程占用借款包括：

（1）2020 年 6 月 1 日借入的三年期专门借款 4 000 万元，年利率 6%；

（2）2020 年 1 月 1 日借入的两年期一般借款 3 000 万元，年利率 7%，天润公司将闲置部分专门借款投资货币市场基金，月收益率为 0.5%，不考虑其他因素。2020 年天润公司建造该建设工程应予资本化的利息费用是多少呢？

步骤一：计算天润公司在资本化期间专门借款的利息。

专门借款利息资本化金额 =4 000 ×6% ×6 ÷12 －1 000 ×0.5% ×3 =105（万元）

步骤二：计算天润公司在资本化期间一般借款的利息。

一般借款利息资本化金额 =1 000 ×7% ×3 ÷12 =17.5（万元）

步骤三：确认资本化利息和费用化利息。

2020 年天润公司建造该生产线应予以资本化的利息费用 =105 +17.5 =122.5（万元）

借：在建工程　　122.5

　　财务费用　　192.5

　　银行存款　　35（4 000 ×0.5% +1 000 ×0.5% ×3）

　贷：应付利息　　350（4 000 ×6% ×7/12 +3 000 ×7%）

职业能力训练

10.1 长期借款的核算

一、单项选择能力训练

1. 企业每期期末计提到期一次还本付息的长期借款利息，对其中应当予以资本化的部分，下列会计处理正确的是（　　）。

A. 借记“财务费用”科目，贷记“长期借款”科目

B. 借记“财务费用”科目，贷记“应付利息”科目

C. 借记“在建工程”科目，贷记“长期借款”科目

D. 借记“在建工程”科目，贷记“应付利息”科目

2. 某企业 2020 年 1 月 1 日向银行借入 1 000 万元，借款利率为 8%，借款期限为 3 年，每年年末偿还借款利息。该项借款全额用于建造厂房，厂房于 2020 年 1 月 1 日开工，2021 年 3 月 31 日完工，并办理了竣工结算手续，则该厂房的入账价值为（　　）万元。

A. 1 020　　B. 1 160　　C. 1 100　　D. 1 240

二、多项选择能力训练

1. 各项中，关于长期借款利息费用会计处理表述正确的有（　　）。

A. 筹建期间不符合资本化条件的借款利息费用计入管理费用

B. 生产经营期间不符合资本化条件是借款利息计入财务费用

C. 为购建固定资产发生的符合资本化条件的借款利息费用计入在建工程

D. 为购建厂房发生的借款利息费用在所建厂房达到预定可使用状态后的部分计入管理费用

2. 下列各项目属于非流动负债的有（　　）。

A. 应付债券　　B. 长期借款　　C. 长期应付款　　D. 应付账款

三、判断能力训练

（　　）1. 非流动负债是指偿还期限在一年或超过一年的一个营业周期以上的债务，所以超过一年未偿还的应付账款、短期借款等也应列为非流动负债。

（　　）2. 企业为购建固定资产而取得专门借款所发生的长期负债费用，应予以资本化，列入固定资产购建成本。

（　　）3. 企业将于一年内到期的非流动负债，按照规定，在资产负债表中应作为流动负债反映。

四、应用能力实训

【实训目的】训练长期借款的会计核算

【实训资料】某公司为新建生产线，于2020年1月1日向中国银行市分行取得3年期借款60万元，款划存银行存款户。年利率6%，每年年末支付借款利息。该企业取得借款后将其款项一次性全部投入工程，各年利息均于年末以存款支付，借款和最后一期利息在借款到期时以银行存款偿清。工程于2020年1月1日开工，至2021年9月30日完工，并达到预定可使用状态。

【实训要求】试编制借款取得、使用、年末计息、年末付息、工程竣工达到预定可使用状态、到期归还本金及最后一期利息的会计分录。

10.2　应付债券的核算

一、单项选择能力训练

1. 2020年7月1日，甲公司为扩大生产按面值发行3年期、到期一次还本付息、票面利率为5%（不计复利）的债券，该债券已于当日全部售出，其面值为1 000万元，票面利率等于实际利率，2020年12月31日应付债券的账面余额为（　　）万元。

A. 1 000　　B. 975　　C. 1 050　　D. 1 025

2. 就发行债券的企业而言，所获得的债券溢价收入实质是（　　）。

A. 为以后少付利息而付出的代价　　B. 为以后多付利息而得到的补偿

C. 为以后少得利息而得到的补偿　　D. 债券发行费用

二、多项选择能力训练

1. “应付债券”账户贷方反映的内容有（　　）。

A. 债券的面值

B. 债券发行时产生的债券溢价

C. 到期一次还本付息的债券期末计提的债券利息

D. 债券发行时产生的债券折价

2. “应付债券”账户应设置的明细账户包括（　　）。

A. 面值　　B. 利息调整　　C. 债券损益　　D. 应计利息

三、判断能力训练

（　　）1. 当债券票面利率高于发行时的市场利率，债券会溢价发行；反之，债券会折价发行。

（　　）2. 债券发行企业发行债券，因溢价多得的收入，实质上是在债券到期前对企业各期多付利息的一种补偿，也是对债券利息费用的一项调整。

四、应用能力实训

【实训一】

【实训要求】训练应付债券的会计核算

【实训资料】A 企业于 2019 年 7 月 1 日发行三年期、到期一次还本付息、年利率为 8%（不计复利）、发行面值总额为 4 000 万元的债券，实际利率为 8%，该债券按面值发行。A 企业发行债券所筹资金全部用于建造固定资产，至 2021 年 12 月 31 日工程已完工，建造期间发生的利息费用全部符合资本化的条件。2022 年 7 月 1 日，A 企业偿还债券本金和利息。

【实训要求】编制相应的会计分录。

【实训二】

【实训要求】训练应付债券的会计核算

【实训资料】甲公司 2019 年 1 月 1 日发行 3 年期面值为 100 万元、票面利率为 8%、到期一次还本付息的企业债券，实际利率为 5.367%，实际发行价格为 106 万元。所筹集到的资金全部用于生产经营活动，2022 年 1 月 1 日到期偿还本金和利息。

【实训要求】试做出相应的会计分录（假设不考虑发行费用）。

10.3　长期应付款的核算

一、单项选择能力训练

1. 如果企业的长期借款属于筹建期间，且不符合资本化条件，则其利息费用应计入的科目是（　　）。

A. 管理费用　　B. 长期待摊费用　　C. 财务费用　　D. 在建工程

2. 下列应付利息支出，应予以资本化的是（　　）。

A. 为生产经营活动而发生的长期借款利息

B. 短期借款利息

C. 可直接归属于符合资本化条件的资产的购建或者生产的借款利息

D. 清算期间发生的长期借款利息

3. 下列导致固定资产建造中断时间连续超过 3 个月的事项，不应暂停借款费用资本化的是（　　）。

A. 劳务纠纷　　B. 安全事故

C. 资金周转困难　　D. 可预测的气候影响

二、多项选择能力训练

1 下列对长期借款利息费用的处理，正确的有（　　）。

A. 筹建期间不符合资本化条件的借款利息应直接计入管理费用

B. 筹建期间符合资本化条件的利息费用计入相关资产的成本

C. 生产经营期间的不符合资本化条件的借款费用计入财务费用

D. 生产经营期间符合资本化条件的借款利息计入相关资产成本

2. 下列关于长期借款的利息说法正确的有（　　）。

A. 购建固定资产符合条件的利息应记入“在建工程”

B. 生产经营用借款利息记入“制造费用”

C. 自行开发无形资产符合资本化条件的记入“研发支出”

D. 筹建期不符合资本化条件的记入“管理费用”

三、判断能力训练

（　　）1. 企业每一会计期间的利息资本化金额不应当超过当期相关借款实际发生的利息金额。

（　　）2. 在借款费用资本化期间内，建造资产的累计支出金额未超过专门借款金额的，发生的专门借款利息扣除该期间与专门借款相关的收益后的金额，应当计入所建造资产成本。

四、应用能力实训

【实训目的】训练借款费用的会计核算

【实训资料】A 公司为建造厂房于 2020 年 4 月 1 日从银行借入 4 000 万元专门借款，借款期限为 2 年，年利率为 6%，不考虑借款手续费。该项专门借款在银行的存款年利率为 3%，2020 年 7 月 1 日，A 公司采取出包方式委托 B 公司为其建造该厂房，并预付了 2 000 万元工程款，厂房实体建造工作于当日开始，预计工程建造期为 2 年。该工程因发生施工安全事故在 2020 年 8 月 1 日至 11 月 30 日中断施工，2020 年 12 月 1 日恢复正常施工，至年末工程尚未完工。

【实训要求】计算：该项厂房建造工程在 2020 年度应予资本化的利息金额。

项目11 记录投入资本 核算留存收益

项目导航

知识目标

- 了解企业的组织形式
- 知悉企业的资本金制度
- 知悉投入资本的意义及相关规定
- 掌握企业投入资本、资本公积、其他综合收益、盈余公积的核算
- 理解股份有限公司股本的核算

能力目标

- 能说出所有者权益的概念及其构成
- 能描述资本公积的内容及其产生原因
- 能说出留存收益的内容及其来源渠道和用途
- 能进行企业投入资本、资本公积、盈余公积等业务流程每一环节的账务处理

11.1 认知所有者权益及企业形式

任务导入

刘永手中有一笔资金100万元闲置，他决定用这笔资金成立一家公司——江苏永庆公司。两年后，江苏永庆公司业务蒸蒸日上，成为科技新贵。风投人王星看中江苏永庆公司，决定注资50万元，但是在投资条款中约定了随售权条款限制。什么是随售权呢？随售权是指权利人（通常是少数股东）有权按照其出资比例参与到其他股东（通常是

原始股东、多数股东）拟出售股权的交易中，以相同价格和条件出售其股权。在风险投资项目中，这一权利相当常见，是投资者几乎必然要求的条款之一。考虑到风险投资者投资某公司的原因往往是对原始股东的信任，这一权利具有其合理性：如果原始股东转让股权，而受让股东不愿收购风险投资者的股权，则风险投资者将被迫与其不熟悉、不信任的多数股东共事。加之投资者往往是少数股东，对公司事务缺乏控制权，而且通常不参与经营管理，其知情权和话语权实际上都依赖于多数股东的合作，如果缺乏互信关系，投资者有理由感到不安。

知识准备

11.1.1 认知所有者权益

权益，是对资产（财产）的请求权。企业为维持其正常的生产经营活动，需要拥有或控制必要的经济资源，这些经济资源从最初始的来源看，无外乎来自两个方面：一是投资者投入；二是债权人提供。对企业而言，就是权益性筹资和债务性筹资。对应投资者投入的经济资源，就形成了企业的所有者权益。

（一） 所有者权益概念

所有者权益，是指企业资产扣除负债后由所有者享有的剩余权益。公司的所有者权益又称为股东权益，其金额为资产减去负债后的余额。所有者权益具有如下特征：

1. 除非发生减资、清算或分派现金股利，企业不需要偿还所有者权益；
2. 企业清算时，只有在清偿所有的负债后，所有者权益才返还给所有者；
3. 所有者凭借所有者权益能够参与企业利润的分配。

（二） 所有者权益的构成

企业所有者权益，由所有者投入的资本、直接计入所有者权益的利得和损失、留存收益三部分组成。

1. 所有者投入的资本

所有者投入的资本，也就是企业的权益性筹资，是企业通过发行股票、直接吸收投资等方式向企业的所有者筹集生产经营所需资金。权益性筹资一般不用还本，因而称之为企业的自有资金、主权资金或权益资金。这部分所有者投入的资金包括实收资本（股本）和资本公积（资本溢价/股本溢价）。

2. 直接计入所有者权益的利得和损失

直接计入所有者权益的利得和损失，是指不应计入当期损益、会导致所有者权益发生增减变动、与所有者投入资本或者向所有者分配利润无关的利得或者损失。

直接计入所有者权益的利得（损失）包括长期股权投资权益法核算时，被投资单位除净损益以外的所有者权益的增加（减少），企业按持股比例应享有的份额；资产负债表日，其他权益工具投资的公允价值高于（低于）其账面余额的差额等。

上述直接计入所有者权益的利得和损失，是暂时性利得和损失，一般是计入资本公积（其他资本公积）和其他综合收益这两个项目。企业在存续期间还会发生永久性的利得和损失，如财产的非常损失等，这些永久性的利得和损失，应通过损益类账户（营业外收支）计入当期损益。

3. 留存收益

留存收益，是指企业通过生产经营取得收益后按照规定留给企业用于扩大再生产或以后年度分配的利润，包括盈余公积和未分配利润两部分。

盈余公积，是指企业按照规定从税后利润（净利润）中提取的各种积累资金。

未分配利润，是指未指定用途、留待以后年度处理的利润。相对于其他所有者权益项目来说，未分配利润的使用与分配具有较大的灵活性和自主权。

- 所有者权益
  - 所有者投入
    - 实收资本：注册资本或股本
    - 资本公积：资本溢价或者股本溢价
  - 直接计入所有者权益的利得和损失（其他综合收益、其他资本公积）
  - 留存收益
    - 盈余公积：法定盈余公积、任意盈余公积
    - 未分配利润

11.1.2 认知企业组织形式

企业按组织形式划分，分为独资企业、合伙企业和公司制企业三种形式；企业按所有制划分，可分为国有企业、集体所有制企业、私营企业、股份制企业和中外合资企业。企业所有者对企业拥有的权利和承担的义务，并不是受所有制性质决定的，而是由企业的组织形式所决定的，企业的组织形式不同，所有者权益的含义及会计处理也就不同。

（一）独资企业

独资企业，是指所有者权益属于唯一的一个所有者，即所有者权益业主一人所独有，独资企业一般是个人独资，具有规模小、资金少且与企业所有者个人财产不易划分、业主对企业债务负无限清偿责任等特点。

（二）合伙企业

合伙企业，是指由两个或两个以上出资者订立合伙契约，共同出资经营的企业。合伙企业一般本着自愿组合的原则订立契约文书，出资数额可以不等，共同经营一个企

业，所有者权益属于合伙人共有，利润按出资多少或契约规定分配。合伙企业的每个合伙人对企业所欠债务都负有无限连带责任。

（三） 公司制企业

公司，是依法成立的以营利为目的的企业法人，是现代社会主要的、典型的企业组织形式。它可以筹集大量的社会闲散资金，扩大企业生产经营规模、增强市场竞争能力。我国《公司法》规定：公司包括有限责任公司和股份有限公司两种。

1. 有限责任公司，是指全部资本不区分为等额股份，股权转让通常受法律或章程限制，股东承担有限责任，公司以其全部资产对公司债务承担责任的公司。通常由50个以下股东出资设立，允许设立一人有限责任公司。同时，出资设立公司的股东还要符合相应的资格要求。公司的全部资本可不划分为等额股份，不发行股票。

2. 股份有限公司，是指全部资本由等额股份构成，并通过发行股票或股权转让的方法筹集资本，股东以其认购的股份对公司承担责任，公司以全部资本为限对公司债务承担责任的企业法人。股份公司全部资本划分为等额股份，通过发行股票或股权证来筹集资本，公司的股份可以自由转让，而不受股东大会或董事会的限制。股东对公司负债只负有限责任，股份公司一旦破产、倒闭，股东最多损失原来认购的股份，对公司债务不负有连带责任。

11.1.3 股东出资制度

2013年12月28日颁布的新《公司法》，修改了公司设立时股东必须缴纳全部或部分出资的要求，改为“注册资本登记认缴制”：除法律、行政法规和国务院决定另有规定外，有限公司和发起设立的股份公司实行“认缴制”，以全体股东“认缴的出资额”或“认购的股本总额”为注册资本；募集设立的股份公司仍实行“实缴制”，以公司“实收股本总额”为注册资本；同时，除法律、行政法规和国务院决定另有规定外，一般性地取消了注册资本最低限额要求、首次出资比例要求、实缴出资的期限要求、货币出资的比例要求以及强制验资制度。

（一） 出资的法律效果

1. 认缴出资的法律效果

有限责任公司的出资人认缴出资的法律效果是：

（1）出资人将负担实缴出资的义务，即按期足额缴纳公司章程所规定的其所认缴的出资额，未履行或未全面履行实缴出资义务的股东在一定条件下须对公司债务承担补充清偿责任。

（2）出资人认足章程规定的出资后，才有资格向登记机关申请公司设立登记。

（3）公司成立后，公司有义务向出资人签发出资证明书、设置股东名册，出资人正式成为股东，可依股东名册主张行使股东权利。但有些股东权利只能按照实缴出资比例行使，例如盈余分配权、增资优先认缴权，除非全体股东另有约定。

（4）公司清算（包括自愿清算、强制清算和破产清算）时，公司因股东未缴纳出资而享有的对股东之债权应列为清算财产。股东未缴纳的出资，是指股东已认缴而未实缴的出资，包括到期应缴而未缴和实缴期限未至的出资。

2. 实缴出资的法律效果

实缴出资的法律效果是：原属股东的货币转归公司所有，原属股东的非货币财产的财产权移转至公司。

[扫一扫]

注册资本认缴制和实缴制的区别

（二）出资方式

《公司法》规定：股东可以用货币出资，也可以用实物、知识产权、土地使用权等可以用货币估价并可以依法转让的非货币财产作价出资；股东不得以劳务、信用、自然人姓名、商誉、特许经营权或者设定担保的财产等作价出资。

股东应当按期足额缴纳公司章程中规定的各自所认缴的出资额。股东以货币出资的，应当将货币出资足额存入为设立有限责任公司而在银行开设的账户；以非货币财产出资的，应当依法办理其财产权的转移手续。

（三）出资证明书与股东名册

1. 有限责任公司成立后，应当向股东签发出资证明书并由公司盖章。

出资证明书应当载明下列事项：

（1）公司名称；

（2）公司成立日期；

（3）公司注册资本；

（4）股东的姓名或者名称、缴纳的出资额和出资日期；

（5）出资证明书的编号和核发日期。出资证明书由公司盖章。

出资证明书见图 11 -1。

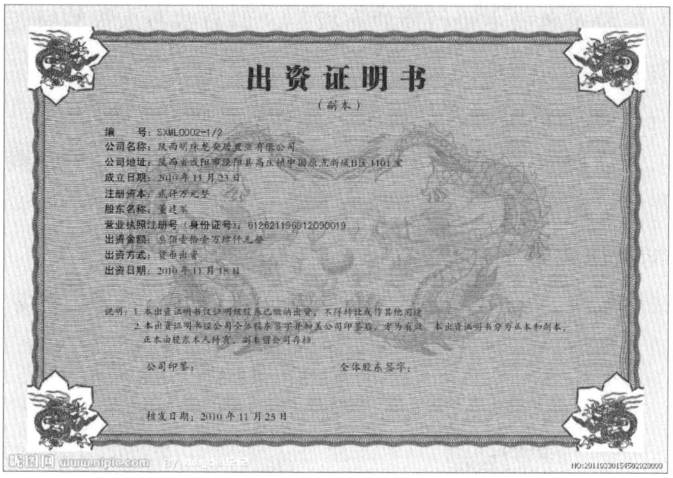

出资证明书

（副本）

编　　号：SXML0002-1/2

公司名称：陕西明珠龙安居置业有限公司

公司地址：陕西省咸阳市泾阳县高庄镇中国原点新城B区1101室

成立日期：2010年11月23日

注册资本：贰仟万元整

股东名称：董建军

营业执照注册号（身份证号）：612621196812090019

出资金额：叁佰壹拾壹万肆仟元整

出资方式：货币出资

出资日期：2010年11月18日

说明：1. 本出资证明书仅证明该股东已缴纳出资，不得转让或作其他用途

2. 本出资证明书经公司全体股东签字并加盖公司印鉴后，方为有效。本出资证明书分为正本和副本，正本由股东本人持有，副本留公司存档

公司印鉴：　　　　全体股东签字：

核发日期：2010年11月25日

图 11－1　出资证明书

2. 有限责任公司应当置备股东名册，记载下列事项：

（1）股东的姓名或者名称及住所；

（2）股东的出资额；

（3）出资证明书编号。

记载于股东名册的股东，可以依股东名册主张行使股东权利。

（注：详见任务实施 11－1）

[扫一扫]

阿里巴巴的合伙人制度

[扫一扫]

注册公司

任务实施

任务实施 11－1　注册成立企业，企业组织形式（企业类型）的选择

怀抱创业梦想的张小白，是一名即将毕业的大学生，近期想注册成立自己的企业，为此他就注册企业的一些问题，请教创业导师。以下是创业导师的建议：

步骤一：认清企业组织选择的重要意义。

个人初创业者，相对来说，在资金、社会关系、业务渠道、经营实力等方面处于弱势，初创业者在公司组织形式的选择上，要经过详细的了解和计算，尽量选择最适合自己的公司形式注册。

步骤二：分析独资企业、合伙企业、有限责任公司（含一人有限公司）、股份有限公司等企业组织形式的优势、缺陷及税收优惠等情况。

步骤三：根据自身创业的领域、资金现状、发展愿景，在个体工商户、个人独资企业、一人有限责任公司、有限责任公司、合伙企业等各种形式中做出科学的选择，为今后的发展做好基础工作。

11.2 确认、记录企业的投入资本

任务导入

小李会计应聘进入一家正在筹办的公司，公司在经历名称预审、证照登记等一系列注册登记手续后，终于拿到了“营业执照”，可以开始营业了。今天，小李会计收到了股东A送来的“银行回单”，表明股东A认缴的注册资本300万元，已经转入本公司的银行账户；小李会计收到了其他部门交来的房屋产权证书的复印件和股东B的投资协议，产权证书上的权利人是本公司，投资协议注明：股东B以其自有的房屋来认缴注册资本。对于这些业务，小李会计应如何进行核算？

知识准备

企业接收（收到）投资者认缴（投入）的资金，一般是作为企业的“注册资本”，应计入“实收资本”；但是，投资者认缴（投入）企业的资金，超过其在注册资本中所占的份额，则应作为“资本公积”。

11.2.1 实收资本（或股本）与资本公积的区别

（一）从来源和性质看

实收资本（或股本），是指投资者按照企业章程或合同、协议的约定，实际投入企业并依法进行注册的资本，它体现了企业所有者对企业的基本产权关系。资本公积，是

投资者的出资额超出其在注册资本中所占份额的部分（即资本溢价或股本溢价），以及直接计入所有者权益的利得和损失（即其他资本公积），它不直接表明所有者对企业的基本产权关系。

（二）从用途看

实收资本（或股本）的构成比例是确定所有者参与企业财务经营决策的基础，也是企业进行利润分配或股利分配的依据，同时还是企业清算时确定所有者对净资产的要求权的依据。资本公积的用途主要是用来转增资本（或股本）。资本公积不体现各所有者的占有比例，也不能作为所有者参与企业财务经营决策或进行利润分配（或股利分配）的依据。

【小贴士】

在企业新组建创立时，投资者认缴（投入）的注册资金是企业的“实收资本”。经营一段时间后，企业增资扩股时，新介入的投资者缴纳的出资额如大于其按约定比例计算的注册资本的部分，不记入“实收资本”，而记入“资本公积”科目。这是因为：第一，在企业正常经营过程中投入的资金即使与企业创立时投入的资金数量一致，其获利能力却不一致。因为不同阶段的风险和资本利润率是不同的，企业创办者为了经营阶段能获得较高的利润率付出了许多代价，创办者的权力理应大于新投资者的权力，所以新加入的投资者要付出大于原有投资者的出资额，才能得到相同的投资比例。第二，在新投资者加入之前，企业的留存收益应属于创办者所有，新投资者如想在加入之后与原投资者共享这部分留存收益，必须付出大于原投资者的出资额，才能取得与原投资额相同的投资比例。所以企业对新投资者投入资本应按其在注册资本中所占份额部分，记入“实收资本”科目，超过部分记入“资本公积”科目。

11.2.2 企业接收投入资本的确认与计量

（一）以现金方式出资的确认与计量

现金出资方式包括投入的人民币和各种外币。企业收到投资者以外币投入资本的，应当按收到外币出资额当日的即期汇率折算为人民币。企业收到投资者的货币出资，应当按照其在企业注册资本或股本中所占的份额确认实收资本，实际收到或者存入企业开户银行的金额超过实收资本的差额，确认为资本公积。

（二）以非货币性资产出资的确认与计量

对于投资者以非货币性资产出资，企业应当区别取得资产的计量和实收资本的计量分别加以确定。其中，取得的非货币性资产的金额应采用评估价值确定；而实收资本的金额应根据投资合同协议或公司章程的约定按照投资者在其中所占份额来确定，超出部分应当计入资本公积。

（三） 实收资本减少的计量

一般情况下企业的实收资本不能随意减少，但是个别情况下可以依法减资。企业实收资本减少的原因主要有两种：

1. 资本过剩；
2. 企业发生重大亏损，短期内无力弥补而需要减少实收资本。

资本减少应符合相关条件：

1. 减资应事先通知所有债权人，债权人无异议方允许减资；
2. 经股东会议同意，并经有关部门批准；
3. 公司减资后的注册资本不得低于法定注册资本的最低限额。

11. 2. 3　企业接收投入资本的记录

（一） 科目设置

1. 实收资本 （股本）（4001）

（1）定义：核算企业按照公司章程的规定，投资人投入企业的法定资本。

（2）核算内容：本账户贷方登记企业收到投资人投入的资本，借方登记依法减少的资本数。期末余额在贷方，表示企业实有的资本或股本。

（3）明细账设置：按投资者设置明细账进行明细核算。

2. 资本公积 （4002）

（1）定义：核算企业收到投资者出资额超出其在注册资本或股本中所占份额的部分，以及其他资本公积等。

（2）核算内容：本账户贷方登记企业资本公积增加数，借方登记企业资本公积减少数。期末余额在贷方，表示企业实有的资本公积。

（3）明细账设置：按“资本溢价（股本溢价）”“其他资本公积”进行明细核算。

3. 库存股 （4201）

（1）定义：核算企业收购、转让或注销的本公司股份金额，属于所有者权益的备抵项目。

（2）核算内容：借方登记股份制企业回购股份的金额，贷方登记注销的股份金额。期末借方余额，表示企业持有的尚未转让或注销的库存股。

我国目前是禁止企业持有库存股的，在企业回购自身股票后必须在短时间内注销。

［扫一扫］

注册资本“认缴制”下的大坑

（二）记录与管理企业投入资本的业务节点与账务处理

1. 股份有限公司以外的企业所有者投入资本增减的核算

股份有限公司以外的企业接受投资者投入的资本，在时间节点上有公司创建时投入和公司创建以后的投入；在投入资产的形态上，包括接受投资者认缴（投入）的现金资产、实物资产、无形资产等。账务处理见表 11 -1。

表 11 -1　　投入资本的业务节点与账务处理

业务节点		账务处理
公司创建时	接受投资者认缴（投入）的现金资产	借：银行存款 　贷：实收资本
	接受投资者认缴（投入）的房屋、建筑物、机器设备等固定资产	借：固定资产［投资合同或协议约定价值确定的价值］ 　应交税费——应交增值税（进项税额） 　贷：实收资本
	接受投资者认缴（投入）的材料物资	借：原材料［投资合同或协议约定价值确定的价值］ 　应交税费——应交增值税（进项税额） 　贷：实收资本
	接受投资者认缴（投入）的无形资产	借：无形资产［投资合同或协议约定价值确定的价值］ 　应交税费——应交增值税（进项税额） 　贷：实收资本
公司创建以后	接受新的投资者投入的资本	借：银行存款/原材料/固定资产/无形资产 　应交税费——应交增值税（进项税额） 　贷：实收资本［新投资者在注册资本中所占的份额］ 　　资本公积——其他资本公积［投入资金超过其占注册资本的份额］
	资本公积盈余公积转增资本	资本公积转增资本时 借：资本公积 　贷：实收资本 盈余公积转增资本时 借：盈余公积 　贷：实收资本
	实收资本的减少	有限责任公司按法定程序报经批准后减少实收资本 借：实收资本 　贷：银行存款

（注：详见任务实施 11 -2、任务实施 11 -3 和任务实施 11 -4）

2. 股份有限公司股本增减的核算

股份有限公司股本增减的业务节点包括股份有限公司发行股票和回购股票。账务处理见表 11 -2。

表 11－2 股份有限公司股本增减的业务节点与账务处理

业务节点	账务处理
股份有限公司发行股票时	股份有限公司发行股票收到现金资产时 借：银行存款 　　贷：股本［每股股票面值×发行股份总额的乘积］ 　　　　资本公积——股本溢价［实际收到的金额与该股本之间的差额，发生的手续费、佣金等交易费用，冲减资本公积——股本溢价］
股份有限公司回购股票时	①股份有限公司回购本公司时，按实际回购的金额 借：库存股 　　贷：银行存款 ②股份有限公司注销股份时 借：股本［股票面值×注销股数］ 　　贷：库存股［注销库存股的账面余额］ 借或贷：资本公积——股本溢价［差额］ 股本溢价不足冲减的，应冲减“盈余公积”，盈余公积不足冲减的，应冲减留存收益

（注：详见任务实施 11－5、任务实施 11－6）

任务实施

任务实施 11－2 接受货币资金投资的核算

2020 年 1 月 1 日，江苏天润机械有限公司收到创始股东刘军认缴（投入）的资金 3 500 000 元，存入公司银行，根据投资协议，全部作为注册资本。

步骤一：根据投资协议、银行进账单等进行账务处理。

借：银行存款　　3 500 000

　　贷：实收资本——刘军　　3 500 000

2020 年 2 月 2 日，无锡小天鹅公司与刘军协商，拟对江苏天润机械有限公司进行投资，双方商定：江苏天润机械有限公司注册资本增加到 5 000 000 元，无锡小天鹅公司以货币资金出资 2 050 000 元，享有 30% 的股权。

步骤二：根据投资协议、银行进账单等进行账务处理。

借：银行存款　　2 050 000

　　贷：实收资本——无锡小天鹅　　1 500 000

　　　　资本公积——资本溢价　　550 000

任务实施 11－3　接受非货币性资产投资的核算

2020 年 3 月 1 日，江苏南方机电公司与刘军、无锡小天鹅公司协商，决定向江苏天润机械有限公司进行投资，江苏天润机械有限公司的注册资本变更为 6 000 000 元，江苏南方机电公司拟用原材料投资，原材料价值 450 000 元，增值税 58 500 元。江苏南方机电公司享有 5% 的股权。

根据投资协议、增值税发票、收料单等进行账务处理：

借：原材料——C 材料　　450 000

　　应交税费——应交增值税（进项税额）　　58 500

　　贷：实收资本——江苏南方机电公司　　300 000

　　　　资本公积——资本溢价　　208 500

任务实施 11－4　资本公积（资本溢价）转增资本的核算

江苏环宇公司资本公积转增资本方案表

为增强公司资本实力，根据公司股东会（2019）28号决议，公司决定用资本公积——资本溢价1 000 000元按原投资各方的投资比例转增资本，具体方案如下。

2019年12月31日

项目	金额（元）	项目	金额（元）
刘军	700 000.00		
无锡小天鹅股份有限公司	200 000.00		
江苏南方机电公司	100 000.00		
		注：股份会决议另附	

江苏环宇公司

根据资本公积转增资本方案表进行账务处理：

借：资本公积——资本溢价　　1 000 000

　　贷：实收资本——刘军　　700 000

　　　　　　　　——无锡小天鹅　　200 000

　　　　　　　　——江苏南方机电　　100 000

任务实施 11－5　股份有限公司发行股票的核算

江苏开源股份公司委托证券公司代理发行普通股 100 000 股，每股面值 1 元，每股发行价格 5 元。经双方约定，按发行收入的 5% 收取手续费，发行收入总额为 500 000 元，江苏开源股份公司实际收到 475 000 元存入银行（其中：证券公司代扣手续费 25 000 元）。江苏开源股份公司“资本公积”账户余额为 500 000 元。

江苏开源股份公司对发行股票业务进行账务处理：

借：银行存款 475 000

　贷：股本 100 000

　　资本公积——股本溢价 375 000

任务实施 11－6 股份公司回购股票的核算

江苏开源股份公司 2020 年 12 月 31 日的股本为 100 000 000 元（面值为 1 元），股本溢价为 20 000 000 元，盈余公积为 40 000 000 元。经股东大会批准，江苏开源股份公司以现金回购方式回购本公司股票 10 000 000 股并注销。假定 A 上市公司按每股 4 元回购股票，不考虑其他因素。

步骤一：江苏开源股份公司回购本公司股份时，增加库存股。

借：库存股 40 000 000

　贷：银行存款 40 000 000

步骤二：江苏开源股份公司注销本公司股份时，减少库存股。

借：股本 10 000 000

　资本公积——股本溢价 20 000 000

　盈余公积 10 000 000

　贷：库存股 40 000 000

11.3 确认、记录企业的其他资本公积和其他综合收益

任务导入

在企业实务中，有这样一类交易，比如其他权益投资工具公允价值的变动，如果立即确认损益的话，就会导致利润的“虚增”或“虚减”，毕竟没有实际的现金流入或流出，只是资本市场上的价格波动而已。但是这样的价格波动，给外界的感觉是“赚到钱了”，比如公司持有一只股票，买入价是 10 元，现在的市场价是 30 元，看起来企业是赚了 20 元，实际上企业并没有收到这些钱。等企业实际出售这只股票的时候，才是企业真正的收入。也就是说这 20 元是企业未来潜在的收益，不是现在的收益。因此在利润表中设置了“其他综合收益”这个项目，只是为了向投资者披露潜在收益，并不参与当期损益的计算。“净利润”可以表明企业现在赚了多少钱，“其他综合收益”表明

企业未来可能会赚多少钱。两者加在一起就是“综合收益”。以前这类交易，计入“资本公积——其他资本公积”，现在独立出来计入“其他综合收益”。

知识准备

11.3.1 确认资本公积（其他资本公积）和其他综合收益

（一）其他资本公积

其他资本公积，是指除资本溢价（或股本溢价）、净损益、其他综合收益和利润分配以外所有者权益的其他变动。主要是指权益法核算的长期股权投资中，投资方应享有被投资单位实现的除净损益、其他综合收益和利润分配以外的所有者权益的其他变动金额的份额。

（二）其他综合收益

其他综合收益，是指企业根据其他会计准则规定未在当期损益中确认的各项利得和损失。包括以后会计期间不能重分类进损益的其他综合收益和以后会计期间满足规定条件时将重分类进损益的其他综合收益两类。其他综合收益主要包括：

1. 其他债权投资、其他权益工具投资的公允价值变动。

2. 权益法核算的长期股权投资，投资方应享有被投资单位实现的其他综合收益的份额。

3. 存货或自用房地产转换为采用公允价值模式计量的投资性房地产形成的利得和损失。

11.3.2 记录其他资本公积和其他综合收益

（一）科目设置

其他综合收益（4004）

1. 定义：核算企业根据会计准则规定未在当期损益中确认的各项利得和损失。

2. 核算内容：所有者权益类账户，贷方登记未在当期损益中确认的各项利得，借方登记未在当期损益中确认的各项损失，期末或处置时从相反方向结转。

（二）其他资本公积和其他综合收益的业务节点与账务处理

企业的其他资本公积主要来自长期股权投资权益法下的其他资本公积变动。

企业的其他综合收益主要来自其他债权投资、其他权益工具投资，还有权益法核算的长期股权投资，被投资单位其他综合收益的份额变动及自用房地产转换为采用公允价值模式计量的投资性房地产形成的利得和损失。其他资本公积和其他综合收益的业务节点与账务处理见表 11 －3。

表 11 －3　　其他资本公积和其他综合收益的业务节点与账务处理

账务处理	原始单据
长期股权投资中其他资本公积变动	①长期股权投资采用权益法核算的，被投资单位除净损益、其他综合收益和利润分配以外的所有者权益的增加时 借：长期股权投资——其他权益变动 　　贷：资本公积——其他资本公积 ②长期股权投资采用权益法核算的，被投资单位除净损益、其他综合收益和利润分配以外的所有者权益的减少时 借：资本公积——其他资本公积 　　贷：长期股权投资——其他权益变动 ③当处置采用权益法核算的长期股权投资时，应当将原记入资本公积——其他资本公积的相关金额转入投资收益（除不能转入损益的项目外） 借：资本公积——其他资本公积 　　贷：投资收益
权益法核算的长期股权投资，被投资单位其他综合收益的份额变动时	①长期股权投资采用权益法核算的，被投资单位其他综合收益增加时 借：长期股权投资——其他综合收益 　　贷：其他综合收益 ②长期股权投资采用权益法核算的，被投资单位其他综合收益减少时 借：其他综合收益 　　贷：长期股权投资——其他综合收益 ③当处置采用权益法核算的长期股权投资时，应当将原记入其他综合收益的相关金额转入投资收益（除不能转入损益的项目外） 借：其他综合收益 　　贷：投资收益
自用房地产转换为采用公允价值模式计量的投资性房地产形成的利得和损失	①企业将自用的建筑物等转换为采用公允价值模式计量的投资性房地产时 借：投资性房地产——成本［该项房地产在转换日的公允价值］ 　　固定资产减值准备 　　累计折旧 　　公允价值变动损益［转换日的公允价值小于账面价值的］ 　　贷：固定资产 　　　　其他综合收益［转换日的公允价值大于账面价值的］ ②该项投资性房地产处置时，因转换计入其他综合收益的部分应转入当期损益 借：其他综合收益 　　贷：其他业务成本

（注：详见任务实施 11 －7、任务实施 11 －8 和任务实施 11 －9）

任务实施

任务实施11－7　长期股权投资中其他资本公积变动的核算

江苏天润机械有限公司持有黄海公司30%的股份，黄海公司实收资本上涨2 000 000元。

江苏天润机械有限公司确认应承担被投资单位所有者权益变动的份额：

借：长期股权投资——其他权益变动　　600 000

　　贷：资本公积——其他资本公积　　600 000

任务实施11－8　长期股权投资中其他综合收益变动的核算

江苏天润机械有限公司持有黄海公司30%的股份，黄海公司因金融资产导致其他综合收益金额下降1 000 000元。

江苏天润机械有限公司确认应承担被投资单位所有者权益变动的份额：

借：其他综合收益　　300 000

　　贷：长期股权投资——其他综合收益　　300 000

任务实施11－9　自用房地产转换为采用公允价值模式计量的投资性房地产形成的利得和损失的核算

江苏天润机械有限公司2020年6月20日与长江公司签订了租赁协议，将其购置的一栋商品房出租给长江公司使用，租赁期为2年，租赁期开始日为2020年7月1日。2020年7月1日，该商品房的账面原价为5000万元，已提折旧200万元，已计提的减值准备为30万元。转换后采用公允价值计价，7月1日，该商品房的公允价值为5 200万元。

江苏天润机械有限公司根据租赁协议及固定资产计算单，进行账务处理：

借：投资性房地产——成本　　52 000 000

　　固定资产减值准备　　300 000

　　累计折旧　　2 000 000

　　贷：固定资产　　50 000 000

　　　　其他综合收益　　4 300 000

11.4 确认、记录企业的留存收益

任务导入

江苏永庆公司第三年盈利 50 万元，按照会计制度规定计提 5 万元法定盈余公积，还有 45 万元净利润拿出一半，按比例给股东分红，剩下的留在企业。这一事件中的盈余公积、未分配利润就属于留存收益。留存收益来源于企业在生产经营活动中所实现的净利润。企业的留存收益主要包括哪些？有哪些用途？应设置哪些账户？应如何进行会计核算？这些都是会计人员必备的知识。

知识准备

11.4.1 认知留存收益

留存收益，是指企业从历年实现的利润中提取或形成的留存于企业的内部积累，主要来源于企业在生产经营活动中所实现的净利润，属于企业的资本增值。留存收益主要包括盈余公积和未分配利润。

（一）盈余公积的组成

盈余公积，是指企业按照有关规定从净利润中提取的法定公积金和任意公积金。

1. 法定盈余公积

它是指企业按照规定的比例从净利润中提取的盈余公积。根据我国公司法的规定，有限责任公司和股份有限公司应按照净利润的 10% 提取法定盈余公积，计提的法定盈余公积累计达到注册资本的 50% 时，可以不再提取。

2. 任意盈余公积

它是指企业经股东会或股东大会决议，按照规定的比例从净利润中提取的盈余公积。它与法定盈余公积的区别在于其提取比例由企业自行决定，而法定盈余公积的提取比例则由国家有关法规决定。

（二）盈余公积的用途

1. 弥补亏损

企业发生亏损时，根据所得税法的规定，企业发生的亏损，准予向以后年度结转，用以后年度的所得弥补，但结转年限最长不得超过5年；经过5年期间未能足额弥补的，未弥补亏损应由企业税后利润弥补；此外，由公司制企业股东会或股东大会批准后，还可以用盈余公积弥补亏损。

2. 转增资本（股本）

当企业提取的盈余公积累积比较多时，可以将盈余公积转增资本（股本），但是必须经股东大会或类似机构批准。而且用盈余公积转增资本（股本）后留存的盈余公积不得少于注册资本的25%。

3. 扩大企业生产经营

盈余公积是企业所有者权益的一个组成部分，也是企业生产经营的一个重要资金来源。提取盈余公积并不是单独将这部分资金从企业资金周转过程中抽出，它同企业其他来源形成的资金一样循环周转，用于企业的生产经营。在实务中，不需要进行专门的账务处理。

（三）未分配利润的形成和用途

未分配利润，是企业实现的净利润经过弥补亏损、提取盈余公积和向投资者分配利润后留存在企业的、历年结存的利润。未分配利润通常用于留待以后年度向投资者进行分配。

相对于未分配利润而言，盈余公积可以理解为限定用途的利润，而未分配利润是未限定用途的利润。

11.4.2 记录留存收益

（一）科目设置

1. 利润分配（4104）

（1）定义：核算企业利润的分配（或亏损的弥补）和历年分配（或弥补）后的余额。

（2）核算内容：借方登记按规定实际分配的利润数，或年终时从“本年利润”账户的贷方转来的当年亏损总额；贷方登记年终时从“本年利润”账户借方转来的当年实现的净利润总额；年终贷方余额表示历年积存的未分配利润，如为借方余额，则表示历年积存的未弥补亏损。

（3）明细账的设置：分别通过“提取法定盈余公积”“提取任意盈余公积”“应付现金股利或利润”“转作股本的股利”“盈余公积补亏”和“未分配利润”等进行明细核算。

2. 盈余公积（4101）

（1）定义：核算企业从净利润中提取的盈余公积。

（2）核算内容：贷方登记提取的盈余公积；借方登记用于转增资本（股本）、弥补亏损、发放现金股利等减少的盈余公积；期末余额在贷方，反映盈余公积的结存数。

（3）明细账的设置：分别通过"法定盈余公积""任意盈余公积"等进行明细核算。

（二）留存收益的业务节点与账务处理

1. 盈余公积的业务节点与账务处理

盈余公积的业务节点主要包括提取形成盈余公积、用盈余公积弥补亏损和用盈余公积转增资本。账务处理见表11－4。

表11－4　盈余公积的业务节点与账务处理

业务节点	账务处理
提取盈余公积	借：利润分配——提取法定盈余公积 　　　　　——提取任意盈余公积 　贷：盈余公积
用盈余公积补亏	借：盈余公积 　贷：利润分配——盈余公积补亏
用盈余公积转增资本	借：盈余公积 　贷：实收资本

（注：详见任务实施11－10）

2. 未分配利润的业务节点与账务处理

未分配利润的业务节点包括结转全年实现的净利润、提取盈余公积、向投资者分配利润和"利润分配"账户所属明细账户之间结转。账务处理见表11－5。

表11－5　未分配利润的业务节点与账务处理

业务节点	账务处理
年度终了，企业结转全年实现的净利润	借：本年利润 　贷：利润分配—未分配利润 如发生净亏损 借：利润分配——未分配利润 　贷：本年利润
提取盈余公积	借：利润分配——提取法定盈余公积 　　　　　——提取任意盈余公积 　贷：盈余公积
向投资者分配利润	借：利润分配——应付现金股利或利润 　贷：应付股利

续表

业务节点	账务处理
“利润分配”账户所属明细账户之间结转	借：利润分配——未分配利润 　　贷：利润分配——提取法定盈余公积 　　　　　　　　——提取任意盈余公积 　　　　　　　　——应付现金股利或利润 结转后，“利润分配——未分配利润”明细账户若为贷方余额，表示累计未分配利润；若为借方余额，表示累计未弥补的亏损

（注：详见任务实施 11－11）

任务实施

任务实施 11－10　盈余公积的核算

江苏天润机械有限公司 2020 年实现净利润 2 000 000 元，按规定计提法定公积金 200 000 元和任意公积金 100 000 元。经股东会决议，用盈余公积转增资本 300 000 元。

步骤一：根据盈余公积计提表进行盈余公积的提取。

借：利润分配——提取法定盈余公积　　200 000
　　　　　　——提取任意盈余公积　　100 000
　　贷：盈余公积——法定盈余公积　　200 000
　　　　　　　　——任意盈余公积　　100 000

步骤二：根据股东决议用盈余公积转增资本。

借：盈余公积——法定盈余公积　　300 000
　　贷：实收资本　　300 000

任务实施 11－11　未分配利润的核算

江苏天润机械有限公司 2020 年实现净利润 1 000 000 元，按净利润的 10% 计提盈余公积，发放现金股利 70 000 元。

步骤一：结转净利润。

借：本年利润　　1 000 000
　　贷：利润分配——未分配利润　　1 000 000

步骤二：计提盈余公积和分配股利。

借：利润分配——提取法定盈余公积　　100 000
　　　　　　——应付现金股利　　70 000
　贷：盈余公积——法定盈余公积　　100 000
　　　应付股利　　70 000

步骤三：结转利润分配明细账户。

借：利润分配——未分配利润　　170 000
　贷：利润分配——提取法定盈余公积　　100 000
　　　　　　　——应付现金股利　　70 000

职业能力训练

11.1 认知所有者权益及企业形式

一、单项选择能力训练

1. 下列各项中，不属于所有者权益的是（　　）。

A. 盈余公积　　B. 未实现融资收益

C. 未分配利润　　D. 资本公积

2. 企业所有者权益在数量上等于（　　）。

A. 企业流动负债减长期负债后的差额　　B. 企业流动资产减流动负债后的差额

C. 企业长期负债减流动负债后的差额　　D. 企业全部资产减全部负债后的差额

3. 甲、乙两家公司与杨某、张某拟共同出资设立一注册资本为 400 万元的有限责任公司。四位股东的下列非货币财产出资中，符合公司法律制度规定的是（　　）。

A. 甲公司以其商誉作价 50 万元出资

B. 乙公司以其特许经营权作价 100 万元出资

C. 张某以其非专利技术作价 100 万元出资

D. 杨某以其劳务作价 50 万元出资

4. 下列各项中，不属于企业所得税纳税人的是（　　）。

A. 在外国成立但实际管理机构在中国境内的企业

B. 在中国境内成立的一人有限责任公司

C. 在中国境内成立的个人独资企业

D. 在中国境内未设立机构、场所，但有来源于中国境内所得的企业

5. 以下不具有法人资格的企业是（　　）。

A. 有限责任公司　　B. 个人独资企业

C. 国有独资公司　　D. 中外合资经营企业

二、多项选择能力训练

1. 下列各项中，属于所有者权益的是（　　）。

A. 资本溢价　　B. 计提的盈余公积

C. 投资者投入的资本　　D. 其他综合收益

2. 下列关于有限责任公司股东出资方式的表述中，不符合公司法律制度规定的是（　　）。

A. 以商誉作价出资　　B. 以劳务作价出资

C. 以特许经营权作价出资　　D. 以土地使用权作价出资

3. 根据《个人独资企业法》的规定，下列各项中，可以用作个人独资企业名称的有（　　）。

A. 云滇针织品有限公司　　B. 昆海化妆品经销公司

C. 樱园服装设计中心　　D. 霞光婚纱摄影工作室

4. 企业实收资本增加的途径主要有（　　）。

A. 投资者投入　　B. 盈余公积转增　　C. 资本公积转增　　D. 银行借入

三、判断能力训练

（　　）1. 根据公司法的相关规定，有限责任公司经公司登记机关依法登记，领取《企业法人营业执照》，方取得企业法人资格，营业执照的领取日期为公司的成立日期。

（　　）2. 公司制企业的主要组织形式是有限责任公司和股份有限公司。

（　　）3. 有限公司不对外发行股票，注册资本以实缴资本确定。

（　　）4. 个人独资企业财产不足以清偿债务的，投资人应当以其个人的其他财产予以清偿。

11.2　确认、记录企业的投入资本

一、单项选择能力训练

1. 甲、乙有限责任公司均为增值税一般纳税人，适用的增值税税率为13%，甲公司接受乙公司投资转入的原材料一批，账面价值100 000元，投资协议约定的价值120 000元，假定投资协议约定的价值与公允价值相符，该项投资没有产生资本溢价。甲公司实收资本应增加（　　）元。

A. 100 000　　B. 113 000　　C. 120 000　　D. 135 600

2. 股份有限公司发行股票的溢价收入应计入（　　）。

A. 资本公积　　B. 实收资本　　C. 营业外收入　　D. 盈余公积

3. 某有限责任公司属于增值税一般纳税人，某日接受投资方投入的一项非专利技术，合同约定价值是800万元，同时收到投资方作为资本投入的商标权一项，合同约定价值为500万元，假设合同约定的价值与公允价值相符，同时不考虑其他因素，以下说法中正确的是（　　）。

A. 投资方不能用非专利技术投资

B. 应该计入实收资本的数额为 800 万元

C. 应该计入实收资本的数额为 500 万元

D. 应该计入实收资本的数额为 1 300 万元

4. B 股份有限公司回购本公司股票 500 万股，每股面值 1 元，为此支付银行存款 2 000 万元，下列会计处理正确的是（　　）。

A. 回购股票时，企业库存股的入账金额是 500 万元

B. 注销回购的股票时，企业股本减少的金额是 2 000 万元

C. 注销回购的股票时，冲减“资本公积——股本溢价”科目的金额是 1 500 万元

D. 回购股票，企业的所有者权益总额不变

5. 甲公司 12 月 31 日的股本是 1 000 万股，面值 1 元，资本公积（股本溢价）500 万元，盈余公积 300 万元，假定甲公司回购本公司股票 200 万股，以每股 2 元的价格收回，假定不考虑其他条件，则注销库存股时冲减的盈余公积是（　　）万元。

A. 0　　B. 200　　C. 300　　D. 100

二、多项选择能力训练

1. 下列各项中，会导致企业实收资本增加的有（　　）。

A. 盈余公积转增资本　　B. 接受非流动资产捐赠

C. 资本公积转增资本　　D. 接受投资者追加投资

2. 下列各项中，会引起资本公积发生增减变动的有（　　）。

A. 接受社会捐赠非流动资产

B. 资产负债表日交易性金融资产的公允价值变动

C. 溢价发行股票（不考虑发行的手续费）

D. 资本公积转增资本

三、判断能力训练

（　　）1. 注册资本的构成比例或股东的股份比例，是确定所有者在企业所有者权益中份额的基础，也是企业进行利润或股利分配的主要依据。

（　　）2. 上市公司发行股票，应该按照发行价格计入股本。

（　　）3. 企业接受固定资产、无形资产等非现金投资时，应该按照投资合同或协议约定的价值作为固定资产、无形资产的价值入账，如果投资合同或协议约定的价值不公允，应该按照公允价值入账。

（　　）4. 一般企业增加资本的主要途径有：资本公积转增资本、其他综合收益转增资本、盈余公积转增资本。

（　　）5. 股份有限公司回购股票支付的价款高于股票面值总额的，所注销库存股

的账面余额与所冲减股本的差额，应先冲减股本溢价，股本溢价不足冲减的，应依次冲减“盈余公积”“利润分配——未分配利润”科目。

四、应用能力实训

【实训一】

【实训目的】练习接受投资业务的操作。

【实训资料】江苏天润机械有限公司原由投资者 A 和投资者 B 共同出资成立，每人出资 20 万元，各占 50% 的股份。经营 2 年后，投资者 A 和投资者 B 决定增加公司资本，此时有一新的投资者 C 要求加入甲公司经有关部门批准后，甲公司实施增资，将实收资本增加到 90 万元。经三方协商，一致同意，完成下述投资后；三方投资者各拥有甲公司 30 万元实收资本，并各占甲公司 1/3 的股份，各投资者的出资情况如下。

（1）投资者 A 以一台设备投入甲公司作为增资，该设备原价 18 万元，已提折旧 9. 5 万元，评估确认价值为 12. 6 万元，税务部门认定应交增值税额为 1. 638 万元。投资者 A 已开具了增值税专用发票。

（2）投资者 B 以一批原材料投入甲公司作为增资，该批材料账面价值 10. 5 万元，评估确认价值 11 万元，税务部门认定应交增值税额为 1. 43 万元。投资者 B 已开具增值税专用发票。

（3）投资者 C 以银行存款投入甲公司 39 万元。

【实训要求】根据以上资料进行会计处理。

【实训二】

【实训目的】练习发行股票的业务处理。

【实训资料】某股份有限公司委托证券公司代理发行普通股 6 000 000 股，每股面值 1 元，发行价格为每股 1. 5 元，企业与证券公司约定，按发行收入的 2% 收取佣金，从发行收入中扣除，假定收到的股款已存入银行。

【实训要求】编制有关会计分录。

【实训三】

【实训目的】练习回购股票和注销股票的账务处理。

【实训资料】甲公司 2020 年 12 月 31 日的股本为 10 000 万股，面值 1 元，资本公积（股本溢价）3 000 万元，盈余公积 3 000 万元。经股东大会批准，甲公司以现金回购本公司股票 1 000 万股并注销。

（1）假定甲公司按每股 5 元回购股票。

（2）假定甲公司按每股 2. 3 元回购股票。

（3）假定甲公司按每股 1 元回购股票。

【实训要求】不考虑其他因素，做出上述三种情况下回购股票和注销股票的会计分录。

11.3 确认、记录企业的其他资本公积和其他综合收益

一、单项选择能力训练

1. 企业将自用房地产转为以公允价值模式计量的投资性房地产。下列关于转换日该房地产公允价值小于账面价值的差额的会计处理表述中，正确的是（　　）。

A. 计入递延收益　　B. 计入当期损益

C. 计入其他综合收益　　D. 计入资本公积

2. 长期股权投资采用权益法核算的，被投资单位除净损益、其他综合收益和利润分配以外的所有者权益的增加时，投资企业按持股比例计算应享有的份额，应贷记（　　）。

A. 其他综合收益　　B. 资本公积——其他资本公积

C. 长期股权投资　　D. 公允价值变动损益

3. 某公司年初资本公积为1 500万元，本年已入账的其他权益工具投资的公允价值增值净额200万元；经股东大会批准，用资本公积转增资本300万元。不考虑其他因素，该公司年末的所有者权益为（　　）万元。

A. 1 700　　B. 1 500　　C. 1 200　　D. 1 400

4. 企业购入一项金融资产，划分为“以公允价值计量且变动计入其他综合收益的金融资产”，期末该项金融资产发生公允价值上涨时，应贷记（　　）。

A. 其他综合收益　　B. 资本公积——其他资本公积

C. 其他债权投资　　D. 公允价值变动损益

二、多项选择能力训练

1. 下列各项中，不属于其他综合收益的有（　　）。

A. 发行股票的溢价

B. 享有联营企业的其他综合收益变动的份额

C. 其他债权投资发生公允价值变动

D. 交易性金融资产公允价值变动

2. 下列各项中，属于资本公积来源的有（　　）。

A. 盈余公积转入　　B. 股本溢价

C. 资本溢价　　D. 从企业实现的净利润提取

3. 长期股权投资采用权益法核算的，被投资单位其他综合收益减少时，投资企业按持股比例计算应享有的份额，（　　）。

A. 借记长期股权投资　　B. 借记其他综合收益

C. 贷记其他综合收益　　D. 贷记长期股权投资

三、判断能力训练

（　　）1. 资本公积经批准后可用于派发股利。

(　　) 2. 对于一个企业来说，投资者投入的资金，并不全部构成实收资本。

(　　) 3. 交易性金融资产公允价值变动计入其他综合收益。

(　　) 4. 当企业投资者投入的资本高于其注册资本时，应将高出部分计入营业外收入。

四、应用能力实训

【实训一】

【实训目的】练习其他资本公积的账务处理。

【实训资料】江苏天润机械有限公司持有顺安公司40%的股份，并对顺安公司产生重大影响。2020年11月30日顺安公司资本公积中其他资本公积下降300万元。

【实训要求】做出2020年12月31日江苏天润机械有限公司的账务处理。

【实训二】

【实训目的】练习其他综合收益的账务处理。

【实训资料】江苏天润机械有限公司2020年7月15日与A公司签订了租赁协议，将一栋自用办公楼转换为采用公允价值模式计量的投资性房地产，该办公楼的账面原值为5 000万元，已计提累计折旧100万元，固定资产减值准备200万元，转换日的公允价值为6 000万元。

【实训要求】做出2020年7月15日江苏天润机械有限公司的账务处理。

11.4　确认、记录企业的留存收益

一、单项选择能力训练

1. 某企业2020年年初未分配利润为借方余额12 000元（该亏损为超过5年的未弥补亏损），当年净利润为210 000元，按10%的比例提取盈余公积。不考虑其他事项，该企业2020年年末未分配利润为（　　）元。

A. 178 200　　B. 198 000　　C. 209 100　　D. 201 000

2. 2020年初某企业所有者权益情况如下：实收资本300万元，资本公积26万元，其他综合收益11万，盈余公积28万元，未分配利润59万元。则该企业2020年初留存收益为（　　）万元。

A. 424　　B. 98　　C. 59　　D. 87

3. 2020年1月1日，虹飞公司“实收资本”账户贷方余额为690 000元，“资本公积”账户贷方余额70 000元，“盈余公积”账户贷方余额为60 000元，“利润分配——未分配利润”账户贷方余额为120 000元。2020年度，飞虹公司用资本公积20 000元转增资本，实现净利润850 000元，提取盈余公积85 000元，向投资者分配利润70 000元。2020年12月31日，飞虹公司所有者权益总额应为（　　）元。

A. 1 615 000　　B. 835 000　　C. 1 720 000　　D. 870 000

二、多项选择能力训练

1. 企业发生亏损时，下列各项（　　）是弥补亏损的渠道。

A. 以盈余公积弥补亏损　　B. 以资本公积弥补亏损

C. 用以后5年税前利润弥补　　D. 用5年后的税后利润弥补

2. 下列各项中，能够引起企业留存收益总额发生变动的有（　　）。

A. 本年度实现的净利润　　B. 提取法定盈余公积

C. 向投资者宣告分配现金股利　　D. 用盈余公积转增资本

3. 下列事项中，影响期末未分配利润的有（　　）。

A. 实际发放股票股利　　B. 盈余公积补亏

C. 当期实现的净利润　　D. 提取任意盈余公积

4. A公司“盈余公积”年初余额是500万元，本年提取法定盈余公积100万元，提取任意盈余公积50万元，用盈余公积转增资本150万元，用盈余公积发放现金股利60万元，假定不考虑其他因素，以下说法中正确的有（　　）。

A. 所有者权益减少60万元　　B. 所有者权益总额维持不变

C. 实收资本增加150万元　　D. 留存收益减少60万元

三、判断能力训练

（　　）1. 年度终了，除“未分配利润”明细科目外，“利润分配”科目下的其他明细科目应当无余额。

（　　）2. 企业用当年实现的利润弥补亏损时，应单独做出相应的会计处理。

（　　）3. 未分配利润是企业尚未分配或待以后年度分配的利润或待以后年度弥补的亏损。

（　　）4. 企业本年的利润分配完毕之后，“利润分配”科目应无余额。

（　　）5. 企业以盈余公积向投资者分配现金股利，不会引起留存收益总额的变动。

（　　）6. 用盈余公积转增资本不影响所有者权益的变化，但会使企业净资产减少。

（　　）7. 如果以前年度未分配利润有盈余，在计算提取法定盈余公积的基数时，应包括企业年初未分配利润。

（　　）8. 某企业年初有未弥补亏损20万元，当年实现净利润10万元。按有关规定，该年不得提取法定盈余公积。

四、应用能力实训

【实训一】

【实训目的】练习留存收益业务的操作。

【实训资料】江苏天润机械有限公司有限责任公司2020发生下列留存收益的业务：

（1）江苏天润机械有限公司 2020 年税后利润为 1 800 000 元，公司董事会决定按 10% 提取法定盈余公积，15% 提取任意盈余公积，分派现金股利 500 000 元（其盈余公积未达注册资本 50%）

（2）2020 年江苏天润机械有限公司现有股东情况如下：A 公司占 25%，B 公司占 30%，C 公司占 10%，D 公司占 5%，其他占 30%。经公司股东大会决议，以法定盈余公积 500 000 元转增资本，并已办妥转增手续。

（3）2020 年江苏天润机械有限公司亏损 100 000 元，决议用任意盈余公积补亏。

【实训要求】根据以上资料进行会计处理。

【实训二】

【实训目的】练习留存收益业务的操作。

【实训资料】江苏东方公司 2019 年“未分配利润”年初贷方余额 100 万元，按 10% 提取法定盈余公积金，所得税率 25%，2019 年至 2021 年的有关资料如下：

（1）2019 年实现净利润 200 万元；提取法定盈余公积后，宣告派发现金股利 150 万元。

（2）2020 年发生亏损 500 万元（假设无以前年度未弥补亏损）。

（3）2021 年实现利润总额 600 万元。

【实训要求】

（1）编制 2019 年有关利润分配的会计分录（盈余公积及利润分配的核算写明明细科目）。

（2）编制 2020 年结转亏损的会计分录。

（3）计算 2021 年应交的所得税（假设无纳税调整项目）。

（4）计算 2021 年年末的可供分配利润。

项目12 确认收入 记录费用 结转利润

项目导航

知识目标

◦理解收入的概念、特点及其意义
◦理解费用的概念和分类
◦识记收入的确认和计量的步骤
◦掌握某一时点履行履约义务的收入会计处理
◦掌握某一期间履行履约义务的收入会计处理
◦知悉期间费用的内容、掌握其会计核算方法
◦掌握利润的形成及分配的程序与方法

能力目标

◦能说出商品收入确认的条件
◦能描述不同方式商品销售收入的确认条件
◦识别与客户订立的合同
◦识别合同中的单项履约义务
◦能确定交易价格并将交易价格分摊至各单项履约义务
◦能对某一时点履行履约义务的收入进行会计处理
◦能对某一期间履行履约义务的收入进行会计处理
◦能对特殊交易的收入进行账务处理
◦能对期间费用的业务进行会计核算
◦能对利润形成与分配业务进行会计核算
◦能对所得税费用进行核算

收入、费用和利润是会计要素中的重要组成部分。企业生产经营活动是通过耗费一定的费用获得经营业务收入，最终取得利润。企业在生产经营活动中，会发生各种收支事项，在会计期间终了时，应通过收入与成本费用的配比，合理确定经营损益，确定企业的经营成果，并依据相关的法律法规进行利润的分配。

12.1 确认、记录企业的收入

任务导入

销售过程（提供服务）是企业生产经营过程的最后阶段，它是公司、企业等最重要的经济活动之一。企业通过商品销售（提供服务），收取货币资金，以保证企业再生产的顺利进行。企业销售产品（提供服务）取得的收入（经济利益），扣除其销售成本、销售费用、税金及附加，即为企业营业利润的主要构成部分。因此做好销售过程业务核算，有利于企业增加收入，降低成本费用，提高经济效益。实务中，企业发生销售业务（提供服务）以后，何时、如何确认销售（服务）收入和结转相应的成本呢？

知识准备

12.1.1 收入的确认与计量

（一）收入的定义

收入，是指企业在日常活动中形成的、会导致所有者权益增加的、与所有者投入资本无关的经济利益的总流入。这里的日常活动是指企业为完成其经营目标所从事的经营性活动以及与之相关的活动。日常活动所形成的经济利益的流入应当确认为收入。

（二）收入的识别

收入的识别如表 12 - 1 所示。

表 12 - 1

经济业务		适用准则	会计确认
为完成其经营目标所从事的经营性活动以及与之相关的活动（日常活动）	工业企业制造并销售产品、商品流通企业销售商品	CAS14《收入》	收入
	咨询公司提供咨询服务、软件公司为客户开发软件、安装公司提供安装服务、建筑企业提供建造服务	CAS14《收入》	收入
	企业对外出租资产收取的租金	CAS1《存货》 CAS3《投资性房地产》 CAS4《固定资产》	收入
	企业以存货换取客户的存货、固定资产、无形资产	CAS14《收入》	收入

续表

经济业务		适用准则	会计确认
非日常活动	企业进行债权投资收取的利息、进行股权投资取得的现金股利	CAS2《长期股权投资》 CAS22《金融工具确认和计量》	投资收益
	企业处置固定资产、无形资产	CAS4《固定资产》 CAS6《无形资产》	资产处置损益

（三）收入的分类

每一个企业按照取得收入的日常活动在其经营业务中的重要程度，在日常的会计核算中，一般分为主营业务收入和其他业务收入，主营业务收入一般占企业总收入的较大比重，对企业的经济效益产生较大影响。不同行业企业的主营业务收入所包括的内容不同。

收入的分类如表 12－2 所示。

表 12－2

企业类型	主营业务收入	其他业务收入
制造业企业	包括销售商品、自制半成品、代制品、代修品以及提供工业性劳务等实现的收入	销售材料取得的收入、 转让技术使用权取得的收入、 包装物出租收入等
商品流通企业	包括销售商品实现的收入	
咨询公司	提供咨询服务实现的收入	
安装公司	提供安装服务实现的收入	

（注：详见任务实施 12－1）

（四）收入确认的原则

企业确认收入的方式应当反映其向客户转让商品的模式，收入的金额应当反映企业因转让这些商品而预期有权收取的对价金额。

企业应当在履行了合同中的履约义务，即在客户取得相关商品控制权时确认收入。取得相关商品控制权，是指能够主导该商品的使用并从中获得几乎全部的经济利益，也包括有能力阻止其他方主导该商品的使用并从中获得经济利益。

（五）收入的确认和计量步骤

收入的确认和计量大致分为五步。如图 12－1 所示。

1. 识别与客户订立的合同

收入准则所称合同，是指双方或多方之间订立有法律约束力的权利义务的协议。合同包括书面形式、口头形式以及其他形式（如隐含于商业惯例或企业以往的习惯做法中等）。企业与客户之间的合同同时满足下列五项条件的，企业应当在履行了合同中的履约义务，即在客户取得相关商品控制权时确认收入。

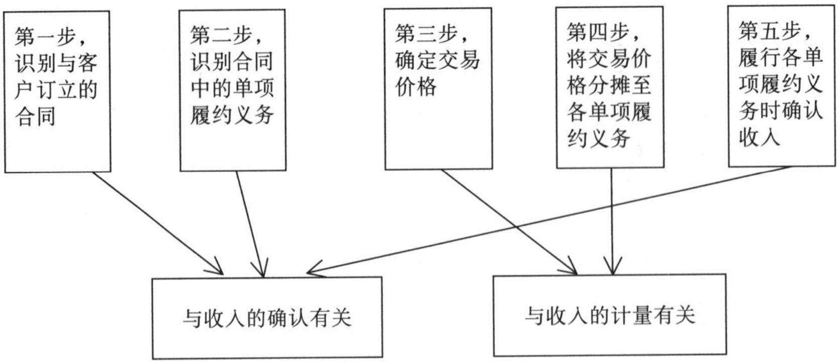

图 12－1

（1）合同各方已批准该合同并承诺将履行各自义务；

（2）该合同明确了合同各方与所转让商品相关的权利和义务；

（3）该合同有明确的与所转让商品相关的支付条款；

（4）该合同具有商业实质，即履行该合同将改变企业未来现金流量的风险、时间分布或金额；

（5）企业因向客户转让商品而有权取得的对价很可能收回。

对于不符合上述五项条件的合同，企业只有在不再负有向客户转让商品的剩余义务（例如，合同已完成或取消），且已向客户收取的（全部或部分）对价无须退回时，才能将已收取的对价确认为收入；否则，应当将已收取的对价作为负债（合同负债）进行会计处理。其中，企业向客户收取无须退回的对价的，应当在已经将该部分对价所对应的商品的控制权转移给客户，并已经停止向客户转让额外的商品，且也不再负有此类义务时；或者，相关合同已经终止时，将该部分对价确认为收入。

【小贴士】

没有商业实质的非货币性资产交换，无论何时，均不应确认收入。

企业与客户之间的合同，在合同开始日即满足上述五项条件的，企业在后续期间无须对其进行重新评估，除非有迹象表明相关事实和情况发生重大变化。

[扫一扫]

合同合并

[扫一扫]

合同变更

2. 识别合同中的单项履约义务

合同开始日，企业应当识别合同中所包含的各单项履约义务，并确定各单项履约义务是在某一时段内履行，还是在某一时点履行，然后，在履行了各单项履约义务时分别确认收入。履约义务，是指合同中企业向客户转让可明确区分商品的承诺。

企业应当将下列向客户转让商品的承诺作为单项履约义务：

（1）企业向客户转让可明确区分商品（或者商品或服务的组合）的承诺

企业向客户销售商品时，往往约定企业需要将商品运送至客户指定的地点，如约定企业送货上门，在把商品运送至客户指定的地点之后，商品控制权才转移给客户，这里的运输活动是履行销售商品的义务，不构成单项履约义务；相反，商品控制权转移给客户之后发生的运输活动可能表明企业向客户提供了一项运输服务，企业应当考虑该项服务是否构成单项履约义务。

（2）一系列实质相同且转让模式相同的、可明确区分的商品

当企业向客户连续转让某项承诺的商品时，如每天提供类似劳务的长期劳务合同等，如果这些商品属于实质相同且转让模式相同的系列商品时，企业应当将这系列商品作为单项履约义务。

3. 确定交易价格

交易价格，是指企业因向客户转让商品而预期有权收取的对价金额。企业代第三方收取的款项以及企业预期将退还给客户的款项，应当作为负债进行账务处理，不计入交易价格。合同标价并不一定代表交易价格，企业应当根据合同条款，并结合其以往的习惯做法确定交易价格。在确定交易价格时，企业应当考虑可变对价、合同中存在的重大融资成本、非现金对价、应付客户对价等因素的影响。

（1）合同中存在的可变对价。企业与客户的合同中约定的对价金额可能是固定的，也可能会因折扣、价格折让、返利、退款、奖励积分、激励措施、业绩奖金、索赔、未来事项等因素而变化，导致有权收取的对价发生变化；此外，企业有权收取的对价金额，将根据一项或多项或有事项的发生有所不同的情况，也属于可变对价的情形，例如，企业售出商品但允许客户退货时，由于企业有权收取的对价金额将取决于客户是否退货，因此该合同的交易价格是可变的。

企业应当按照期望值或最可能发生金额确定可变对价的最佳估计数。期望值，是按照各种可能发生的对价金额及相关概率计算确定的金额。最可能发生金额是一系列可能

发生的对价金额中最可能发生的单一金额，即合同最可能产生的单一结果。当合同仅有两个可能结果时，按照最可能发生金额估计可变对价金额通常是恰当的。

（注：详见任务实施 12－2、任务实施 12－3）

【小贴士】

企业按照期望值或最可能发生金额确定可变对价金额之后，计入交易价格的可变对价金额还应该满足限制条件，即包含可变对价的交易价格，应当不超过在相关不确定性消除时，累计已确认的收入极可能不会发生重大转回的金额。

（2）合同中存在重大融资成分。如果合同包含了重大融资成分，企业应当按照假定客户在取得商品控制权时即以现金支付的应付金额确定交易价格。该交易价格与合同对价之间的差额，应当在合同期间内采用实际利率法摊销。合同开始日，企业预计客户取得商品控制权与客户支付价款间隔不超过一年的，可以不考虑合同中存在的重大融资成分。

（3）客户支付非现金对价的，企业应当按照非现金对价在合同开始日的公允价值确定交易价格。非现金对价的公允价值不能合理估计的，企业应当参照其承诺向客户转让商品的单独售价间接确定交易价格。

（4）企业应付客户（或向客户购买本企业商品的第三方，下同）对价的，应当将该应付对价冲减交易价格，并在确认相关收入与支付（或承诺支付）客户对价两者孰晚的时点冲减当期收入。这里的应付客户对价还包括可以抵减应付企业金额的相关项目金额，如优惠券、兑换券等。

企业应付客户对价是为了向客户取得其他可明确区分商品的，应当采用与本企业其他采购相一致的方式确认所购买的商品。企业应付客户对价超过向客户取得可明确区分商品公允价值的，超过金额应当冲减交易价格。向客户取得的可明确区分商品公允价值不能合理估计的，企业应当将应付客户对价全额冲减交易价格。

4. 将交易价格分摊至各单项履约义务

合同中包含两项或多项履约义务的，企业应当在合同开始日，按照各单项履约义务所承诺商品的单独售价的相对比例，将交易价格分摊至各单项履约义务。单独售价无法直接观察的，企业应当综合考虑其能够合理取得的全部相关信息，采用市场调整法、成本加成法、余值法等方法合理估计单独售价。

（1）市场调整法，是指企业根据某商品或类似商品的市场售价考虑本企业的成本和毛利等进行适当调整后，确定其单独售价的方法。

（2）成本加成法，是指企业根据某商品的预计成本加上其合理毛利后的价格，确定其单独售价的方法。

（3）余值法，是指企业根据合同交易价格减去合同中其他商品可观察的单独售价后的余值，确定某商品单独售价的方法。企业在商品近期售价波动幅度巨大，或者因未定价且未曾单独销售而使售价无法可靠确定时，可采用余值法估计其单独售价。

5. 履行每一单项履约义务时确认收入

企业应当在履行了合同中的履约义务，即客户取得相关商品控制权时确认收入。企业将商品的控制权转移给客户，首先判断履约义务是否满足在某一时段内履行的条件，如不满足，则该履约义务属于在某一时点履行的履约义务。对于在某一时段内履行的履约义务，企业应当选取恰当的方法来确定履约进度；对于在某一时点履行的履约义务，企业应当综合分析控制权转移的迹象，判断其转移时点。

（1）属于某一时段履行的履约义务的条件

满足下列条件之一的，属于在某一时段内履行义务；否则，属于在某一时点履行履约义务：

①客户在企业履约的同时即取得并消耗企业履约所带来的经济利益；

②客户能够控制企业履约过程中在建的商品；

③企业履约过程中所产出的商品具有不可替代用途；且该企业在整个合同期间内有权就累计至今已完成的履约部分收取款项。具有不可替代用途，是指因合同限制或实际可行性限制，企业不能轻易地将商品用于其他用途。有权就累计至今已完成的履约部分收取款项，是指在由于客户或其他方原因终止合同的情况下，企业有权就累计至今已完成的履约部分收取能够补偿其已发生成本和合理利润的款项，并且该权利具有法律约束力。

（注：详见任务实施12－4）

（2）属于某一时点履行的履约义务的条件

对于在某一时点履行的履约义务，企业应当在客户取得相关商品控制权时点确认收入。在判断客户是否已取得商品控制权时，企业应当考虑下列迹象：

①企业就该商品享有现时收款权利，即客户就该商品负有现时付款义务；

②企业已将该商品的法定所有权转移给客户，即客户已拥有该法定所有权；

③企业已将该商品实物转移给客户，即客户已实物占有该商品；

④企业已将该商品所有权上的主要风险和报酬转移给客户，即客户已取得该商品所有权上的主要风险和报酬；

⑤客户已接受该商品；

⑥其他表明客户已取得商品控制权的迹象。

12.1.2 收入的记录

12.1.2.1 某一时点履行履约义务的会计处理

（一）科目设置

对于收入的核算，除了使用以前学习过的“主营业务收入”“其他业务收入”“主营业务成本”“其他业务成本”科目外，还有可能会用到以下科目：

1. 发出商品 （1406）

（1）定义：本科目核算企业未满足收入确认条件但已经发出的商品的实际成本或者计划成本。

（2）性质：资产类。

（3）核算内容：借方登记企业发出商品的成本；贷方登记企业已销产品成本或退回入库产品成本；期末余额在借方，反映企业发出的商品的实际成本或者计划成本。

（4）明细账设置：可按发出商品的品种、类别设置明细账，进行明细分类核算。

2. 委托代销商品 （1406）

（1）定义：本科目核算企业已经发出代销但尚未确认销售收入的商品成本。

（2）性质：资产类。

（3）核算内容：借方登记企业发出代销商品的成本；贷方登记企业收到代销清单，结转的已销商品的成本；期末余额在借方结余，表示已发出但尚未收到代销清单的商品成本。

（4）明细账设置：本科目按照受托单位设置明细账，进行明细分类核算。

3. 代理业务资产/ 受托代销商品 （1321）

（1）定义：本科目核算企业不承担风险的代理业务形成的资产，如受托理财业务进行的证券投资、受托贷款等。企业受托代销的商品，可将本科目改为“受托代销商品”科目，核算受托方收到的受托代销商品成本。

（2）性质：资产类。

（3）核算内容：借方登记受托方收到的受托代销商品成本；贷方登记受托方销售商品后结转的受托代销商品成本；期末余额在借方，表示尚未售出的受托代销商品成本。

（4）明细账设置：本科目按照委托单位设置明细账，进行明细分类核算。如“代理业务资产/受托代销商品——××公司”。

4. 代理业务负债/ 受托代销商品款 （2314）

（1）定义：本科目核算企业不承担风险的代理业务收到的款项，包括受托投资资金、受托贷款资金等。企业采用收取手续费方式收到的代销商品款，可将本科目改为“受托代销商品款”科目，核算代销商品时受托方收到代销商品未结算的货款。

（2）性质：负债类。

（3）核算内容：借方登记受托方与委托方结算的代销商品款；贷方登记受托方售出代销商品后收到的代销商品款；期末余额在贷方，表示尚未结算的代销商品款。

（4）明细账设置：按照委托单位设置明细账，进行明细分类核算，如“代理业务负债/受托代销 商品款——××公司”。

5. 合同资产 （1462）

（1）定义：本科目核算企业已向客户转让商品而有权收取对价的权利。仅取决于时间流逝因素的权利不在本科目核算。

（2）性质：资产类。

（3）核算内容：企业在客户实际支付合同对价或在该对价到期应付之前，已经向客户转让了商品的，应当按因已转让商品而有权收取的对价金额，借记本科目或“应收账款”科目，贷记“主营业务收入”“其他业务收入”等科目；企业取得无条件收款权时，借记“应收账款”等科目，贷记本科目。期末余额一般在借方。

（4）明细账的设置：一般按合同进行明细核算。

6. 合同负债（2204）

（1）定义：本科目核算企业已收或应收客户对价而应向客户转让商品的义务。

（2）性质：负债类。

（3）核算内容：企业在向客户转让商品之前，客户已经支付了合同对价或企业已经取得了无条件收取合同对价权利的，企业应当在客户实际支付款项与到期应支付款项孰早时点，按照该已收或应收的金额，借记“银行存款”“应收账款”“应收票据”等科目，贷记本科目；企业向客户转让相关商品时，借记本科目，贷记“主营业务收入”“其他业务收入”等科目。期末余额一般在贷方。

（4）明细账的设置：一般按合同进行明细核算。

（二）某一时点履行履约义务的业务节点与账务处理

就制造业、商品流通业、一般服务性企业而言，其生产销售的商品在出售前、提供的劳务服务在提供前，一般没有特定的客户，在交付商品、提供服务时，有的会签订权利义务明确的合同，但更多的是一些口头形式的约定或是隐含于商业惯例或企业以往的习惯做法。所以，在企业交付商品、提供服务时，客户即取得相关商品控制权，企业也就取得收取对价的权利。其履行的是某一时点履行的履约义务。

1. 一般销售（某一时点履行履约义务）的会计处理

制造业企业在销售商品时，应根据业务节点，遵循《收入》准则所规定的收入确认与计量的步骤，进行会计处理。账务处理见表12－3。

表12－3　一般商品销售业务的业务节点与账务处理见

业务节点	原始单据	账务处理
企业销售商品符合收入的确认条件	销售合同、专用发票	确认收入 借：银行存款/应收账款/应收票据/预收账款/合同资产 　贷：主营业务收入 　　应交税费——应交增值税（销项税额）
	出库单、结转成本计算表	结转成本 借：主营业务成本 　贷：库存商品

（注：详见任务实施12－5、任务实施12－6）

2. 商品销售业务（合同中存在可变对价）的账务处理

如果在合同中，存在商业折扣、销售折让，属于“可变对价”内容，企业在确定交易价格时，应分别处理。涉及商业折扣、现金折扣、销售折让的业务节点与账务处理见表 12－4。

表 12－4　　商业折扣、现金折扣、销售折让的业务节点与账务处理

业务节点	原始单据	账务处理
商业折扣	销售合同、 销售折扣审批单、 专用发票	应按扣除商业折扣后的金额确认收入金额，无需对商业折扣单独进行核算 借：应收账款 　　贷：主营业务收入［扣除商业折扣后的金额］ 　　　　应交税费——应交增值税（销项税额）
现金折扣	银行收款凭证、 现金折扣审批单	按合同金额确认收入，发生现金折扣时，视为企业为了尽快回笼资金而发生的财务费用 借：银行存款［实际收到的款项］ 　　财务费用［对方享受的现金折扣］ 　　贷：应收账款［应收账款的账面金额］
销售折让	销售合同、 销售折让审批单、 专用发票	未确认收入前发生的，应直接调整“交易价格”，按调整后的“交易价格”确认收入；已确认收入的售出商品发生销售折让时 借：主营业务收入 　　应交税费——应交增值税（销项税额） 　　贷：银行存款/应收账款等
		已确认收入的销售折让属于资产负债表日后事项的，应当按照《企业会计准则第 29 号——资产负债表日后事项》的相关规定进行处理

（注：详见任务实施 12－7、任务实施 12－8）

3. 商品销售退回的业务节点与账务处理

销售退回，是指因售出商品不符合质量要求或违反合同规定，购销双方按合同约定达成退货协议而引起的已销商品退回的业务。商品销售退回的业务节点与账务处理见表 12－5。

表 12－5　　商品销售退回的业务节点与账务处理

业务节点	原始单据	账务处理
尚未确认商品收入的售出商品发生销售退回	入库单	借：库存商品 　　贷：发出商品

续表

业务节点		原始单据	账务处理
已确认销售商品收入的售出商品发生销售退回	不属于资产负债表日后事项	红字发票、入库单	收到退货时，冲减收入 借：主营业务收入 　　应交税费——应交增值税（销项税额） 　　贷：银行存款/应收账款 冲减成本 借：库存商品 　　贷：主营业务成本
已确认收入的销售商品退回	属于资产负债表日后事项	红字发票、入库单	按照资产负债表日后事项的准则处理

（注：详见任务实施12－9）

［扫一扫］

企业开具红字发票的流程

4. 其他收入业务的节点与账务处理

制造业企业的其他收入业务一般包括销售原材料、出租包装物、出租无形资产等。账务处理见表12－6。

表12－6　　其他业务收入的节点与账务处理

业务节点	原始单据	账务处理
销售原材料	收款单据（进账单通知收款联）、专用发票、结转成本计算单	确认收入 借：库存现金/银行存款/应收账款/应收票据等 　　贷：其他业务收入 　　　　应交税费——应交增值税（销项税额） 结转成本 借：其他业务成本 　　贷：原材料等
出租包装物	收款单据（进账单通知收款联）、专用发票、结转成本计算单	收到租金 借：库存现金/银行存款 　　贷：其他业务收入 　　　　应交税费——应交增值税（销项税额） 第一次领用包装物时结转成本 借：其他业务成本 　　贷：原材料/周转材料——包装物

续表

业务节点	原始单据	账务处理
出租无形资产	收款单据（进账单通知收款联）、 专用发票、 累计摊销计算单	收到租金收入 借：库存现金/银行存款等 　　贷：其他业务收入 　　　　应交税费——应交增值税（销项税额） 结转出租无形资产的成本 借：其他业务成本 　　贷：累计摊销

5. 委托代销商品的核算

委托代销是指委托方和受托方签订代销合同或协议，委托受托方向终端客户销售商品。委托代销安排是涉及主要责任人和代理人的销售，企业应当根据其在向客户转让商品前是否拥有对该商品的控制权，来判断其从事交易时的身份是主要责任人还是代理人。受托企业在向客户转让商品前能够控制该商品的，该受托企业为主要责任人，应当按照向终端客户已收对价总额确认收入（这种形式，就是以前讲的“视同买断”）；如果受托方没有获得对该商品控制权的，该受托企业即为代理人，应当按照预期有权收取的佣金或手续费的金额确认收入，该金额应当按照已收或应收对价总额扣除应支付其他相关方的价款后的净额，或者按照既定的佣金金额或比例等确定。

（1）受托人是主要责任人的委托代销业务的账务处理

这种情况下，委托人按正常的销售业务进行会计处理；受托人按正常购货、销货业务进行会计处理。

（2）受托人是代理人的委托代销业务的账务处理

受托人是代理人的情形下，受托人根据合同条件向委托方收取手续费，这对受托方而言实际上是一种劳务收入。这种方式下，委托方发出商品时，因商品所有权上的主要风险和报酬并未转移给受托方，委托方不确认收入；委托方要在收到代销清单时才确认本企业的销售收入。账务处理见表 12－7。

表 12－7　　受托人是代理人的委托代销业务的业务节点与账务处理

业务节点	原始单据	账务处理	
委托方将商品交付受托方	委托协议、出库单	委托方	不满足收入确认条件，只做移库处理 借：委托代销商品/发出商品［成本价］ 　　贷：库存商品
	受托协议、受托代销商品清单	受托方	受托方收到代销商品后，按照双方的协议价作为代理业务资产和代理业务负债处理 借：受托代销商品/代理业务资产［协议价］ 　　贷：受托代销商品款/代理业务负债

续表

业务节点	原始单据	账务处理	
受托方实际销售商品，开出代销清单；委托方收到代销清单，开出增值税专用发票	代销清单、专用发票、结转成本计算单	委托方	委托方根据收到的代销清单确认收入，结转成本 ①借：应收账款——受托方 贷：主营业务收入［协议价］ 应交税费——应交增值税（销项税额） ②借：主营业务成本［成本价］ 贷：委托代销商品/发出商品
	收款单据、专用发票、代销清单	受托方	①受托方按照协议价将商品销售，并向委托方开具代销清单。这种代销行为不满足收入确认条件，不确认收入，只结转代管资产；同时根据税法规定，销售代销货物应按售价确认销项税额 借：银行存款 贷：受托代销商品/代理业务资产 应交税费——应交增值税（销项税额） ②收到委托方开具的增值税专用发票 借：受托代销商品款/代理业务负债 应交税费——应交增值税（进项税额） 贷：应付账款——委托方
结算货款及手续费，受托方向委托方开具手续费发票	手续费计算表、专用发票	委托方	委托方与受托方结算货款及手续费 借：银行存款 销售费用 应交税费——应交增值税（进项税额） 贷：应收账款——受托方
	付款单据、专用发票、手续费计算表	受托方	受托方向委托方支付货款，并计算代销手续费，向委托方开具代销手续费发票 借：应付账款——委托方 贷：银行存款 其他业务收入 应交税费——应交增值税（销项税额）

（注：详见任务实施 12－10）

12. 1. 2. 2　某一时段内履行履约义务的会计处理

（一） 科目设置

1. 合同履约成本

（1） 定义：本科目核算企业为履行当前或预期取得的合同所发生的、不属于其他企业会计准则规范范围且按本准则应当确认为一项资产的成本。企业因履行合同而产生的毛利不在本科目核算。

（2）性质：资产类。

（3）核算内容：借方登记实际发生的合同履约成本；贷方登记对合同履约成本摊销。

期末余额在借方结余，反映企业尚未结转的合同履约成本。

（4）明细账设置：按照合同，分别按“服务成本”“工程施工”等进行明细核算。

2. 合同取得成本

（1）定义：本科目核算企业取得合同发生的、预计能够收回的增量成本。

（2）性质：资产类

（3）核算内容：借方登记企业实际发生取得的成本；贷方登记对合同取得成本进行摊销金额；期末余额在借方结余，反映企业尚未结转的合同取得成本。

（4）明细账设置：按照合同明细进行核算。

（二）某一时段内履行履约义务的业务节点与账务处理

对于在某一时段内履行的履约义务，企业应当选取恰当的方法来确定履约进度，根据履约进度确定收入。企业按照履约进度确认收入时，通常应当在资产负债表日按照合同的交易价格总额乘以履约进度扣除以前会计期间累计已确认的收入后的金额，确认为当期收入。

1. 履约进度的确定

企业应当考虑商品的性质，采用产出法或投入法确定恰当的履约进度。其中，产出法是根据已转移给客户的对于客户的价值确定履约进度；投入法是根据企业为履行履约义务的投入确定履约进度。

（注：详见任务实施 12－11）

2. 某一时段内履行履约义务的会计处理

某一时段内履行履约义务的业务节点包括预收业务款、发生履约成本及资产负债表日按照履约进度确认收入、结转成本。账务处理见表 12－8。

表 12－8　某一时段内履行履约义务的业务节点与账务处理

业务节点	原始单据	账务处理
预收款项时	劳务合同、 银行收款单据	借：银行存款 　贷：合同负债/预收账款/应收账款
履行履约义务时，发生履约成本	付款单据、 材料领用出库单、 工资结算汇总表	借：合同履约成本 　应交税费——应交增值税（进项税额） 　贷：银行存款 　　原材料 　　应付职工薪酬

续表

业务节点	原始单据	账务处理
资产负债表日按照履约进度确认收入、结转成本	收入确认书、成本结转表	借：合同负债/预收账款/应收账款 　贷：主营业务收入 　　应交税费——应交增值税（销项税额） 同时结转劳务成本 借：主营业务成本 　贷：合同履约成本

（注：详见任务实施 12－12）

（三） 特殊交易的账务处理

1. 授予知识产权许可

企业向客户授予知识产权许可的，应当评估该知识产权许可是否构成单项履约义务，构成单项履约义务的，应当进一步确定在某一时段内履行还是在某一时点履行。

（1）企业向客户授予知识产权许可，同时满足下列条件时，应当作为在某一 时段内履行的履约义务确认相关收入；否则，应当作为在某一时点履行的履约义务确认相关收入。

①合同要求或客户能够合理预期企业将从事对该项知识产权有重大影响的活动；

②该活动对客户将产生有利或不利影响；

③该活动不会导致向客户转让某项商品。

（2）企业向客户授予知识产权许可的使用费收入，一般通过“其他业务收入”科目核算；授予许可的知识产权计提的摊销额等，一般通过“其他业务成本”科目核算。企业确认授予知识产权许可的使用费收入时，按确定的收入金额，借记“银行存款”“应收账款”等科目，贷记“其他业务收入”科目。企业对授予许可的知识产权计提摊销以及所发生的与授予知识产权许可有关的支出等，借记“其他业务成本”科目，贷记“累计摊销”等科目。

（注：详见任务实施 12－13、任务实施 12－14）

2. 附有销售退回条款的销售

对于附有销售退回条款的销售，企业应当在客户取得相关商品控制权时，按照因向客户转让商品而预期有权收取的对价金额（即不包含预期因销售退回将退还的金额）确认收入，按照预期因销售退回将退还的金额确认负债；同时，按照预期将退回商品转让时的账面价值，扣除收回该商品预计发生的成本（包括退回商品的价值减损）后的余额，确认为一项资产，按照所转让商品转让时的账面价值，扣除上述资产成本的净额结转成本。

每一资产负债表日，企业应当重新估计未来销售退回情况，并对上述资产和负债进行重新计量，如有变化，应当作为会计估计变更进行会计处理。

（注：详见任务实施 12－15）

3. 合同中存在的重大融资成分

合同中存在重大融资成分的，企业在确定该重大融资成分的金额时，应使用将合同对价的名义金额折现为商品现销价格的折现率。该折现率一经确定，不得因后续市场利率或客户信用风险等情况的变化而变更。企业确定的交易价格与合同承诺的对价金额之间的差额，应当在合同期间内采用实际利率法摊销。需要说明的是，企业应当在单个合同层面考虑融资成分是否重大，而不应在合同组合层面考虑这些合同中的融资成分的汇总影响对企业整体而言是否重大。企业只有在确认了合同资产（或应收款项）和合同负债时，才应当分别确认重大融资成分相应的利息收入和利息支出。为简化实务操作，如果在合同开始日，企业预计客户取得商品控制权与客户支付价款间隔不超过一年的，可以不考虑合同中存在的重大融资成分。企业应当对类似情形下的类似合同一致地应用这一简化处理方法。

（注：详见任务实施 12－16）

【税会差异】

《国家税务总局关于确认企业所得税收入若干问题的通知》（国税函〔2008〕875号）规定的企业所得税收入确认条件，与原收入准则差异不大。新收入准则的改变，必将带来新的税会差异。针对不同的销售方式，具体分析其税会差异如下：

<table>
<tr><th>销售方式</th><th>会计收入确认标准</th><th>企业所得税收入确认时间</th><th>税会差异分析</th></tr>
<tr><td>预收款方式</td><td rowspan="3">企业应当在客户取得相关商品控制权时点确认收入。在判断客户是否已取得商品控制权时，企业应当考虑下列迹象：
（一）企业就该商品享有现时收款权利，即客户就该负有现时付款义务
（二）企业已将该商品的法定所有权转移给客户，即客户已拥有该商品的法定所有权
（三）企业已将该商品实物转移给客户，即客户已拥有该商品的法定所有权
（四）企业已将该商品所有权上的主要风险和报酬转移给客户，即客户已取得该商品所有权上的主要风险和报酬
（五）客户已接受该商品
（六）其他表明客户已取得商品控制权的迹象</td><td>在发出商品时确认收入</td><td>预收货款后，在商品发出当天，如客户尚未收到货物，会计上不确认收入，但企业所得税应确认收入</td></tr>
<tr><td>需要安装和检验</td><td>在购买方接受商品以及安装和检验完毕时确认收入。如果按照程序比较简单，可在发出商品时确认收入</td><td>对于安装程序比较简单的，在发出商品当天，如果客户尚未收到该商品，则会计上不确认收入，但企业所得税可确认收入</td></tr>
<tr><td>采用支付手续费方式委托代销的</td><td>在收到代销清单时确认收入</td><td>基本无差异</td></tr>
</table>

任务实施

任务实施 12－1 收入种类的判断

江苏天润机械有限公司是一家制造业企业，主要是通过加工甲种原材料生产A产品。2020年6月，发生下列收入。请判断各收入所属的类型及金额。

（1）5日，销售一批A产品，价款200 000元，增值税26 000元，款项未收。

（2）8日，出售生产用甲材料50 000元，增值税6 500元，款项已收。

（3）10日，接受设备安装劳务，获得收入80 000元，增值税4 800元。

（4）15日，出租一座仓库，收到租金10 000元，增值税900元。

（5）25日，出租商标使用权，获得租金8 000元，增值税480元。

（6）30日，进行增资扩股，收到新股东投入的资金500 000元。

步骤一：根据企业的生产经营活动，分析确定生产、销售A产品是企业的主营业务，销售A产品产生的收入是企业的“主营业务收入”，其他业务产生的收入属于“其他业务收入”。

步骤二：确定各项具体业务的收入种类与金额。

单位：元

序号	经济业务	收入类型	金额
1	销售一批A产品，价款200 000元，增值税26 000元，款项未收	主营业务收入	200 000
2	出售生产用甲材料50 000元，增值税6 500元，款项已收	其他业务收入	50 000
3	接受设备安装劳务，获得收入80 000元，增值税4 800元	主营业务收入	80 000
4	出租一座仓库，收到租金10 000元，增值税900元	其他业务收入	10 000
5	出租商标使用权，获得租金80 00元，增值税480元	其他业务收入	8 000
6	进行增资扩股，收到新股东投入的资金500 000元	不属于收入	0

任务实施 12－2 按期望值确定可变对价的最佳估计数

甲公司生产和销售洗衣机。2020年3月，甲公司向零售商乙公司销售1 000台洗衣机，每台价格为2 000元，合同价款合计200万元。同时，甲公司承诺，在未来6个月内，如果同类洗衣机售价下降，则按照合同价格与最低售价之间的差额向乙公司支付差价。甲公司根据以往执行类似合同的经验，预计未来6个月内，不降价的概率为50%；每台降价200元的概率为40%；每台降价500元的概率为10%。假定上述价格均不包含增值税。

步骤一：识别合同：销货合同。

步骤二：识别合同中的单项履约义务：销售 1 000 台洗衣机。

步骤三：确定交易价格：合同条款中，存在“可变对价”情况（在未来 6 个月内，如果同类洗衣机售价下降，则按照合同价格与最低售价之间的差额向乙公司支付差价）。经评估确认，“期望值”能够更好地预测其有权获取的对价金额。

每台交易价格的期望 =2 000 ×50% +1 800 ×40% +1 500 ×10% =1 870（元）。

任务实施 12 –3　按最可能发生金额确定额确定可变对价的最佳估计数

甲公司为其客户建造一栋厂房，合同约定的价款为 100 万元，当甲公司不能在合同签订之日起的 120 天内竣工时，须支付 10 万元罚款，该罚款从合同价款中扣除。甲公司对合同结果的估计如下：工程按时完工的概率为 90%，工程延期的概率为 10%。假定上述金额均不含增值税。

步骤一：识别合同：建造合同。

步骤二：识别合同中的单项履约义务：建造一栋厂房，120 天内竣工。

步骤三：确定交易价格：合同条款中，存在“可变对价”情况（不能在合同签订之日起的 120 天内竣工时，须支付 10 万元罚款，该罚款从合同价款中扣除）。经评估确认，“最可能发生金额”能够更好地预测其有权获取的对价金额。

交易价格 = 最可能发生的单一金额 =100（万元）。

任务实施 12 –4　判断是某一时段内履行的履约义务还是某一时段内履行的履约义务

海盛公司是一家造船企业，与海天公司签订了一份船舶建造合同，按照海天公司的具体要求设计和建造船舶。海盛公司在自己的厂区内完成该船舶的建造，海天公司无法控制在建过程中的船舶。海盛公司如果想把该船舶出售给其他客户，需要发生重大的改造成本。双方约定，如果海天公司单方面解约，海天公司需向海盛公司支付相当于合同总价 30% 的违约金，且建造中的船舶归海盛公司所有。假定该合同仅包含一项履约义务，即设计和建造船舶。

步骤一：熟悉属于某一时段履行的履约义务的条件。

步骤二：逐条对照。

①客户在企业履约的同时即取得并消耗企业履约所带来的经济利益	在履约建造船舶时，是在海盛公司自己的厂区，海天公司无法取得并消耗海盛公司履约所带来的经济利益	不符合

②客户能够控制企业履约过程中在建的商品	海盛公司在自己的厂区内完成该船舶的建造，海天公司无法控制在建过程中的船舶	不符合
③企业履约过程中所产出的商品具有不可替代用途；且该企业在整个合同期间内有权就累计至今已完成的履约部分收取款项	船舶虽具有不可替代用途。然而，如果海天公司单方面解约，仅需向海盛公司支付相当于合同总价30%的违约金，表明海盛公司无法在整个合同期间内都有权就累计至今已完成的履约部分收取能够补偿其已发生成本和合理利润的款项	不符合

步骤三：作出判断：海盛公司为海天公司设计和建造船舶不属于在某一时段内履行的履约义务。

任务实施12-5 企业发出商品后获得收取对价权利，不存在交易价格分摊及可变对价等情形下的会计核算

江苏天润机械有限公司与虹桥机械厂签订产品销售合同，于2020年12月5日向其销售10台A产品，单位售价30 000元，增值税率13%。合同约定，该产品在交付后，由虹桥机械厂负责提运。江苏天润机械有限公司开出的增值税专用发票，售价为300 000元，增值税税额为39 000元；产品已交付对方，货款约定60天后支付。

步骤一：识别合同：销货合同。

步骤二：识别合同中的单项履约义务：销售10台A产品。

步骤三：确定交易价格：售价金额为300 000元，增值税税额为39 000元。

步骤四：将交易价格分摊至各单项履约义务：单项履约义务金额即为售价金额为300 000元，增值税税额为39 000元。

步骤五：交付商品后，即增加应收账款，确认收入。

借：应收账款——虹桥机械厂　　339 000

　　贷：主营业务收入——A产品　　300 000

　　　　应交税费——应交增值税（销项税额）　　39 000

步骤六：根据商品出库单结转已销产品成本（库存商品出库单）。

库存商品出库单

用途：销售　　2020年12月5日　　产成品库：001

产品名称	型号规格	计量单位	数量	单元成本（元）	总成本（元）
A产品		台	10	12 000	120 000

记账：　　保管：　　主管：　　经办：

借：主营业务成本——A产品　　120 000

　　贷：库存商品——A产品　　120 000

任务实施 12－6　企业发出商品后未取得收款权，存在交易价格分摊等情形下的会计核算

江苏天润机械有限公司生产 A、B 两种产品，A 产品的单价 30 000 元/台，B 产品的单价 50 000 元/台；单位成本分别为 12 000 元/台、26 000 元/台。2020 年 3 月 1 日，与客户签订合同，向其销售 A、B 两种产品各 10 台，合同总价款为 720 000 元。合同约定，A 商品于合同开始日交付，B 商品在 1 个月之后交付，只有当 A、B 两种商品全部交付之后，江苏天润机械有限公司才有权收取 720 000 元的合同对价。A 商品和 B 商品构成两项履约义务，其控制权在交付时转移给客户，上述价格均不包含增值税，增值税率 13%。

步骤一：识别合同：销货合同。

步骤二：识别合同中的单项履约义务：销售 A 产品和销售 B 产品两项履约义务。

步骤三：确定交易价格：按照各单项履约义务所承诺商品的单独售价的相对比例，将交易价格分摊至各单项履约义务。

A 商品应当分摊的交易价格为 = [300 000/（300 000 + 500 000）×720 000] = 270 000（元）

B 产品应当分摊的交易价格为 = [500 000/（300 000 + 500 000）×720 000] = 450 000（元）

步骤四：3 月 1 日，履行交付 A 产品义务后，客户取得商品控制权，但没有获得收取对价的权利。确认合同资产和产品销售收入。

借：合同资产　　305 100
　　贷：主营业务收入　　270 000
　　　　应交税费——应交增值税（销项税额）　　35 100

步骤五：4 月 1 日，履行交付 B 产品义务后，客户取得商品控制权，应确认 B 产品销售收入，并确认收取全部对价的权利。

借：应收账款　　813 600
　　贷：合同资产　　305 100
　　　　主营业务收入　　450 000
　　　　应交税费——应交增值税（销项税额）　　58 500

任务实施 12－7　根据可变对价的条款，确定交易价格

江苏天润机械有限公司 A 产品成本 12 000 元/台，定价 30 000 元/台。2020 年 6

月10日，为促销产品，与镇江市江海贸易公司签订销售合同，约定向其销售A产品100件，标价总额为3 000 000元（不含增值税），为了促销，江苏天润机械有限公司给予镇江市江海贸易公司15%的商业折扣，并开具了增值税专用发票；合同约定，该产品由江苏天润机械有限公司运至镇江市江海贸易公司指定地点后交付，6月12日天润机械有限公司已发出商品并签发转账支票支付运输费用50 000元（不含增值税）；6月20日，商品运至指定地点，并经镇江市江海贸易公司验收，同时收到承兑期为4个月的商业承兑汇票一张。2020年6月10日的会计处理：

步骤一：识别合同：销货合同。

步骤二：识别合同中的单项履约义务：销售100台A产品。

步骤三：确定交易价格：审批商业折扣，确定真正的成交价格。

销货折扣审批单

购买单位：镇江市江海贸易公司

收货地址：镇江市泉山路302号　　　　日期：2020年6月10日

客户分类：临时客户　　　　折扣类型：商业折扣

产品名称	销货时间	销售数量	单价（元）	总金额（元）	折扣率（%）	成交价格（元）
乙产品	2020.6.10	100件	30 000	3 000 000	15	2 550 000

步骤四：将交易价格分摊至各单项履约义务。

步骤五：6月12日，天润机械有限公司已发出商品并签发转账支票支付运输费用50 000元及增值税4 500元。因合同约定，由本公司将商品运至指定地点，在没有交付给客户前，不能确认收入，但库存商品已发出并支付的运输费用，产生了资金运动，减少库存商品、增加发出商品；减少银行存款、确认销售费用。

借：发出商品——A产品　　1 200 000

　　贷：库存商品——A产品　　1 200 000

借：销售费用　　50 000

　　应交税费——应交增值税（销项税额）　　4 500

　　贷：银行存款　　54 500

步骤六：6月20日商品交付给客户，客户取得了商品的控制权，确认收入并结转成本（增值税专用发票）。

借：应收票据——镇江市江海贸易公司　　2 881 500

　　贷：主营业务收入——A产品　　2 550 000

　　　　应交税费——应交增值税（销项税额）　　331 500

借：主营业务成本——A产品　　1 200 000

　　贷：发出商品——A产品　　1 200 000

任务实施 12-8　现金折扣的核算

2020 年 12 月 4 日江苏天润机械有限公司销售一批 A 产品给天津市铸压机厂，开出的增值税专用发票上注明售价为 300 000 元，增值税税额为 39 000 元；产品已经发出并交付给对方，款项尚未收到，销售合同中规定现金折扣条件为 2/10，N/30。假定计算现金折扣时考虑增值税。

步骤一：12 月 4 日，客户取得商品的控制权，确认收入（增值税发票等）。

借：应收账款——天津市铸压机厂　　339 000

　贷：主营业务收入——A 产品　　300 000

　　应交税费——应交增值税（销项税额）　　39 000

步骤二：12 月 8 日，收到天津市铸压机厂转账支票，因其在 10 天之内付款，给予 2% 的现金折扣。

销货折扣审批单

购买单位：天津市铸压机厂

收货地址：天津市华东路 18 号　　日期：2020 年 12 月 8 日

客户分类：临时客户　　折扣类型：现金折扣（2/10，N/30）

产品名称	销货时间	收款时间	应收金额（元）	折扣率（%）	成交价格（元）
乙产品	2020. 12. 4	2020. 12. 8	339 000	2	332 220

确认现金折扣（进账单及销货折扣审批单）：

借：银行存款——中国银行　　332 220

　财务费用——现金折扣　　6 780

　贷：应收账款——天津市铸压机厂　　339 000

任务实施 12-9　销售退回的核算

江苏天润机械有限公司 2020 年 12 月 13 日，收到本月 3 日向大洋纺织机械厂销售的 5 台甲产品（因有严重的质量问题而要求退货）。公司同意退货，并于当日支付了退货款，同时按规定向购货方开出红字增值税专用发票。

步骤一：收集、整理审核红字专用发票和进货退回及索取折让证明单，冲减收入、应交增值税（销项税额）。

进货退回及索取折让证明单

2020年12月13日　　　　NO. 00015879　　　　单位：元

销售单位	全称	江苏天润机械有限公司			
	税务登记号	913200006666998998			
进货退出	货物名称	单价	数量	货款	税款
	甲产品	22 000	5	110 000	14 300
索取折让	货物名称	货款	税款	要求	
				折让金额	折让税额
退货或索取折让理由	货物存在质量问题 经办人： 单位签章： 2020年12月13日	税务征收机关盖章	经办人： 单位签章： 2020年12月13日		
货物单位	全称	大洋纺织机械厂			
	税务登记号	910433106215631000			

借：主营业务收入——甲产品　　110 000

　　应交税费——应交增值税（销项税额）　　14 300

　　贷：银行存款——中国银行　　124 300

步骤二：产品重新入库，增加库存商品，冲减当期销售成本。

销售退货入库单

2020年12月13日

产品名称及规格	计量单位	实收数量	单价（元）	金额（元）
甲产品	台	5	15 000	75 000
合　计				75 000

借：库存商品——甲产品　　75 000

　　贷：主营业务成本——甲产品　　75 000

任务实施 12－10　委托代销的核算

2020 年 12 月 8 日，江苏天润机械有限公司与乙公司签订合同：委托乙公司销售 W 商品 1 000 件，每件成本为 0.7 万元。合同约定乙公司应按每件 1 万元对外销售，江苏天润机械有限公司按不含增值税的销售价格的 10% 向乙公司支付手续费。

除非这些商品在乙公司存放期间内由于乙公司的责任发生毁损或丢失，否则在W商品对外销售之前，乙公司没有义务向江苏天润机械有限公司支付货款。乙公司不承担包销责任，没有售出的W商品可以退回给江苏天润机械有限公司，同时，江苏天润机械有限公司也有权要求收回W商品或将其销售给其他的客户。12月8日，江苏天润机械有限公司发出W商品。

12月28日，乙公司对外实际销售1 000件，开出的增值税专用发票上注明的销售价格为1 000万元，增值税税额为130万元，款项已经收到，并立即向江苏天润机械有限公司开具代销清单，12月30日双方结清货款。

江苏天润机械有限公司的账务处理如下：

步骤一：12月8日，识别合同后，确定主要责任人与代理人后，发出商品（销售合同、出库单）。

借：发出商品　　700

　　贷：库存商品　　700

步骤二：12月28日，收到代理人乙公司开具的代销清单，确认收入、结转成本、确认费用（代销清单）。

借：应收账款　　1 130

　　贷：主营业务收入　　1 000

　　　　应交税费——应交增值税（销项税额）　　130

借：主营业务成本　　700

　　贷：发出商品　　700

借：销售费用——代销手续费　　100

　　应交税费——应交增值税（进项税额）　　6

　　贷：应收账款　　106

步骤三：12月30日，收到代理人乙公司支付的货款（收款通知）。

借：银行存款　　（1 130 - 106）1 024

　　贷：应收账款　　1 024

乙公司的账务处理如下：

步骤一：12月8日，识别合同后，明确自己代理人的责任，收到受托代销商品（入库单）。

借：受托代销商品　　（1 000 × 1）1 000

　　贷：受托代销商品款　　1 000

步骤二：12月28日，实现对外销售，收到货款、发出受托代销商品、确认纳税义务（收款通知、专用发票等）。

借：银行存款　　1 130
　贷：受托代销商品　　1 000
　　应交税费——应交增值税（销项税额）　　130

步骤三：12 月 28 日，向委托方开具代销清单，收到委托人的开来的增值税专用发票、确认应付给委托方的账款（代销清单、专用发票）。

借：受托代销商品款　　1 000
　应交税费——应交增值税（进项税额）　　130
　贷：应付账款　　1 130

步骤四：12 月 30 日，支付货款并计算确认代销手续费收入（付款通知、手续费发票）。

借：应付账款　　1 130
　贷：银行存款　　1 024
　　其他业务收入——代销手续费　　100
　　应交税费——应交增值税（销项税额）　　6

任务实施 12－11　按产出法计算确定履约进度

2020 年 8 月 1 日，江苏天润机械有限公司与客户签订合同，接受一项 100 台空气净化设备安装任务。截至 2020 年 12 月 31 日，天润公司共安装 60 台空气净化设备，剩余部分预计在 2020 年 3 月 31 日之前完成。该合同仅包含一项履约义务，且该履约义务满足在某一时段内履行的条件。假定不考虑其他情况。

步骤一：判断天润公司提供安装空气净化设备的服务属于在某一时段内履行的履约义务。

步骤二：按照已完成的工作量占预计总工作量的比例确定履约进度（产出法）。

步骤三：2020 年 12 月 31 日，该合同的履约进度为 60%（60 ÷ 100）。

对于类似情况下的类似履约义务，企业应当采用相同的方法确定履约进度。当履约进度不能合理确定时，企业已经发生的成本预计能够得到补偿的，应当按照已经发生的成本金额确认收入，直到履约进度能够合理确定为止。

任务实施 12－12　某一时期履行履约义务的会计核算

光明建盛公司为增值税一般纳税人，2020 年 11 月 30 日，光明建盛公司与江苏天润机械有限公司签订一项为期 3 个月的装修合同，合同约定装修价款为 500 000 元，增值税税额为 45 000 元。合同签订当日预付总价款（含增值税）的 50%，装修完成时支付剩余 50% 的款项；当日，收到天润公司预付款项 275 000 元。2020 年

12 月 31 日，经专业测量师测量后，确定该项劳务的完工程度为 25%。截至 2020 年 12 月 31 日，光明建盛公司为完成该合同累计发生劳务成本 100 000 元，估计还将发生劳务成本 300 000 元。假定该业务属于光明建盛公司的主营业务，全部由光明建盛公司自行完成，适用的增值税税率为 9%，适用一般计税方法计税的项目预征率为 2%。

步骤一：11 月 30 日，收到客户预付的款项，确认合同负债（装修合同、收款通知）。

借：银行存款　　275 000

　　贷：合同负债　　275 000

步骤二：收到预收款时，按照规定的预征率预缴增值税（税款计算单）。

分析：根据《关于建筑服务等营改增试点政策的通知》（财税〔2017〕58 号），纳税人提供建筑服务取得预收款，应在收到预收款时，以取得预收款扣除支付的分包款后的余额，按照规定的预征率预缴增值税。适用一般计税方法计税的项目预征率为 2%，适用简易计税方法计税的项目预征率为 3%。本例中，光明建盛公司适用一般计税方法计税的项目预征率为 2%，且未将装修业务分包，其收到预收款 275 000 元时，应预缴增值税 = 275 000 ÷（1 + 9%）× 2% = 5 046（元）。

借：应交税费——预交增值税　　5 046

　　贷：银行存款　　5 046

步骤三：支付安装成本（付款通知）。

借：合同履约成本　　100 000

　　贷：银行存款　　100 000

步骤四：12 月 31 日按履约进度确认收入、结转成本（收入确认书）。

借：合同负债　　136 250

　　贷：主营业务收入　　（500 000 × 25%）125 000

　　　　应交税费——应交增值税（销项税额）　　11 250

借：主营业务成本　　100 000

　　贷：合同履约成本　　100 000

借：应交税费——未交增值税　　5 046

　　贷：应交税费——预交增值税　　5 046

任务实施 12－13　授予知识产权许可（某一时点履行履约义务）的核算

2020 年 12 月 1 日江苏天润机械有限公司向天又蓝公司转让某非专利技术的使用权，一次性收取使用费 50 000 元，增值税率 6%，不提供其他服务，款项已收到。

确认使用费收入（收款通知、专用发票）：

借：银行存款 53 000

贷：其他业务收入 50 000

应交税费——应交增值税（销项税额） 3 000

任务实施12－14 授予知识产权许可（某一期间履行履约义务）的核算

江苏天润机械有限公司于2020年12月1日向天又蓝公司转让某项非专利技术的使用权，合同约定转让期为3年，每年末收取转让费50 000元，增值税率为6%。2019年该非专利技术计提的摊销金额每月计提5 000元。

确认收入、摊销成本（收款通知、专用发票）：

借：银行存款 53 000

贷：其他业务收入 50 000

应交税费——应交增值税（销项税额） 3 000

每月计提非专利技术摊销额（成本摊销单）：

借：其他业务成本 5 000

贷：累计摊销 5 000

任务实施12－15 附有销售退回条款的销售核算

甲公司是一家健身器材销售公司。2020年10月1日，甲公司与乙公司签订合同：向乙公司销售5 000件健身器材，单位销售价格为500元，于合同签订之日发货；乙公司应于2020年12月1日之前支付货款，在2021年3月31日之前有权退还健身器材。该健身器材单位成本为400元，增值税率13%。2020年10月1日，甲公司发货后，根据过去的经验，估计该批健身器材的退货率约为20%。

步骤一：2020年10月1日，识别合同，明确履约义务，发出健身器材，确认收入、确认可能的退货（专用发票、出库单）。

借：应收账款 282.5（5 000×0.05×1.13）

贷：主营业务收入 200（5 000×0.05×80%）

预计负债——应付退货款 50（5 000×0.05×20%）

应交税费——应交增值税（销项税额） 32.5

借：主营业务成本 160（5 000×0.04×80%）

应收退货成本 40（5 000×0.04×20%）

贷：库存商品 200

步骤二：2020年12月1日，收到货款（收款通知）。

借：银行存款　　282.5

　　贷：应收账款　　282.5

步骤三：2020 年 12 月 31 日，根据市场销售情况，甲公司对退货率进行了重新评估，认为只有 10% 的健身器材会被退回，重新确认 25 万元的收入和 20 万元的销售成本（收入确认书）。

借：预计负债——应付退货款　　25（5 000 ×0.05 ×10%）

　　贷：主营业务收入　　25

借：主营业务成本　　20（5 000 ×0.04 ×10%）

　　贷：应收退货成本　　20

步骤四：2021 年 3 月 31 日发生销售退回，实际退货量为 400 件（重新入库），确认未退回收入、成本，支付退货款项（付款通知、入库单等）。

借：库存商品　　16（退回 400 ×0.04）

　　应交税费——应交增值税（销项税额）　　2.6（400 ×0.05 ×13%）

　　预计负债——应付退货款　　25（50 －25）

　　贷：应收退货成本　　16（与库存商品相同）

　　　　主营业务收入　　5（未退回 100 ×0.05）

　　　　银行存款　　22.6（退回 400 ×0.05 ×1.13）

借：主营业务成本　　4（未退回 100 ×0.04）

　　贷：应收退货成本　　4

任务实施 12 －16　合同中存在的重大融资成分的核算

2020 年 1 月 1 日，江苏天润机械有限公司与乙公司签订合同，向其销售一批产品。合同约定，该批产品将于 2 年之后交货。合同中包含两种可供选择的付款方式，即乙公司可以在 2 年后交付产品时支付 449.44 万元，或者在合同签订时支付 400 万元。乙公司选择在合同签订时支付货款。该批产品的控制权在交货时转移。江苏天润机械有限公司于 2020 年 1 月 1 日收到乙公司支付的货款。上述价格均不包含增值税，且假定不考虑相关税费影响。经计算内含利率为 6%。

步骤一：2020 年 1 月 1 日，识别合同，判断该合同包含重大融资成分，在确定交易价格时，应当对合同承诺的对价金额进行调整，对收到的货款，确认为合同负债。

收到款项、确认负债（收款通知）：

借：银行存款　　400

　　未确认融资费用　　49.44

贷：合同负债 449.44

步骤二：2020 年 12 月 31 日摊销未确认融资费用（未确认融资费用分摊计算单）。

借：财务费用 24（400×6%）

贷：未确认融资费用 24

步骤三：2021 年 12 月 31 日，一方面摊销未确认融资费用；另一方面，交付产品，确认收入。

摊销未确认融资费用、确认收入（专用发票、未确认融资费用分摊计算单）：

借：财务费用 25.44（424×6%）

贷：未确认融资费用 25.44

借：合同负债 449.44

贷：主营业务收入 449.44

12.2 确认、记录企业的期间费用

任务导入

费用是和收入相对应的，取得收入必然花费一定的成本，这种成本包括商品的成本，也包括相应的税金，还包括三项期间费用，为了取得更好的经济效益，企业应该努力降低成本费用。那作为会计人员应如何把握费用的确认与计量的方法呢？

知识准备

12.2.1 费用的认知

（一）费用的概念和特征

费用，是指企业在日常活动中发生的、会导致所有者权益减少的、与向所有者分配利润无关的经济利益的总流出。费用具有以下特点：

1. 费用是企业在日常活动中发生的经济利益总流出

费用形成于企业日常活动，而损失产生于非日常活动。企业从事生产经营活动发生的经济利益的流出（如发放职工薪酬、支付水电费）属于费用；而企业处置固定资产、

无形资产等非流动资产，因违约支付罚款、对外捐赠、自然灾害等非常原因造成财产毁损等，这些活动或事项形成的经济利益的总流出则属于企业的损失。

[扫一扫]

收入与利得、费用与损失的区别

2. 费用会导致企业所有者权益的减少

费用在本质上是企业的一种资产流出（即资产减少），根据“资产 = 负债 + 所有者权益”的等式，企业的费用最终会减少企业的所有者权益。企业生产经营过程中的有些支出并不减少企业的所有者权益，也就不应归属于费用。比如企业为第三方代收代付的款项，如代收的水电费，表现为企业现金的增加和负债的增加，但不会产生费用。

3. 费用与向所有者分配利润无关

向所有者分配利润或股利属于企业利润分配的内容，不构成企业的费用。

（二） 费用的分类

费用通常分为营业成本、期间费用及相关税费，如表 12 - 9 所示。

表 12 - 9　　费用分类及账户设置

营业成本	主营业务成本	企业销售商品、提供劳务等经常性活动发生的成本	企业一般在确认销售商品、提供劳务等主营业务收入时，或在月末将已销售商品、已提供劳务的成本结转入主营业务成本
	其他业务成本	企业确认的除主营业务活动以外的其他经营活动所发生的支出	销售材料的成本、出租包装物的成本或摊销额、出租固定资产的折旧额、出租无形资产的摊销额、采用成本模式计量下投资性房地产的折旧额或摊销额等
期间费用	管理费用	企业行政管理部门为组织和管理生产经营活动而发生的各种费用	
	销售费用	企业销售商品等过程中发生的各项费用及专设销售机构发生的各项耗费	
	财务费用	企业为筹集生产经营所需资金	利息支出（减利息收入）、汇兑损益以及相关的手续费、企业发生的现金折扣等
相关税费	税金及附加	企业在经营活动中发生的相关税费	消费税、资源税、土地增值税、城市维护建设税、教育费附加、土地使用税、车船税、印花税等
	所得税费用	企业应负担的所得税费用	当期所得税和递延所得税

[扫一扫]

费用和成本的区别

12.2.2 费用的确认和计量

（一）费用确认的原则

1. 划分收益性支出和资本化支出的原则

按照划分收益性支出和资本化支出的原则，某项支出的效益涉及几个会计年度（或几个营业周期），该项支出应予以资本化，不能作为当期的费用；如果某项支出的效益仅涉及本会计年度（一个营业周期），就应作为收益性支出在一个会计期间确认为费用。这一原则为费用的确认给定了一个时间上的总体界限。

2. 权责发生制原则

划分收益性支出和资本化支出的原则只为费用的确认做出了时间上的大致区分，而权责发生制原则规定了具体在什么时点上确认。《企业会计准则——基本准则》规定，凡是当期已经发生或应当负担的费用，不论款项是否收付，都应作为当期费用；凡是不属于当期的费用，即使款项已在本期支付，也不应当作为当期费用。

（二）费用的计量

在实际的会计工作中，一般都是以交易价格，即实际成本为依据进行会计计量的。换言之，有明确的市场价格是费用计量的首要标准。

对于固定资产等，在使用过程中可能会因某些原因进行重置，那么其折旧费应基于重置成本计提。

费用主要包括主营业务成本、其他业务成本、税金及附加、销售费用、管理费用和财务费用等，对于“主营业务成本”“其他业务成本”账户，前面已经介绍，这里重点介绍期间费用的核算。

12.2.3 记录期间费用

期间费用，是指不能直接归属于某个特定产品成本的费用。它是随着时间推移而发生的与当期产品的管理和产品销售直接相关，而与产品的产量、产品的制造过程无直接关系，即容易确定其发生的期间，而难以判别其所应归属的产品，因而不能列入产品制造成本，而在发生的当期从损益中扣除。

（一）科目设置

1. 销售费用（6601）

（1）定义：销售费用是指企业在销售商品、材料和提供劳务过程中发生的各项费用，以及专设销售机构的各项经营费用。

（2）核算内容：销售费用包括企业在销售商品过程中发生的运输费、装卸费、包装费、保险费、展览费、广告费、商品维修费、预计产品质量保证损失等费用，以及企业专设的销售机构发生的职工薪酬、业务费、折旧费、固定资产修理费等费用。

（3）明细账的设置：按企业负担的销售费用的种类进行明细核算。

2. 管理费用（6602）

（1）定义：管理费用是指企业为组织和管理生产经营活动而发生的各种费用。

（2）核算内容：包括企业在筹建期间发生的开办费、董事会和行政管理部门在企业的经营管理中发生的或者应由企业统一负担的公司经费（包括行政管理部门职工薪酬、物料消耗、低值易耗品摊销、办公费、差旅费、折旧费、修理费等其他公司经费）、工会经费、董事会费（包括董事会成员津贴、会议费和差旅费等）、聘请中介机构费、咨询费（含顾问费）、诉讼费、业务招待费、技术转让费、不符合资本化条件的研究与开发费用、排污费、绿化费、无形资产摊销费、长期待摊费用的摊销费以及企业生产车间（部门）和行政管理部门发生的固定资产日常修理费等。

（3）明细账的设置：按企业负担的管理费用的种类进行明细核算。

3. 财务费用（6603）

（1）定义：财务费用是指企业为筹集生产经营所需资金等而发生的筹资费用。

（2）核算内容：财务费用包括利息支出（减利息收入）、汇兑损益以及相关的手续费、企业发生的现金折扣或收到的现金折扣等。

（3）明细账的设置：按企业负担的财务费用的种类进行明细核算。

（二）期间费用的业务节点与账务处理

期间费用包括管理费用、销售费用、财务费用三种，其业务节点主要是发生和期末的结转。账务处理见表12－10。

表 12－10　　期间费用的业务节点与账务处理

费用类别	原始单据	业务节点与账务处理
管理费用	增值税专用发票、银行回单等	发生管理费用 借：管理费用 　　应交税费——应交增值税（进项税额） 　　贷：银行存款等
	损益类账户余额表	期末，结转管理费用时 借：本年利润 　　贷：管理费用
销售费用	增值税专用发票、银行回单等	发生销售费用 借：销售费用 　　应交税费——应交增值税（进项税额） 　　贷：银行存款等
	损益类账户余额表	期末，结转销售费用 借：本年利润 　　贷：销售费用
财务费用	增值税专用发票、银行回单等	发生利息支出、汇兑损失财务费用 借：财务费用 　　贷：银行存款等 发生利息收入、汇兑收益 借：银行存款等 　　贷：财务费用
	损益类账户余额表	期末，将财务费用的余额转入“本年利润”账户 借：本年利润 　　贷：财务费用

（注：详见任务实施 12－17、任务实施 12－18 和任务实施 12－19）

【理实差异】

费用不是费用，可能是薪酬，可能是漂白的佣金。

在某些企业，高管的薪酬可达天文数字，要交纳最高45%的个税。现实的经济社会里，企业高管降低高额个税的办法一般有两种方式：一是与地方财政沟通，地方财政能给予部分的返还；一是薪酬费用化，也就是高管找来一些费用发票进行报销。同时，医药行业的销售费用中用于市场推广费用大都超过了50%，甚至有的接近70%，而其中学术推广费用成为其中最为重要的组成部分。药企通过举办学术会议、资助课题研究，指导和引导医生开具处方药等多种形式来提升销售额。这一营销策略成为绝大多数药企所采取的积极手段。但大比例的学术推广费用所隐含的可能是税法不允许扣除的招待费、是不能拿上台面的交际应酬费，甚至可能是不合法的商业贿赂与佣金。

任务实施

任务实施 12－17 管理费用的核算

江苏天润机械有限公司向徐州百盛商城购入一批办公用品，不含税价 900 元，税率 13%。款项以现金支付，该批办公用品均被行政管理部门领用。

3200078390　　　　**江苏增值税专用发票**　　　　NO. 004894502

此联不作报销、扣税凭证使用

国家税务总局监制

开票日期：2019年12月13日

购货方	名　　称：大洋纺织机械厂 纳税人识别号：910433106215631000 地 址、电 话：徐州横行路25号 开户行及账号：工商银行正东办事处	密码区	241766<98/198273482+< 63<+64-876*98</8765/> 216+>2>7/3-+7643<>+78 2-/5452<4*-62>-9>86>> 加密版本： 01320009 82270867 2833

货物及应税劳务的名称	规格型号	单位	数量	单价	金额	税率	税额
甲产品		台	5	22 000.00	10 000.00	13%	14 300.00
合计					¥10 000.00		¥14 300.00
价税合计（大写）	壹拾贰万肆仟叁佰元整					（小写）	¥124 300.00

销货方	名　　称：江苏天润机械有限公司 纳税人识别号：913200006666998998 地 址、电 话：徐州市建国路180号 开户行及账号：中国工商银行江宁支行 740108320311	备注	江苏天润机械有限公司 913200006666998998 发票专用章

收款人：　　复核：　　开票人：　　销货单位：（章）

第一联 记账联 销货方记账凭证

根据发票及办公用品领用表编制会计分录：

借：管理费用——办公费用　　900

　　应交税费——应交增值税（进项税额）　　117

　　贷：库存现金　　1 017

任务实施 12－18　销售费用的核算

2020 年 12 月 25 日江苏天润机械有限公司向众信广告设计有限公司支付本年度电视广告设计费 550 000 元，增值税税率 6%，款项已通过银行支付。

根据专用发票编制如下会计分录：

借：销售费用——广告费　　550 000

　　应交税费——应交增值税（进项税额）　　33 000

贷：银行存款　　583 000

任务实施 12－19　财务费用的核算

2020 年 12 月 26 日江苏天润机械有限公司用银行存款支付一笔汇款手续费 10.5 元。

中国银行电汇手续费凭单

江苏天润机械有限公司：

汇款金额￥35 100.00元、电汇手续费10．50元直接从你账户中转账扣款。

中国银行徐州开发区支行

2019年12月26日

根据手续费凭单编制会计分录：

借：财务费用——手续费　　10.5

　　贷：银行存款　　10.5

12.3　确认、记录企业的所得税费用

任务导入

企业作为一个独立的法人组织，按照《企业所得税法》的规定，应对“企业所得”进行纳税，承担交纳“企业所得税”的义务。一个企业在什么情况下应交所得税？应

交多少所得税？怎么去交所得税？这些涉及所得税的业务，在会计上应如果进行核算，是财务会计工作的一项重要内容。

知识准备

《企业会计准则》和《中华人民共和国企业所得税法》是基于不同目的、遵循不同原则分别制定的，两者在资产与负债的计量标准、收入与费用的确认原则等方面存在着一定的差异，导致企业在一定时期内按照企业会计准则的要求确认的会计利润往往不等于按税法规定计算的应纳税所得额。针对会计利润与应纳税所得额之间存在的差异如何进行会计处理，就产生了所得税会计。

12.3.1　会计利润与应纳税所得额之间的差异

会计利润是会计准则的要求，采用一定的会计程序与方法确定的所得税税前利润总额。应纳税所得额是按照所得税法的要求，以一定期间应税收入减除税法准予扣除的项目后计算的应税所得。由于两者的确定依据和目的不同，因此，它们之间存在一定的差异。这种差异按其性质可分为永久性差异和暂时性差异。

（一）永久性差异

永久性差异，是指某一会计期间，由于会计准则和税法在计算收益、费用或损失时的口径不同所产生的税前会计利润与应纳税所得额之间的差异。例如，企业购买国债取得的利息收入，在会计核算上作为投资收益，计入当期利润表，但根据税法规定不属于应税收入，不计入应纳税所得额。再如，对于企业支付的违法经营罚款、税收滞纳金等，在会计上和所得税法上也采取了截然不同的处理方法。永久性差异的特点是在本期发生，不会在以后期间转回。

[扫一扫]

永久性差异的内容与处理方法

（二）暂时性差异

暂时性差异，是指资产、负债的账面价值与其计税基础不同产生的差异，该差异的存在将影响未来期间的应纳税所得额。例如，按照企业会计准则的规定，交易性金融资产期末应以公允价值计量，公允价值的变动损益计入当期损益；但按照税法规定，交易性金融资产在持有期间公允价值变动不计入应纳税所得额，待处置交易性金融资产时，按实际取得成本从处置收入中扣除，即交易金融资产的计税基础是初始投资成本，由此产生了交易性金融资产的账面价值与其计税基础之间的差异。暂时性差异的特点发生于某一会计期间，但在以后期间内能够转回。

12.3.2 所得税会计的处理方法

所得税会计是研究处理会计收益和应税收益差异的会计理论和方法。所得税会计方法有应付税款法和资产负债表债务法。

（一）应付税款法

应付税款法，是将本期税前会计利润与纳税所得之间的差异造成的影响纳税的金额直接计入当期损益，而不递延到以后各期。在应付税款法下，在应付税款法下，一般分为三个步骤：一是先把当期“会计利润”调整为“应纳税所得额”，二是计算出企业当期“应缴所得税”，三是把当期“应缴所得税”作为当期“所得税费用”。

《小企业会计准则》的规定，小企业应当在利润总额的基础上，按照企业所得税法的规定进行纳税调整，计算出当期应纳税所得额，按照应纳税所得额与适用所得税税率为基础计算确定当期应纳税额，并作为费用直接计入当期损益。

（注：详见任务实施 12－20）

（二）资产负债表债务法

《企业会计准则第 18 号——所得税》采用了资产负债表债务法核算所得税。

资产负债表债务法，是从资产负债表出发，通过比较资产负债表上列示的资产、负债按照企业会计准则规定确定的账面价值与按税法规定确定的计税基础，对于两者之间的差额区分应纳税暂时性差异和可抵扣暂时性差异，确认相关的递延所得税资产与递延所得税负债，并在此基础上确定每一期间利润表中的所得税费用。

企业进行所得税核算时一般应遵循以下程序：

（1）按照会计准则确定资产负债表中除递延所得税资产和递延所得税负债以外的其他资产和负债项目的账面价值。

（2）按照会计准则中对于资产和负债计税基础的确定方法，以适用的税收法规为基础，确定资产负债表中的有关资产、负债项目的计税基础。

（3）比较资产、负债的账面价值与其计税基础，对于两者之间存在差异的，分析其性质。除会计准则中规定的特殊情况外，分别应纳税暂时性差异与可抵扣暂时性差异，确定资产负债表日递延所得税负债和递延所得税资产的应有余额，并与期初递延所得税资产和递延所得税负债的余额相比，确定当期应确认的递延所得税资产和递延所得税负债金额或应予以转销的金额，作为构成利润表中所得税费用的递延所得税费用（或收益）。

（4）按照适用的税法规定计算确定当期应纳税所得额，将应纳税所得额与适用的所得税税率计算的结果确认为当期应交所得税，作为构成利润表中所得税费用中的当期所得税部分。

（5）确定利润表中的所得税费用。利润表中的所得税费用包括当期所得税和递延所得税两个组成部分。企业在计算确定当期所得税和递延所得税后，两者之和（或之差）即为利润表中的所得税费用。

所得税会计的处理方法与基本核算程序如图 12－2 所示。

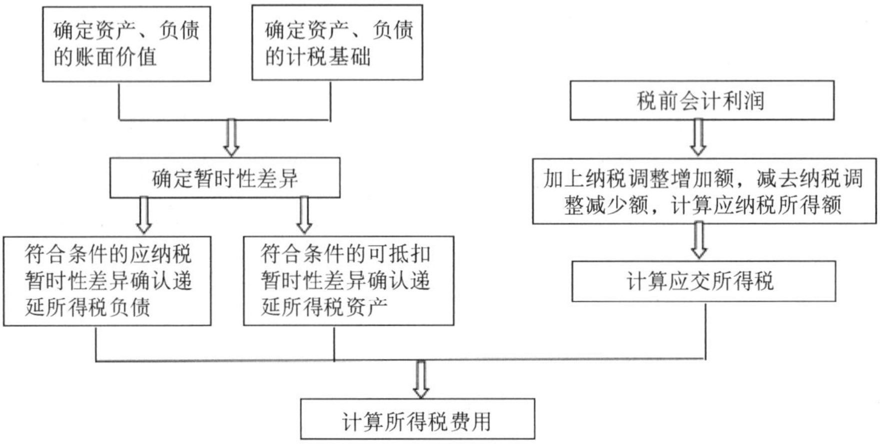

图 12－2

12.3.3 资产的计税基础与暂时性差异

资产的计税基础，是指企业收回资产账面价值过程中，计算应纳税所得额时按照税法规定可以自应税经济利益中抵扣的金额，即某一项资产在未来期间计税时可以税前扣除的金额。从税收的角度考虑，资产的计税基础是假定企业按照税法规定进行核算所提供的资产负债表中资产的应有金额。

（一）以公允价值计量且其变动计入当期损益的金融资产

按照《企业会计准则第 22 号——金融工具的确认和计量》的规定，对于以公允价值计量且其变动计入当期损益的金融资产，某一会计期末的账面价值为该时点的公允价值。税法规定，企业以公允价值进行后续计量的金融资产，持有期间公允价值的变动不计入应纳税所得额，在实际处置或结算时，处置取得的价款扣除其历史成本或以历史成本为基础确定的处置成本后的差额计入处置或结算期间的应纳税所得额。所以，企业以公允价值进行后续计量的金融资产在持有期间的计税基础仍为取得成本。

账面价值＝期末公允价值

计税基础＝取得时的成本

（注：详见任务实施 12－21）

（二） 应收账款、 存货、 投资性房地产等资产

企业的应收账款、存货、投资性房地产等资产，根据会计准则规定，企业可能对它们计提“减值准备”，形成了新的账面价值；而税法规定，企业计提的减值准备在资产发生实质性损失前不允许税前扣除，即该项资产的计税基础不会随减值准备的提取发生变化，资产的持有期间的计税基础仍是其初始的取得成本。

再如，投资性房地产。对于采用成本模式进行后续计量的投资性房地产，其账面价值与计税基础的确定与固定资产、无形资产相同；对于采用公允价值模式进行后续计量的投资性房地产，其计税基础的确定类似于固定资产或无形资产计税基础的确定。

1. 应收账款的账面价值与计税基础

账面价值 = 实际成本 − 坏账准备

计税基础 = 实际成本

2. 存货的账面价值与计税基础

账面价值 = 实际成本 − 存货跌价准备

计税基础 = 实际成本

3. 采用成本模式进行后续计量的投资性房地产

账面价值 = 实际成本 − 投资性房地产累计折旧/累计摊销 − 投资性房地产减值准备

计税基础 = 实际成本 − 按照税法规定计算确定的累计折旧/累计摊销

4. 采用公允价值模式进行后续计量的投资性房地产

账面价值 = 期末公允价值

计税基础 = 实际成本 − 按照税法规定计算确定的累计折旧/累计摊销

（三） 固定资产

以各种方式取得的固定资产，初始确认时入账价值基本上是被税法认可的，即取得时账面价值等于计税基础。固定资产在持有期间进行后续计量时会因为折旧方法、折旧年限产生的差异、计提减值准备产生的差异而产生差异。

账面价值 = 实际成本 − 会计累计折旧 − 固定资产减值准备

计税基础 = 实际成本 − 按照税法规定计算确定的累计折旧

（注：详见任务实施 12 − 22）

（四） 无形资产

1. 外购方式取得的无形资产

企业外购方式取得的无形资产，初始确认时其入账价值与税法规定的成本之间一般不存在差异。在后续计量时，会计与税收的差异主要产生于对无形资产是否需要摊销及无形资产减值准备的计提。

会计准则规定应根据无形资产使用寿命情况，区分为使用寿命有限的无形资产和使

用寿命不确定的无形资产。对于使用寿命有限的无形资产，会计上要进行摊销，也有可能计提减值准备；对于使用寿命不确定的无形资产，不要求摊销，在会计期末应进行减值测试。税法中没有界定使用寿命不确定的无形资产，要求所有无形资产的成本均应按一定期限进行摊销。

（1）使用寿命有限的无形资产

账面价值 = 实际成本 - 会计累计摊销 - 无形资产减值准备

计税基础 = 实际成本 - 税法累计摊销

（2）使用寿命不确定的无形资产

账面价值 = 实际成本 - 无形资产减值准备

计税基础 = 实际成本 - 税法累计摊销

（注：详见任务实施 12 - 23）

2. 内部研究开发形成的无形资产

对于内部研究开发形成的无形资产，会计准则规定有关研究开发支出分为两个阶段，研究阶段的支出应当费用化计入当期损益，而开发阶段符合资本化条件的支出应当计入所形成的无形资产的成本；税法规定，自行开发的无形资产，以开发过程中该资产符合资本化条件后至达到预定用途前发生的支出为计税基础。对于研究开发费用，税法规定可以加计扣除，即企业为开发新技术、新产品、新工艺发生的研究开发费用，未形成无形资产计入当期损益的，在据实扣除的基础上，再按照研究开发费用的 75% 加计扣除；形成无形资产的，按照无形资产成本的 175% 摊销。

在实际工作中，企业内部研发费用一般出于稳健的考虑，大多采用费用化，较少资本化。

12.3.4 负债的计税基础与暂时性差异

负债的计税基础，是指负债的账面价值减去未来期间计算应纳税所得额时按照税法规定可予抵扣的金额。用公式表示如下：

负债的计税基础 = 账面价值 - 未来期间按照税法规定可予税前抵扣的金额

负债的确认与偿还一般不会影响企业未来期间的损益，也不会影响其未来期间的应纳税所得额，因此未来期间计算应纳税所得额时按照税法规定可予抵扣的金额为 0，因此，负债的计税基础一般等于账面价值。例如企业的短期借款、应付账款等。但是，某些情况下，负债的确认可能会影响企业的损益，进而影响不同期间的应纳税所得额，使其计税基础与账面价值之间产生差额，如按照会计规定确认的某些预计负债。

（一）预收账款

1. 会计上、税法上在收到时都不确认收入

企业在收到客户预付的款项时，因不符合收入确认条件，会计上将其确认为负债。

税法对于收入的确认原则一般与会计规定相同，即会计上未确认收入时，计税时一般亦不计入应纳税所得额，该部分经济利益在未来期间计税时可予税前扣除的金额为0，计税基础等于账面价值。

计税基础 = 账面价值 - 未来期间按照税法规定可予税前抵扣的金额 = 0

计税基础 = 账面价值

这时，账面价值与计税基础相同，没有暂时性差异。

2. 会计上不确认收入，税法上确认收入

对于长期工程合同，税法上有条件地选择现金收付制确认收入（如房地产的预收款，收到时就产生纳税义务），计入收款当期应纳税所得额，则该预收款项的计税基础为0，因为该预收款项在产生时已经缴纳了所得税，未来期间计算应纳税所得额时可全额税前扣除。

计税基础 = 账面价值 - 未来期间按照税法规定可予税前抵扣的金额 = 0

这时，账面价值与计税基础不同，产生暂时性差异。

（二） 预计负债

1. 允许在发生时扣除的以“预计负债”计提的费用

按照《企业会计准则第13号——或有事项》规定，企业应将预计提供售后服务发生的支出在销售当期确认为费用，同时确认预计负债。而税法的规定是，与销售产品相关的支出应于发生时税前扣除。因该类事项产生的预计负债在期末的计税基础为其账面价值与未来期间可税前扣除的金额之间的差额，因有关的支出实际发生时可全额税前扣除，其计税基础为0。

（注：详见任务实施12-24）

2. 税法不允许扣除的以预计负债计提的费用

因其他事项确认的预计负债，应按照税法规定的计税原则确定其计税基础。某些情况下，某些事项确认的预计负债，税法规定其支出无论是否实际发生均不允许税前扣除，即未来期间按照税法规定可予抵扣的金额为0，则其账面价值与计税基础相同。

（注：详见任务实施12-25）

12.3.5 暂时性差异的分类

暂时性差异是指资产、负债的账面价值与其计税基础不同产生的差额。由于资产、负债的账面价值与其计税基础不同，产生了在未来收回资产或清偿负债的期间内，应纳税所得额增加或减少并导致未来期间应交所得税增加或减少的情况，在这些暂时性差异发生的当期，一般应当确认相应的递延所得税负债或递延所得税资产。根据暂时性差异对未来期间应纳税所得额的影响，分为应纳税暂时性差异和可抵扣暂时性差异。

（一）应纳税暂时性差异

应纳税暂时性差异，是指在确定未来收回资产或清偿负债期间的应纳税所得额时，将导致产生应税金额的暂时性差异。该差异在未来期间转回时，会增加转回期间的应纳税所得额，即在未来期间不考虑该事项影响的应纳税所得额的基础上，由于该暂时性差异的转回，会进一步增加转回期间的应纳税所得额和应交所得税金额。在应纳税暂时性差异产生当期，应当确认相关的递延所得税负债。

应纳税暂时性差异通常产生于以下情况：

1. 资产的账面价值大于其计税基础。

一项资产的账面价值代表的是企业在持续使用或最终出售该项资产时会取得的经济利益的总额，而计税基础代表的是一项资产在未来期间可予税前扣除的总金额。资产的账面价值大于其计税基础，该项资产未来期间产生的经济利益不能全部税前抵扣，两者之间的差额需要交所得税，产生应纳税暂时性差异。

2. 负债的账面价值小于其计税基础。

一项负债的账面价值为企业预计在未来期间清偿该项负债时的经济利益流出，而其计税基础代表的是账面价值在扣除税法规定未来期间允许税前扣除的金额之后的差额。负债的账面价值小于其计税基础，则意味着就该项负债在未来期间可以税前抵扣的金额为负数，即应在未来期间应纳税所得额的基础上调增，增加应纳税所得额和应交所得税金额，产生应纳税暂时性差异，应确认相关的递延所得税负债。

（二）可抵扣暂时性差异

可抵扣暂时性差异，是指在确定未来收回资产或清偿负债期间的应纳税所得额时，将导致产生可抵扣金额的暂时性差异。可抵扣暂时性差异在未来期间转回时会减少转回期间的应纳税所得额和相应的应交所得税，从而导致经济利益流入企业，因而在其产生当期，符合确认条件时，应确认相关的递延所得税资产。在下列情况下，将产生可抵扣暂时性差异。

1. 资产的账面价值小于计税基础

资产的账面价值小于其计税基础，意味着资产在未来期间产生的经济利益小于按照税法规定允许税前抵扣的金额，两者之间的差额可以减少企业在未来期间的应纳税所得额，从而减少未来期间的应交所得税，产生可抵扣暂时性差异。

2. 负债的账面价值大于计税基础

负债的账面价值大于其计税基础，就意味着该项负债在未来期间可予税前抵扣的金额为正数，即未来期间按照税法规定与该项负债相关的全部或部分支出可以自未来应税经济利益中扣除，从而减少未来期间的应纳税所得额和相应的应交所得税，产生可抵扣暂时性差异。

（三）特殊项目产生的暂时性差异

某些交易或事项发生以后，因为不符合资产、负债的确认条件而未体现为资产负债表中的资产或负债，但按照税法规定能够确定其计税基础的，其账面价值0与计税基础之间的差异也构成暂时性差异。如企业发生的符合条件的广告费和业务宣传费支出，除税法另有规定外，不超过当年销售收入15%的部分准予扣除；超过部分准予在以后纳税年度结转扣除。该类支出在发生时按照会计准则规定即计入当期损益，不形成资产负债表中的资产，但因按照税法规定可以确定其计税基础，两者之间的差异也形成暂时性差异。

（注：详见任务实施12－26）

【小贴士】

按照税法规定可以结转以后年度的未弥补亏损及税款抵减，虽不是因资产、负债的账面价值与计税基础不同产生的，但本质上与可抵扣暂时性差异具有同样的作用，均能够减少未来期间的应纳税所得额和应交所得税，会计处理上视同可抵扣暂时性差异，在符合确认条件的情况下，应确认与其相关的递延所得税资产。

12.3.6 确认递延所得税负债和递延所得税资产

资产负债表日，企业应通过比较资产、负债的账面价值与计税基础，在确定应纳税暂时性差异和可抵扣暂时性差异之后，进而按照会计准则规定的原则确认相关的递延所得税负债和递延所得税资产。

（一）递延所得税负债的确认和计量

应纳税暂时性差异在转回期间将增加未来期间的应纳税所得额和应交所得税，导致企业经济利益的流出，从其发生当期看，构成企业应支付税金的义务，应作为负债确认，即递延所得税负债产生于应纳税暂时性差异。

确认应纳税暂时性差异产生的递延所得税负债时，交易或事项发生时影响到会计利润或应纳税所得额的，相关的所得税影响应作为利润表中所得税费用的组成部分，增加利润表中的所得税费用；与直接计入所有者权益的交易或事项相关的，其所得税影响应增加或减少所有者权益；企业合并产生的，相关的递延所得税影响应调整购买日应确认的商誉或是计入当期损益的金额。

递延所得税负债应以相关应纳税暂时性差异转回期间适用的所得税税率计量。

（二）递延所得税资产的确认和计量

资产、负债的账面价值与其计税基础不同产生可抵扣暂时性差异的，在估计未来期间能够取得足够的应纳税所得额用以利用该可抵扣暂时性差异时，应当以很可能取得用来抵扣可抵扣暂时性差异的应纳税所得额为限，确认相关的递延所得税资产。同递延所得税负债的确认相同，有关交易或事项发生时，对会计利润或应纳税所得额产生影响的，所确认的递延所得税资产应作为利润表中所得税费用的调整；有关的可抵扣暂时性差异产生于直接计入所有者权益的交易或事项，则确认的递延所得税资产也应计入所有者权益；企业合并时产生的可抵扣暂时性差异的所得税影响，应相应调整企业合并中确认的商誉或是应计入当期损益的金额。

确认递延所得税资产时，应估计相关可抵扣暂时性差异的转回时间，采用转回期间适用的所得税税率为基础计算确定。

递延所得税资产和递延所得税负债的确认和计量如图 12－3 所示。

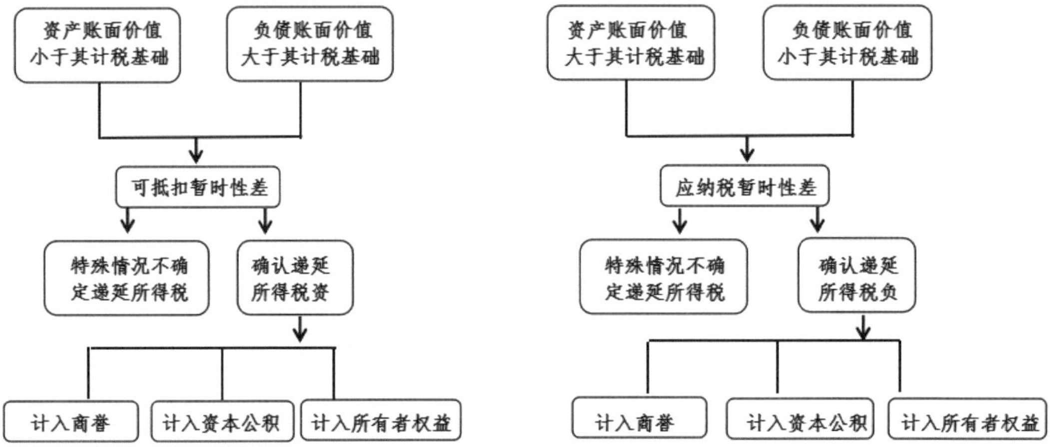

图 12－3

12.3.7　递延所得税负债和递延所得税资产的账户设置和核算内容

（一）所得税费用（6801）

（1）定义：核算企业确认的应从当期利润总额中扣除的所得税费用。

（2）核算内容：资产负债表日，企业按照税法规定计算确定的当期应交所得税，借记本科目（当期所得税费用），贷记“应交税费——应交所得税”科目；期末，应将本科目的余额转入“本年利润”科目，结转后本科目无余额。

（3）明细账的设置：按“当期所得税费用”进行明细核算。

（二）递延所得税资产（1811）

（1）定义：递延所得税资产，是根据可抵扣暂时性差异计算的未来预计可以用来抵税的资产。

（2）核算内容：核算企业根据所得税准则确认的可抵扣暂时性差异产生的所得税资产。资产负债表日，企业根据所得税准则应予确认的递延所得税资产大于本账户余额的，借记“递延所得税资产”，贷记“所得税费用——递延所得税费用”“资本公积——其他资本公积”“其他综合收益”等科目；应予确认的递延所得税资产小于本账户余额的，做相反的会计分录。

（3）明细账的设置：应当按照可抵扣暂时性差异等项目进行明细核算。

（三）递延所得税负债（2901）

（1）定义：递延所得税负债，是指根据应纳税暂时性差异计算的未来期间应付所得税的金额，构成一项未来的纳税义务，确认为一项负债。

（2）核算内容：本科目核算企业根据所得税准则确认的应纳税暂时性差异产生的所得税负债。资产负债表日，企业根据所得税准则应予确认的递延所得税负债大于本账户余额的，借记“所得税费用——递延所得税费用”“资本公积——其他资本公积”“其他综合收益”等科目，贷记“递延所得税负债”；应予确认的递延所得税负债小于本账户余额的，做相反的会计分录。

（3）明细账的设置：应当按照应纳税暂时性差异项目进行明细核算，见表12－11。

表12－11

暂时性差异	对应的科目
应纳税暂时性差异	递延所得税负债
可抵扣暂时性差异	递延所得税资产

（注：详见任务实施12－27、任务实施12－28）

12.3.8 确认所得税费用

（一）所得税费用的确认和计量

企业核算所得税，主要是为确定当期应交所得税以及利润表中的所得税费用，从而确定各期实现的净利润。按照在资产负债表债务法进行核算的情况下，利润表中的所得税费用由两个部分组成：当期所得税费用和递延所得税费用（或收益）。

1. 当期所得税费用

当期所得税费用，是指企业按照税法规定计算确定的针对当期发生的交易和事项，应缴纳给税务部门的所得税金额，即当期应交所得税。当期所得税费用应当以适用的税收法规为基础计算确定。

对于当期发生的交易或事项，会计处理与税收处理不同。企业在确定当期应交所得税时，应在会计利润的基础上，按照适用税收法规的规定进行调整，计算出当期应纳税所得额，按照应纳税所得额与适用所得税税率计算确定当期应交所得税。一般情况下，应纳税所得额可在会计利润的基础上考虑会计与税收之间的差异，按照以下公式计算确定：

应纳税所得额＝会计利润＋纳税调整增加额－纳税调整减少额＋境外应税所得弥补

境内亏损－弥补以前年度亏损

当期所得税＝当期应交所得税＝应纳税所得额×适用税率－减免税额－抵免税额

纳税调整额如表12－12所示。

表12－12　　　　纳税调整额

纳税调整增加额	纳税调整减少额
1. 企业已计入当期费用，但税法不允许扣除的项目 如税收滞纳金、行政性罚金、罚款、非公益性捐赠	1. 税法规定允许弥补的亏损（如五年内未弥补亏损）
2. 企业已计入当期费用但超过税法规定扣除标准的金额。如超标的职工工资、福利费、工会经费、职工教育费、业务招待费、公益性捐赠支出、广告费和业务宣传费	2. 税法规定准予免税的项目，如国债利息收入及符合条件的居民企业取得的股息、红利等权益性投资收益等

2. 递延所得税费用

递延所得税费用，是指按照所得税准则规定当期应予以确认的递延所得税资产和递延所得税负债金额，即递延所得税资产及递延所得税负债当期发生额的综合结果，但不包括计入所有者权益的交易或事项的所得税影响。

递延所得税费用或收益＝（递延所得税负债的期末余额－递延所得税负债的期初余额）－（递延所得税资产的期末余额－递延所得税资产的期初余额）

递延所得税资产

期初余额	
借方差额（+）	贷方差额（–）
期末余额 =期末可抵扣暂时性差异×适用税率	

递延所得税负债

	期初余额
借方差额（–）	贷方差额（+）
	期末余额 =期末应纳税暂时性差异×适用税率

3. 所得税费用

计算确定了当期所得税及递延所得税以后，利润表中应予以确认的所得税费用为两者之和，即：

所得税费用＝当期所得税费用＋递延所得税费用

所得税费用应在利润表中单独列示。

（四）所得税费用的账务处理

企业所得税费用的核算，主要包括资产负债表日核算所得税费用、结转所得税费用及申报期缴纳所得税。账务处理见表12－13。

表 12－13　　所得税费用业务的业务节点与账务处理

业务节点	原始单据	账务处理
资产负债表日，核算所得税费用时	纳税申报表等	借：所得税费用 　　递延所得税资产［或贷］ 　　贷：应交税费——应交所得税 　　　　递延所得税负债［或借］
结转所得税费用时	损益类账户余额表	借：本年利润 　　贷：所得税费用
缴纳所得税时	通用缴款书等	借：应交税费——应交所得税 　　贷：银行存款等

（注：详见任务实施 12－29）

任务实施

任务实施 12－20　应付税款法核算

长江机械厂执行《小企业会计准则》，所得税会计采用应付税款法核算，适用的所得税率为25%。2019 年度该企业实现的会计利润总额为 3 000 000 元，该企业 2019 年度其他有关资料如下：（1）长江机械厂核定的全年计税工资总额为 200 000 元，2019 年实际发放的工资为 240 000 元。（2）该企业采用直线法计提折旧，当年折旧额为 100 000 元，按照税法规定采用双倍余额递减法，当年的折旧额为 130 000 元。（3）投资收益账户中包含国债利息收入 20 000 元。

步骤一：分析纳税调整项目，应纳税所得额。

（1）超过计税工资标准应调增的应纳税所得额＝240 000－200 000＝40 000（元）；

（2）按税法规定计提固定资产折旧差额：应调减应纳税所得额＝130 000－100 000＝30 000（元）；

（3）国债利息收入免征所得税，应调减应纳税所得额 20 000（元）；

（4）应纳税所得额＝3 000 000＋40 000－30 000－20 000＝2 990 000（元）。

步骤二：计算应纳企业所得税额＝2 990 000×25%＝747 500（元）。

步骤三：进行账务处理，把当期“应缴所得税”确认为当期“所得税费用”。

借：所得税费用　　747 500

　　贷：应交税费——应交所得税　　747 500

任务实施 12-21　交易性金融资产的暂时性差异的确定

江苏天润机械有限公司2020年7月10日从公开市场以520 000元取得乙公司股票50 000股作为交易性金融资产核算，2020年12月31日，江苏天润机械有限公司尚未出售所持有乙公司股票，乙公司股票公允价值为每股13元。

步骤一：确认资产的账面价值及计税基础。

根据上述资料分析，作为交易性金融资产的乙公司股票在2020年12月31日的账面价值和计税基础如下：

账面价值＝13×50 000＝650 000（元）

计税基础＝520 000（元）

步骤二：判别暂时性差异。

暂时性差异＝账面价值－计税基础＝650 000－520 000＝130 000（元）

任务实施 12-22　固定资产暂时性差异的确定

大海公司2018年12月31日取得某项机器设备，原价为2 000万元（不含增值税），预计使用年限为10年，预计净残值为0，会计处理时按照年限平均法计提折旧；税法处理时允许采用加速折旧法计提折旧，大海公司在计税时对该项资产采用双倍余额递减法计提折旧，税法和会计估计的预计使用年限、净残值相等。计提了两年的折旧后，2020年12月31日，大海公司对该项固定资产计提了400万元的固定资产减值准备。2020年12月31日，该公司确定的该项固定资产账面价值和计税基础如下：

步骤一：确认资产的账面价值及计税基础。

设备的账面价值＝2 000－（2 000÷10）×2－400＝1 200（万元）

设备的计税基础＝2 000－2 000×20%－（2 000－2 000×20%）×20%＝1 280（万元）

步骤二：判别暂时性差异。

暂时性差异＝账面价值－计税基础＝1 200－1 280＝80（万元）

任务实施 12-23　无形资产暂时性差异的确定

江苏天润机械有限公司于2020年1月1日取得某项无形资产，成本为6 000 000元。企业根据各方面情况判断，无法合理预计其带来未来经济利益的期限，作为使用寿命不确定的无形资产。2020年12月31日，对该项无形资产进行减值测试表明未发生减值。企业在计税时，对该项无形资产按照10年的期间摊销，有关摊销额允许税前扣除。

步骤一：确认资产的账面价值及计税基础。

根据上述资料分析，会计上将该项无形资产作为使用寿命不确定的无形资产，在未发生减值的情况下，该项无形资产在2020年12月31日的账面价值和计税基础如下：

账面价值＝6 000 000（元）

计税基础＝6 000 000－600 000＝5 400 000（元）

步骤二：判别暂时性差异。

暂时性差异＝账面价值－计税基础＝6 000 000－5 400 000＝600 000（元）

任务实施12－24　预计负债暂时性差异的确定

江苏天润机械有限公司2020年因销售产品承诺提供3年的保修服务，在当年年度利润表中确认了9 000 000元销售费用，同时确认为预计负债，当年实际发生保修支出3 000 000元，预计负债的期末余额为6 000 000元。假定税法规定，与产品售后服务相关的费用可以在实际发生时税前扣除。

步骤一：确定该项预计负债的账面价值＝6 000 000（元）。

步骤二：确定该项预计负债的计税基础＝账面价值－未来期间可税前扣除的金额之间的差额＝6 000 000－6 000 000＝0（元）。

步骤三：确定暂时性差异：暂时性差异＝账面价值－计税基础＝6 000 000－0＝6 000 000（元）。

任务实施12－25　不产生预计负债暂时性差异的确定

江苏天润机械有限公司为其他公司提供银行借款担保，而被银行提起诉讼，要求其履行担保责任，该案件尚未结案。江苏天润机械有限公司预计很可能履行的担保责任为2 000 000元。假定税法规定，企业为其他单位债务提供担保发生的损失不允许在税前扣除。

步骤一：确定该项预计负债的账面价值＝2 000 000（元）。

步骤二：确定该项预计负债的计税基础＝2 000 000－0＝2 000 000（元）。

步骤三：确定暂时性差异：暂时性差异＝账面价值－计税基础＝2 000 000－2 000 000＝0（元）。

即：不产生暂时性差异。

任务实施 12－26　特殊项目（广告费）暂时性差异的确定

江苏天润机械有限公司 2020 年发生广告费 15 000 000 元，至年末已全额支付给广告公司。税法规定，企业发生的广告费、业务宣传费不超过当年销售收入 15% 的部分允许税前扣除，超过部分允许结转以后年度税前扣除。甲公司 2020 年实现销售收入 80 000 000 元。

步骤一：确认资产的账面价值及计税基础。

根据上述资料分析，广告费支出形成的资产的账面价值和计税基础如下：

账面价值 = 0（元）

计税基础 = 15 000 000 － 80 000 000 ×15% = 3 000 000（元）

步骤二：判别暂时性差异的金额。

暂时性差异 = 账面价值 − 计税基础 = 0 − 3 000 000 元 = −3 000 000（元）

步骤三：判别暂时性差异的类型。

资产的账面价值 < 计税基础，属于可抵扣暂时性差异。

任务实施 12－27　递延所得税负债的核算

江苏天润机械有限公司于 2020 年 12 月 6 日购入一台管理用设备，取得成本为 1 000 万元（不含增值税），会计上采用年限平均法计提折旧，预计使用年限为 10 年，预计净残值为零，因该资产长年处于强震动状态，计税时按双倍余额递减法计提折旧，使用年限及净残值与会计相同。A 企业适用所得税税率为 25%。假定该企业不存在其他会计与税收处理的差异。要求编制 A 企业 2020 年 12 月 31 日和 2021 年 12 月 31 日与所得税有关的会计分录。

1. 2020 年 12 月 31 日

步骤一：确认资产的账面价值及计税基础。

2020 年 12 月 31 日该项固定资产的账面价值和计税基础如下：

账面价值 = 1 000 − 1 000 ÷ 10 = 900（万元）

计税基础 = 1 000 − 1 000 × 20% = 800（万元）

步骤二：判别暂时性差异。

固定资产账面价值 > 计税基础，产生 100 万的应纳税暂时性差异，则递延所得税负债余额 = （900 － 800） ×25% = 25（万元）。

步骤三：账务处理。

2020 年 12 月 31 日

借：所得税费用　　25

贷：递延所得税负债 25

2. 2021年12月31日

步骤一：确认资产的账面价值及计税基础。

2020年12月31日该项固定资产的账面价值和计税基础如下：

账面价值 = 1 000 - 1 000 ÷ 10 × 2 = 800（万元）

计税基础 = 1 000 - 1 000 × 20% - 800 × 20% = 640（万元）

步骤二：判别暂时性差异。

固定资产账面价值 > 计税基础，产生160万的应纳税暂时性差异，则递延所得税负债余额 =（800 - 640）× 25% = 40（万元）。

步骤三：账务处理。

由于递延所得税2020年的期初余额为25万，因为本期应进一步确认递延所得税负债15万元。

借：所得税费用 15

贷：递延所得税负债 15

任务实施12-28 递延所得税资产的核算

江苏天润机械有限公司在2020年至2022年间每年应税收益分别为：-200万元、80万元、20万元，适用税率始终为25%，假设无其他暂时性差异。2020年发生亏损时，按照税法规定，该亏损可用于抵减以后5个年度的应纳税所得额，预计公司未来5年期内能够产生足够的应纳税所得额弥补该经营亏损。

根据上述资料分析：

该经营亏损虽不是因比较资产、负债的账面价值与其计税基础产生的，但从其性质来看可以减少未来期间的应纳税所得额和应交所得税，属于可抵扣暂时性差异。在企业预计未来期间能够产生足够的应纳税所得额利用该可抵扣亏损时，应确认相关的递延所得税资产。

1. 2020年资产负债表日：

借：递延所得税资产 500 000

贷：所得税费用 500 000

2. 2021年资产负债表日：

借：所得税费用 200 000

贷：递延所得税资产 200 000

3. 2022年资产负债表日：

借：所得税费用 50 000

贷：递延所得税资产　　50 000

任务实施 12－29　所得税费用的核算

江苏天润机械有限公司2020年度按企业会计准则计算的税前会计利润为80 000元，所得税税率为25%。经查，公司当年营业外支出中有2 000元为税收滞纳金。投资收益中含国债利息收入20 000元。假定天润机械有限公司全年无其他纳税调整因素。

纳税调整项目明细表　　A105000

行次	项目	账载金额	税收金额	调增金额	调减金额
		1	2	3	4
1	一、收入类调整项目（2＋3＋4＋5＋6＋7＋8＋10＋11）	*	*		
2	（一）视同销售收入（填写A105010）	*			*
3	（二）未按权责发生制原则确认的收入（填写A105020）				
4	（三）投资收益（填写A105030）	20 000			20 000
5	（四）按权益法核算长期股权投资对初始投资成本调整确认收益	*	*	*	
6	（五）交易性金融资产初始投资调整	*	*		*
7	（六）公允价值变动净损益		*		
8	（七）不征税收入		*		
9	其中：专项用途财政性资金（填写A105040）	*	*		
10	（八）销售折扣、折让和退回				
11	（九）其他				
12	二、扣除类调整项目3＋14＋15＋16＋17＋18＋19＋20＋21＋22＋23＋24＋26＋27＋28＋29）	*	*		
13	（一）视同销售成本（填写A105010）	*		*	
14	（二）职工薪酬（填写A105050）				
15	（三）业务招待费支出				*
16	（四）广告费和业务宣传费支出（填写A105060）	*	*		
17	（五）捐赠支出（填写A105070）				*
18	（六）利息支出				
19	（七）罚金、罚款和被没收财物的损失		*		*
20	（八）税收滞纳金、加收利息	2 000	*	2 000	*
21	（九）赞助支出		*		*
22	（十）与未实现融资收益相关在当期确认的财务费用				

续表

行次	项目	账载金额	税收金额	调增金额	调减金额
		1	2	3	4
23	（十一）佣金和手续费支出				*
24	（十二）不征税收入用于支出所形成的费用	*	*		*
25	其中：专项用途财政性资金用于支出所形成的费用（填写A105040）	*	*		*
26	（十三）跨期扣除项目				
27	（十四）与取得收入无关的支出		*		*
28	（十五）境外所得分摊的共同支出	*	*		*
29	（十六）其他				
30	三、资产类调整项目（31+32+33+34）	*	*		
31	（一）资产折旧、摊销（填写A105080）				
32	（二）资产减值准备金		*		
33	（三）资产损失（填写A105090）				
34	（四）其他				
35	四、特殊事项调整项目（36+37+38+39+40）	*	*		
36	（一）企业重组（填写A105100）				
37	（二）政策性搬迁（填写A105110）	*	*		
38	（三）特殊行业准备金（填写A105120）				
39	（四）房地产开发企业特定业务计算的纳税调整额（填写A105010）	*			
40	（五）其他	*	*		
41	五、特别纳税调整应税所得	*	*		
42	六、其他	*	*		
43	合计（1+12+30+35+41+42）	*	*	2 000	20 000

步骤一：计算当期应交所得税。

分析：税收滞纳金是不可以扣除的，另外国债利息收入是免征所得税的。

应纳税所得额=80 000+2 000-20 000=62 000（元）

当期应交所得税额=62 000×25%=15 500（元）

步骤二：根据所得税费用计算表编制会计分录。

借：所得税费用　　15 500

　　贷：应交税费——应交所得税　　15 500

步骤三：将所得税费用转入“本年利润”。

借：本年利润　　15 500

　　贷：所得税费用　　15 500

12.4 结转利润、分配利润

任务导入

企业领导想要了解当月的经营成果，会计人员是否要抱来账本一一翻给他看？企业实现的利润该如何分配呢？要不要遵循相关的法律法规和一定的程序？会计人员，特别是会计主管、财务负责人应该知晓企业利润和结转的方法及相关的会计核算方法，应该知晓企业利润分配应遵循的法律法规和程序，应该掌握相关的会计核算方法。

知识准备

12.4.1 利润实现的核算

（一）利润的构成

利润，是指企业在一定会计期间的经营成果。利润包括收入减去费用后的净额、直接计入所有者权益的利得和损失、未计入当期利润的利得和损失扣除所得税影响后的净额计入其他综合收益项目。净利润与其他综合收益的合计金额为综合收益总额。

1. 营业利润

营业利润，是企业利润的主要来源，是企业在日常生产经营活动过程中的收入减去费用后的净额。

营业利润 = 营业收入 - 营业成本 - 税金及附加 - 销售费用 - 管理费用 - 财务费用 - 资产减值损失 - 信用减值损失 + 公允价值变动收益（ - 公允价值变动损失） + 投资收益（ - 投资损失） + 资产处置收益（ - 资产处置损失） + 其他收益

2. 利润总额

利润总额 = 营业利润 + 营业外收入 - 营业外支出

其中：

营业外收入，是指企业发生的与日常活动无直接关系的各项利得。

营业外支出，是指企业发生的与日常活动无直接关系的各项损失。

3. 净利润

净利润 = 利润总额 - 所得税费用

其中，所得税费用，是指企业确认的应从当期利润总额中扣除的所得税费用。

（二） 营业外收支的核算

1. 科目设置

（1）营业外收入（6301）

① 定义：营业外收入，是指企业确认的与其日常活动无直接关系的各项利得。营业外收入并不是企业经营资金耗费所产生的，实际上是经济利益的净流入，不需要与有关的费用进行配比。

营业外收入，主要包括债务重组利得、与企业日常活动无关的政府补助、盘盈利得、捐赠利得等，还包括非流动资产毁损报废利得。

其中盘盈利得，主要指对于现金等清查盘点中盘盈的现金等，报经批准后计入营业外收入的金额。

捐赠利得，是指企业接受捐赠产生的利得。

非流动资产毁损报废利得，通常包括因自然灾害发生毁损、已丧失使用功能等原因而报废清理非流动资产产生的利得。

② 核算内容：本账户贷方登记企业发生的债务重组利得、与日常活动无关的政府补助、盘盈利得、捐赠利得、非流动资产毁损报废利得等；借方登记转入“本年利润”账户的金额；期末结转后，本账户应无余额。

③ 明细账的设置：按企业营业外收入项目设置明细账，进行明细核算。

（2）营业外支出（6711）

① 定义：营业外支出，是指企业发生的与其日常活动无直接关系的各项损失。主要包括：公益性捐赠支出、盘亏损失、非常损失、罚款支出、非货币性资产交换损失、债务重组损失、非流动资产毁损报废损失等。

其中公益性捐赠支出，指企业对外进行公益性捐赠发生的支出。

盘亏损失，主要指对于财产清查盘点中盘亏的资产，在查明原因并经批准后计入营业外支出的损失。

非常损失，指企业对于因客观因素（如自然灾害等）造成的损失，扣除保险公司赔偿后应计入营业外支出的净损失。

罚款支出，指企业支付的行政罚款、税务罚款，以及其他违反法律法规、合同协议等而支付的罚款、违约金、赔偿金等支出。

非流动资产毁损报废损失，通常包括因自然灾害发生毁损、已丧失使用功能等原因而报废清理非流动资产产生的损失。

② 核算内容：本账户借方登记企业发生的公益性捐赠支出、盘亏损失、非常损失、罚款支出、非货币性资产交换损失、债务重组损失、非流动资产毁损报废损失等；贷方登记转入“本年利润”账户的金额；期末结转后，本账户应无余额。

③ 明细账的设置：按企业营业外支出项目设置明细账，进行明细核算。

2. 营业外收支的业务节点及账务处理

营业外收支的业务多发生于非流动资产的处置等环节。其账务处理见表12－14。

表12－14　　营业外收支的业务节点与账务处理

业务节点	原始单据	账务处理
取得营业外收入	固定资产盘盈盘亏报告表、固定资产清算损益计算表等	企业发生营业外收入时 借：银行存款/待处理财产损溢/固定资产清理 　　贷：营业外收入
	损益类账户余额表	期末，将“营业外收入”余额转入“本年利润”科目 借：营业外收入 　　贷：本年利润 结转后，“营业外收入”科目应无余额
发生营业外支出	固定资产盘盈盘亏报告表、固定资产清算损益计算表等	企业发生营业外支出时 借：营业外支出 　　贷：银行存款/固定资产清理/待处理财产损溢
	损益类账户余额表	期末，将“营业外支出”余额转入“本年利润”科目 借：本年利润 　　贷：营业外支出 结转后，“营业外支出”科目应无余额

（三）本年利润的核算

1. 结转本年利润的方法

会计期末，结转本年利润的方法有表结法和账结法两种。

（1）表结法。

表结法下，各损益类科目每月月末只需结计出本月发生额和月末累计余额，不结转到“本年利润”科目，只有在年末时才将全年累计余额结转入“本年利润”科目。但每月月末要将损益类科目的本月发生额合计数填入利润表的本月数栏，同时将本月末累计余额填入利润表的本年累计数栏，通过利润表计算反映各期的利润（或亏损）。表结法下，年中损益类科目无须结转入“本年利润”科目，从而减少了转账环节和工作量，同时并不影响利润表的编制及有关损益指标的利用。

（2）账结法。

账结法下，每月月末均需编制转账凭证，将在账上结计出的各损益类科目的余额结转入“本年利润”科目。结转后“本年利润”科目的本月余额反映当月实现的利润或发生的亏损，“本年利润”科目的本年余额反映本年累计实现的利润或发生的亏损。账结法每月均可通过“本年利润”科目提供当月及本年累计的利润（或亏损）额，但增加了转账环节和工作量，当然，如果使用电算化由电脑自动完成，可以不考虑工作量问题。

2. 会计科目

本年利润（4103）

（1）定义：本年利润核算企业本年度实现的净利润（或发生的净亏损）。

（2）核算内容：本年利润是所有者权益类账户，贷方登记转入的各项收入与计入当期损益的利得，借方登记转入的各项费用与计入当期损益的损失，借贷相抵后的余额如果在贷方表示企业自年初至本期末累计实现的净利润，如果在借方表示企业自年初至本期末累计发生的净亏损。年度终了，应将本年利润的余额转入“利润分配——未分配利润”账户，结转后“本年利润”无余额。

（3）明细账的设置：本年利润不设置明细账。

3. 本年利润实现的业务节点与账务处理

本年利润实现的业务节点主要包括将收入、利得转入“本年利润”；将费用、损失（不含所得税）转入本年利润；最终将本年利润结转至利润分配。账务处理见表12－15。

表12－15　　本年利润实现的业务节点与账务处理

业务节点	原始单据	账务处理
结转损益类的收入及计入当期损益的利得	损益类账户余额表	会计期末，企业应将收入、利得类账户贷方余额转入“本年利润”贷方 借：主营业务收入/其他业务收入/公允价值变动损益/投资收益/资产处置收益/营业外收入等 　贷：本年利润
结转损益类的费用及计入当期损益的利得	损益类账户余额表	会计期末，企业应将费用、损失类账户借方余额转入“本年利润”借方 借：本年利润 　贷：主营业务成本/其他业务成本/税金及附加/管理费用/财务费用/销售费用/资产减值损失/资产处置收益/营业外支出等
年末，结转当年实现的净利润（或净亏损）	利润计算表	年末，企业将当年实现的净利润由“本年利润”的贷方余额转入“利润分配——未分配利润”贷方 借：本年利润 　贷：利润分配——未分配利润 若企业当年发生亏损，则由“本年利润”的借方余额转入“利润分配——未分配利润”借方 借：利润分配——未分配利润 　贷：本年利润

（注：详见任务实施12－30、任务实施12－31和任务实施12－32）

12.4.2 利润分配的核算

（一）利润分配的一般程序

利润分配，是企业根据国家规定和投资者的决议、公司章程，对企业当年可供分配的利润所进行的分配。

可供分配的利润＝当年实现的净利润（或净亏损）＋年初未分配利润（－年初未弥补亏损）＋其他转入

企业当年实现的净利润，应当按《中华人民共和国公司法》等有关法规的规定进行分配。分配顺序如下：

1. 弥补以前年度亏损

企业发生的亏损，可以用以后年度实现的利润进行弥补，但连续弥补期限不得超过五年，超过五年的用税后利润弥补。

2. 提取法定盈余公积

按照《公司法》有关规定，公司制企业应按照净利润（减弥补以前年度亏损）后的余额10%提取。非公司制企业法定盈余公积的提取比例可超过净利润的10%。法定盈余公积累计额已达注册资本的50%时可以不再提取。值得注意的是：如果以前年度未分配利润有盈余（即年初未分配利润余额为正数），在计算提取法定盈余公积的基数时，不应包括企业年初未分配利润；如果以前年度有亏损（即年初未分配利润余额为负数），应先弥补以前年度亏损再提取盈余公积。

3. 提取任意盈余公积

企业在提取法定盈余公积后，还可根据需要和可能，提取一定比例的任意盈余公积。公司制企业可根据股东会或股东大会的决议提取任意盈余公积。非公司制企业经类似权力机构批准，也可提取任意盈余公积。法定盈余公积和任意盈余公积的区别在于其各自计提的依据不同，前者以国家的法律法规为依据，后者由企业的权力机构自行决定。

4. 向投资者分配利润

企业以前年度未分配的利润，可以并入本年度向投资者进行分配。

企业的可供分配利润，在经过上述分配后，如果有剩余即为年末未分配利润（或未弥补亏损）。本年度的未分配利润可留待以后年度进行分配。企业如发生亏损，可以按规定由以后年度利润进行弥补。企业未分配的利润（或未弥补的亏损）应当在资产负债表的所有者权益项目中单独反映。

外商投资企业应当按照法律、行政法规的规定提取储备基金、企业发展基金、职工奖励基金等，中外合作经营企业按规定在合作期内以利润归还投资，以及国有工业企业按规定以利润补充的流动资本，从可供分配的利润中扣除。

（二） 会计科目

利润分配 （4104）

（1）定义：核算企业利润的分配（或亏损的弥补）和历年分配（或弥补）后的余额，它是本年利润的调整账户。

（2）核算内容：其借方反映分配到各个方面的利润，如提取法定盈余公积和应付股利等，贷方反映本年利润的结转及用盈余公积弥补的亏损等。期末余额如果在借方，表示历年积存的未弥补的亏损；如果在贷方，则表示历年积存的未分配利润。

（3）明细账的设置：分别通过“提取法定盈余公积”“提取任意盈余公积”“应付现金股利或利润”“盈余公积补亏”和“未分配利润”等进行明细核算。

（三） 利润分配的业务节点与账务处理

利润分配的业务包括提取盈余公积、向股东或投资者的现金股利或利润和年度终了结转利润分配的各明细账等。账务处理见表12－16。

表12－16　　利润分配的业务节点与账务处理

业务流程节点	原始单据	账务处理
将本年净利润转入“利润分配——未分配利润”	利润计算单	借：本年利润 　　贷：利润分配——未分配利润 若为净亏损 借：利润分配——未分配利润 　　贷：本年利润
按规定提取的盈余公积	提取盈余公积计算表	借：利润分配——提取法定盈余公积 　　　　　　——提取任意盈余公积 　　贷：盈余公积——法定盈余公积 　　　　　　　　——任意盈余公积
用盈余公积弥补亏损	股东大会决议	借：盈余公积——法定盈余公积 　　　　　　——任意盈余公积 　　贷：利润分配——盈余公积补亏
经股东大会或类似机构决议，分配给股东或投资者的现金股利或利润	股东大会决议	借：利润分配——应付利润 　　贷：应付利润
按董事会或类似机构批准的应转增资本的金额，在办理增资手续后	董事会或股东大会决议	借：利润分配 ——转作资本的利润 　　贷：实收资本等

续表

业务流程节点	原始单据	账务处理
年度终了，结转利润分配的各明细账	利润分配明细科目结转表	借：利润分配——未分配利润 贷：利润分配——提取法定盈余公积 ——提取任意盈余公积 ——应付现金股利或利润 ——转作资本的利润等

（注：详见任务实施 12－33、任务实施 12－34）

【小贴士】

企业经营中发生的亏损，应由企业自行解决。弥补亏损的渠道大体有三条：一是用以后年度税前利润弥补。按照规定，企业发生亏损，可以用以后年度实现的利润进行弥补，但弥补期限不得超过五年。二是用以后年度税后利润弥补。超过了税收规定的税前利润弥补期限，未弥补的以前年度亏损可用所得税后的利润弥补。三是用盈余公积弥补。

【小贴士】

企业发生了亏损，如同实现净利润一样，均从“本年利润”账户转入“利润分配——未分配利润”账户。结转后，“利润分配——未分配利润”账户的借方余额，即为未弥补的亏损。若第二年实现了净利润，用同样的方法自“本年利润”账户转入“利润分配——未分配利润”账户，结转后，自然抵减了上年转来的借方余额，即弥补了亏损，无须作专门的会计分录。这里还应注意，无论是税前利润补亏，还是税后利润补亏，会计处理方法都一样，区别在于企业申报缴纳所得税时，前者可以作为应纳税所得额的调整数，而后者则不能。

任务实施

任务实施 12－30　营业外收入的核算

2020 年 12 月 28 日，财务科收到生产车间工人张豪强、胡英明每人罚款 1 000 元，现金收讫。

罚款通知单

财务科：

生产车间工人张豪强、胡英明，无故旷工十天。为严肃公司纪律，以防类似事件再次发生，经经理办公室研究决定，每人罚款壹仟元，交到你科。请查收！

江苏天润机械有限公司
经理办公室
2019年12月28日

根据罚款通知单、现金收据编制会计分录：

借：库存现金 2 000

　　贷：营业外收入——罚款收入 2 000

任务实施 12-31 营业外支出的核算

2020 年 12 月 31 日江苏天润机械有限公司开出转账支票向希望工程捐款 20 000 元。

江苏省行政事业单位统一收据

2018 年 12 月 31 日

今收到 江苏天润机械有限公司

交来 希望工程捐款

人民币（大写）贰万元整 ¥20 000．00

收款单位：希望工程基金会（章） 收款人：杨林

根据收据及转账支票存根编制会计分录：

借：营业外支出——捐赠支出 20 000

　　贷：银行存款 20 000

任务实施 12-32 利润总额的结转与计算

江苏天润机械有限公司平时采用表结法计算利润总额，年末一次结转损益类账户。2020 年有关损益类账户的年末余额如表所示：

科目名称	借方余额	贷方余额
主营业务收入		200 000
其他业务收入		70 000
投资收益		6 000
其他收益		2 000
资产处置损益		1 000
营业外收入		2 000
主营业务成本	100 000	
其他业务成本	40 000	
税金及附加	20 000	
销售费用	10 000	
管理费用	3 500	
财务费用	4 000	
资产减值损失	1 000	
信用减值损失	500	
公允价值变动损益	2 000	
投资收益	4 500	
营业外支出	2 000	

步骤一：将收入类账户余额转入“本年利润”账户贷方。

借：主营业务收入　200 000
　　其他业务收入　70 000
　　投资收益　6 000
　　其他收益　2 000
　　资产处置损益　1 000
　　营业外收入　2 000
　　贷：本年利润　281 000

步骤二：将成本费用类账户余额转入“本年利润”账户借方。

借：本年利润　187 500
　　贷：主营业务成本　100 000
　　　　其他业务成本　40 000
　　　　税金及附加　20 000
　　　　销售费用　10 000
　　　　管理费用　3 500

　　　财务费用　　　　　　　　　　　　　　4 000
　　　资产减值损失　　　　　　　　　　　　1 000
　　　信用减值损失　　　　　　　　　　　　500
　　　公允价值变动损益　　　　　　　　　　2 000
　　　投资收益　　　　　　　　　　　　　　4 500
　　　营业外支出　　　　　　　　　　　　　2 000

步骤三：计算并结转所得税费用。

利润总额＝281 000－187 500＝93 500（元）

应纳税所得额＝税前会计利润＋纳税调整增加额－纳税调整减少额＝281 000－187 500＝93 500（元）

应交所得税＝应纳税所得额×所得税税率＝93 500＊25%＝23 375（元）

借：所得税费用　　　　　　　　　　　23 375
　　贷：应交税费——应交所得税　　　　　　23 375

借：本年利润　　　　　　　　　　　　23 375
　　贷：所得税费用　　　　　　　　　　　　23 375

净利润＝93 500－23 375＝70 125（元）

步骤四：将净利润转入利润分配。

借：本年利润　　　　　　　　　　　　70 125
　　贷：利润分配——未分配利润　　　　　　70 125

任务实施12－33　利润分配的核算

江苏天润机械有限公司2019年初未分配利润为贷方余额50 000元，本年实现净利润600 000元，本年提取法定盈余公积60 000元，宣告发放现金股利20 000元。假定不考虑其他因素，天润机械有限公司会计处理如下：

江苏天润机械有限公司
关于公司2019年度利润分配方案的决议

股东会会议审议了董事会关于2018年度利润分配方案的决议，经研究，形成以下决议：

项目	金额
期初未分配盈余	50000元
2019年税后净利润	600000元
本年度可供分配利润	650000元
股东现金股利	20000元

以上股东决议经出席股东大会的股东100%表决通过。

江苏天润机械有限公司
2020年3月12日

步骤一：结转净利润。

借：本年利润　600 000

　贷：利润分配——未分配利润　600 000

步骤二：提取法定盈余公积。

借：利润分配——提取法定盈余公积　60 000

　贷：盈余公积——法定盈余公积　60 000

步骤三：宣告发放现金股利。

借：利润分配——应付现金股利　20 000

　贷：应付股利——××股东　20 000

步骤四：结转利润分配其他明细。

借：利润分配——未分配利润　80 000

　贷：利润分配——提取法定盈余公积　60 000

　　　　　　——应付现金股利　20 000

任务实施 12－34　利润及利润分配的综合训练

江苏天润机械有限公司 2020 年末各损益类账户余额如下：

单位：元

账户名称	借方余额	贷方余额
主营业务收入		500 000
主营业务成本	300 000	
销售费用	8 000	
税金及附加	20 000	
管理费用	5 000	
财务费用	3 000	
其他业务收入		100 000
公允价值变动损益		30 000
其他业务成本	65 000	
资产减值损失	20 000	
信用减值损失	15 000	
投资收益		3000
其他收益		5000
资产处置损益		15000
营业外收入		10000
营业外支出	5 000	

该企业全年投资收益中含国库券利息收入 10 000 元；营业外支出中含税收滞纳金 5 000 元。所得税率为 25%。

步骤一：结转损益类账户。

借：主营业务收入	500 000	
其他业务收入	100 000	
公允价值变动损益	30 000	
投资收益	3 000	
其他收益	5 000	
资产处置损益		15 000
营业外收入		10 000
贷：本年利润		663 000
借：本年利润	441 000	
贷：主营业务成本		300 000
其他业务成本		65 000
税金及附加		20 000
营业外支出		5 000
销售费用		8 000
管理费用		5 000
财务费用		3 000
资产减值损失		20 000
信用减值损失		15 000

利润总额 = 663 000 − 441 000 = 222 000（元）

步骤二：计算并结转所得税费用。

应纳税所得额 = 税前会计利润 + 纳税调整增加额 − 纳税调整减少额 = 222 000 + 5 000 − 10 000 = 217 000（元）

应交所得税 = 应纳税所得额 × 所得税税率 = 217 000 × 25% = 54 250（元）

借：所得税费用	54 250	
贷：应交税费——应交所得税		54 250
借：本年利润	54 250	
贷：所得税费用		54 250

净利润 = 222 000 − 54 250 = 167 750（元）

步骤三：将净利润转入利润分配。

借：本年利润　　167 750
　　贷：利润分配——未分配利润　　167 750
步骤四：按税后利润的10%提取法定盈余公积。
借：利润分配——提取法定盈余公积　　16 775
　　贷：盈余公积——法定盈余公积　　16 775
步骤五：经研究决定向投资者分配利润20 000元。
借：利润分配——应付利润　　20 000
　　贷：应付利润　　20 000
步骤六：结转利润分配其他明细。
借：利润分配——未分配利润　　36 775
　　贷：利润分配——提取法定盈余公积　　16 775
　　　　　　　　——应付利润　　20 000

职业能力训练

12.1　确认、记录企业的收入

一、单项选择能力训练

1. 企业应当在履行了合同中的履约义务，即在（　　）时确认收入。

A. 客户取得相关商品控制权　　B. 商品的风险和报酬转移

C. 开具增值税发票　　D. 合同成立

2. 甲公司与客户签订合同为其建造一栋厂房，约定的价款为100万元，4个月完工，假如合同中约定若提前1个月完工，客户将额外奖励甲公司10万元，甲公司对合同估计工程提前1个月完工的概率为95%，则甲公司确认的交易价格为（　　）万元。

A. 100　　B. 10　　C. 110　　D. 105

3. 甲企业与乙企业签订一项电梯销售合同，其中有一个重要的组成部分就是负责电梯的安装工作，则甲企业确认商品销售收入的时点是（　　）。

A. 发出商品时　　B. 收到商品销售货款时

C. 商品运抵并开始安装时　　D. 商品安装完毕并检验合格时

4. 下列项目中，属于在某一时点确认收入的是（　　）。

A. 酒店管理服务

B. 为客户建造办公大楼

C. 企业履约过程中所产出的商品具有不可替代用途，且该企业在整个合同期间内有权就累计至今已完成的履约部分收取款项

D. 为客户定制的具有可替代用途的产品

二、多项选择能力训练

1. 适应收入准则的交易（　　）。

A. 安装公司提供安装服务　　B. 咨询公司提供咨询服务

C. 软件公司为客户开发软件　　D. 企业处置固定资产、无形资产

2. 依据收入准则规定，下列属于在某一时段内履行履约义务的有（　　）。

A. 客户在企业履约的同时即取得并消耗企业履约所带来的经济利益

B. 客户能够控制企业履约过程中在建的商品

C. 企业履约过程中所产出的商品具有不可替代用途，且该企业在整个合同期间内有权就累计至今已完成的履约部分收取款项

D. 企业履约过程中履约进度能够可靠计量

3. 在判断客户是否已取得商品控制权时，企业应当考虑的迹象有（　　）。

A. 客户就该商品负有现时付款义务

B. 客户已拥有该商品的法定所有权

C. 客户已实物占有该商品

D. 客户已取得该商品所有权上的主要风险和报酬

三、判断能力训练

（　　）1. 新企业会计准则中，企业应当在履行了合同中的履约义务，即客户已取得该商品所有权上的主要风险和报酬来确认收入。

（　　）2. “合同取得成本”科目核算企业为履行当前或预期取得的合同所发生的、不属于其他企业会计准则规范范围且按照收入准则应当确认为一项资产的成本。

（　　）3. 当履约进度不能合理确定时，企业已经发生的成本预计能够得到补偿的，应当按照已经发生的成本金额确认收入，直到履约进度能够合理确定为止。

（　　）4. 已经发出但不符合销售商品收入确认条件的商品的会计处理中，不会涉及“应交税费——应交增值税（销项税额）”科目。

四、应用能力实训

【实训一】

【实训目的】掌握销售折扣、销售折让、销售退回的相关业务处理。

【实训资料】江苏天润机械有限公司2020年12月发生如下经济业务，:

（1）12月2日，向乙公司销售A商品1 600件，每件不含税售价为0.5万元，增值税税率13%，商品实际成本为480万元。为了促销，给予乙公司15%的商业折扣并开具了增值税专用发票。甲公司已发出商品，并向银行办理了托收手续。

（2）12月10日，因部分A商品的规格与合同不符，乙公司退回A商品800件。当日，按规定向乙公司开具增值税专用发票（红字），销售退回允许扣减当期增值税销项税额，退回商品已验收入库。

（3）12 月 15 日，将部分退回的 A 商品作为福利发放给本公司职工，其中生产工人 500 件，行政管理人员 40 件，专设销售机构人员 60 件，该商品每件市场价格为 0.4 万元（与计税价格一致），实际成本 0.3 万元。

（4）12 月 25 日，收到丙公司来函。来函提出，2020 年 11 月 10 日所购 B 商品不符合合同规定的质量标准，要求在价格上给予 10% 的销售折让。该商品售价为 600 万元，增值税额为 78 万元，货款已结清。经认定，同意给予折让并以银行存款退还折让款，同时开具了增值税专用发票（红字）。

【实训要求】根据以上资料进行会计处理。

【实训二】

【实训目的】掌握接受劳务收入的相关业务处理。

【实训资料】江苏环宇公司于 2020 年 12 月 1 日接受一项设备安装任务，安装期为 3 个月，合同总收入 300 000 元（不含税），增值率 9%；至年底已预收安装费 220 000 元，实际发生安装费用 140 000 元，（假定均为安装人员薪酬），估计完成安装任务还需发生安装费用 60 000 元。假定按成本法确定劳务的完工进度。

【实训要求】根据以上资料进行会计处理。

【实训三】

【实训目的】掌握委托代销的相关业务处理。

【实训资料】2019 年 11 月 30 日甲公司委托丙公司销售商品 100 件，商品已经发出，每件成本为 6 万元。合同约定丙公司应按每件 10 万元对外销售，增值税税率 13%，甲公司按售价的 10% 向丙公司支付手续费。2019 年 12 月份丙公司对外实际销售 80 件，2019 年 12 月 28 日甲公司收到丙公司开具的代销清单时，向丙公司开具一张增值税专用发票。假定：2019 年 11 月 30 日甲公司发出商品时纳税义务尚未发生；甲公司商品采用实际成本核算，丙公司采用进价核算代销商品。2020 年 1 月 5 日甲公司收到货款。

【实训要求】

（1）根据上述资料做出甲公司发出商品、收到代销清单以及支付手续费、结算款项的会计处理。

（2）根据上述资料做出丙公司收到代销货物、销售代销货物、结算款项的会计处理。

12.2 确认、记录企业的期间费用

一、单项选择能力训练

1. 下列各项中，不属于费用的是（　　）。

A. 销售商品等经常性活动发生的成本

B. 预计产品质量保修费用

C. 企业发生的现金折扣

D. 因违约支付的赔偿款

2. 甲企业销售库存商品一批，收到价款200万元，该批商品成本170万元，已提存货跌价准备35万元，应结转销售成本为（　　）万元。

A. 135　　B. 165　　C. 205　　D. 170

3. 某企业某月销售商品发生商业折扣20 000元、现金折扣15 000元、销售折让25 000元。该企业上述业务计入当月财务费用的金额为（　　）万元。

A. 15 000　　B. 20 000　　C. 35 000　　D. 45 000

4. A企业2019年5月发生的经济业务有：发生生产车间管理人员工资80万元，发生行政管理人员工资60万元，计提车间用固定资产折旧10万元，支付生产车间固定资产维修费10万元，支付违约罚款5万元，支付广告费用20万元，预提短期借款利息10万元。则该企业当期的期间管理费用总额为（　　）万元。

A. 70　　B. 200　　C. 195　　D. 105

二、多项选择能力训练

1. 下列各项支出在发生时能直接确认为当期费用的是（　　）。

A. 广告费支出　　B. 固定资产安装人员工资

C. 管理部门设备维修费　　D. 专设销售机构人员的工资

2. 下列各项中，应计入税金及附加的有（　　）。

A. 自用办公楼应交的城镇土地使用税　　B. 销售应税矿产品应交的资源税

C. 销售商品应交的增值税　　D. 销售应税消费品应交的消费税

3. 下列各项中，资产的净损失报经批准应计入管理费用的是（　　）。

A. 火灾事故造成的库存商品毁损　　B. 自然灾害造成的包装物毁损

C. 属于一般经营损失的原材料毁损　　D. 无法查明原因的现金短缺

4. 下列各项中，应计入财务费用的有（　　）。

A. 银行承兑汇票手续费　　B. 购买交易性金融资产手续费

C. 外币应收账款汇兑损失　　D. 商业汇票贴现发生的贴现息

三、判断能力训练

（　　）1. 主营业务成本按主营业务的种类进行明细核算，期末，将主营业务成本转入本年利润科目，结转后本科目无余额。

（　　）2. 购买商品支付货款取得的现金折扣列入利润表“财务费用”项目。

（　　）3. 企业向银行或其他金融机构借入的各种款项所发生的利息均应计入“财务费用”。

（　　）4. 管理费用、销售费用、制造费用均属于期间费用。

四、应用能力实训

【实训目的】掌握费用相关业务的账务处理。

【实训资料】江苏天润机械有限公司2020年12月发生如下经济业务：

（1）2020年12月16日财务人员报销差旅费1 800元（原借款2 500元，交回多余款项，现金收讫）。

（2）2020年12月17日以银行存款支付银行承兑汇票承兑手续费500元。

（3）2020年12月29日，甲公司将自行开发完成的非专利技术出租给另一家公司，该非专利技术成本为240 000元，双方约定的租赁期限为10年，甲公司本月应摊销2 000元。

【实训要求】根据以上资料进行会计处理。

12.3 确认、记录企业的所得税费用

一、单项选择能力训练

1. 根据《企业会计准则》规定，企业所得税核算采用的是（　　）方法。

A. 资产负债表债务法　B. 应付税款法　C. 利润表债务法　D. 净价法

2. 当资产的账面价值大于计税基础时，产生（　　）差异。

A. 可抵扣暂时性差异　B. 应纳税暂时性差异

C. 不产生差异　D. 永久性差异

3. 当负债的账面价值小于计税基础时，产生（　　）差异。

A. 可抵扣暂时性差异　B. 应纳税暂时性差异

C. 不产生差异　D. 永久性差异

4. 某企业2020年度利润总额为3 150 000元，经查，国债利息收入为150 000元，违约罚款100 000元。假定该企业无其他纳税调整项目，适用的所得税税率为25%。该企业2020年所得税费用为（　　）万元。

A. 750 000　B. 775 000　C. 785 000　D. 815 000

5. 2019年度某企业实现利润总额为960万，当年应纳税所得额为800万元，适用的所得税税率为25%，当年影响所得税费用的递延所得税负债增加50万元。该企业2019年度利润表“所得税费用”项目本期金额为（　　）万元。

A. 250　B. 240　C. 150　D. 200

二、多项选择能力训练

1. 以下哪些属于暂时性差异（　　）。

A. 交易性金融资产公允价值上升导致的账面价值与计税基础不一致

B. 税收滞纳金

C. 折旧方法不同导致的固定资产账面价值与计税基础不一致

D. 国债利息收入

2. 下列各项中，影响利润表“所得税费用”项目金额的有（　　）。

A. 当期应交所得税　　B. 递延所得税收益

C. 递延所得税费用　　D. 代扣代缴的个人所得税

3. 关于所得税，下列说法正确的有（　　）。

A. 本期递延所得税发生额不一定会影响本期所得税费用

B. 企业应将所有应纳税暂时性差异确认为递延所得税负债

C. 企业应将所有可抵扣暂时性差异确认为递延所得税资产

D. 资产账面价值小于计税基础产生可抵扣暂时性差异

三、判断能力训练

（　　）1. 企业的所得税一定等于企业的利润总额乘以所得税税率。

（　　）2. 资产的账面价值大于计税基础，产生应纳税暂时性差异，应确认为递延所得税负债。

（　　）3. 企业应将所有的可抵扣暂时性差异确认递延所得税资产。

四、应用能力实训

【实训一】

【实训目的】掌握计税基础与暂时性差异的确认。

【实训资料】甲公司 2017 年末应收账款账面余额 200 万元，坏账准备 50 万元，2018 年末应收账款账面余额 300 万元，坏账准备 90 万元，2019 年末应收账款账面余额 350 万元，坏账准备 60 万元。甲公司 2018 年和 2019 年税前会计利润均为 200 万元，所得税率为 25% 。

【实训要求】根据上述资料填制下表：（单位：万元）

【实训二】

【实训目的】掌握所得税费用的账务处理。

【实训资料】江苏天润机械有限公司 2020 年 12 月发生如下经济业务：

江苏天润机械有限公司当期应交所得税为 5 000 000 元，递延所得税负债年初数为 400 000 元，年末数为 500 000 元，递延所得税资产年初数为 250 000 元，年末数为 200 000 元。

【实训要求】

（1）计算该公司 2020 年 12 月应确认的递延所得税费用。

（2）计算该公司 2020 年 12 月应确认的所得税费用。

（3）做出确认所得税费用的账务处理

【实训三】

【实训目的】掌握纳税调整的核算。

【实训资料】甲公司2020年度按企业会计准则计算的税前会计利润为19 800 000元，所得税税率为25%。甲公司全年实发工资、薪金为2 000 000元，职工福利费300 000元，工会经费50 000元，职工教育经费100 000元；经查，甲公司当年营业外支出中有120 000元为税收滞纳罚金。假定甲公司全年无其他纳税调整因素。

【实训要求】根据自己计算甲公司2020年度的应纳税所得额、应交所得税额。

12.4 结转利润、分配利润

一、单项选择能力训练

1. 2020年12月20日，某企业销售商品开出的增值税专用发票上注明的价款为100万元，增值税税额为13万元，全部款项已收存银行。该商品的成本为80万元，相应的跌价准备金额为5万元。不考虑其他因素，该业务使企业2019年12月营业利润增加（　　）万元。

A. 20　　B. 25　　C. 30　　D. 15

2. 下列各项中，不应计入营业外收入的有（　　）。

A. 企业接受原材料捐赠的利得

B. 与日常活动无关的政府补助

C. 盘盈的固定资产

D. 因债权单位撤销而无法支付的应付款项

3. 下列各项中，属于营业外支出核算内容的是（　　）。

A. 无法查明原因的现金短缺　　B. 固定资产报废损失

C. 因计量误差造成的存货盘亏　　D. 结转售出投资性房地产的成本

4. 年末结账后，“利润分配”账户的借方余额表示（　　）。

A. 累计未分配的利润　　B. 累计未弥补的亏损

C. 利润的分配额　　D. 利润的实现额

5. 下列各项中，不会引起利润总额发生增减变动的是（　　）。

A. 计提存货跌价准备　　B. 确认劳务收入

C. 确认所得税费用　　D. 取得持有国债的利息收入

二、多项选择能力训练

1. 下列各项中，影响企业当期营业利润的是（　　）。

A. 处置房屋的净损失　　B. 经营出租设备的折旧费

C. 向灾区捐赠商品的成本　　D. 自然灾害导致原材料毁损的净损失

2. 下列关于结转本年利润账结法的表述中，正确的有（　　）。

A. “本年利润”科目本年余额反映本年累计实现的净利润或发生的亏损

B. 各月均可通过“本年利润”科目提供当月及本年累计的利润（或亏损）额

C. 年末时需将各损益类科目的全年累计余额结转入“本年利润”科目

D. 每月月末各损益类科目需将本月的余额结转入“本年利润”科目

3. 企业利润分配包括（　　）

A. 提取盈余公积　　B. 弥补以前年度亏损

C. 交纳所得税　　D. 向投资者分配利润

4. 下列各项，影响当期利润表中利润总额的有（　　）。

A. 现金盘盈　　B. 确认所得税费用

C. 对外捐赠固定资产　　D. 固定资产出售净收益

三、判断能力训练

（　　）1. 企业本年度可供分配的利润就是当年实现的净利润。

（　　）2. 年度终了，只有在企业盈利的情况下，才应将“本年利润”科目的本年累计余额转入“利润分配——未分配利润”科目。

（　　）3. 账结法下，各损益类科目每月月末只须结计出本月发生额和月末累计余额，不结转到“本年利润”科目。

四、应用能力实训

【实训一】

【实训目的】掌握利润的计算。

【实训资料】江苏天润机械有限公司 2020 年 12 月份发生如下相关业务：

（1）12 月 4 日向 B 公司销售商品一批，按商品标价计算的金额为 200 000 元，由于是成批销售，甲公司给予客户 10% 的商业折扣，并开具了增值税专用发票，增值税税率 13%，款项尚未收回。该批商品实际成本为 150 000 元。

（2）12 月 6 日向本公司行政管理人员发放自产产品作为福利，该批产品的实际成本为 80 000 元，市场售价为 100 000 元，增值税税率 13%。

（3）12 月 10 日销售一批原材料，增值税专用发票注明售价 80 000 元，增值税税率 13%，款项收到并存入银行。该批材料的实际成本为 59 000 元。

（4）12 月 15 日经批准予以转销确实无法支付的应付账款 20 000 元。

（5）12 月 20 日 B 公司来函提出本月购买的产品中，有 80 000 元的甲产品质量不完全合格，要求在价格上给予 20 000 元的折让，经查明，符合原合同约定，同意 B 公司的要求，并办理退款手续和开具红字增值税发票，款项已通过银行存款支付。

（6）12 月 25 日以银行存款支付管理费用 20 000 元，

（7）12 月 30 日开出转账支票支付行政罚款 10 000 元。

（8）12 月 31 日计提短期借款利息 40 000 元。

（9）12 月 31 日计算销售产品应交的城市维护建设税 14 000 元，应交的教育费附加 6 000 元。

【实训要求】根据上述资料做出相应的账务处理，并计算江苏天润机械有限公司12月的营业利润、利润总额和净利润。

【实训二】

【实训目的】掌握利润形成与分配的账务处理。

【实训资料】甲公司为一般纳税人，增值税税率13%，所得税税率25%，2019年度，甲公司发生如下交易事项：

（1）6月25日，购入乙公司股票200万股，作为交易性金融资产，该股票当日公允价值2 050万元（含已宣告尚未发放现金股利50万元），另支付交易费用5万元，增值税额为0.3万元，款项已支付。

（2）7月6日，一台设备提前报废，原价40万元，已提折旧25万元，固定资产减值准备5万元；报废残料变价收入2万元，增值税额为0.34万元；发生清理费用3万元，增值税额为0.18万元，收支均用银行存款结算。

（3）12月31日，确认权益法下长期股权投资的其他权益变动为3万元。

（4）除上述事项外，当年实现营业收入15 000万元，期间费用2 000万元，税金及附加1 000万元，营业成本7 000万元。

（5）年末，当年业务招待费超标50万元，福利费超标30万元，不考虑其他调整事项。公司董事会决定按税后利润10%提取法定盈余公积，不向投资者分配利润。

【实训要求】根据上述资料完成下列内容：

（1）分别做出资料（1）-（3）的账务处理。

（2）根据资料（1）-（5）分别计算企业的利润总额、应纳税所得额、应交所得税、净利润。

（3）根据资料（5）做出企业结转净利润的账务处理。

（4）根据资料（5）做出企业计提法定盈余公积的账务处理。

项目13 编制会计报表 呈现经营状况

项目导航

知识目标

◦ 识记财务会计报告的含义
◦ 知悉资产负债表的含义及结构，掌握资产负债表相关项目的填列
◦ 知悉净利润的核算，掌握利润表相关项目的填列
◦ 了解现金流量表的内容及结构，理解其编制方法

能力目标

◦ 能描述财务会计报告的组成部分
◦ 能说出资产负债表的基本结构
◦ 能分析计算资产负债表中的有关项目、编制资产负债表
◦ 能辨析资产负债表与利润表的区别
◦ 能写出利润表的五大项目
◦ 能根据有关项目计算净利润，编制利润表
◦ 能说出现金流量的类型和现金流量表的格式

财务会计报告，是指企业对外提供的反映企业某一特定日期的财务状况和某一会计期间的经营成果、现金流量等会计信息的文件。财务报告（又称财务会计报告）包括财务报表和其他应当在财务报告中披露的相关信息和资料。财务报表是对企业财务状况（底子）、经营成果（面子）和现金流量（日子）的结构性表述，是财务报告的核心。财务报表至少应当包括下列组成部分（四表一附注）：

（1）资产负债表；

（2）利润表；

（3）现金流量表；

（4）所有者权益（或股东权益，下同）变动表；

（5）附注。

财务报表上述组成部分具有同等的重要程度。

按财务报表编报期间的不同，可以分为中期财务报表和年度财务报表。

中期财务报表，是以短于一个完整会计年度的报告期间为基础编制的财务报表，包括月报、季报和半年报等。中期财务报表至少应当包括资产负债表、利润表、现金流量表和附注。与年度财务报表相比，中期财务报表中的附注披露可适当简略。

［扫一扫］

财务报表9大风险

13.1 编制资产负债表

任务导入

资产负债表是反映企业特定时点的财务状况信息的报表，反映了企业会计主体占有的资产和承担的负债和权益，展现了资金的来源和运用情况。资产负债表包含不同的项目，有助于报表使用者判断企业生产经营活动的状况和面临的风险，并做出决策。资产负债表具有重要的意义，那么资产负债表是如何编制的呢？作为会计人员应如何掌握资产负债表的相关知识呢？

知识准备

13.1.1 资产负债表的认知

（一）资产负债表的概念

资产负债表，是反映企业在某一特定日期（如月末、季末、年末）的财务状况的报表。资产负债表是根据“资产 = 负债 + 所有者权益”这一会计等式，按照一定的分类标准和顺序，将企业在一定日期的资产、负债、所有者权益各项目进行适当排列，对大量数据进行整理汇总后编制的。

（二） 资产负债表的作用

资产负债表主要提供有关企业财务状况方面的信息，即某一特定日期关于企业资产、负债、所有者权益及其相互关系。资产负债表的作用包括：

（1）可以提供某一日期资产的总额及其结构，表明企业拥有或控制的资源及其分布情况，使用者可以一目了然地从资产负债表上了解企业在某一特定日期所拥有的资产总量及其结构；

（2）可以提供某一日期的负债总额及其结构，表明企业未来需要用多少资产或劳务清偿债务以及清偿时间；

（3）可以反映所有者所拥有的权益，据以判断资本保值、增值的情况以及对负债的保障程度。

（三） 资产负债表的结构

在我国，企业的资产负债表采用账户式结构。账户式资产负债表，是将资产负债表分为左右两方，资产项目列在报表的左方，负债和所有者权益项目列在报表的右方，使资产负债表左右两方数额平衡。资产和负债分别流动资产和非流动资产、流动负债和非流动负债列示。具体格式见图 13－1 和表 13－1。

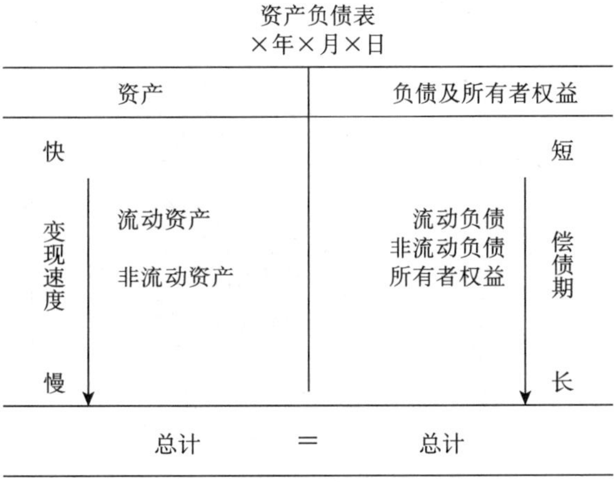

图 13－1

表 13－1 **资产负债表** 会企 01 表

（适用于已执行新金融准则、新收入准则和新租赁准则的企业）

编制单位： ____年____月____日 单位：元

资产	期末余额	上年年末余额	负债和所有者权益（或股东权益）	期末余额	上年年末余额
流动资产：			**流动负债：**		
货币资金			短期借款		
交易性金融资产			交易性金融负债		
衍生金融资产			衍生金融负债		
应收票据			应付票据		
应收账款			应付账款		
应收账款融资			预收款项		
预付款项			合同负债		
其他应收款			应付职工薪酬		
存货			应交税费		
合同资产			其他应付款		
持有待售资产			持有待售负债		
一年内到期的非流动资产			一年内到期的非流动负债		
其他流动资产			其他流动负债		
流动资产合计			流动负债合计		
非流动资产：			**非流动负债：**		
债权投资			长期借款		
其他债权投资			应付债券		
长期应收款			其中：优先股		
长期股权投资			永续债		
其他权益工具投资			租赁债务		
其他非流动金融资产			长期应付款		
投资性房地产			预计负债		
固定资产			递延收益		
在建工程			递延所得税负债		
生产性生物资产			其他非流动负债		
油气资产			非流动负债合计		
使用权资产			负债合计		
无形资产			**所有者权益（或股东权益）：**		
开发支出			实收资本（或股本）		
商誉			其他权益工具		
长期待摊费用			其中：优先股		

续表

资产	期末余额	上年年末余额	负债和所有者权益（或股东权益）	期末余额	上年年末余额
递延所得税资产			永续债		
其他非流动资产			资本公积		
非流动资产合计			减：库存股		
			其他综合收益		
			专项储备		
			盈余公积		
			未分配利润		
			所有者权益（或股东权益）合计		
资产总计			负债和所有者权益（或股东权益）总计		

【小贴士】

表示财务状况的静态三要素包括：资产、负债、所有者权益。

依据财政部财会［2019］6号文《关于修订印发2019年度一般企业财务报表格式的通知》相关规定，一般企业财务报表格式分为两种，本教材按已执行新金融准则、新收入准则和新租赁准则的企业财务报表格式讲述。

13.1.2 资产负债表各项目的填列方法（适用于已执行新金融准则、新收入准则和新租赁准则的企业）

资产负债表各项目均需填列“上年年末余额”和“期末余额”两栏。

（一）“上年年末余额”的填列

本表中的“上年年末余额”是指上年12月31日24点的数据，根据上年末有关项目的“期末余额”栏内所列数据填列。如果本年度资产负债表规定的各个项目名称和内容与上年度不一致，应按照本年度的规定对上年年末资产负债表各项目的名称和内容进行调整，按调整后的数字填入本表“上年年末余额”栏内。

（二）“期末余额”的填列

“期末余额”，是指某一会计期末的数字，如月末或年末的数字。资产负债表各项目“期末余额”的数据来源，可以通过以下几种方式取得：

（1）直接根据总账账户的余额填列；

（2）根据有关明细账户的余额计算填列；

（3）根据总账账户和明细账户的余额分析计算填列；

（4）根据有关账户余额与其备抵账户抵销后的净额填列；

（5）综合运用上述填列方法分析填列；

（6）备查登记簿记录。

（三）资产负债表各项目的填列方法

1. 资产项目的填列

（1）“货币资金”项目，反映企业库存现金、银行结算户存款、外埠存款、银行汇票存款、银行本票存款、信用卡存款、信用证保证金存款等的合计数。本项目应根据“库存现金”“银行存款”“其他货币资金”科目期末余额的合计数填列。

“货币资金”项目 = “库存现金”科目期末余额 + “银行存款”科目期末余额 + “其他货币资金”科目期末余额

（2）“交易性金融资产”项目，反映资产负债表日企业分类为以公允价值计量且其变动计入当期损益的金融资产，以及企业持有的直接指定为以公允价值计量且其变动计入当期损益的金融资产的期末账面价值。该项目应根据“交易性金融资产”科目的相关明细科目期末余额分析填列。自资产负债表日起超过一年到期且预期持有超过一年的以公允价值计量且其变动计入当期损益的非流动金融资产的期末账面价值，在“其他非流动金融资产”项目反映。

“交易性金融资产” = “交易性金融资产——成本”科目期末余额 + “交易性金融资产——公允价值变动”科目借方期末余额（或 − “交易性金融资产——公允价值变动”科目贷方期末余额）

（3）“应收票据”项目，反映资产负债表日以摊余成本计量的、企业因销售商品、提供服务等收到的商业汇票，包括银行承兑汇票和商业承兑汇票。该项目应根据“应收票据”科目的期末余额，减去“坏账准备”科目中相关坏账准备期末余额后的金额填列。

“应收票据”项目 = “应收票据”科目的期末余额 − “坏账准备”科目中有关应收票据计提的坏账准备期末余额

（4）“应收账款”项目，反映资产负债表日以摊余成本计量的、企业因销售商品、提供服务等经营活动应收取的款项。该项目应根据“应收账款”科目的期末余额，减去“坏账准备”科目中相关坏账准备期末余额后的金额填列。如果“预收账款”存在借方明细账，也应在本项目列报。

“应收账款”项目 = “应收账款”科目所属各明细科目的期末借方余额 + “预收账款”科目所属各明细科目的期末借方余额 − “坏账准备”科目中有关应收账款计提的坏账准备期末余额

（5）“应收账款融资”项目，反映资产负债表日以公允价值计量且其变动计入其他综合收益的应收票据和应收账款。

（6）“预付款项”项目，反映企业按照购货合同规定预付给供应单位的款项等。本项目应根据“预付账款”和“应付账款”科目所属各明细科目的期末借方余额合计数，减去“坏账准备”科目中有关预付款项计提的坏账准备期末余额后的金额填列。如“预付账款”科目所属各明细科目期末有贷方余额的，应在资产负债表“应付账款”项目内填列。

“预付款项”项目＝“预付账款”科目所属各明细科目的期末借方余额＋“应付账款”科目所属各明细科目的期末借方余额－“坏账准备”科目中有关预付款项计提的坏账准备

（7）“其他应收款”项目，应根据“应收利息”“应收股利”和“其他应收款”科目的期末余额合计数，减去“坏账准备”科目中相关坏账准备期末余额后的金额填列。

“其他应收款”项目＝“其他应收款”科目的期末余额＋“应收利息”科目的期末余额＋“应收股利”科目的期末余额－“坏账准备”科目中有关“其他应收款、应收利息、应收股利”计提的坏账准备

（8）“存货”项目，反映企业期末在库、在途和在加工中的各种存货的可变现净值。本项目应根据“材料采购”“原材料”“低值易耗品”“库存商品”“周转材料”“委托加工物资”“委托代销商品”“生产成本”“受托代销商品”等科目的期末余额合计，减去“受托代销商品款”“存货跌价准备”科目期末余额后的金额填列。材料采用计划成本核算，以及库存商品采用计划成本核算或售价核算的企业，还应按加或减材料成本差异、商品进销差价后的金额填列。

“存货”项目＝（“材料采购”“原材料”“周转材料”“委托加工物资”等科目的期末余额）＋（“生产成本”科目的期末余额）＋（“库存商品”“委托代销商品”“发出商品”“受托代销商品”科目的期末余额）－“受托代销商品款”科目期末余额－“存货跌价准备”科目期末余额±材料成本差异科目期末余额

企业按相关规定确认为资产的合同履约成本，如果“合同履约成本”科目的明细科目初始确认时摊销期限没有超过一年或一个正常营业周期，在“存货”项目中填列，已计提减值准备的，还应减去“合同履约成本减值准备”科目中相关的期末余额后的金额填列。

（9）“合同资产”项目，反映企业已向客户转让商品而有权收取对价的权利，且该权利取决于时间流逝之外的其他因素。本项目应根据“合同资产”相关明细科目的期末余额分析填列。同一合同下的合同资产和合同负债应当以净额列示，其中净额为借方余额的，应当根据其流动性在“合同资产”或“其他非流动资产”项目中填列，已计提减值准备的，还应减去“合同资产减值准备”科目中相关的期末余额后的金额填列。

（10）“持有待售资产”项目，反映资产负债表日划分为持有待售类别的非流动资产及划分为持有待售类别的处置组中的流动资产和非流动资产的期末账面价值。该项目

应根据“持有待售资产”科目的期末余额，减去“持有待售资产减值准备”科目的期末余额后的金额填列。

（11）“一年内到期的非流动资产”项目，通常反映预计自资产负债表日起一年内变现的非流动资产。对于按照相关会计准则采用折旧（或摊销、折耗）方法进行后续计量的固定资产、无形资产和长期待摊费用等非流动资产，折旧（或摊销、折耗）年限（或期限）只剩一年或不足一年的，或预计在一年内（含一年）进行折旧（或摊销、折耗）的部分，不得归类为流动资产，仍在各该非流动资产项目中填列，不转入“一年内到期的非流动资产”项目。

（12）“其他流动资产”项目，反映企业除货币资金、交易性金融资产、应收票据、应收账款、存货等流动资产以外的其他流动资产。本项目应根据有关科目的期末余额填列。企业按相关规定确认为资产的合同取得成本，如果初始确认时摊销期限没有超过一年或一个正常营业周期，也在“其他流动资产”项目中填列，已计提减值准备的，还应减去“合同取得成本减值准备”科目中相关的期末余额后的金额填列。企业按相关规定确认为资产的应收退货成本，如果“应收退货成本”能在一年或一个正常营业周期内出售，在“其他流动资产”项目中填列。

（13）“债权投资”项目，反映资产负债表日企业以摊余成本计量的长期债权投资的期末账面价值。该项目应根据“债权投资”科目的相关明细科目期末余额，减去“债权投资减值准备”科目中相关减值准备的期末余额后的金额分析填列。自资产负债表日起一年内到期的长期债权投资的期末账面价值，在“一年内到期的非流动资产”项目反映。企业购入的以摊余成本计量的一年内到期的债权投资的期末账面价值，在“其他流动资产”项目反映。

（14）“其他债权投资”项目，反映资产负债表日企业分类为以公允价值计量且其变动计入其他综合收益的长期债权投资的期末账面价值。该项目应根据“其他债权投资”科目的相关明细科目的期末余额分析填列。自资产负债表日起一年内到期的长期债权投资的期末账面价值，在“一年内到期的非流动资产”项目反映。企业购入的以公允价值计量且其变动计入其他综合收益的一年内到期的债权投资的期末账面价值，在“其他流动资产”项目反映。

（15）“长期应收款”项目，反映企业长期应收款净额。本项目根据“长期应收款”期末余额，减去一年内到期的部分、“未确认融资收益”账户期末余额、“坏账准备”账户中按长期应收款计提的坏账损失后的金额填列。

（16）“长期股权投资”项目，反映企业持有的对子公司、联营企业和合营企业的长期股权投资。本项目应根据“长期股权投资”科目的期末余额，减去“长期股权投资减值准备”科目期末余额后的金额填列。

（17）“其他权益工具投资”项目，反映资产负债表日企业指定为以公允价值计量且其变动计入其他综合收益的非交易性权益工具投资的期末账面价值。该项目应根据“其他权益工具投资”科目的期末余额填列。

（18）“投资性房地产”项目，反映企业持有的投资性房地产。企业采用成本模式计量投资性房地产的，本项目应根据“投资性房地产”科目的期末余额，减去“投资性房地产累计折旧（摊销）”和“投资性房地产减值准备”科目期末余额后的金额填列；企业采用公允价值模式计量投资性房地产的，本项目应根据“投资性房地产”科目的期末余额填列。

（19）“固定资产”项目，反映资产负债表日企业固定资产的期末账面价值和企业尚未清理完毕的固定资产清理净损益。该项目应根据“固定资产”科目的期末余额，减去“累计折旧”和“固定资产减值准备”科目的期末余额后的金额，以及“固定资产清理”科目的期末余额填列。

“固定资产”项目 = “固定资产”科目的期末余额 − “累计折旧”科目期末余额 − “固定资产减值准备”科目期末余额 + “固定资产清理”科目的期末余额

（20）“在建工程”项目，反映资产负债表日企业尚未达到预定可使用状态的在建工程的期末账面价值和企业为在建工程准备的各种物资的期末账面价值。该项目应根据“在建工程”科目的期末余额，减去“在建工程减值准备”科目的期末余额后的金额，以及“工程物资”科目的期末余额，减去“工程物资减值准备”科目的期末余额后的金额填列。

“在建工程”项目 = “在建工程”科目的期末余额 − “在建工程减值准备”科目的期末余额 + “工程物资”科目的期末余额 − “工程物资减值准备”科目的期末余额

（21）“使用权资产”项目，反映资产负债表日承租人企业持有的使用权资产的期末账面价值。该项目应根据“使用权资产”科目的期末余额，减去“使用权资产累计折旧”和“使用权资产减值准备”科目的期末余额后的金额填列。

（22）“无形资产”项目，反映企业持有的无形资产，包括专利权、非专利技术、商标权、著作权、土地使用权等。本项目应根据“无形资产”科目的期末余额，减去“累计摊销”和“无形资产减值准备”科目期末余额后的金额填列。

（23）“开发支出”项目，反映企业开发无形资产过程中能够资本化形成无形资产成本的支出部分。本项目应根据“研发支出”科目中所属的“资本化支出”明细科目期末余额填列。

（24）“商誉”项目，反映企业合并中形成的商誉的价值。本项目应根据“商誉”科目的期末余额，减去相应减值准备后的金额填列。

（25）“长期待摊费用”项目，反映企业已经发生但应由本期和以后各期负担的分摊期限在一年以上的各项费用。长期待摊费用中在一年内（含一年）摊销的部分，在资产负债表“一年内到期的非流动资产”项目填列。本项目应根据“长期待摊费用”科目的期末余额减去将于一年内（含一年）摊销的数额后的金额填列。

（26）“递延所得税资产”项目，反映企业确认的可抵扣暂时性差异产生的递延所得税资产，本项目应根据“递延所得税资产”科目的期末余额填列。

（27）“其他非流动资产”项目，反映企业除长期股权投资、固定资产、在建工程、工程物资、无形资产等资产以外的其他非流动资产。本项目应根据有关科目的期末余额填列。

企业按相关规定确认为资产的合同取得成本，如果初始确认时摊销期限超过一年或一个正常营业周期，也在“其他非流动资产”项目中填列，已计提减值准备的，还应减去“合同取得成本减值准备”科目中相关的期末余额后的金额填列。

企业按相关规定确认为资产的合同履约成本，如果初始确认时摊销期限超过一年或一个正常营业周期，也在“其他非流动资产”项目中填列，已计提减值准备的，还应减去“合同履约成本减值准备”科目中相关的期末余额后的金额填列。

企业按相关规定确认为资产的应收退货成本，如果“应收退货成本”不能在一年或一个正常营业周期内出售，则在“其他非流动资产”项目中填列。

2. 负债项目的填列

（1）“短期借款”项目，反映企业向银行或其他金融机构等借入的期限在一年以下（含一年）的借款。本项目应根据“短期借款”科目的期末余额填列。

（2）“交易性金融负债”项目，反映资产负债表日企业承担的交易性金融负债，以及企业持有的指定为以公允价值计量且其变动计入当期损益的金融负债的期末账面价值。该项目应根据“交易性金融负债”科目的相关明细科目的期末余额填列。

（3）“应付票据”项目，反映资产负债表日以摊余成本计量的、企业因购买材料、商品和接受服务等开出、承兑的商业汇票，包括银行承兑汇票和商业承兑汇票。该项目应根据“应付票据”科目的期末余额填列。

（4）“应付账款”项目，反映资产负债表日以摊余成本计量的、企业因购买材料、商品和接受服务等经营活动应支付的款项。该项目应根据“应付账款”和“预付账款”科目所属的相关明细科目的期末贷方余额合计数填列。

“应付账款”＝“应付账款”科目所属各明细科目的期末贷方余额＋“预付账款”科目所属各明细科目的期末贷方余额

（5）“预收款项”项目，反映企业按照购货合同规定预付给供应单位的款项。本项目应根据“预收账款”和“应收账款”科目所属各明细科目的期末贷方余额合计数填列。如“预收账款”科目所属各明细科目期末有借方余额，应在资产负债表“应收账款”项目内填列。

“预收款项”项目＝“预收账款”科目所属各明细科目的期末贷方余额＋“应收账款”科目所属各明细科目的期末贷方余额

（6）“合同负债”项目，反映企业已收或应收客户对价而应向客户转让商品的义务。本项目应根据“合同负债”科目的相关明细科目的期末余额分析填列，同一合同下的合同资产和合同负债应当以净额列示，其中净额为贷方余额的，应当根据其流动性在“合同负债”或“其他非流动负债”项目中填列。

（7）“应付职工薪酬”项目，反映企业根据有关规定应付给职工的工资、职工福利、社会保险费、住房公积金、工会经费、职工教育经费、非货币性福利、辞退福利等各种薪酬。外商投资企业按规定从净利润中提取的职工奖励及福利基金，也在本项目列示。

（8）“应交税费”项目，反映企业按照税法规定计算应交纳的各种税费，包括增值税、消费税、所得税、资源税、土地增值税、城市维护建设税、房产税、土地使用税、车船使用税、教育费附加、矿产资源补偿费等。企业代扣代交的个人所得税，也通过本项目列示。企业所交纳的税金不需要预计应交数的，如印花税、耕地占用税等，不在本项目列示。本项目应根据“应交税费”科目的期末贷方余额填列；如“应交税费”科目期末为借方余额，应以“－”号填列。

（9）“其他应付款”项目，应根据“应付利息”“应付股利”和“其他应付款”科目的期末余额合计数填列。其中的“应付利息”仅反映相关金融工具已到期应支付但于资产负债表日尚未支付的利息。基于实际利率法计提的金融工具的利息应包含在相应金融工具的账面余额中。

“其他应付款”项目＝“其他应付款”科目期末余额＋“应付利息”科目期末余额＋“应付股利”科目期末余额

（10）“持有待售负债”项目，反映资产负债表日处置组中与划分为持有待售类别的资产直接相关的负债的期末账面价值。该项目应根据“持有待售负债”科目的期末余额填列。

（11）“一年内到期的非流动负债”项目，反映企业非流动负债中将于资产负债表日后一年内到期部分的金额，如将于一年内偿还的长期借款。本项目应根据有关科目的期末余额填列。

（12）“其他流动负债”项目，反映企业除短期借款、交易性金融负债、应付票据、应付账款、应付职工薪酬、应交税费等流动负债以外的其他流动负债。本项目应根据有关科目的期末余额填列。

企业按相关规定确认为预计负债的应付退货款，如果“应付退货款”明细科目能在一年或一个正常营业周期内清偿，在“其他流动负债”项目中填列。

（13）“长期借款”项目，反映企业向银行或其他金融机构借入的期限在一年以上（不含一年）的各项借款。本项目应根据“长期借款”科目的期末余额填列，还要减去将于一年内到期的长期借款。

（14）“租赁负债”项目，反映资产负债表日承租人企业尚未支付的租赁付款额的期末账面价值。该项目应根据“租赁负债”科目的期末余额填列。自资产负债表日起一年内到期应予以清偿

的租赁负债的期末账面价值，在“一年内到期的非流动负债”项目反映。

（15）“长期应付款”项目，反映资产负债表日企业除长期借款和应付债券以外的其他各种长期应付款项的期末账面价值。该项目应根据“长期应付款”科目的期末余额，减去相关的“未确认融资费用”科目的期末余额后的金额，以及“专项应付款”科目的期末余额填列。

（16）“预计负债”项目，反映企业确认的对外提供担保、未决诉讼、产品质量保证、重组义务、亏损性合同等预计负债。本项目应根据“预计负债”科目的期末余额填列。企业按相关规定确认为预计负债的应付退货款，如果“应付退货款”明细科目不能在一年或一个正常营业周期内清偿，在“预计负债”项目中填列。

（17）“递延收益”项目中摊销期限只剩一年或不足一年的，或预计在一年内（含一年）进行摊销的部分，不得归类为流动负债，仍在该项目中填列，不转入“一年内到期的非流动负债”项目。

（18）“递延所得税负债”项目，反映企业确认的应纳税暂时性差异产生的所得税负债。本项目应根据“递延所得税负债”科目的期末余额填列。

（19）“其他非流动负债”项目，反映企业除长期借款、应付债券等负债以外的其他非流动负债。本项目应根据有关科目的期末余额减去将于一年内（含一年）到期偿还数后的余额填列。非流动负债各项目中将于一年内（含一年）到期的非流动负债，应在“一年内到期的非流动负债”项目内单独反映。

3. 所有者权益项目的列报说明

（1）“实收资本（或股本）”项目，反映企业各投资者实际投入的资本（或股本）总额。本项目应根据“实收资本”（或“股本”）科目的期末余额填列。

（2）“其他权益工具”项目，反映资产负债表日企业发行在外的除普通股以外分类为权益工具的金融工具的期末账面价值。对于资产负债表日企业发行的金融工具，分类为金融负债的，应在“应付债券”项目填列，对于优先股和永续债，还应在“应付债券”项目下的“优先股”项目和“永续债”项目分别填列；分类为权益工具的，应在“其他权益工具”项目填列，对于优先股和永续债，还应在“其他权益工具”项目下的“优先股”项目和“永续债”项目分别填列。

（3）“资本公积”项目，反映企业资本公积的期末余额。本项目应根据“资本公积”科目的期末余额填列。

（4）“库存股”项目，反映企业持有尚未转让或注销的本公司股份金额。本项目应根据“库存股”科目的期末余额填列。

（5）“专项储备”项目，反映高危行业企业按国家规定提取的安全生产费的期末账面价值。该项目应根据“专项储备”科目的期末余额填列。

（6）“盈余公积”项目，反映企业盈余公积的期末余额。本项目应根据“盈余公积”科目的期末余额填列。

（7）“未分配利润”项目，反映企业尚未分配的利润。本项目平时应根据“本年利润”科目和“利润分配”科目的余额计算填列；年末根据“利润分配——未分配利润”余额填列。未弥补的亏损在本项目内以“－”号填列。

（注：详见任务实施13－1至任务实施13－6）

任务实施

任务实施13－1　“货币资金”项目金额的确定

江苏天润有限公司2020年12月31日结账后，“库存现金”账户余额为12 000元，“银行存款”账户余额为2 000 000元，“其他货币资金”账户余额为80 000元。

“货币资金”项目的金额＝“库存现金”账户余额＋“银行存款”账户余额＋“其他货币资金”账户余额＝12 000＋2 000 000＋80 000＝2 092 000（元）。

任务实施13－2　“应收（付）票据”“应收（付）账款”“预收（付）账款”项目的金额确定

江苏天润有限公司2020年12月31日结账后有关科目所属的明细科目借、贷方余额如下表所示（假设“应收票据”没有计提“坏账准备”；“坏账准备”科目中为“应收账款”计提的坏账准备是1 500元）。

单位：元

科目名称	明细科目借方余额合计	明细科目贷方余额合计
应收票据	1 000 000	
应收账款	800 000	50 000
预付账款	400 000	30 000
应付票据		2 000 000
应付账款	200 000	900 000
预收账款	300 000	700 000

该公司2020年12月31日的资产负债表中，相关项目的金额填列如下：

“应收票据”项目＝1 000 000（元）

“应收账款”项目 =800 000 +300 000 − 1 500 =1 098 500（元）

“预付账款”项目 = 400 000 +200 000 =600 000（元）

“应付票据”项目 = 2 000 000（元）

“应付账款”项目 =900 000 +30 000 =930 000（元）

“预收账款”项目 =700 000 +50 000 =750 000（元）

任务实施 13 −3　“存货”项目金额的确定

江苏天润有限公司 2020 年 12 月 31 日结账后，有关账户余额如下：

“在途物资”科目余额为 40 000 元，“原材料”科目余额为 800 000 元，“材料成本差异”科目 20 000 元（贷方）。

“周转材料”科目余额为 20 000 元，“库存商品”科目余额为 80 000 元，“委托加工物资”科目余额为 10 000 元，“生产成本”科目余额为 30 000 元，“存货跌价准备”科目贷方余额为 60 000 元。

“存货”项目的金额 =40 000 +800 000 −20 000 +20 000 +80 000 +10 000 +30 000 −60 000 =900 000（元）。

任务实施 13 −4　“固定资产”项目金额的确定

江苏天润有限公司 2020 年 12 月 31 日结账后“固定资产”科目余额为 500 000 元，“累计折旧”科目余额为 45 000 元，“固定资产减值准备”科目余额 5 000 元。

“固定资产”项目的金额 =500 000 −45 000 −5000 =450 000（元）。

任务实施 13 −5　“长期借款”项目金额的确定

江苏天润有限公司 2020 年 12 月 31 日资产负债表中长期借款情况如下：

C 借款起始日期	借款期限（年）	金额（元）
2019 年 3 月 1 日	3	1 000 000
2018 年 5 月 1 日	5	2 000 000
2017 年 6 月 1 日	4	1 500 000
合计		4 500 000

“长期借款”项目的金额 =1 000 000 +2 000 000 =3 000 000（元）

或 =4 500 000 −1 500 000 =3 000 000（元）

注：“长期借款”总账科目余额，减去一年内到期的长期借款金额。

任务实施 13－6 “未分配利润”项目金额的确定

江苏天润有限公司 2020 年 12 月末有关总账如下：

“本年利润”期末余额为 10 000 元（贷方），“利润分配”期末余额为 7 500 元（借方）。

“未分配利润”项目金额为 =10 000－7 500 =2 500（元）。

【小贴士】

数据显示，2020 年以来，已有 12 家上市公司因财务造假被处罚，或收到行政处罚事先告知书。近年来，财务舞弊现象频发，严重挑战信息披露制度的严肃性，严重威胁市场参与者对财务信息的信心，严重毁坏市场诚信基础，严重损害投资者利益。财务报表舞弊是为了欺骗报告使用者而对财务报告中列示的数字或财务报表附注进行有意识的错报或忽略。会计人员是舞弊行为的主要执行者，严重违反了诚信这一必备素养。“不做假账”是会计人员恪守诚信职业道德的底线，如果任由不讲信用、欺骗欺诈的不正之风，必将损害正常的经济秩序，影响整个社会的稳定发展。

13.2 编制利润表

任务导入

利润表是反映企业在一定会计期间的经营成果的财务报表。企业营业收入如何？成本费用如何？盈利能力如何？毛利率、净利率等关键核心指标都在此表体现，是企业一张重要的报表。利润表的结构、项目、编制方法是会计人员必须掌握的知识。

知识准备

13.2.1 利润表的认知

（一）利润表的概念

利润表又称损益表，是反映企业在一定会计期间经营成果的报表。通过利润表可以了解企业某一期间实现净利润或发生亏损情况，分析企业利润计划的执行情况及利润增减变化的原因，判断企业的盈利能力以及未来一定时期内的盈利趋势。《企业会计制度》规定，企业应于每月月末及年末编制利润表。

（二）利润表的格式

利润表正表的格式一般有两种：单步式利润表和多步式利润表。单步式利润表，是将当期所有的收入列在一起，然后将所有的费用列在一起，两者相减得出当期净损益。多步式利润表，是通过对当期的收入、费用、支出项目按性质加以归类，按利润形成的主要环节列示一些中间性利润指标，分步计算当期净损益。

我国企业利润表应当采用多步式列报利润表，将不同性质的收入和费用分别进行对比，从而可以得出一些中间性的利润数据，便于使用者理解企业经营成果的不同来源。具体格式见表 13 -2。表 13 -2 适用于已执行新金融准则、新收入准则和新租赁准则的企业。

表 13 -2 **利润表** 会企 02 表

编制单位： ____ 年____ 月 单位：元

项目	本期金额	上期金额
一、营业收入		
减：营业成本		
税金及附加		
销售费用		
管理费用		
研发费用		
财务费用		
其中：利息费用		
利息收入		
加：其他收益		
投资收益（损失以“ -”号填列）		
其中：对联营企业和合营企业的投资收益		
以摊余成本计量的金融资产终止确认收益（损失以“ -”号填列）		
净敞口套期收益（损失以“ -”号填列）		
公允价值变动收益（损失以“ -”号填列）		
信用减值损失（损失以“ -”号填列）		
资产减值损失（损失以“ -”号填列）		
资产处置收益（损失以“ -”号填列）		
二、营业利润（亏损以“ -”号填列）		
加：营业外收入		
减：营业外支出		

续表

项目	本期金额	上期金额
三、利润总额（亏损总额以“－”号填列）		
减：所得税费用		
四、净利润（净亏损以“－”号填列）		
（一）持续经营净利润（净亏损以“－”号填列）		
（二）终止经营净利润（净亏损以“－”号填列）		
五、其他综合收益的税后净额		
（一）不能重分类进损益的其他综合收益		
1. 重新计量设定受益计划变动额		
2. 权益法下不能转损益的其他综合收益		
3. 其他权益工具投资公允价值变动		
4. 企业自身信用风险公允价值变动		
……		
（二）将重分类进损益的其他综合收益		
1. 权益法下可转损益的其他综合收益		
2. 其他债权投资公允价值变动		
3. 金融资产重分类计入其他综合收益的金额		
4. 其他债权投资信用减值准备		
5. 现金流量套期储备		
6. 外币财务报表折算差额		
……		
六、综合收益总额		
七、每股收益		
（一）基本每股收益		
（二）稀释每股收益		

13.2.2 利润表各项目的填列方法

（一）“上期金额”栏的填列方法

利润表“上期金额”栏内各项数字，应根据上年该期利润表“本期金额”栏内所列数字填列。如果上年该期利润表规定的各个项目的名称和内容同本期不相一致，应对上年该期利润表各项目的名称和数字按本期的规定进行调整，填入利润表“上期金额”栏内。

（二）“本期金额”栏的填列方法

“本期金额”栏内各期数字，除“基本每股收益”和“稀释每股收益”项目外，应当按照相关科目的发生额分析计算填列。利润表各项目的“本期金额”栏的具体填列方法如下：

（1）“营业收入”项目，反映企业经营主要业务和其他业务所确认的收入总额。本项目应根据“主营业务收入”和“其他业务收入”科目的发生额分析填列。

（2）“营业成本”项目，反映企业经营主要业务和其他业务所发生的成本总额。本项目应根据“主营业务成本”和“其他业务成本”科目的发生额分析填列。

（3）“税金及附加”项目，反映企业经营业务应负担的消费税、城市维护建设税、资源税、土地增值税和教育费附加等。本项目应根据“税金及附加”科目的发生额分析填列。

（4）“销售费用”项目，反映企业在销售商品过程中发生的包装费、广告费等费用和为销售本企业商品而专设的销售机构的职工薪酬、业务费等经营费用。本项目应根据“销售费用”科目的发生额分析填列。

（5）“管理费用”项目，反映企业为组织和管理生产经营发生的管理费用。本项目应根据“管理费用”的发生额扣除“研发费用”金额分析填列。

（6）“研发费用”项目，反映企业进行研究与开发过程中发生的费用化支出，以及计入管理费用的自行开发无形资产的摊销。该项目应根据“管理费用”科目下的“研究费用”明细科目的发生额，以及“管理费用”科目下的“无形资产摊销”明细科目的发生额分析填列。

（7）“财务费用”项目，反映企业筹集生产经营所需资金等而发生的筹资费用。本项目要区分为利息费用和利息收入两个项目。

“财务费用”项目下的“利息费用”项目，反映企业为筹集生产经营所需资金等而发生的应予费用化的利息支出。该项目应根据“财务费用”科目的相关明细科目的发生额分析填列。该项目作为“财务费用”项目的其中项，以正数填列。

“财务费用”项目下的“利息收入”项目，反映企业按照相关会计准则确认的应冲减财务费用的利息收入。该项目应根据“财务费用”科目的相关明细科目的发生额分析填列。该项目作为“财务费用”项目的其中项，以正数填列。

（8）“其他收益”项目，反映计入其他收益的政府补助，以及其他与日常活动相关且计入其他收益的项目。该项目应根据“其他收益”科目的发生额分析填列。企业作为个人所得税的扣缴义务人，根据《中华人民共和国个人所得税法》收到的扣缴税款手续费，应作为其他与日常活动相关的收益在该项目中填列。

（9）“投资收益”项目，反映企业以各种方式对外投资所取得的收益。本项目应根据“投资收益”科目的发生额分析填列。如为投资损失，本项目以“－”号填列。

（10）“公允价值变动收益”项目，反映企业应当计入当期损益的资产或负债公允价值变动收益。本项目应根据“公允价值变动损益”科目的发生额分析填列，如为净损失，本项目以“－”号填列。

（11）“信用减值损失”项目，反映企业按照《企业会计准则第 22 号——金融工具确认和计量》（2018）的要求计提的各项金融工具信用减值准备所确认的信用损失。本项目应根据“信用减值损失”科目的发生额分析填列。

（12）“资产减值损失”项目，反映企业有关资产发生的减值损失。本项目应根据“资产减值损失”科目的发生额分析填列。

（13）“资产处置收益”项目，反映企业出售划分为持有待售的非流动资产（金融工具、长期股权投资和投资性房地产除外）或处置组（子公司和业务除外）时确认的处置利得或损失，以及处置未划分为持有待售的固定资产、在建工程、生产性生物资产及无形资产而产生的处置利得或损失。债务重组中因处置非流动资产（金融工具、长期股权投资和投资性房地产除外）产生的利得或损失和非货币性资产交换中换出非流动资产（金融工具、长期股权投资和投资性房地产除外）产生的利得或损失也包括在本项目内。该项目应根据“资产处置损益”科目的发生额分析填列；如为处置损失，以“－”号填列。

（14）“营业利润”项目，反映企业实现的营业利润。如为亏损，本项目以“－”号填列。

（15）“营业外收入”项目，反映企业发生的除营业利润以外的收益，主要包括与企业日常活动无关的政府补助、盘盈利得、捐赠利得（企业接受股东或股东的子公司直接或间接的捐赠，经济实质属于股东对企业的资本性投入的除外）等。该项目应根据“营业外收入”科目的发生额分析填列。

（16）“营业外支出”项目，反映企业发生的除营业利润以外的支出，主要包括公益性捐赠支出、非常损失、盘亏损失、非流动资产毁损报废损失等。该项目应根据“营业外支出”科目的发生额分析填列。“非流动资产毁损报废损失”通常包括因自然灾害发生毁损、已丧失使用功能等原因而报废清理产生的损失。企业在不同交易中形成的非流动资产毁损报废利得和损失不得相互抵销，应分别在“营业外收入”项目和“营业外支出”项目进行填列。

（17）“利润总额”项目，反映企业实现的利润。如为亏损，本项目以“－”号填列。

（18）“所得税费用”项目，反映企业应从当期利润总额中扣除的所得税费用。本项目应根据“所得税费用”科目的发生额分析填列。

（19）“净利润”项目，反映企业实现的净利润。如为净亏损，本项目以“－”号填列。

本项目区分为“（一）持续经营净利润”和“（二）终止经营净利润”项目，分别反映净利润中与持续经营相关的净利润和与终止经营相关的净利润；如为净亏损，以“－”号填列。该两个项目应按照《企业会计准则第 42 号——持有待售的非流动资产、处置组和终止经营》的相关规定分别列报。

（注：详见任务实施 13－7）

任务实施

任务实施 13－7　利润表的编制

江苏天润有限公司 2020 年度有关损益类科目的本年累计发生额如下：

单位：元

科目名称	借方发生额	贷方发生额
主营业务收入		5 000 000
主营业务成本	3 000 000	
其他业务收入		625 000
其他业务成本	375 000	
税金及附加	100 000	
销售费用	600 000	
管理费用	678 550 （其中：费用化的研发支出 200 000）	
财务费用	620 750 （其中：利息费用 650 000，利息收入 29 250）	
资产减值损失	15 450	
其他收益		50 000
投资收益		15 750
公允价值变动损益		84 250
资产处置收益		250 000
营业外收入		25 000
营业外支出	9 850	
所得税费用	162 600	

根据上述材料，编制江苏天润有限公司 2020 年度利润表如下。

利 润 表

会企02表

编制单位：江苏天润有限公司　　2020年12月31日　　单位：元

项　目	本期金额	上期金额（略）
一、营业收入	5 625 000	
减：营业成本	3 375 000	
税金及附加	100 000	
销售费用	600 000	
管理费用	478 550	
研发费用	200 000	
财务费用	620 750	
其中：利息费用	650 000	
利息收入	29 250	
资产减值损失	15 450	
加：其他收益	50 000	
投资收益	15 750	
公允价值变动损益	84 250	
资产处置收益	250 000	
二、营业利润（亏损以“－”号填列）	635 250	
加：营业外收入	25 000	
减：营业外支出	9 850	
三、利润总额（亏损总额以“－”号填列）	650 400	
减：所得税费用	162 600	
四、净利润（净亏损以“－”号填列）	487 800	

13.3 编制现金流量表

任务导入

某中型企业利润表显示本期净利润额为2 000万元，但当股东大会决定要求支付1 000万元现金股利时，财务处长说账面没钱，公司现在财务困难，不能支付大额现金股利，请问：为什么会有这种现象出现？企业的货币资金为何与利润额不相等？其实这就体现了现金流量的重要性。现金是企业经营的血液，是企业最基本的流动资产之一，一个盈利丰厚的企业可能因为现金不足而陷入困境甚至破产倒闭。基于人们对现金流量的重视，现金流量表应运而生。

知识准备

13.3.1 现金流量表的认知

（一）现金流量表的概念

现金，是指企业库存现金以及可以随时用于支付的存款。不能随时用于支付的存款不属于现金。

现金等价物，是指企业持有的期限短、流动性强、易于转换为已知金额现金、价值变动风险很小的投资。期限短，一般是指从购买日起三个月内到期。现金等价物通常包括三个月内到期的债券投资等。权益性投资变现的金额通常不确定，因而不属于现金等价物。

现金流量表，是指反映企业在一定会计期间现金和现金等价物流入和流出的报表。

（二）现金流量的分类

现金流量，是指现金和现金等价物的流入和流出，可以分为三类，即经营活动产生的现金流量、投资活动产生的现金流量和筹资活动产生的现金流量。

1. 经营活动产生的现金流量

经营活动，是指企业投资活动和筹资活动以外的所有交易和事项，包括销售商品或提供劳务、购买商品或接受劳务、收到的税费返还、支付职工薪酬、支付各项税费、支付广告费用等。

2. 投资活动产生的现金流量

投资活动，是指企业长期资产的购建和不包括在现金等价物范围内的投资及其处置活动。包括取得和收回投资、购建和处置固定资产、购买和处置无形资产等。

3. 筹资活动产生的现金流量

筹资活动，是指导致企业资本及债务规模和构成发生变化的活动，包括发行股票或接受投入资本、分派现金股利、取得和偿还银行借款、发行和偿还公司债券等。

13.3.2 现金流量表的内容和结构

现金流量表包括正表和补充资料两部分。

（一）现金流量表的正表

正表是现金流量表的主体，企业一定会计期间现金流量的信息主要由正表提供。正表采用报告式的结构，按照现金流量的性质，依次分类反映经营活动产生的现金流量、投资活动产生的现金流量和筹资活动产生的现金流量，最后汇总反映企业现金及现金等价物净增加额。在有外币现金流量折算为人民币的企业，正表中还应单设“汇率变动对现金的影响”项目，以反映企业外币现金流量折算为人民币时，所采用的现金流量发生日的汇率折算的人民币金额与“现金及现金等价物增加额”中外币现金净增加额按期末汇率折算的人民币金额之间的差额。

（二）现金流量表补充资料

补充资料包括以下三部分内容：

（1）将净利润调节为经营活动的现金流量（即按间接法编制的经营活动现金流量）；

（2）不涉及现金收支的投资和筹资活动；

（3）现金及现金等价物净增加情况。

现金流量表格式如表13－3所示。

表13－3 **现金流量表** 会企03表

编制单位： 年 月 单位：元

项目	本期金额	上期金额
一、经营活动产生的现金流量：		
销售商品、提供劳务收到的现金		
收到的税费返还		
收到其他与经营活动有关的现金		
经营活动现金流入小计		
购买商品、接受劳务支付的现金		
支付给职工以及为职工支付的现金		
支付的各项税费		
支付其他与经营活动有关的现金		
经营活动现金流出小计		
经营活动产生的现金流量净额		
二、投资活动产生的现金流量：		
收回投资收到的现金		
取得投资收益收到的现金		
处置固定资产、无形资产和其他长期资产收回的现金净额		
处置子公司及其他营业单位收到的现金净额		
收到其他与投资活动有关的现金		
投资活动现金流入小计		
购建固定资产、无形资产和其他长期资产支付的现金		
投资支付的现金		

续表

项目	本期金额	上期金额
取得子公司及其他营业单位支付的现金净额		
支付其他与投资活动有关的现金		
投资活动现金流出小计		
投资活动产生的现金流量净额		
三、筹资活动产生的现金流量：		
吸收投资收到的现金		
取得借款收到的现金		
收到其他与筹资活动有关的现金		
筹资活动现金流入小计		
偿还债务支付的现金		
分配股利、利润或偿还利息支付的现金		
支付其他与筹资活动有关的现金		
筹资活动现金流出小计		
筹资活动产生的现金流量净额		
四、汇率变动对现金及现金等价物的影响		
五、现金及现金等价物净增加额		
加：期初现金及现金等价物余额		
六、期末现金及现金等价物余额		

13.3.3 现金流量表的填列方法

（一）现金流量表主表中各项目的填列

现金流量表主表中各项目填列的方法一般是采用直接法。具体工作中又分为工作底稿法、T 型账户法和分析调整法。使用较多的是分析调整法。

分析调整法：根据本期发生的全部经济业务，通过对利润表和资产负债表中的全部项目进行调整编制现金流量表。

1. 经营活动产生的现金流量

（1）“销售商品、提供劳务收到的现金”项目。该项目反映企业本期销售产成品、商品、提供劳务收到的现金（含销售收入和应向购买者收取的增值税额）。主要包括：本期销售商品和提供劳务本期收到的现金，前期销售商品和提供劳务本期收到的现金，本期预收的商品款和劳务款等，本期发生销货退回而支付的现金应从销售商品或提供劳务收入款项中扣除。本项目可以根据“库存现金”“银行存款”“应收账款”“应收票据”“预收账款”和“主营业务收入”“其他业务收入”科目的发生额分析填列。

（2）“收到其他与经营活动有关的现金”项目。该项目反映企业本期收到的其他与经营活动有关的现金，如罚款收入、流动资产损失中由个人赔偿的现金收入。本项目可以根据“库存现金”和“银行存款”“营业外收入”科目的发生额分析填列。

（3）“购买商品、接受劳务支付的现金”项目。该项目反映企业购买原材料、商品、接受劳务支付的现金。主要包括：本期购买商品接受劳务本期支付的现金（包括支付的增值税进项税额），本期支付前期购买商品、接受劳务的未付款项和本期预付款项。本期发生购货退回而收到的现金应从购买商品或接受劳务支付的款项中扣除。本项目可以根据“库存现金”“银行存款”“应付账款”“应付票据”“原材料”“库存商品”等科目的本期发生额分析填列。

（4）“支付给职工以及为职工支付的现金”项目。该项目反映企业本期向职工支付的薪酬，包括本期实际支付给职工的工资、奖金、各种津贴和补贴等，以及为职工支付的其他费用。支付给在建工程人员的工资，在“购建固定资产、无形资产和其他长期资产所支付的现金”项目反映。本项目可以根据“库存现金”“银行存款”“应付职工薪酬”项目的本期发生额分析填列。

（5）“支付的各项税费”项目。该项目反映企业按规定支付的各种税费，包括企业本期发生并支付的税费，以及本期支付以前各期发生的税费和本期预交的税金。如预交的土地增值税、房产税、车船使用税、印花税、教育费附加、矿产资源补偿费等，但不包括计入固定资产价值的、实际支付的耕地占用税，也不包括因多计等原因于本期退回的各项税费。本项目可以根据“库存现金”“银行存款”“应交税费”项目的本期发生额分析填列。

（6）“支付的其他与经营活动有关的现金”项目。该项目反映企业除上述各项目外所支付的其他与经营活动有关的现金，如经营租赁支付的租金、支付的罚款、差旅费、业务招待费、保险费等。本项目可以根据“库存现金”“银行存款”等科目的发生额分析填列。

2. 投资活动产生的现金流量

（1）“收回投资收到的现金”项目。该项目反映企业出售、转让或到期收回短期投资、长期股权投资而收到的现金，以及收回长期债券投资本金而收到的现金。不包括长期债权投资收回的利息。本项目可以根据“库存现金”“银行存款”“交易性金融资产”“债权投资 ”“其他债权投资”“长期股权投资”“其他权益工具投资”“其他非流动金融资产”等科目的记录分析填列。

（2）“取得投资收益收到的现金”项目。该项目反映企业因权益性投资和债权性投资取得的现金股利和利息。本项目可以根据“库存现金”“银行存款”“投资收益”等科目的记录分析填列。

（3）“处置固定资产、无形资产和其他长期资产收回的现金净额”项目。该项目反映企业处置固定资产和无形资产取得的现金，减去为处置这些资产而支付的有关费用后的净额。本项目可以根据“库存现金”“银行存款”“持有待售资产 ”“固定资产清理”等科目的记录分析填列。

（4）“购建固定资产、无形资产和其他长期资产支付的现金”项目。该项目反映企业购买、建造固定资产和取得无形资产支付的现金。不包括为购建固定资产而发生的借款利息资本化的部分，以及融资租入固定资产支付的租赁费。企业支付的借款利息，以及偿还租赁负债本金和利息所支付的现金，在筹资活动产生的现金流量中反映。本项目可以根据“库存现金”“银行存款”“固定资产”“在建工程”“无形资产”等科目的记录分析填列。

（5）“投资支付的现金”项目。该项目反映企业进行权益性投资和债权性投资支付的现金，包括企业取得短期股票投资、短期债券投资、短期基金投资、长期债券投资、长期股权投资支付的现金。本项目可以根据“银行存款”“交易性金融资产”“债权投资 ”“其他债权投资”“长期股权投资”“其他权益工具投资”“其他非流动金融资产”等科目的记录分析填列。

（5）“支付其他与投资活动有关的现金”项目。该项目反映企业进行权益性投资和债权性投资支付的交易费用等现金，包括企业取得短期股票投资、短期债券投资、短期基金投资、长期债券投资、长期股权投资支付的佣金、手续费等交易费用。本项目可以根据“库存现金”“银行存款”“投资收益”等科目的记录分析填列。

3. 筹资活动产生的现金流量

（1）“吸收投资收到的现金”项目。该项目反映企业收到的投资者投入的现金，可根据“库存现金”“银行存款”“实收资本”等科目的记录分析填列。

（2）“取得借款收到的现金”项目。该项目反映企业举借各种短期、长期借款收到的现金，可根据“库存现金”“银行存款”“短期借款”“长期借款”等科目的记录分析填列。

（3）“偿还债务支付的现金”项目。该项目反映企业以现金偿还借款的本金，可根据“库存现金”“银行存款”“短期借款”“长期借款”等科目的记录分析填列。

（4）“分配股利、利润或偿付利息支付的现金”项目。该项目反映企业实际支付的利润、以现金偿还借款的利息等，可根据“库存现金”“银行存款”“应付股利”“应付利息”“财务费用——利息支出”等科目的记录分析填列。

（5）“支付其他与筹资活动有关的现金”项目。该项目反映企业进行权益性融资和债权性融资支付的交易费用等现金，包括企业发行股票、发行债券、取得短期借款、长期借款等支付的佣金、手续费等交易费用。本项目可以根据“库存现金”“银行存款”“资本公积”“财务费用”等科目的记录分析填列。

4. 汇率变动对现金及现金等价物的影响

该项目反映外币现金流量以及境外子公司的现金流量折算为人民币时，所采用的现金流量发生日的即期汇率或按照系统合理的方法确定的、与现金流量发生日即期汇率近似的汇率折算的人民币金额与“现金及现金等价物净增加额”中外币净增加额按期末汇率折算的人民币金额之间的差额。

（二）现金流量表补充资料填列

（1）将净利润调节为经营活动现金流量。现金流量表补充资料填列一般采用间接法，即从净利润开始，加上实际没有支付现金的费用、剔除不属于经营活动的损益、加上经营应收应付项目的增减变动，把净利润调整为经营活动现金流量净额。现金流量表补充资料格式如下表 13－4 所示。

表 13－4

<table>
<tr><th>补充资料</th><th></th></tr>
<tr><td>将净利润调节为经营活动现金流量：</td><td rowspan="6">实际没有支付现金的费用</td></tr>
<tr><td>净利润</td></tr>
<tr><td>加：资产减值准备</td></tr>
<tr><td>固定资产折旧、油气资产折耗、生产性生物资产折旧</td></tr>
<tr><td>无形资产摊销</td></tr>
<tr><td>长期待摊费用摊销</td></tr>
<tr><td>处置固定资产、无形资产和其他长期资产的损失（收益以“－”号填列）</td><td rowspan="5">不属于经营活动的损益</td></tr>
<tr><td>固定资产报废损失（收益以“－”号填列）</td></tr>
<tr><td>公允价值变动损失（收益以“－”号填列）</td></tr>
<tr><td>财务费用（收益以“－”号填列）</td></tr>
<tr><td>投资损失（收益以“一”号填列）</td></tr>
<tr><td>递延所得税资产减少（增加以“－”号填列）</td><td rowspan="6">经营应收应付项目的增减变动</td></tr>
<tr><td>递延所得税负债增加（减少以“－”号填列）</td></tr>
<tr><td>存货的减少（增加以“－”号填列）</td></tr>
<tr><td>经营性应收项目的减少（增加以“－”号填列）</td></tr>
<tr><td>经营性应付项目的增加（减少以“－”号填列）</td></tr>
<tr><td>其他</td></tr>
<tr><td>经营活动产生的现金流量净额</td><td></td></tr>
</table>

（2）不涉及现金收支的重大投资和筹资活动。

（3）现金及现金等价物净变动情况。

（注：详见任务实施 13－8 至任务实施 13－13）

任务实施

任务实施 13-8 计算“销售商品、提供劳务收到的现金”

江苏天润有限公司2020年有关经营资料如下：

(1) 应收账款项目：年初数100万元，年末数120万元；

(2) 应收票据项目：年初数40万元，年末数20万元；

(3) 预收款项项目：年初数80万元，年末数90万元；

(4) 主营业务收入6 000万元；

(5) 应交税费——应交增值税（销项税额）1 020万元。

步骤一：先假设主营业务收入6 000万元和应交税费——应交增值税（销项税额）1 020万元全部收到现金，则此时的“销售商品、提供劳务收到的现金”=7 020万元。

步骤二：再对上述假设不成立的地方进行调整。

如应收账款项目年末比年初增加20万元，表示就“应收账款项目”来说，在上面的收入中有20万元的收入没有收到现金，应减去“销售商品、提供劳务收到的现金”20万元；应收票据项目年末比年初减少20万元，表示就“应收票据项目”来说，不仅今年的收入全部收到现金，而且把去年的应收票据收回来20万元，应增加“销售商品、提供劳务收到的现金”20万元；预收款项项目年末比年初增加10万元，表示就“预收款项项目”来说，今年又增加了10万元的预收款的现金流入，应增加“销售商品、提供劳务收到的现金”10万元。

步骤三：计算“销售商品、提供劳务收到的现金”=(6 000+1 020)+(100-120)+(40-20)+(90-80)=7 030（万元）。

任务实施 13-9 计算“购买商品、接受劳务支付的现金”

江苏天润有限公司2020年有关经营资料如下：

(1) 存货项目的年初数为100万元，年末数为80万元；

(2) 应付账款项目：年初数100万元，年末数120万元；

(3) 应付票据项目：年初数40万元，年末数20万元；

(4) 预付款项项目：年初数80万元，年末数90万元；

(5) 主营业务成本4 000万元；

(6) 应交税费——应交增值税（进项税额）600万元；

(7) 生产成本中直接工资项目和制造费用中车间管理人员工资共计100万元，本期制造费用发生额为60万元（其中消耗的物料为5万元）。

步骤一：先假设主营业务成本4 000万元全部从存货结转而来，而且和应交税费——应交增值税（进项税额）600万元全部以现金支付，则此时的“购买商品、接受劳务支付的现金”=4 600（万元）。

步骤二：再对上述假设不成立的地方进行调整。

就“存货项目”而言，年末比年初减少20万元，本期领用的存货中有20万元是期初的、是上期购入的，在本期没有现金流出，应减去“购买商品、接受劳务支付的现金”20万元；就“应付账款项目”而言，年末比年初增加20万元，今年购入存货有20万元的营业成本尚未支付现金，应减去“购买商品、接受劳务支付的现金”20万元；“应付票据项目”年末比年初减少20万元，表示不仅今年购入的存货全部支付现金，而且偿还去年的应付票据20万元，应增加“购买商品、接受劳务支付的现金”20万元；“预付款项项目”年末比年初增加10万元，表示今年又增加了10万元的预付款的现金流出，应增加“购买商品、接受劳务支付的现金”10万元。生产成本中直接工资项目和制造费用中车间管理人员工资共计100万元，应通过“支付给职工以及为职工支付的现金 ”项目计算，减去100万元；制造费用发生额没有产生现金流量应减去，但是，消耗的物料的价值已经包含在“本期购入的存货”中，为了避免重复计算，应该将制造费用中由物料形成的部分扣除，应减去“购买商品、接受劳务支付的现金”5万元。

步骤三：计算“购买商品、接受劳务支付的现金”=(4 000+600)+(80-100)+(100-120)+(40-20)+(90-80)-(100+5)=4 485（万元）。

任务实施13-10 计算“支付给职工以及为职工支付的现金”

有关职工薪酬有关资料如下表13-9所示：

表13-9

项目		年初数	本期分配或计提数	期末数
应付职工薪酬	生产工人工资	10	100	8
	车间管理人员工资	4	50	3
	行政管理人员工资	6	80	4.5
	在建工程人员工资	2	30	1.5
	合计	22	260	17

步骤一：先假设本期分配或计提的应付职工薪酬全部以现金支付，则“支付给职工以及为职工支付的现金”=260（万元）。

步骤二：再对上述假设不成立的地方进行调整。

在建工程人员的工资及奖金应在“购建固定资产、无形资产和其他长期资产支付的现金”项目中反映，计算本项目时，不予考虑在建工程人员工资，“支付给职工以及为职工支付的现金”应减少30万元，另外应付职工薪酬项目年初数为20万元（剔除在建工程人员），期末数为15.5万元（剔除在建工程人员），表示就“应付职工薪酬项目”来说，不仅本年分配或计提的工资230万元用现金支付了，而且对上年的应付职工薪酬还支付了4.5万元，“支付给职工以及为职工支付的现金”应增加4.5万元。

步骤三：计算“支付给职工以及为职工支付的现金” =260 -30 +4.5 =234.5（万元）。

任务实施13 -11　计算“支付的各项税费”

有关资料如下：

（1）2020年度利润表中的所得税费用为5万元（均为当期应交所得税产生的所得税费用）；

（2）“应交税费——应交所得税”科目年初数为2万元，年末数为1万元；

（3）“应交税费——应交增值税（已交税金）”借方发生额3万元，“应交税费——应交增值税（未交增值税）”借方发生额7万元；

（4）利润表中“税金及附加”1.2万元，“应交税费”其他明细科目年初数与年末数相等；

（5）管理费用中的印花税、车船税等合计0.2万元。

步骤一：计算“支付的所得税费用” =5 +（2 -1）=6（万元）。

步骤二：计算“支付的增值税” =3 +7 =10（万元）。

步骤三：计算“支付的城建税、附加等” =1.2（万元）。

步骤四：计算“支付的印花税、车船税等” =0.2（万元）。

步骤五：计算“支付的各项税费” = 6 +10 +1.2 +0.2 =17.4（万元）。

任务实施13 -12　计算“支付其他与经营活动有关的现金”

2020年度发生的管理费用为22万元，其中：以现金支付管理人员工资9万元，存货盘亏损失2万元，计提固定资产折旧4万元，无形资产摊销2万元，其余均以现金支付。

步骤一：先假设2020年度发生的管理费用22万元全部以现金支付。

步骤二：再对上述假设不成立的地方进行调整。

管理人员工资9万元应计入“支付给职工以及为职工支付的现金”项目，应减去9万元；存货盘亏损失、计提固定资产折旧、无形资产摊销，没有支付现金，也应扣除。

步骤三：计算“支付其他与经营活动有关的现金”=22－9－2－4－2=5（万元）。

任务实施13－13 计算“分配股利、利润或偿付利息支付的现金”

“应付股利”账户年初余额为30万元，无年末余额。

步骤一：应付股利项目年末比年初减少30万元，表示用现金支付了的应付股利30万元。

步骤二：计算“分配股利、利润或偿付利息支付的现金”=30（万元）。

【小贴士】

现金流是企业的血液，是保持企业持续经营的资本，其作用可能比收入或利润更重要。审查现金流的意义在于分析企业来自经营活动的现金流量是否能够维持企业运转并偿还借款本息，如果不足就存在较大的风险。个人的现金流管理同样重要。当代大学生已经形成庞大的消费群体，健康的消费观的形成至关重要，但现实仍存在盲目消费、超前消费、冲动消费等不良现象。要通过社会、学校、家庭共同努力，进行理性引导，在能力范围内给自己力所能及的快乐，才更合理。

13.4 编制所有者权益变动表

任务导入

新会计准则下会计报表体系的一大亮点就是引入了所有者权益变动表。所有者权益变动表要求至少应当单独列示反映以下信息：综合收益总额；会计政策变更和差错更正的累积影响金额；所有者投入资本和向所有者分配利润等；提取的盈余公积；实收资本、其他权益工具、资本公积、其他综合收益、专项储备、盈余公积、未分配利润的期初和期末余额及其调节情况。会计人员应掌握所有者权益变动表的相关知识及编制方法。

知识准备

13.4.1 所有者权益变动表的含义及结构

（一）所有者权益变动表的定义

所有者权益变动表，是反映构成所有者权益各组成部分当期增减变动情况的报表。所有者权益变动表应当全面反映一定时期所有者权益变动的情况，不仅包括所有者权益总量的增减变动，还包括所有者权益增减变动的重要结构性信息，特别是要让报表使用者准确理解所有者权益增减变动的根源。

（二）所有者权益变动表的结构

所有者权益变动表以矩阵的形式列式：一方面，列示导致所有者权益变动的交易或事项，即所有者权益变动的来源；另一方面，按照所有者权益各组成部分列示交易或事项对所有者权益各部分的影响。

13.4.2 所有者权益变动表的填列

（一）所有者权益变动表的填列方法

1. 上年金额栏的列报方法

所有者权益变动表“上年金额”栏内各项数字，应根据上年度所有者权益变动表“本年金额”栏内所列数字填列。如果上年度所有者权益变动表规定的各个项目的名称和内容同本年度不相一致，应对上年度所有者权益变动表各项目的名称和数字按本年度的规定进行调整，填入所有者权益变动表“上年金额”栏内。

2. 本年金额栏的列报方法

所有者权益变动表“本年金额”栏内各项数字一般应根据“实收资本（或股本）”“其他权益工具”“资本公积”“库存股”“其他综合收益”“盈余公积”“利润分配”“以前年度损益调整”等科目的发生额分析填列。企业的净利润及其分配情况作为所有者权益变动的组成部分，不需要单独编制利润分配表。

（二）所有者权益变动表的项目说明

1. “上年年末余额”栏

该栏反映企业上年所有者权益变动表中实收资本（或股本）、资本公积、盈余公积、未分配利润的年末余额。

2. “会计政策变更”栏和“前期差错更正”栏

该两栏反映企业采用追溯调整法处理的会计政策变更的累积影响金额和采用追溯重

述法处理的会计差错更正的累积影响金额。

3. “本年增减变动金额”栏

（1）“综合收益总额”项目，反映企业当年实现的净利润（或净亏损）金额和当年直接计入所有者权益的利得和损失金额的合计额。

（2）“所有者投入和减少资本”项目，反映企业当年所有者投入的资本和减少的资本。其中：

“所有者投入资本”项目，反映企业接受投资者投入形成的实收资本（或股本）和资本溢价或股本溢价，并对应列在“实收资本”和“资本公积”栏。

“股份支付计入所有者权益的金额”项目，反映企业处于等待期中的权益结算的股份支付当年计入资本公积的金额，并对应列在“资本公积”栏。

“其他权益工具持有者投入资本”项目，反映企业发行的除普通股以外分类为权益工具的金融工具的持有者投入资本的金额。该项目应根据金融工具类科目的相关明细科目的发生额分析填列。

（3）“利润分配”下各项目，反映当年对所有者（或股东）分配的利润（或股利）金额和按照规定提取的盈余公积金额，并对应列在“未分配利润”和“盈余公积”栏。其中：

“提取盈余公积”项目，反映企业按照规定提取的盈余公积。

“对所有者（或股东）的分配”项目，反映对所有者（或股东）分配的利润（或股利）金额。

（4）“所有者权益内部结转”下各项目，反映不影响当年所有者权益总额的所有者权益各组成部分之间当年的增减变动，包括资本公积转增资本（或股本）、盈余公积转增资本（或股本）、盈余公积弥补亏损等项金额。为了全面反映所有者权益各组成部分的增减变动情况，所有者权益内部结转也是所有者权益变动表的重要组成部分。其中：

“资本公积转增资本（或股本）”项目，反映企业以资本公积转增资本或股本的金额。

“盈余公积转增资本（或股本）”项目，反映企业以盈余公积转增资本或股本的金额。

“盈余公积弥补亏损”项目，反映企业以盈余公积弥补亏损的金额。

“其他综合收益结转留存收益”项目，主要反映：①企业指定为以公允价值计量且其变动计入其他综合收益的非交易性权益工具投资终止确认时，之前计入其他综合收益的累计利得或损失从其他综合收益中转入留存收益的金额；②企业指定为以公允价值计量且其变动计入当期损益的金融负债终止确认时，之前由企业自身信用风险变动引起而计入其他综合收益的累计利得或损失从其他综合收益中转入留存收益的金额等。该项目应根据“其他综合收益”科目的相关明细科目的发生额分析填列。

所有者权益变动表的格式如表 13 - 5 列示。

表 13 - 5 **所有者权益变动表** 会企 04 表

编制单位： ____ 年度 单位：元

项目	本年金额									
	实收资本（或股本）	其他权益工具			资本公积	减：库存股	其他综合收益	盈余公积	未分配利润	所有者权益合计
		优先股	永续债	其他						
一、上年年末余额										
加：会计政策变更										
前期差错更正										
其他										
二、本年年初余额										
三、本期增减变动金额（减少以"－"号填列）										
（一）综合收益总额										
（二）所有者投入和减少资本										
1. 股东投入的普通股										
2. 其他权益工具持有者投入资本										
3. 股份支付计入所有者权益的金额										
4. 其他										
（三）利润分配										
1. 提取盈余公积										
2. 对所有者（或股东）的分配										
3. 其他										
（四）股东权益内部结转										
1. 资本公积转增资本（或股本）										
2. 盈余公积转增资本（或股本）										
3. 盈余公积弥补亏损										

续表

项目	本年金额									
	实收资本（或股本）	其他权益工具			资本公积	减：库存股	其他综合收益	盈余公积	未分配利润	所有者权益合计
		优先股	永续债	其他						
4. 设定受益计划变动额结转留存收益										
5. 其他综合收益结转留存收益										
6. 其他										
四、本年年末余额										

13.5 编写报表附注

任务导入

会计报表是企业财务状况、经营成果和现金流量等信息的高度综合，如果不明确企业的前提假设和采用的会计政策，报表使用者很难直接用于分析，可能导致依据会计信息数据分析的最终结果大相径庭。此外，企业还存在大量无法用数字衡量的内容，也需向投资者进行解释和说明。会计报表附注是会计报表的一个重要组成部分，是对会计报表本身无法或难以充分表达的内容和项目所做的必要补充说明和详细解释。会计人员应掌握会计报表附注的相关知识及撰写方法。

知识准备

13.5.1 附注的概念

附注是财务报表不可或缺的组成部分，是对在资产负债表、利润表、现金流量表和所有者权益变动表等报表中列示项目的文字描述或明细资料补充，以及对未能在这些报表中列示项目的说明等。

财务报表中的数字是经过分类与汇总后的结果，是对企业发生的经济业务高度简化和浓缩的数字，如没有形成这些数字所使用的会计政策、理解这些数字所必需的披露，财务报表就不可能充分发挥效用。因此，附注与资产负债表、利润表、现金流量表、所有者权益变动表等报表具有同等的重要性，是财务报表的重要组成部分。报表使用者了解企业的财务状况、经营成果和现金流量，应当全面阅读附注。

13.5.2 附注披露的基本要求

（1）附注披露的信息应是定量、定性信息的结合，从而能从量和质两个角度对企业经济事项完整地进行反映，也才能满足信息使用者的决策需求。

（2）附注应当按照一定的结构进行系统合理的排列和分类，有顺序地披露信息。由于附注的内容繁多，因此更应按逻辑顺序排列，分类披露，条理清晰，具有一定的组织结构，以便于使用者理解和掌握，更好地实现财务报表的可比性。

（3）附注相关信息应当与资产负债表、利润表、现金流量表和所有者权益变动表等报表中列示的项目相互参照，以有助于使用者联系相关联的信息，并由此从整体上更好地理解财务报表。

13.5.3 附注披露的内容

附注应当按照如下顺序披露有关内容：

（一）企业的基本情况。

（1）企业注册地、组织形式和总部地址。

（2）企业的业务性质和主要经营活动，如企业所处的行业、所提供的主要产品或服务、客户的性质、销售策略、监管环境的性质等。

（3）母公司以及集团最终母公司的名称。

（4）财务报告的批准报出者和财务报告批准报出日。

（二）财务报表的编制基础

（三）遵循企业会计准则的声明

企业应当声明编制的财务报表符合企业会计准则的要求，真实、完整地反映了企业的财务状况、经营成果和现金流量等有关信息，以此明确企业编制财务报表所依据的制度基础。如果企业编制的财务报表只是部分地遵循了企业会计准则，附注中不得做出这种表述。

（四）重要会计政策和会计估计

根据财务报表列报准则的规定，企业应当披露采用的重要会计政策和会计估计，不重要的会计政策和会计估计可以不披露。

1. 重要会计政策的说明

由于企业经济业务的复杂性和多样化，某些经济业务可以有多种会计处理方法，也即存在不止一种可供选择的会计政策。例如，存货的计价可以有先进先出法、加权平均法、个别计价法等。企业在发生某项经济业务时，必须从允许的会计处理方法中选择适合本企业特点的会计政策。企业选择不同的会计处理方法，可能极大地影响企业的财务状况和经营成果，进而编制出不同的财务报表。为了有助于报表使用者理解，有必要对这些会计政策加以披露。

需要特别指出的是，说明会计政策时还需要披露下列两项内容：

（1）财务报表项目的计量基础。会计计量属性包括历史成本、重置成本、可变现净值、现值和公允价值，这直接显著影响报表使用者的分析。这项披露要求便于使用者了解企业财务报表中的项目是按何种计量基础予以计量的，如存货是按成本还是可变现净值计量等。

（2）会计政策的确定依据。主要是指企业在运用会计政策过程中所做的对报表中确认的项目金额最具影响的判断。例如，企业如何判断持有的金融资产有稳定的现金流量预期，是以摊余成本计量的金融资产；又比如，对于拥有的持股比例不足50%的关联企业，企业如何判断拥有控制权因此将其纳入合并范围；再比如，投资性房地产的判断标准是什么。这些判断对在报表中确认的项目金额具有重要影响。因此，这项披露要求，有助于使用者理解企业选择和运用会计政策的背景，增强财务报表的可理解性。

2. 重要会计估计的说明

财务报表列报准则强调了对会计估计不确定因素的披露要求，企业应当披露会计估计中所采用的关键假设和不确定因素的确定依据，这些关键假设和不确定因素在下一会计期间内很可能导致对资产、负债账面价值进行重大调整。

在确定报表中确认的资产和负债的账面金额过程中，企业有时需要对不确定的未来事项在资产负债表日对这些资产和负债的影响加以估计。例如，固定资产可收回金额的计算需要根据其公允价值减去处置费用后的净额与预计未来现金流量的现值两者之间的较高者确定，在计算资产预计未来现金流量的现值时需要对未来现金流量进行预测，并选择适当的折现率，应当在附注中披露未来现金流量预测所采用的假设及其依据、所选择的折现率为什么是合理的。又如，为正在进行中的诉讼提取准备时最佳估计数的确定依据等。这些假设的变动对这些资产和负债项目金额的确定影响很大，有可能会在下一个会计年度内做出重大调整。因此，强调这一披露要求，有助于提高财务报表的可理解性。

（五）会计政策和会计估计变更以及差错更正的说明

企业应当按照《企业会计准则第28号——会计政策、会计估计变更和差错更正》及其应用指南的规定，披露会计政策和会计估计变更以及差错更正的有关情况。

（六）报表重要项目的说明

企业应当以文字和数字描述相结合，尽可能以列表形式披露报表重要项目的构成或当期增减变动情况，并且报表重要项目的明细金额合计，应当与报表项目金额相衔接。在披露顺序上，一般应当按照资产负债表、利润表、现金流量表、所有者权益变动表的顺序及其项目列示的顺序。

（七）其他需要说明的重要事项

这主要包括或有和承诺事项、资产负债表日后非调整事项、关联方关系及其交易等，具体的披露要求须遵循相关准则的规定。

[扫一扫]

金科股份2017年财报解读

[扫一扫]

财务报表列报

职业能力训练

13.1 编制资产负债表

一、单项选择能力训练

1. 下列各项中，不属于《企业会计准则》中规定的财务报表是（　　）。

A. 资产负债表　　B. 现金流量表

C. 收入支出表　　D. 所有者权益变动表

2. 某企业采用计划成本核算材料，2020年12月31日结账后有关科目余额为："材料采购"为140 000元（借方），"原材料"为2 400 000元（借方），"周转材料"为1 800 000元（借方），"库存商品"为1 600 000元（借方），"生产成本"为600 000（借方），"材料成本差异"为120 000元（贷方），"存货跌价准备"为210 000元（贷方）。假定不考虑其他因素，该企业2020年12月31日资产负债表中"存货"项目的金额为（　　）。

A. 6 330 000　　B. 6 000 000　　C. 6 210 000　　D. 6 540 000

3. 下列关于资产负债表的填列方法中，不正确的是（　　）。

A. 货币资金项目应当根据"库存现金""银行存款"和"其他货币资金"总账科

目的期末余额计算填列

B. 固定资产项目的金额应为固定资产的账面价值

C. 资本公积项目应当根据“资本公积”科目期末余额填列

D. 应付债券应当根据“应付债券”科目期末余额填列

4. 某公司2020年12月31日编制资产负债表时，长期借款明细账情况如下：向A银行借款2 000万元（借款期3年，借款日2018年1月1日）；向B银行借款5 000万元（借款期限为5年，借款日2016年1月1日）；向C银行借款200万元（借款期限2年，借款日2019年1月1日）；假定不考虑其他因素，则2020年6月30日资产负债表中“长期借款”项目应填列的金额为（　　）。

A. 200　　B. 7 200　　C. 7 000　　D. 0

二、多项选择能力训练

1. 在资产负债表中，下列各项目可以按总账科目余额直接填列的有（　　）。

A. 短期借款　　B. 货币资金　　C. 资本公积　　D. 其他应付款

2. 资产负债表中的“未分配利润”项目，应根据（　　）科目计算填列。

A. “本年利润”　　B. “利润分配”　　C. “盈余公积”　　D. “资本公积”

3. 下列各项中，在填列资产负债表时应当减去其备抵科目的有（　　）。

A. 长期股权投资　　B. 存货

C. 无形资产　　D. 以摊余成本计量的金融资产

三、判断能力训练

（　　）1. 我国资产负债表采用账户式结构，并满足“资产 = 负债 + 所有者权益”平衡式。

（　　）2. 按规定，财务报表应先列报流动性强的资产或负债，再列报流动性弱的资产或负债。

（　　）3. 资产负债表中的“应收账款”项目应根据“应收账款”和“预收账款”两个账户所属的相关明细账户的期末借方余额减去与“应收账款”有关的坏账准备贷方余额计算填列。

（　　）4. “长期借款”项目，应根据“长期借款”总账账户余额直接填列。

（　　）5. “研发支出”项目应根据“研发支出”账户中所属的“资本化支出”明细账户期末余额填列。

（　　）6. 企业日常核算不设置“预付账款”科目的，期末编制资产负债表时不需要填列“预付款项”项目。

四、应用能力实训

【实训目的】训练资产负债表的编制

【实训资料】某公司2020年10月31日有关账户余额如下（单位：元）：

账户	借方余额	贷方余额
材料采购	5 000	
原材料	10 000	
库存商品	20 000	
生产成本	3 000	
材料成本差异	2 100	
存货跌价准备		3 200
坏账准备 – 应收账款		4 400
应收票据	50 000	
应收账款	20 000	
其中：甲公司	30 000	
乙公司		10 000
应付票据		60 000
应付账款		30 000
其中：丙公司	20 000	
丁公司		50 000
无形资产	58 400	
累计摊销		4 680
无形资产减值准备		9 000
应付职工薪酬	15 000	
本年利润		200 000
利润分配	80 000	

【实训要求】计算相关项目的填报金额。

（1）存货 =

（2）应收票据 =

（3）应收账款 =

（4）预付账款 =

（5）应付票据 =

（6）应付账款 =

（7）预收账款 =

（8）无形资产 =

（9）应付职工薪酬 =

（10）未分配利润 =

13.2 编制利润表

一、应用能力实训

【实训目的】训练利润表的编制

【实训资料】华新公司为增值税一般纳税企业，销售的产品为应纳增值税产品，增值税税率为13%，销售价格中不含增值税额。产品销售成本按经济业务逐笔结转，所得税税率25%。华新公司2020年7月发生的经济业务如下：

（1）向B公司销售甲产品一批，不含税销售额为535 000元，产品成本305 000元。产品已经发出，并开出增值税专用发票，已向银行办妥托收手续。

（2）根据债务人的财务状况，对应收账款计提20 000元坏账准备。

（3）采用预收款方式销售商品，当年收到第一笔款项10 000元，已存入银行。

（4）收到B公司甲产品退货。该退货系华新公司2019年5月出售，售出时售价共计2 000元，成本1 750元，该货款当时已如数收存银行。华新公司用银行存款支付退货款项，退回的甲产品已验收入库，并按规定开出红字增值税专用发票。

（5）年末公司持有的交易性金融资产账面价值为40 000元，公允价值为41 000元。

（6）计提已完工工程项目的长期借款利息3 000元；用银行存款支付发生的管理费用5 000元（其中费用化的研发支出4 000元），销售费用3 000元。

（7）销售产品应交的城市维护建设税1 400元，应交的教育费附加600元。

（8）计算应交所得税（不考虑纳税调整事项）。

【实训要求】编制相关会计分录；编制华新公司2020年7月份的利润表。

利润表

会企02表

编制单位： ______年______月 单位：元

项目	本期金额	上期金额
一、营业收入		
减：营业成本		
税金及附加		
销售费用		
管理费用		
研发费用		
财务费用		
其中：利息费用		
利息收入		
资产减值损失		
信用减值损失		

续表

项目	本期金额	上期金额
加：其他收益		
投资收益（损失以“—”号填列）		
公允价值变动收益（损失以“—”号填列）		
资产处置收益（损失以“—”号填列）		
二、营业利润（亏损以“—”号填列）		
加：营业外收入		
减：营业外支出		
三、利润总额（亏损总额以“—”填列）		
减：所得税费用		
四、净利润（净亏损以“—”填列）		

13.3　编制现金流量表

一、单项选择能力训练

1. 下列各项，不属于现金流量表中现金和现金等价物的是（　　）。

A. 库存现金　　B. 其他货币资金

C. 3 个月内到期的债券投资　　D. 股票投资

2. 下列各项现金流出，属于企业现金流量表中“经营活动产生的现金流量”的是（　　）。

A. 偿还应付账款　　B. 偿还长期借款

C. 出售长期股权投资收到的现金　　D. 支付借款利息

3. 下列各项中，不属于现金流量表中“筹资活动产生的现金流量”的有（　　）。

A. 取得借款收到的现金

B. 吸收投资收到的现金

C. 处置固定资产收回的现金净额

D. 分配股利、利润或偿付利息支付的现金

4. 下列各项中，属于现金流量表中“投资活动产生的现金流量”的有（　　）。

A. 分派现金股利支付的现金　　B. 购置固定资产支付的现金

C. 吸收投资收到的现金　　D. 偿还公司债券利息支付的现金

5. 某企业 2019 年度发生以下业务，以银行存款购买将于 2 个月后到期的国债 500 万元，偿还应付账款 200 万元，支付生产工人工资 150 万元，购买固定资产 300 万元。假设不考虑其他因素，该企业 2019 年度现金流量表中“购买商品、接受劳务支付的现金”项目的金额为（　　）万元。

A. 200　　B. 350　　C. 650　　D. 1 150

二、职业判断能力训练

（　　）1. 现金流量表中“销售商品、提供劳务收到的现金”项目，反映本企业自营销售商品或提供劳务收到的现金，不包括委托代销商品收到的现金。

（　　）2. 现金流量表的编制基础是权责发生制。

（　　）3. 财务费用项目引起的现金流量属于筹资活动现金流量。

三、应用能力实训

【实训目的】训练现金流量表的编制

【实训资料】甲公司2020年有关资料如下（不考虑增值税）：

（1）本期产品销售收入80 000元；应收账款期初余额10 000元，期末余额34 000元；本期预收的货款4 000元。

（2）本期用银行存款支付购买原材料货款40 000元，用银行存款支付工程用物资货款81 900元，本期购买原材料预付货款15 000元。

（3）本期从银行提取现金33 000元，用于发放工资。

（4）本期实际支付工资30 000元，各种奖金3 000元。其中经营人员工资18 000元，奖金2 000元，在建工程人员工资12 000元，奖金1 000元。

（5）期初未交所得税为1 600元，本期发生的应交所得税6 600元，期末未交所得税为600元。

【实训要求】根据上述资料，计算甲公司现金流量表中下列项目的金额，并列出计算过程：

（1）“销售商品、提供劳务收到的现金”项目。

（2）“购买商品、接受劳务支付的现金”项目。

（3）“支付给职工以及为职工支付的现金”项目。

（4）“支付的各种税费”项目。

（5）“购建固定资产、无形资产和其他长期资产支付的现金”项目。

13.4 编制所有者权益变动表

一、单项选择能力训练

1. 所有者权益是指企业资产扣除负债后由股东享有的“剩余权益”，也称为（　　）

A. 净负债　　B. 净资产　　C. 净收益　　D. 净流量

2. 当期所有者权益净变动额等于（　　）。

A. 总权益变动额　　B. 总资产变动额

C. 总股本变动额　　D. 净资产变动额

3. 下列项目中，不影响当期所有者权益变动额的项目是（　　）

A. 净利润　　B. 所有者投入和减少资本

C. 所有者权益内部结转　　D. 利润分配

4. 公司对房地产进行重估时，资产负债表中资产的价值会增加，同时增加的是(　　)

A. 未分配利润　　B. 资本公积　　C. 其他综合收益　　D. 盈余公积

5. 在所有者权益变动表中，直接计入所有者权益的利得和损失的内容包括(　　)

A. 会计政策变更对当期利润的影响

B. 成本法下被投资方所有者权益的变动

C. 前期差错更正对所有者权益的影响

D. 以公允价值计量且变动计入其他综合收益的金融资产变动净额

二、判断能力训练

(　　) 1. 所有者权益变动表可以反映债权人所拥有的权益，据以判断资本保值、增值的情况以及对负债的保障程度。

(　　) 2. 所有者权益变动表中，所有者权益净变动额等于资产负债表中的期末所有者权益。

(　　) 3. 若出现未实现的损益，公司的资产价值就会增减，公积也会随之增减，但未实现的损益不在年度利润表中披露，而是直接计入所有者权益。

(　　) 4. 在不考虑其他项目时，将净利润调整为本期所有者权益变动额，应该在净利润的基础上，减去向股东分配的利润。

(　　) 5. 库存股是指公司收回已发行的且尚未注销的不可再次出售的股票。

项目14 特殊准则业务

项目导航

知识目标

- 了解货币性资产和非货币性资产的概念
- 掌握非货币性资产交换的概念计量方法和会计核算
- 掌握非货币性资产交换的核算方法
- 掌握债务重组的概念
- 掌握债务重组的核算方法

能力目标

- 能准确判断非货币性资产交换业务
- 能对非货币性资产交换业务进行会计核算
- 能说出债务重组的基本方式
- 能对各种方式的债务重组进行会计核算

14.1 非货币性资产交换

任务导入

在企业生产经营中，商业模式、交易模式、结算方式、对价方式不尽相同。传统的钱货贸易方式占据企业交易额的大部分，但有时，货与货的交换也不时出现。这些货与货的交换就可能是非货币性资产交换。对于企业之间的非货币性资产交换，我们应掌握判断的标准以及不同商业实质下的会计处理。

[扫一扫]

关于对浙江大东南股份有限公司非货币性资产交换会计处理的说明

知识准备

14.1.1 认知非货币性资产交换

（一）货币性资产和非货币性资产

货币性资产是指企业持有的货币资金和收取固定或可确定金额的货币资金的权利。包括现金、银行存款、应收账款、应收票据和债权投资等。

非货币性资产，是指货币性资产以外的资产，包括固定资产、在建工程、工程物资、无形资产、长期股权投资等。非货币性资产有别于货币性资产的最基本特征是其在将来为企业带来的经济利益（即货币金额）是不固定的或不可确定的。

（二）非货币性资产交换

非货币性资产交换，是指企业主要以固定资产、无形资产、投资性房地产和长期股权投资等非货币性资产进行的交换。该交换不涉及或只涉及少量的货币性资产（即补价）。

企业以存货换取客户的非货币性资产的，适用《企业会计准则第 14 号——收入》。

（三）非货币性资产交换的认定

非货币性资产交换，一般不涉及货币性资产或只涉及少量货币性资产，即涉及少量的补价。非货币性资产交换准则规定：以补价占整个资产交换金额的比例是否低于25%作为判断标准。也就是说，支付的货币性资产占换入资产公允价值（整个资产交换金额）的比例，或者收到的货币性资产占换出资产公允价值（整个资产交换金额）的比例低于25%的视为非货币性资产交换；高于25%（含25%）的，视为货币性资产交换，即以货币性资产取得非货币性资产。

即：补价 ÷ 整个资产交换金额 < 25% → 非货币性资产交换

补价 ÷ 整个资产交换金额 ≥ 25% → 货币性资产交换

14.1.2 换入资产的增加确认与换出资产的终止确认

（一）对于换入资产，企业应当在换入资产符合资产定义并满足资产确认条件时予以确认；

（二）对于换出资产，企业应当在换出资产满足资产终止确认条件时终止确认。

14.1.3 换入资产的入账价值的计量

（一）以公允价值为基础计量

如果某项非货币性资产交换具有商业实质，且换入资产或换出资产的公允价值能够可靠地计量，以换出资产的公允价值和应支付的相关税费作为换入资产的成本进行初始计量；对于换出资产，应当在终止确认时，将换出资产的公允价值与其账面价值之间的差额计入当期损益。

换入资产的入账价值 = 换出资产的公允价值 + 应支付的相关税费

换出资产的公允价值 − 换出资产账面价值 = 换出资产处置收益

满足下列条件之一的非货币性资产交换具有商业实质：①换入资产的未来现金流量在风险、时间分布或金额方面与换出资产显著不同；②使用换入资产所产生的预计未来现金流量现值与继续使用换出资产不同，且其差额与换入资产和换出资产的公允价值相比是重大的。

以公允价值为基础计量的非货币性资产交换，涉及补价的，应当按照下列规定进行处理：

（1）支付补价的，以换出资产的公允价值，加上支付补价的公允价值和应支付的相关税费，作为换入资产的成本，换出资产的公允价值与其账面价值之间的差额计入当期损益。

换入资产的入账价值 = 换出资产的公允价值 + 支付补价的公允价值 + 应支付的相关税费

（2）收到补价的，以换出资产的公允价值，减去收到补价的公允价值，加上应支付的相关税费，作为换入资产的成本，换出资产的公允价值与其账面价值之间的差额计入当期损益。

换入资产的入账价值 = 换出资产的公允价值 − 收到补价的公允价值 + 应支付的相关税费

（二）以账面价值为基础计量

如果某项非货币性资产交换不具有商业实质，或交换涉及资产的公允价值均不能可靠计量的非货币性资产交换，应当按照换出资产的账面价值和应支付的相关税费，作为换入资产的成本，无论是否支付补价，均不确认损益；收到或支付的补价作为确定换入资产成本的调整因素。

换入资产的入账价值 = 换出资产的账面价值 + 应支付的相关税费

【小贴士】

如果企业是增值税一般纳税人，资产交换过程中产生的增值税，在取得可以抵扣的专用发票时，按规定一方面作为进项税额，另一方面作为销项税额。这里的相关税费，仅仅是指可以计入资产成本中契税和其他费用。如果企业是增值税小规模纳税人，资产交换过程中产生的增值税，是不可以抵扣的，相关税费，也就包含了增值税。

14.1.4 记录非货币性资产交换

（一）以公允价值为基础计量且不涉及补价的非货币性资产交换（如表 14－1 所示）：

表 14－1

换出资产的类别	会计处理
固定资产、无形资产	如是换出的资产是固定资产，视为固定资产清理： ①把固定资产转入清理 借：固定资产清理［账面价值＝账面原值－已提折旧－已提准备］ 　　固定资产减值准备［已提准备］ 　　累计折旧［已提折旧］ 　　贷：固定资产［账面原值］ ②发生清理费用 借：固定资产清理 　　应交税费——应交增值税［进项税额］ 　　贷：银行存款 ③按公允价值确认固定资产清理收入和销项税额，同时，确认换入资产的入账价值 借：××换入资产［换出固定资产的公允价值＋相关税费］ 　　应交税费——应交增值税（进项税额）［换入资产的进项税额］ 　　贷：固定资产清理［固定资产的公允价值］ 　　　　应交税费——应交增值税（销项税额）［清理固定资产的销项税］ 　　　　银行存款［支付的相关税费］ ④结转固定资产清理的净损益，如果是净收益，则： 借：固定资产清理 　　贷：资产处置损益 如果是净损失，则： 借：资产处置损益 　　贷：固定资产清理 如是换出的资产是无形资产，视为处置无形资产： 借：××换入资产［换出无形资产的公允价值＋相关税费］ 　　应交税费——应交增值税（进项税额）［换入资产的进项税额］ 　　无形资产减值准备［已提准备］ 　　累计摊销［已提摊销］ 　　贷：无形资产［账面原值］ 　　　　应交税费——应交增值税（销项税额）［处置无形资产的销项税］ 　　　　银行存款［支付的相关税费］ 借或贷：资产处置损益［借贷方差额］

续表

换出资产的类别	会计处理
长期股权投资	如果换出的资产是长期股权投资，视作处置出售长期股权投资： 借：× ×换入资产［换出长期股权投资的公允价值 + 相关税费］ 应交税费——应交增值税（进项税额）［换入资产的进项税额］ 长期股权投资减值准备［已提准备］ 贷：长期股权投资［账面原值］ 银行存款［支付的相关税费］ 借或贷：投资收益［借贷方差额］

（注：详见任务实施 14 – 1）

（二）以公允价值为基础计量且涉及补价的非货币性资产交换（如表 14 – 2 所示）：

表 14 – 2

涉及补价情况	换入资产的入账价值及会计处理
支付补价的企业	换出资产的公允价值 + 换出资产增值税销项税额 + 支付的补价 + 为取得换入资产所支付的相关税费 – 可以抵扣的增值税进项税额 其会计处理的分录中，只需要在取得换入资产的分录中，增加贷：银行存款（支付的补价），其他基本相同
收到补价的企业	换出资产的公允价值 + 换出资产增值税销项税额 – 收到的补价 + 为取得换入资产所支付的相关税费 – 可以抵扣的增值税进项税额 其会计处理的分录中，只需要在取得换入资产的分录中，增加借：银行存款（收到的补价），其他基本相同

（注：详见任务实施 14 – 2）

［扫一扫］

企业会计准则第 7 号——非货币性资产交换

任务实施

任务实施 14 – 1　以公允价值为基础计量且不涉及补价的非货币性资产交换

2020 年 9 月，江苏环宇公司以生产经营过程中使用的一台设备 B 交换江苏连云打印机公司生产的一批打印机，江苏环宇公司换入的打印机作为固定资产管理。设备系2011年后购入的，账面原价为150万元，在交换日的累计折旧为45万元，公允价值为90万元。江苏连云打印机公司的打印机账面价值为110万元，在交换日的公允价值为90万元，计税价格等于公允价值。江苏连云打印机公司换入的设备也作为固定资产管理。

假设江苏环宇公司此前没有为该项设备计提资产减值准备，整个交易过程中，除支付运费10 000元外（不含税，取得税率9%专用发票），没有发生其他相关税费。假设江苏连云打印机公司此前也没有为库存打印机计提存货跌价准备，销售打印机的增值税税率为13%，其在整个交易过程中没有发生除增值税以外的其他税费。

步骤一：判断交易性质。

整个资产交换过程没有涉及收付货币性资产，因此，该项交换属于非货币性资产交换。

步骤二：理清交易的资金流向。

江苏环宇公司	←→	江苏连云打印机公司
固定资产生产设备		库存商品　打印机
原值：150万		账面价值110万
累计折旧：45万		
账面价值：105万		
公允价值：90万		公允价值90万
另支付运费：1万		

步骤三：江苏环宇公司的账务处理。

①把固定资产转入清理：

借：固定资产清理——设备清理　　1 050 000
　　累计折旧　　450 000
　　贷：固定资产——设备　　1 500 000

②支付清理费用（运费），增加清理成本：

借：固定资产清理——设备清理　　10 000
　　应交税费——应交增值税（进项税额）　　900
　　贷：银行存款　　10 900

③用固定资产（设备）清理的公允价值90万元换入打印机（设备）：

借：固定资产——打印机　　900 000
　　应交税费——应交增值税（进项税额）　　117 000
　　贷：固定资产清理——设备清理　　900 000

应交税费——应交增值税（销项税额） 117 000

④结转固定资产清理——设备清理的净损益：

借：资产处置损益——处置非流动资产损失 160 000

贷：固定资产清理——设备清理 160 000

步骤四：江苏连云打印机公司的账务处理。

①换出商品的交易符合《企业会计准则第14号——收入》规定的收入确认条件：

借：固定资产 900 000

应交税费—应交增值税（进项税额） 117 000

贷：主营业务收入 90 000

应交税费—应交增值税（销项税额） 117 000

②结转已销商品成本：

借：主营业务成本 1 100 000

贷：库存商品 1 100 000

任务实施 14－2　以公允价值为基础计量且涉及补价的非货币性资产交换

2020年9月19日，甲公司经协商以其拥有的一栋自用写字楼与乙公司持有的对联营企业丙公司长期股权投资交换。在交换日，该幢写字楼的账面原价为6 000 000元，已提折旧1 200 000元，未计提减值准备，在交换日的不含税公允价值为6 142 500元（假设该自用写字楼系2020年5月1日后取得，销项税率9%）；乙公司持有的对丙公司长期股权投资账面价值为4 500 000元，没有计提减值准备，在交换日的公允价值为6 000 000元，乙公司支付695 325元给甲公司。乙公司换入写字楼后用于经营出租目的，并拟采用成本计量模式。

假定除增值税外，该项交易过程中不涉及其他相关税费。

步骤一：判断交易性质。

该项资产交换涉及收付货币性资产，即甲公司收到的695 325元，其中包括由于换出和换入资产公允价值不同收到的补价142 500元，以及转出资产销项税额与换入资产进项税额（本例中为零）的差额552 825元。对甲公司而言，收到的补价142 500÷换出资产的公允价值6 142 500元（或换入长期股权投资公允价值6 000 000元＋收到的补价142 500元）＝2.32%＜25%，属于非货币性资产交换。

对于乙公司而言，支付的补价142 500元÷换入资产的公允价值6 142 500元（或换出长期股权投资公允价值6 000 000元＋支付的补价142 500元）＝2.32%＜25%，属于非货币性资产交换。

步骤二：甲公司的账务处理。

①把固定资产（办公楼）转入清理：

借：固定资产清理　　4 800 000
　　累计折旧　　1 200 000
　　贷：固定资产——办公楼　　6 000 00

②用固定资产（办公楼）清理的公允价换入长期股权投资和银行存款：

借：长期股权投资——丙公司　　6 000 000（注）
　　银行存款　　695 325
　　贷：固定资产清理　　6 142 500
　　　　应交税费——应交增值税（销项税额）　　552 825

③结转固定资产清理——办公楼清理的净损益：

借：固定资产清理　　1 342 500
　　贷：资产处置损益——处置非流动资产利得　　1 342 500

注：此处的账务处理只反映长期股权投资的初始计量，不考虑权益法核算调整。

步骤三：乙公司的账务处理。

借：投资性房地产　　6 142 500
　　应交税费——应交增值税（进项税额）　　552 825
　　贷：长期股权投资——丙公司　　4 500 000
　　　　银行存款　　695 325
　　　　投资收益　　1 500 000

14.2　确认、记录债务重组

任务导入

在企业激烈的市场竞争中，一些企业因经营管理不善，或受到不利因素的影响，导致经营困难，资金短缺，难以按期偿还债务。债权人如果申请破产清偿，很难有效解决债务问题，难以保证债权人的债权如数收回。此时，债务重组成了解决债权债务纠纷的有效方式。如何理解债务重组？存在哪些债务重组的方式？不同债务重组方式下，债权人和债务人如何进行账务处理呢？这些都是会计人员应掌握的知识。

[扫一扫]

精密科技：债权债务重组公告

知识准备

14.2.1 确认债务重组

（一）认知债务重组

债务重组，是指在不改变交易对手方的情况下，经债权人和债务人协定或法院裁定，就清偿债务的时间、金额或方式等重新达成协议的交易。

债务重组是在不改变交易对手方的情况下进行的交易；债务重组不强调在债务人发生财务困难的背景下进行，也不论债权人是否做出让步，也就是说，无论何种原因导致债务人未按原定条件偿还债务，也无论双方是否同意债务人以低于债务的金额偿还债务，只要债权人和债务人就债务条款重新达成了协议，就符合债务重组定义。例如，债权人在减免债务人部分债务本金的同时提高剩余债务的利息，或者债权人同意债务人用等值库存商品抵偿债务等均属于债务重组。

（二）债务重组的方式

1. 债务人以资产清偿债务，是指债务人转让其资产给债权人以清偿债务的债务重组方式。债务人通常用于偿债的资产主要有：现金、存货、各种投资、固定资产、无形资产等。这里的现金，是指货币资金，即库存现金、银行存款和其他货币资金。

2. 债务人将债务转为权益工具，会计处理体现为股本、实收资本、资本公积等科目。

3. 修改其他条款。除1和2以外，采用调整债务本金、改变债务利息、变更还款期限等方式修改债权和债务的其他条款，形成重组债权和重组债务。

4. 组合方式。组合方式，是采用债务人以资产清偿债务、债务人将债务转为权益工具、修改其他条款三种方式中一种以上方式的组合清偿债务的债务重组方式。例如，债权人和债务人约定，由债务人以存货清偿部分债务，将另一部分债务转为权益工具，调减剩余债务的利率；再如，债务人以现金清偿部分债务，同时将剩余债务展期等。

14.2.2 记录债务重组

（一）以资产清偿债务方式进行债务重组

1. 以金融资产清偿债务

债权人受让包括现金在内的单项或多项金融资产的，应当按照金融工具确认和计量准则的规定进行确认和计量。金融资产初始确认时应当以公允价值计量，金融资产确认金额与债权终止确认日账面价值之间的差额记入“投资收益”科目。

债务人以单项或多项金融资产清偿债务的，债务的账面价值与偿债金融资产账面价值的差额，记入“投资收益”科目。偿债金融资产已计提减值准备的，应结转已计提的减值准备。账务处理见表14－3。

表14－3　以金融资产清偿债务账务处理表

债权人的会计处理	债务人的会计处理
借：银行存款、其他债权投资、其他权益工具投资等 坏账准备 投资收益 贷：应收账款	借：应付账款 贷：银行存款、其他债权投资、其他权益工具投资等 投资收益 同时 借：其他综合收益 贷：投资收益（其他债权投资清偿债务） 盈余公积、利润分配（其他权益工具投资清偿债务）

（注：详见任务实施14－3）

2. 以非金融资产清偿债务

（1）债权人初始确认受让的金融资产以外的资产时，应当按照下列原则以成本计量：

①存货的成本，包括放弃债权的公允价值和使该资产达到当前位置和状态所发生的可直接归属于该资产的税金、运输费、装卸费、保险费等其他成本。

②对联营企业或合营企业投资的成本，包括放弃债权的公允价值和可直接归属于该资产的税金等其他成本。

③投资性房地产的成本，包括放弃债权的公允价值和可直接归属于该资产的税金等其他成本。

④固定资产的成本，包括放弃债权的公允价值和使该资产达到预定可使用状态前所发生的可直接归属于该资产的税金、运输费、装卸费、安装费、专业人员服务费等其他成本。

⑤无形资产的成本，包括放弃债权的公允价值和可直接归属于使该资产达到预定用途所发生的税金等其他成本。放弃债权的公允价值与账面价值之间的差额，应当记入当期“投资收益”科目。

（2）债务人以非金融资产清偿债务时，按以下原则进行账务处理：

①债务人以单项或多项非金融资产清偿债务，或者以包含金融资产和非金融资产在内的多项资产清偿债务的，不需要区分资产处置损益和债务重组损益，也不需要区分不同资产的处置损益，而将所清偿债务账面价值与转让资产账面价值之间的差额记入“其

他收益——债务重组收益”科目。偿债资产已计提减值准备的应结转已计提的减值准备。

②债务人以日常活动产出的商品或服务清偿债务的，应当将所清偿债务账面价值与存货等相关资产账面价值之间的差额，记入“其他收益——债务重组收益”科目。账务处理见表14－4。

表14－4 以非金融资产清偿债务账务处理表

债权人的会计处理	债务人的会计处理
借：库存商品、固定资产、无形资产等 坏账准备 投资收益 贷：应收账款 银行存款（相关税费）	借：应付账款 贷：库存商品、无形资产、固定资产清理等 其他收益——债务重组收益

（注：详见任务实施14－4）

（二）将债务转为权益工具方式进行债务重组

将债务转为权益工具方式进行债务重组，导致债权人将债权转为对联营企业或合营企业的权益性投资的，债权人应当按照前述以资产清偿债务方式进行债务重组的规定计量其初始投资成本。放弃债权的公允价值与账面价值之间的差额，应当计入当期损益。

债务人初始确认权益工具时，应当按照权益工具的公允价值计量，权益工具的公允价值不能可靠计量的，应当按照所清偿债务的公允价值计量。所清偿债务账面价值与权益工具确认金额之间的差额，记入“投资收益”科目。债务人因发行权益工具而支出的相关税费等，应当依次冲减资本公积（资本溢价或股本溢价）、盈余公积、未分配利润等。账务处理见表14－5。

表14－5 将债务转为权益工具清偿债务账务处理表

债权人的会计处理	债务人的会计处理
借：长期股权投资 坏账准备 投资收益 贷：应收账款	借：应付账款 贷：实收资本 资本公积——资本溢价（或股本溢价） 投资收益

（注：详见任务实施14－5）

（三）采用修改其他条款方式进行债务重组

1. 债权人的会计处理

（1）重组采用以修改其他条款方式进行的，如果修改其他条款导致全部债权终止确认，债权人应当按照修改后的条款以公允价值初始计量新的金融资产，新金融资产的确认金额与债权终止确认日账面价值之间的差额，记入“投资收益”科目。

（2）重组采用以修改其他条款方式进行的，如果修改其他条款未导致债权终止确认，债权人应当根据其分类，继续以摊余成本、以公允价值计量且其变动计入其他综合收益，或者以公允价值计量且其变动计入当期损益进行后续计量。对于以摊余成本计量的债权，债权人应当根据重新议定合同的现金流量变化情况，重新计算该重组债权的账面余额，并将相关利得或损失记入“投资收益”科目。

重新计算的该重组债权的账面余额，应当根据将重新议定或修改的合同现金流量按债权原实际利率折现的现值确定，购买或源生的已发生信用减值的重组债权，应按经信用调整的实际利率折现。对于修改或重新议定合同所产生的成本或费用，债权人应当调整修改后的重组债权的账面价值，并在修改后重组债权的剩余期限内摊销。

2. 债务人的会计处理

（1）重组采用修改其他条款方式进行的，如果修改其他条款导致债务终止确认，债务人应当按照公允价值计量重组债务，终止确认的债务账面价值与重组债务确认金额之间的差额，记入“投资收益”科目。

（2）重组采用修改其他条款方式进行的，如果修改其他条款未导致债务终止确认，或者仅导致部分债务终止确认，对于未终止确认的部分债务，债务人应当根据其分类，继续以摊余成本、以公允价值计量且其变动计入当期损益或其他适当方法进行后续计量。对于以摊余成本计量的债务，债务人应当根据重新议定合同的现金流量变化情况，重新计算该重组债务的账面价值，并将相关利得或损失记入“投资收益”科目。

（3）对于债务人，如果对债务或部分债务的合同条款做出“实质性修改”形成重组债务，或者债权人与债务人之间签订协议，以承担“实质上不同”的重组债务方式替换债务，债务人应当终止确认原债务，同时按照修改后的条款确认一项新金融负债。其中，如果重组债务未来现金流量（包括支付和收取的某些费用）现值与原债务的剩余期间现金流量现值之间的差异超过10%，则意味着新的合同条款进行了“实质性修改”或者重组债务是“实质上不同”的，有关现值的计算均采用原债务的实际利率。

（四）以组合方式进行债务重组

1. 债权人的会计处理

以组合方式进行债务重组的，债权人应当首先按照《企业会计准则第22号——金融工具确认和计量》的规定确认和计量受让的金融资产和重组债权，然后按照受让的金融资产以外的各项资产的公允价值比例，对放弃债权的公允价值扣除受让金融资产和重组债权确认金额后的净额进行分配，并以此为基础按照前述规定分别确定各项资产的成本。放弃债权的公允价值与账面价值之间的差额，应当计入当期损益。

债务重组采用组合方式进行的，一般可以认为对全部债权的合同条款做出了实质性修改，债权人应当按照修改后的条款，以公允价值初始计量新的金融资产和受让的新金融资产，按照受让的金融资产以外的各项资产在债务重组合同生效日的公允价值比例，对放弃债权在合同生效日的公允价值扣除受让金融资产和重组债权当日公允价值后的净额进行分配，并以此为基础分别确定各项资产的成本。放弃债权的公允价值与账面价值之间的差额，记入“投资收益”科目。

2. 债务人的会计处理

以组合方式进行债务重组的，债务人应当按照前述的规定确认和计量权益工具和重组债务，所清偿债务的账面价值与转让资产的账面价值以及权益工具和重组债务的确认金额之和的差额，应当记入“其他收益——债务重组收益”或“投资收益”（仅涉及金融工具时）科目。

[扫一扫]

会计准则——债务重组

任务实施

任务实施 14－3 以金融资产清偿债务的债务重组

2020年6月1日，甲公司向乙公司销售商品一批，应收乙公司款项的入账金额为80万元。甲公司将该应收款项分类为以摊余成本计量的金融资产。乙公司将该应付账款分类为以摊余成本计量的金融负债。2020年9月1日，双方签订债务重组合同，乙公司以一项作为交易性金融资产核算的权益工具偿还该欠款。交易性金融资产的账面价值65万元（其中成本60万元，公允价值变动5万元），公允价值为70万元，双方办理完成股权转让手续。甲公司支付交易费用1万元。当日甲公司应收款项的公允价值为70万元，已计提坏账准备5万元，乙公司应付款项的账面价值仍为80万元。假设不考虑相关税费。

步骤一：确定交易性质。

甲乙公司在不改变交易对手方的情况下，经双方协商，就清偿债务的方式重新达成协议，属于债务重组业务。

步骤二：甲公司（债权人）的会计处理。

甲公司投资收益 = 金融资产公允价值 70 - 债权账面价值（80 - 5）- 交易费用 1
= -6（万元）

借：交易性金融资产　　700 000
　　坏账准备　　50 000
　　投资收益　　60 000
　　贷：应收账款　　800 000
　　　　银行存款　　10 000

步骤三：乙公司（债务人）的会计处理。

乙公司投资收益 = 债务的账面价值 80 - 偿债金融资产账面价值 65 = 15（万元）

借：应付账款　　800 000
贷：交易性金融资产——成本　　600 000
　　　　　　　　——公允价值变动　　50 000
　　投资收益　　150 000

任务实施 14 - 4　以非金融资产清偿债务的债务重组

甲公司欠乙公司购货款 400 000 元，按购销合同约定，甲公司应于 2019 年 10 月 31 日前支付货款。由于甲公司发生财务困难，至 2020 年 1 月 31 日尚未支付货款。2020 年 2 月 3 日，经过协商，乙公司同意甲公司以一台设备偿还债务。该项设备的账面原价为 350 000 元，已提折旧 50 000 元，设备的公允价值为 320 000 元，增值税税率 13%。乙公司对该项应收账款提取坏账准备 20 000 元。设备已于 2020 年 2 月 10 日运抵乙公司。假定不考虑与该项债务重组其他的相关税费。

步骤一：分析交易内容，确定适应准则。

甲乙公司在不改变交易对手方的情况下，经双方协商，乙公司以一项固定资产清偿债务，属于债务重组业务。

步骤二：对甲公司（债务人）的会计处理。

①将固定资产净值转入固定资产清理：

借：固定资产清理　　300 000
　　累计折旧　　50 000
　　贷：固定资产　　350 000

②债务重组：

借：应付账款　　400 000
　　贷：固定资产清理　　300 000
　　　　应交税费——应交增值税（销项税额）　　41 600

其他收益——债务重组收益 58 400

步骤三：乙公司（债权人）的会计处理。

借：固定资产 320 000

应交税费——应交增值税（进项税额） 41 600

坏账准备 20 000

投资收益 18 400

贷：应收账款 400 000

任务实施14－5 债务转为权益工具的债务重组

2020年7月1日，甲公司应收乙公司账款的账面余额为60 000元，由于乙公司发生财务困难，无法偿付该应付账款。经双方协商同意，乙公司以其普通股偿还债务。假定普通股的面值为1元，乙公司以20 000股抵偿该项债务，股票每股市价为2.5元。甲公司对该项应收账款计提了坏账准备2000元。股权登记手续已于2020年8月9日办理完毕，甲公司将其作为长期股权投资核算。

步骤一：分析交易内容，确定适用准则。

甲乙公司在不改变交易对手方的情况下，双方协商进行“债转股”，应按债务重组准则的相关规定进行会计核算。

步骤二：2020年8月9日在股权交割完毕、办理股权登记手续后，对债务人（乙公司）重组业务进行账务处理。

借：应付账款 60 000

贷：股本 20 000

资本公积——股本溢价 30 000

投资收益 10 000

步骤三：2020年8月9日在股权交割完毕、办理股权登记手续后，对债权人（甲公司）重组业务进行账务处理。

借：长期股权投资 50 000

投资收益 8 000

坏账准备 2 000

贷：应收账款 60 000